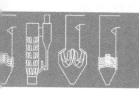

Study on the Adiabatic Combustion Temperature Distribution Law for the World Power Coals

世界动力煤绝热燃烧温度分布规律研究

王世昌 著

北京理工大学出版社
BEIJING INSTITUTE OF TECHNOLOGY PRESS

内 容 提 要

计算了收到基、空气干燥基中国动力煤与国外动力煤的工程绝热燃烧温度、理论绝热燃烧温度;计算了干燥无灰基成分、挥发分自身的理论绝热燃烧温度并分析其变化规律;计算了大气压力、温度、相对湿度对 1.0 kg 干空气的水蒸汽含量的影响以及 1.0 kg 干空气的水蒸汽含量的影响。计算了大气温度和湿度对收到基动力煤工程绝热燃烧温度的影响,并分析其变化规律。

本书全面、系统、定量地计算、分析了世界动力煤的绝热燃烧温度分布规律,可作为能源与动力工程专业热能工程方向的学者、研究生的专业学术研究工作的参考书,也可作为能源动力工程相关领域科研人员、技术人员在电站锅炉设计、制造、校核、运行、技术改造工作方面专业技术工作参考书。

图书在版编目(CIP)数据

世界动力煤绝热燃烧温度分布规律研究/王世昌著. —北京:北京理工大学出版社,2019.3

ISBN 978 - 7 - 5682 - 6770 - 0

Ⅰ.①世…　Ⅱ.①王…　Ⅲ.①动力配煤 - 绝热火焰温度 - 分布规律 - 研究 - 世界　Ⅳ.①TK227.1　②O551.2

中国版本图书馆 CIP 数据核字 (2019) 第 035325 号

出版发行 / 北京理工大学出版社有限责任公司	
社　　址 / 北京市海淀区中关村南大街 5 号	
邮　　编 / 100081	
电　　话 / (010)68914775(总编室)	
(010)82562903(教材售后服务热线)	
(010)68948351(其他图书服务热线)	
网　　址 / http://www.bitpress.com.cn	
经　　销 / 全国各地新华书店	
印　　刷 / 三河市华骏印务包装有限公司	
开　　本 / 710 毫米 × 1000 毫米　1/16	
印　　张 / 24	责任编辑 / 刘永兵
字　　数 / 439 千字	文案编辑 / 刘永兵
版　　次 / 2019 年 3 月第 1 版　2019 年 3 月第 1 次印刷	责任校对 / 周瑞红
定　　价 / 88.00 元	责任印制 / 李志强

图书出现印装质量问题,请拨打售后服务热线,本社负责调换

作 者 简 介

王世昌,男,1966 年 4 月出生于山西省阳泉市。1985 年 9 月—1989 年 6 月,在太原工业大学(今太原理工大学)热能工程系读本科,1989 年 6 月获电厂热能动力工程专业工学学士学位;1989 年 8 月—1991 年 8 月,在太原卷烟厂(今山西昆明烟草公司)动力车间任技术员;1991 年 9 月—1994 年 6 月,在清华大学热能工程系读硕士研究生,1994 年 6 月获热能工程专业工学硕士学位;1994 年 8 月—2000 年 2 月,在上海锅炉厂有限公司设计处燃烧组任设计员、助理工程师、工程师。2000 年 3 月至 2005 年 2 月在清华大学热能工程系读博士研究生,2005 年 2 月获动力工程及工程热物理专业工学博士学位;2005 年 3 月,到华北电力大学任教。2005 年 6 月至今在华北电力大学能源动力与机械工程学院任讲师。截止 2018 年 12 月,已发表论文共计 32 篇,出版专业教材 5 本,出版学术著作 2 本。

前　言

自从英国工程师詹姆斯·瓦特发明蒸汽发动机以来,工业生产的动力不再主要依靠人力、畜力、水力,纺织、钢铁、机械加工、交通运输业获得快速发展,世界经济经历了第一次工业革命。电厂的锅炉和汽轮机代替瓦特蒸汽机,电厂和电网的高效率运行为各国经济发展提供了方便快捷的动力源,电气产品的品种和数量大幅度增加,世界经济经历了第二次工业革命。电子计算机和网络的结合大大提高了工业生产的效率和精度,世界经济经历了第三次工业革命。

除了火力发电以外,当今世界电力生产(电能)的方式还包括水力发电、核能发电、潮汐发电、地热发电、风力发电、太阳能发电等。但是,煤炭仍然是世界电力生产的主要一次能源。世界的煤炭主要分布在北半球,澳大利亚、印度尼西亚、巴西、南非等地也有煤炭分布。世界的人口和经济总量主要分布在北半球。因此燃煤电站也主要集中在北半球。

电站锅炉的主要燃烧方式是煤粉颗粒群的悬浮燃烧,次要方式是循环流化床燃烧。

电站锅炉燃烧的煤称为动力煤。动力煤的绝热燃烧温度与炉膛出口烟气温度的平均值基本上决定了炉膛烟气温度范围。炉膛烟气温度水平进一步影响了以下参数:① 煤粉着火的稳定性;② 煤粉的燃尽度;③ 炉膛受热面的辐射受热面的吸热比例与蒸汽温度;④ 烟气中 NO_x 的产生量;⑤ 锅炉的排烟损失率;⑥ 锅炉的固体不完全燃烧损失率。因此研究动力煤的绝热燃烧温度分布规律对电站锅炉的制造、运行、技术改造,具有理论指导意义和工程参考意义。

本书内容分为四篇。

第一篇:基础数据与基础理论。基础数据收集了国内外动力煤的收到基数据和空气干燥基数据1 000 余种。计算方法包括两部分:第一部分是动力煤的理论绝热燃烧温度、工程绝热燃烧温度、干燥无灰基成分理论绝热燃烧温度计算方法;第二部分是动力煤挥发分理论绝热燃烧温度、工程绝热燃烧温度、挥发分的理论绝热燃烧温度计算方法。绝热燃烧温度的计算过程除了与煤的水分、灰分、碳、氢、氧、氮、硫有关以外,还与煤的低位发热量、1.0 kg 干空气的水蒸气含量(d)有关。

第二篇:国内外收到基动力煤绝热燃烧温度计算结果及其分布规律。根据基础数据和计算方法得到国内外动力煤及其挥发分的工程绝热燃烧温度、理论绝热燃烧温度、干燥无灰基成分理论绝热燃烧温度、挥发分的理论绝热燃烧温度计算结果,并分析其变化规律。

第三篇:大气温度、湿度、压力对动力煤的工程绝热燃烧温度的影响。煤的收到基低位发热量测定过程在实验室内进行,锅炉运行的环境就是大气环境。实验室的温度在 15～30℃,大气温度每天都有所不同。水的汽化潜热、冰的汽化相变热随着大气气温的升高而降低。动力煤的低位发热量与水的汽化潜热、冰的汽化相变热有关。因此大气温度对动力煤绝热燃烧温度有影响。本书计算了 1987—2016年国内 31 个省会城市 30 年的逐月大气温度(t)的平均值、大气温度对动力煤绝热燃烧温度的影响,并分析了其变化规律。大气中的水蒸气折算成 1.0 kg 干空气的水蒸气含量(d,g/kg),d 对动力煤燃烧以后的烟气焓有影响。因此 d 对动力煤绝热燃烧温度也有影响。本书以 1996—2016 年的国内省会城市的大气温度、大气相对湿度数据为基准,计算了国内 31 个省会城市 21 年和国外 508 个气象站 30年的 d 值,根据 d 的变化范围计算了 d 对动力煤绝热燃烧温度的影响,并分析了其变化规律。

第四篇:总结。就世界范围内的主要动力煤及其挥发分的工程绝热燃烧温度、理论绝热燃烧温度、干燥无灰基成分理论绝热燃烧温度、挥发分的理论绝热燃烧温度分布规律进行了总结,对大气压力、温度、相对湿度对世界主要动力煤的工程绝热燃烧温度的影响进行了必要的总结。

作者感谢清华大学热能工程系姚强教授 973 项目子课题"O_2/CO_2 气氛下电站锅炉热力特性及其颗粒物形成机理研究"经费对本专著出版的支持。

由于作者理论水平、工作能力有限,书中难免存在错误和不足之处,欢迎国内外读者从能源与动力工程专业角度提出专业批评。

作者联系方式:北京市昌平区朱辛庄北农路 2 号,华北电力大学能源动力与机械学院,邮编 102206,电子邮箱 wangsc@ncepu.edu.cn

作　者
2018 年 9 月 8 日
华北电力大学　北京昌平朱辛庄校区

符 号 表

英文符号表

$(c\theta)_{air}$	烟气温度为 θ 时,$1Nm^3$ 空气的焓, kJ/m^3	$Q_{ad,net}$	空气干燥基低位发热量,kJ/kg
$(c\theta)_{CO_2}$	烟气温度为 θ 时,$1Nm^3$ CO_2 的焓, kJ/m^3	$Q_{ar,gr}$	收到基高位发热量,kJ/kg
$(c\theta)_h$	烟气温度为 θ 时,1 kg 灰的焓,kJ/kg	$Q_{ar,net}$	收到基低位发热量,kJ/kg
$(c\theta)_{H_2O}$	烟气温度为 θ 时,$1Nm^3$ H_2O 的焓, kJ/m^3	$Q_{daf,net}$	干燥无灰基低位发热量,kJ/kg
$(c\theta)_{N_2}$	烟气温度为 θ 时,$1Nm^3$ N_2 的焓, kJ/m^3	Q_{ar}^{FC}	1.0 kg 煤中收到基固定碳的发热量,kJ/kg
$(c\theta)_{O_2}$	烟气温度为 θ 时,$1Nm^3$ O_2 的焓, kJ/m^3	Q_L	1.0 kg 动力煤燃烧带入炉膛的总热量, kJ/kg
A_{ad}	空气干燥基灰分含量,%	$Q_{V,gr}$	1.0 kg 煤挥发分的高位发热量,kJ/kg
A_{ar}	收到基灰分含量,%	$Q_{V,net}$	1.0 kg 煤挥发分的低位发热量,kJ/kg
C_{ad}	空气干燥基碳含量,%	$Q_{ar,V}$	1.0 kg 煤中收到基挥发分的发热量,kJ/kg
C_{ar}	收到基碳含量,%	r	水或者冰在某一温度下加热成蒸汽的相变热,kJ/kg
$C_{ar,V}$	挥发分中的收到基碳含量,%	r_1	一次风率,%
C_{daf}	干燥无灰基碳含量,%	r_2	二次风率,%
C_V	挥发分中的碳含量,%	RH	空气相对湿度,%
d	1.0 kg 干空气中水蒸气的含量,g/kg	R_m	通用气体常数,$J/(mol \cdot K)$
E	中国能源生产总量,10^4 t/a	S_{ad}	空气干燥基硫含量,%
FC_{ar}	收到基固定碳含量,%	S_{ar}	收到基硫含量,%
H	海拔,m	$S_{ar,V}$	挥发分中的收到基硫含量,%

续表

H_{ad}	空气干燥基氢含量,%	S_{daf}	干燥无灰基硫含量,%
H_{ar}	收到基氢含量,%	S_V	挥发分中的硫含量,%
$H_{ar,V}$	挥发分中的收到基氢含量,%	t_1	一次风温度,℃
H_{daf}	干燥无灰基氢含量,%	t_2	二次风温度,℃
H_V	挥发分中的氢含量,%	t_{a0}	动力煤或者煤的理论绝热燃烧温度,℃
$I^0_{H_2O}$	1.0 kg 动力煤的理论水蒸气熵,kJ/kg	$t_{a0,ad}$	空气干燥基煤的理论绝热燃烧温度,℃
$I^0_{N_2}$	1.0 kg 动力煤的理论氮气熵,kJ/kg	$t_{a0,ad,V}$	空气干燥基煤挥发分的理论绝热燃烧温度,℃
I^0_y	理论烟气熵,kJ/kg	$t_{a0,daf}$	干燥无灰基成分的理论绝热燃烧温度,℃
I_1	1.0 kg 燃料需要的一次风热量,kJ/kg	$t_{a0,daf,V}$	干燥无灰基挥发分的理论绝热燃烧温度,℃
I_2	1.0 kg 燃料需要的二次风热量,kJ/kg	$t_{a0,V}$	1.0 kg 煤的挥发分的理论绝热燃烧温度,℃
I_{coal}	1.0 kg 燃料的物理显热,kJ/kg	t_{aE}	动力煤或者煤的工程绝热燃烧温度,℃
I_{fh}	1.0 kg 动力煤的实际飞灰熵,kJ/kg	$t_{aE,ad}$	空气干燥基煤的工程绝热燃烧温度,℃
I_{RO_2}	1.0 kg 燃料需要的三原子气体熵,kJ/kg	$t_{aE,ad,V}$	空气干燥基煤挥发分的工程绝热燃烧温度,℃
M_{ad}	空气干燥基水分含量,%	$t_{aE,V}$	1.0 kg 煤的挥发分的工程绝热燃烧温度,℃
$m_{dry\ air}$	干空气质量,g	t_s	水的饱和温度,℃
m_{H_2O}	水蒸气质量,g	u	燃尽度,-
N_{ad}	空气干燥基氮含量,%	V^0	理论空气量,Nm³/kg
N_{ar}	收到基氮含量,%	$V^0_{H_2O}$	理论水蒸气体积,Nm³/kg
$N_{ar,V}$	挥发分中的收到基氮含量,%	$V^0_{N_2}$	理论氮气体积,Nm³/kg
N_{daf}	干燥无灰基氮含量,%	V^0_y	理论烟气体积,Nm³/kg
N_V	挥发分中的氮含量,%	V_{ar}	收到基挥发分含量,%
O_{ad}	空气干燥基氧含量,%	V_{CO_2}	二氧化碳体积,Nm³/kg
O_{ar}	收到基氧含量,%	V_{daf}	干燥无灰基挥发分含量,%
$O_{ar,V}$	挥发分中的收到基氧含量,%	V_{H_2O}	实际水蒸气体积,Nm³/kg
O_{daf}	干燥无灰基氧含量,%	V_{N_2}	实际氮气体积,Nm³/kg

续表

M_{ar}	收到基水分含量,%	t_i	着火温度,℃
O_V	挥发分中的氧含量,%	V_{O_2}	实际氧气体积,Nm³/kg
p_a	大气压力,Pa	V_{SO_2}	二氧化硫体积,Nm³/kg
$p_{dry\ air}$	干空气压力,Pa	V_y	实际烟气体积,Nm³/kg
p_{H_2O}	水蒸气压力,Pa	w	燃烧速度,g/s
$Precip$	降水量,mm	X_{ad}	X(表示 $M,A,FC,C_V,H_V,O_V,N_V,S_V$)的空气干燥基含量,%
p_s	水蒸气的饱和压力,Pa	X_V	X(表示 C,H,O,N,S)的挥发分基含量,%

希腊字母表

α	过量空气系数,-	$\Delta\alpha_L$	炉膛漏风系数,-
α''_L	炉膛出口过量空气系数,-	θ	烟气温度,℃
δ	残差	σ	标准差
Δt_{aE}	大气温度偏离99.63℃时,对动力煤的工程绝热燃烧温度的影响,℃	σ_δ	残差的标准差
$\Delta t_{aE,d}$	d值对于动力煤的工程绝热燃烧温度的影响,℃		

目 录

第一篇　基础数据与基础理论

第二篇　国内外收到基动力煤绝热燃烧
温度计算结果及其分布规律

第三篇　大气温度、湿度、压力对动力煤的
工程绝热燃烧温度的影响

第四篇　总　　结

基础数据与基础理论

第1章 动力煤概述

1.1 煤炭资源分布与消费结构概述

世界范围内的煤炭分布主要集中在北半球。美国、俄罗斯、中国的煤炭储量居世界煤炭储量前三位。加拿大、欧洲各国、澳大利亚、印度尼西亚煤炭资源储量丰富,巴西、南非等国也有一定煤炭储量。

煤炭是世界的主要一次能源,主要用于发电厂燃料、钢厂的焦炭原料、采暖能源。

中国的煤炭资源丰富,是一次能源的主要组成部分[1]。图 1 - 1 是 1978—2015 年中国能源总产量(E)和煤炭产量在中国能源总产量中的百分比。由图 1 - 1 可知:中国煤炭产量在中国能源总产量(万吨标准煤)中的百分比在 1978—1995 年总体上从 69% 逐年上升到 75%,在 1995—2001 年总体上从 75% 逐年下降到 73%,在 2001—2011 年总体上从 73% 逐年上升到 77.8%,在 2011—2015 年总体上从 77.8% 逐年下降到 72.1%。中

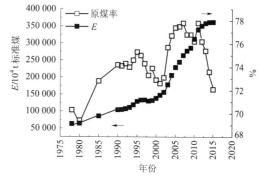

图 1 - 1 1978—2015 年中国能源总产量(E)和煤炭产量在中国能源总产量中的百分比

国煤炭仍然占能源总产量的72%左右。

中国的电力工业发电量中,以火电发电量为主。2016年,中国的发电量为60 228亿kW·h,其中火电发电量为43 273亿kW·h,占全国总发电量的71.9%;火电发电量中,燃煤发电量为39 457亿kW·h,占全国总发电量的65.5%[2]。

中国的煤炭消费结构大致如下:50%左右用于燃煤发电,25%左右炼焦后用于炼钢,25%左右用于其他工业生产工艺和居民生活。

1.2 动力煤的分类与特点

燃煤电厂锅炉称为燃煤电站锅炉。燃煤电站锅炉的主要燃烧方式为煤粉悬浮燃烧,少量燃煤电站锅炉采用循环流化床方式燃烧。燃煤电站锅炉使用的煤炭称为动力煤。动力煤可以是某一种原煤、几种原煤的混煤或者原煤与洗中煤的混煤。

按照干燥无灰基挥发分含量的高低,动力原煤一般分为无烟煤($V_{daf} > 6\%$ ~ 10%)、贫煤($V_{daf} > 10\%$ ~ 20%)、烟煤($V_{daf} > 20\%$ ~ 37%,或者$V_{daf} > 37\%$,$Q_{ar,net} = 16\ 500$ ~ $18\ 000$ kJ/kg)、褐煤($V_{daf} > 37\%$,$Q_{ar,net} = 12\ 000$ ~ $16\ 000$ kJ/kg)[3]。

无烟煤的特点是:挥发分(V_{daf})含量最低,着火温度最高,发热量较高。贫煤的特点是:挥发分(V_{daf})含量较低,着火温度较高,发热量较高。烟煤的特点是:挥发分(V_{daf})含量较高,着火温度较低,发热量最高。褐煤的特点是:挥发分(V_{daf})含量最高,着火温度最低,发热量最低;同时,褐煤的水分含量和灰分含量最高。

一般而言,动力煤的特点是:发热量低、水分含量高、灰分含量高。这些因素都会导致煤的工程绝热燃烧温度降低,进而引起电站煤粉锅炉炉膛烟气温度偏低,煤粉燃烧不稳定,燃烧效率降低,炉膛受热面吸热比例偏低,主蒸汽温度、再热蒸汽温度偏离设计值,喷水量增加,最终引起燃煤电厂供电煤耗提高。

中国的动力煤绝大部分来自国内,少量从国外进口。

中国煤炭资源主要分布在山西全境、陕西北部、内蒙古西部地区,新疆哈密、安徽淮南、山东枣庄等地也有分布,其他煤炭资源分布在全国各地。总之,中国煤炭资源主要分布在北方地区。

中国消费的国外动力煤主要来自澳大利亚、印度尼西亚、越南、朝鲜、俄罗斯等国,少量动力煤来自其他国家。

1.3 动力煤的绝热燃烧温度概述

在煤粉锅炉实际的过量空气系数条件下,1.0 kg 煤完全燃烧释放的热量完全用于加热烟气时,烟气能达到的最高温度称为工程绝热燃烧温度(t_{aE},℃)。炉膛烟气温度粗略地等于动力煤的工程绝热燃烧温度与炉膛出口烟气温度的算术平均值。

煤粉锅炉在设计阶段,就按照设计煤种和校核煤种对锅炉的炉膛、对流烟道(Ⅱ型炉的水平烟道、竖井烟道,塔式锅炉的上行烟道)、空气预热器烟道所含受热面进行过热力计算。燃用设计煤种时,可以同时保证锅炉出力和锅炉效率;燃用校核煤种时,可以保证锅炉出力,不能保证锅炉效率。电站燃煤锅炉燃用设计煤种时,炉膛受热面的吸热比例基本上合理;燃用非设计煤种时,炉膛受热面的吸热比例偏离设计值,不尽合理。

国内电站煤粉锅炉燃用的煤种,一般是设计煤种与其他煤种的混合煤种。电站煤粉锅炉燃用混合煤种一定会引起炉膛烟气温度偏离设计值,进而引起燃烧稳定性降低、炉膛受热面吸热比例偏离设计值的问题,因此研究动力煤的工程绝热燃烧温度具有工程意义和学术意义。

在中国动力煤的相关文献中,50% 以上采用了收到基(ar)数据,还有相当比例的文献采用了空气干燥基(ad)数据。为了尽可能完整地收集数据,本书查阅了文献,收集了两种基准的动力煤数据。有相当数量的英文文献动力煤的数据采用了重量基(by weight),由于未知其具体含义,因此本书没有采纳这部分数据。

第2章　动力煤数据

2.1　中国动力煤分布特点与参数

中国的煤炭主要分布在黄河以北,山西全境、陕西北部、内蒙古西部集中了全国 70% 以上的煤炭产量,而且煤炭品质优良。

中等品质的烟煤分布在安徽淮南、淮北,江苏徐州,甘肃东南部,宁夏中南部。

中等品质的无烟煤、贫煤分布在河南北部、山东西南部、四川东南部、重庆南部、江西南部、福建南部、广东东部、湖南南部、贵州中西部。

优质褐煤主要分布在东北三省西部和内蒙古东部。劣质褐煤主要分布在云南东南部,山东东北部也有少量分布。

燃煤发电使用的动力煤包括原煤、原煤的混合煤以及原煤与其他固体燃料的混合燃料。其他固体燃料包括农业生产的秸秆、城市固体可燃废弃物、油页岩、石油焦、煤矸石等。

煤粉的燃烧性质包括着火温度(t_i,℃)、燃尽度(u,-)、燃烧速度(w,g/s)、结渣性质、高温腐蚀、低温腐蚀、磨损、积灰等。由于电站煤粉锅炉运行中动力煤参数的波动,锅炉所有烟道的烟气温度都有所变化,这些变化可能会影响到主蒸汽温度、再热蒸汽温度,也会影响到 SCR/SNCR 烟气脱氮装置的正常运行和脱氮效率。

动力煤的主要成分是碳、氢、氧、氮、硫元素和水分、灰分。国内动力煤的发热量一般指收到基低位发热量($Q_{ar,net}$,kJ/kg),挥发分一般指干燥无灰基挥发分含量(V_{daf},%)。

碳是动力煤的主要发热元素;氢是动力煤的次要发热元素;氧是助燃元素;氮燃烧以后的主要产物是氮气,少量形成燃料型 NO_X;硫是烟气中 SO_2、SO_3 的来源,其造成炉膛受热面的一部分高温腐蚀和空气预热器低温腐蚀;水分燃烧以后形成烟气中水蒸气的主要部分;灰分是锅炉结渣、积灰、磨损炉膛受热面高温腐蚀的一部分。

燃煤电站使用的动力煤都采用收到基,因此收到基煤质参数对电站生产具有直接工程参考价值。空气干燥基数据对燃煤电站的生产没有直接参考价值,但是具有理论研究价值,同时空气干燥基数据丰富了煤质参数的数据库。国内动力煤的收到基水分、收到基灰分、收到基碳、收到基氢、收到基氧、收到基氮、收到基硫、收到基低位发热量参数列于表 2 - 1 ~ 表 2 - 4[4-114]中。

表 2 - 1　国内无烟煤数据

序号	煤种名称	M_{ar} /%	A_{ar} /%	C_{ar} /%	H_{ar} /%	O_{ar} /%	N_{ar} /%	S_{ar} /%	$Q_{ar,net}$ /(kJ·kg⁻¹)	V_{daf} /%
1	郭二庄煤	8.95	6.07	81.96	0.91	1.02	0.81	0.28	25 899	2.02
2	福建永安煤	8.00	9.84	78.30	0.86	1.71	0.50	0.79	27 675	2.63
3	福建煤2	10.80	13.85	72.95	1.18	0.58	0.14	0.50	25 770	2.84
4	福建天湖山煤	9.80	13.98	74.15	1.19	0.59	0.14	0.15	25 435	2.84
5	福建天明山煤	9.80	13.98	74.15	1.19	0.59	0.14	0.15	25 435	2.84
6	翠屏山煤	7.00	15.74	73.45	1.85	0.92	0.68	0.36	26 544	3.10
7	龙岩煤B	12.01	32.03	52.35	1.04	0.83	0.71	1.02	17 968	3.20
8	福建煤3	10.00	19.07	67.18	0.50	2.10	0.35	0.80	22 550	3.58
9	福建煤1	12.73	15.35	68.56	0.30	1.64	0.22	1.20	22 390	3.69
10	龙岩煤A	9.00	30.00	57.28	1.16	1.02	0.56	0.98	20 680	3.80
11	龙岩红炭山煤	12.00	12.32	72.65	1.59	0.76	0.30	0.38	25 187	4.00
12	邵武无烟煤	10.00	16.20	70.85	1.25	0.81	0.22	0.66	24 305	4.00
13	加福无烟煤	9.00	18.27	68.43	1.02	1.53	0.51	1.24	23 300	4.10
14	焦作煤A	2.89	10.37	80.72	2.83	1.76	1.04	0.39	29 288	4.53
15	福建红炭山煤	8.50	14.30	71.50	2.10	2.00	1.00	0.60	24 518	4.69
16	陆家地无烟煤	11.00	16.55	68.17	0.43	2.97	0.65	0.22	22 100	4.70
17	福建陆家地煤	11.10	18.57	66.20	0.40	2.88	0.62	0.23	22 140	4.72
18	福建邵武煤	11.82	25.35	58.67	1.41	2.15	0.22	0.37	20 959	4.88
19	邵武东坑子煤	7.00	32.09	56.41	1.04	1.46	0.49	1.52	19 044	5.00
20	梅县柱坑煤	9.27	7.24	79.19	0.89	2.11	0.54	0.76	26 699	5.42
21	连州煤A	7.50	32.15	53.00	1.20	3.30	1.35	1.50	18 810	5.50
22	金竹山煤C	9.00	30.33	55.58	1.57	1.47	0.55	1.50	19 627	6.00
23	京西无烟煤	5.00	22.80	67.90	1.70	2.00	0.40	0.20	23 040	6.00
24	晋城煤末	2.30	13.30	79.00	2.40	1.80	0.80	0.40	29 056	6.10
25	京西安家睢煤	8.00	35.36	52.69	0.80	2.36	0.32	0.47	17 744	6.63
26	昔阳煤	3.66	13.35	78.47	2.69	0.63	1.09	0.12	28 386	6.64

序号	煤种名称	M_{ar} /%	A_{ar} /%	C_{ar} /%	H_{ar} /%	O_{ar} /%	N_{ar} /%	S_{ar} /%	$Q_{ar,net}$ /($kJ \cdot kg^{-1}$)	V_{daf} /%
27	无烟煤 A	8.31	27.88	56.13	2.15	2.56	2.52	0.45	20 846	6.66
28	上黄煤	10.00	33.71	46.12	1.55	6.41	0.27	1.94	16 978	6.78
29	焦作焦东矿煤	14.17	18.68	62.00	2.38	1.65	0.77	0.35	22 366	7.00
30	焦作李村煤	7.00	20.46	66.88	2.25	2.03	1.02	0.36	23 900	7.00
31	焦作无烟煤	7.00	21.30	66.10	2.20	2.00	1.00	0.40	22 880	7.00
32	金竹山煤 A	9.39	35.99	49.60	1.71	1.53	0.58	1.20	17 793	7.00
33	金竹山无烟煤	7.00	22.32	65.38	2.26	1.84	0.57	0.64	23 584	7.00
34	京西大台煤	5.00	20.90	70.40	0.89	2.30	0.30	0.22	23 400	7.00
35	京西木城涧煤	5.00	22.80	67.87	1.73	1.95	0.43	0.22	23 000	7.00
36	无烟煤 B	7.68	28.93	59.90	1.66	0.67	0.62	0.54	21 165	7.18
37	连州煤 B	8.00	25.75	59.40	1.86	2.56	0.86	1.57	21 744	7.20
38	阳泉五矿煤	8.00	25.75	59.41	1.86	2.56	0.85	1.57	21 744	7.20
39	无烟煤 G	7.02	24.50	62.76	1.57	2.82	0.69	0.64	22 450	7.23
40	无烟煤 E	6.71	27.94	60.83	1.45	1.85	0.69	0.53	21 010	7.33
41	无烟煤 H	7.01	30.56	57.43	1.64	2.23	0.70	0.43	19 350	7.48
42	湖北新宏煤	7.00	19.10	63.63	3.32	5.33	1.15	0.47	24 068	7.62
43	阳泉煤屑	2.44	16.21	73.04	3.56	3.56	0.83	0.36	28 553	7.64
44	湖北源华煤	4.25	18.36	69.57	3.37	1.24	1.02	2.18	25 372	7.66
45	阳泉块煤	3.30	16.03	71.85	2.86	3.38	1.06	1.52	26 778	7.67
46	无烟煤 D	8.69	36.36	49.62	1.86	2.64	0.57	0.26	17 980	7.70
47	阳泉煤 D	6.13	26.59	59.74	2.00	2.15	0.91	2.48	21 999	7.76
48	耒阳煤 A	10.75	33.23	51.50	1.29	1.78	0.55	0.90	17 962	7.83
49	阳泉三矿煤	8.00	19.02	65.65	2.64	3.19	0.99	0.51	24 426	7.85
50	阳泉南庄矿煤	3.82	30.64	57.01	2.55	4.30	0.97	0.70	21 196	7.97
51	芙蓉煤	13.04	24.09	51.57	1.91	1.22	0.52	7.65	18 557	8.00
52	金竹山煤 B	9.53	41.08	44.71	1.50	1.40	0.98	0.80	15 973	8.00
53	金竹山无烟煤	7.00	22.30	65.40	2.30	1.80	0.60	0.60	22 210	8.00
54	湘水无烟煤	7.00	20.46	66.88	2.61	1.45	0.94	0.65	25 100	8.00
55	阳泉混煤	11.22	10.00	69.08	3.16	4.80	1.02	0.71	26 292	8.00

续表

序号	煤种名称	M_{ar} /%	A_{ar} /%	C_{ar} /%	H_{ar} /%	O_{ar} /%	N_{ar} /%	S_{ar} /%	$Q_{ar,net}$ /(kJ·kg^{-1})	V_{daf} /%
56	焦作焦西矿煤	11.37	19.53	62.88	1.82	2.40	0.64	1.36	23 697	8.09
57	红山下金煤	2.82	16.40	72.50	2.79	2.40	0.88	2.21	26 549	8.11
58	焦作煤 B	10.00	26.30	59.60	2.00	0.80	0.80	0.50	22 190	8.11
59	芙蓉白皎矿煤	9.20	28.42	54.37	2.04	1.73	0.66	3.58	19 694	8.13
60	芙蓉白皎煤	9.20	28.42	54.37	2.04	1.73	0.66	3.58	19 694	8.13
61	焦作煤 C	11.86	12.57	70.70	2.37	0.95	0.95	0.59	25 332	8.20
62	无烟煤 F	6.10	31.39	49.40	3.48	6.55	1.20	1.88	20 084	8.20
63	纳雍煤 C	10.00	27.50	57.32	2.10	1.37	0.81	0.90	21 100	8.30
64	纳雍煤 D	10.00	27.50	57.32	2.10	1.37	0.81	0.90	21 100	8.30
65	晋城凤凰山煤	10.21	17.24	66.99	2.15	2.38	0.75	0.28	24 279	8.35
66	红山朝阳煤	7.71	16.20	67.31	2.56	1.58	0.79	3.85	26 050	8.42
67	湘水煤	11.00	16.99	65.33	2.75	2.25	1.00	0.68	23 446	8.50
68	云浮混煤 2	7.84	24.41	59.18	1.59	4.30	0.92	1.75	20 854	8.69
69	富源无烟煤 A	7.67	19.99	65.55	2.52	1.94	1.04	1.29	23 883	8.75
70	焦作田门井煤	7.18	29.04	57.95	2.24	2.63	0.70	0.26	20 984	8.79
71	阳泉四矿煤	8.40	16.64	67.11	2.63	2.60	1.07	1.55	25 288	8.80
72	镇雄煤 C	5.90	20.58	66.96	2.26	2.73	0.94	0.63	24 030	8.82
73	广东曲仁煤	3.25	39.62	49.20	2.01	3.95	1.22	0.75	18 950	8.84
74	韶关曲仁煤	2.90	13.01	65.19	2.86	2.75	11.80	1.48	24 213	8.89
75	阳泉煤 C	5.00	21.17	65.35	1.96	4.19	1.02	1.31	23 283	8.99
76	晋城煤	8.00	20.20	65.65	2.69	2.40	0.93	0.13	24 283	9.00
77	晋城无烟煤	9.00	18.20	66.98	1.82	2.33	0.80	0.87	23 621	9.00
78	京西王平村煤	5.00	33.25	56.69	1.05	3.09	0.49	0.43	19 500	9.00
79	邵武丰海煤	6.00	39.01	48.89	1.37	3.35	0.60	0.77	16 481	9.00
80	阳泉煤 A	5.00	19.00	69.01	2.89	2.36	0.99	0.76	26 400	9.00
81	阳泉煤 B	5.56	21.11	65.44	3.22	2.67	1.11	0.89	26 400	9.00
82	耒阳煤 C	4.25	48.92	42.76	1.55	1.70	0.42	0.40	15 050	9.16
83	云浮混煤 3	7.15	24.82	59.62	2.01	4.88	0.78	0.73	21 439	9.20
84	纳雍煤 A	8.00	23.50	62.30	2.53	1.93	0.94	0.80	23 170	9.30
85	纳雍煤 B	8.00	23.50	62.30	2.53	1.93	0.94	0.80	23170	9.30

续表

序号	煤种名称	M_{ar} /%	A_{ar} /%	C_{ar} /%	H_{ar} /%	O_{ar} /%	N_{ar} /%	S_{ar} /%	$Q_{ar,net}$ /($kJ \cdot kg^{-1}$)	V_{daf} /%
86	云浮煤	10.06	29.01	56.14	2.07	0.93	1.02	0.77	21 262	9.33
87	松藻混煤	3.27	9.45	75.66	3.63	3.63	1.57	2.78	28 417	9.80
88	耒阳煤 B	3.45	57.61	34.67	1.54	1.70	0.32	0.71	12 220	9.86
89	铜川混煤	3.07	19.01	64.15	4.03	3.53	0.91	5.30	25 042	9.92
90	晋东南混煤	6.34	25.11	61.76	2.71	2.88	0.88	0.32	23 289	10.00
91	萍乡无烟煤	7.00	25.10	60.40	3.30	2.50	1.00	0.70	22 625	10.00

表 2 - 2   国内贫煤数据

序号	煤种名称	M_{ar} /%	A_{ar} /%	C_{ar} /%	H_{ar} /%	O_{ar} /%	N_{ar} /%	S_{ar} /%	$Q_{ar,net}$ /($kJ \cdot kg^{-1}$)	V_{daf} /%
1	新密芦沟矿	7.80	15.71	70.54	2.91	1.65	1.08	0.31	26 205	10.07
2	云浮混煤 1	8.00	16.00	69.09	2.78	2.62	1.13	0.38	25 849	10.27
3	富源无烟煤 B	7.31	23.52	61.54	2.60	1.89	1.10	2.04	22 000	10.45
4	沁北混煤 A	6.71	23.71	61.98	2.69	3.17	1.04	0.70	23 055	10.84
5	鄂尔多斯混煤	8.10	13.92	72.10	2.96	1.32	1.17	0.43	26 770	11.19
6	永城煤	4.21	21.17	67.64	3.06	2.48	1.01	0.44	23 400	11.27
7	长治混煤	1.20	18.23	69.83	3.09	1.79	0.85	5.01	26 860	11.48
8	耒阳煤 D	3.84	57.60	34.67	1.55	1.70	0.32	0.32	12 852	11.49
9	茶山无烟煤	5.00	16.15	71.20	2.84	2.76	1.18	0.87	27 200	11.50
10	芙蓉贫煤 C	7.50	25.90	59.41	2.40	1.47	0.80	2.53	22 200	11.50
11	无烟煤 C	1.80	34.26	54.51	2.88	2.92	0.94	2.69	20 751	11.64
12	阳泉一矿煤	6.55	21.25	64.70	2.90	0.90	2.68	1.02	24 577	12.14
13	凤城煤	12.03	22.22	60.10	2.43	2.17	0.67	0.38	22 570	12.22
14	松藻煤 A	10.45	22.45	55.87	2.43	3.97	0.86	3.96	20 550	12.72
15	淄博夏庄煤 A	4.91	20.90	65.54	2.84	2.34	0.10	3.37	24 264	12.81
16	涉县龙山混煤 B	7.35	26.05	59.80	2.82	2.56	1.07	0.35	22 780	12.88
17	淄博贫煤混煤	5.70	28.78	55.66	2.77	3.01	1.07	3.02	21 330	12.88
18	镇雄煤 B	8.10	28.47	55.23	2.34	4.16	0.75	0.95	20 520	12.93
19	石淙一矿煤	9.37	19.15	63.90	2.82	3.28	1.19	0.29	24 065	12.97

续表

序号	煤种名称	M_{ar} /%	A_{ar} /%	C_{ar} /%	H_{ar} /%	O_{ar} /%	N_{ar} /%	S_{ar} /%	$Q_{ar,net}$ /(kJ·kg^{-1})	V_{daf} /%
20	鄂冶源华贫煤	7.00	20.17	64.34	2.97	1.74	1.31	2.47	23 921	13.00
21	新密王沟贫煤	6.00	14.10	73.51	3.28	1.36	1.36	0.40	26 800	13.00
22	淄博贫煤	4.30	22.60	64.80	3.10	1.60	1.00	2.60	24 294	13.00
23	淄博夏庄煤 B	3.00	18.43	69.69	3.30	1.73	1.10	2.75	26 800	13.00
24	芙蓉贫煤 A	9.00	28.67	55.19	2.38	1.51	0.74	2.51	20 900	13.25
25	芙蓉贫煤 B	6.50	22.80	61.90	2.40	1.60	1.00	3.80	22 591	13.30
26	松藻打通矿煤	11.33	24.46	54.38	2.56	2.75	0.88	3.64	20 167	13.42
27	本溪洗中煤	9.40	46.20	33.90	2.30	5.00	0.30	2.90	12 853	13.50
28	松藻煤 B	6.25	29.60	54.63	2.27	2.19	0.97	4.09	20 083	13.53
29	山西潞安煤	6.60	21.21	64.46	3.31	3.35	0.80	0.27	24 860	13.70
30	奎山煤	4.00	13.88	72.99	3.58	1.42	1.02	3.11	27 473	14.00
31	山西贫混煤 E	9.00	29.72	52.93	2.53	3.49	0.93	1.40	20 096	14.00
32	夏庄煤	3.87	19.21	67.87	3.00	2.35	1.28	2.42	26 008	14.00
33	新密五里店贫煤	6.00	15.67	69.91	3.43	3.04	1.48	0.47	26 800	14.00
34	新密原煤	12.06	9.05	68.44	3.62	5.93	0.50	0.40	25 120	14.00
35	西山白家庄矿	5.42	15.73	70.80	3.12	2.46	0.94	1.53	27 470	14.20
36	登封煤	10.05	24.55	58.27	2.87	2.62	1.19	0.45	22 032	14.22
37	镇雄煤 A	6.80	36.08	48.58	2.57	2.54	0.96	2.47	18 650	14.77
38	韩城贫煤	7.00	23.25	58.66	3.77	2.51	0.84	3.98	22 700	15.00
39	龙泉煤	1.66	15.95	73.25	3.54	2.13	1.27	2.21	27 155	15.00
40	贫煤 A	7.15	28.41	54.61	2.98	5.05	1.06	0.74	20 678	15.00
41	山西贫混煤 D	9.00	24.25	58.25	2.87	3.28	0.95	1.40	22 278	15.00
42	西山贫煤	6.00	19.70	67.60	2.70	1.80	0.90	1.30	24 720	15.00
43	榆社混煤 1	9.00	24.25	58.25	2.87	3.28	0.95	1.40	22 278	15.00
44	榆社混煤 2	9.00	29.72	52.93	2.53	3.49	0.93	1.40	20 096	15.00
45	潞安贫煤	7.35	18.46	66.10	2.77	3.67	1.14	0.51	25 492	15.24
46	山西贫混煤 A	8.00	20.58	64.17	3.04	2.62	1.06	0.53	23 942	15.48
47	河南贫煤 B	7.10	31.57	53.23	2.65	3.64	1.03	0.78	19 970	15.50
48	鹤壁贫煤 A	8.00	15.64	68.27	3.28	3.28	1.22	0.31	26 700	15.50
49	山西贫混煤 B	7.21	16.13	69.07	3.34	2.60	1.16	0.48	25 874	15.64

续表

序号	煤种名称	M_{ar} /%	A_{ar} /%	C_{ar} /%	H_{ar} /%	O_{ar} /%	N_{ar} /%	S_{ar} /%	$Q_{ar,net}$ /(kJ·kg^{-1})	V_{daf} /%
50	鹤壁贫煤 C	7.48	24.61	60.40	2.89	3.07	0.87	0.68	22 973	15.70
51	贫煤 B	6.00	21.82	64.89	2.83	2.40	0.98	1.08	23 873	15.72
52	阳泉煤	1.40	24.12	64.67	3.13	1.00	3.10	2.58	24 870	15.79
53	石洞口混煤 B	9.60	20.97	60.02	2.38	6.10	0.56	0.37	21 010	15.90
54	西山营庄矿煤	5.99	15.97	70.05	3.15	2.26	0.96	1.62	25 660	15.93
55	贫煤 E	8.00	23.00	60.81	3.35	2.97	0.95	0.92	22 999	16.00
56	山西贫混煤 F	6.00	25.55	59.14	3.20	3.38	0.93	1.80	23 036	16.00
57	石洞口混煤 A	7.00	26.70	58.44	3.13	3.00	0.83	0.90	22 687	16.00
58	西山白家庄贫煤	6.00	19.74	67.58	2.67	1.78	0.89	1.34	24 700	16.00
59	榆社混煤 3	6.00	25.55	59.15	3.20	3.38	0.92	1.80	23 036	16.00
60	洪山三井煤	0.96	27.26	61.30	3.27	3.34	0.92	2.95	24 086	16.34
61	贫煤 C	7.28	32.82	52.12	2.54	2.99	0.71	1.53	19 501	16.52
62	涉县龙山混煤 A	6.16	21.73	64.61	2.86	2.65	1.04	0.95	24 620	16.54
63	山西贫混煤 C	8.30	26.93	57.64	2.84	2.47	0.98	0.84	22 630	16.70
64	河南贫煤 A	6.60	25.00	60.71	2.59	3.22	1.28	0.60	22 000	16.97
65	煤种 A	9.60	27.70	52.61	2.82	3.20	0.88	3.20	19 638	17.00
66	淄博洪山煤 B	2.00	23.52	64.57	3.13	2.98	1.04	2.76	25 500	17.00
67	淄博寨里贫煤	2.00	23.52	64.57	3.13	2.98	1.04	2.76	25 500	17.00
68	贫煤 D	7.12	33.60	53.20	2.60	2.70	0.35	0.43	20 219	17.09
69	西峪矿煤	5.33	22.73	63.87	2.93	3.11	1.06	0.97	23 978	17.26
70	鹤壁一矿煤	6.14	21.77	64.55	3.20	2.08	1.14	1.12	24 593	17.40
71	鹤壁贫煤 D	10.07	27.52	53.86	2.99	4.08	0.97	0.51	21 050	17.52
72	太原西山洗煤	10.00	24.63	55.09	3.69	5.23	0.97	0.39	21 938	17.70
73	峰峰煤	7.00	14.96	69.45	3.52	3.20	1.09	0.78	26 800	18.00
74	萍乡巨源贫煤	7.00	25.18	59.34	3.33	3.46	1.02	0.68	23 000	18.00
75	沁北混煤 B	5.60	28.52	57.93	3.27	2.67	1.01	1.00	22 000	18.19
76	资兴洗中煤	10.09	27.12	56.32	3.02	2.11	0.82	0.52	21 520	18.30
77	贫煤 F	6.80	31.20	54.89	2.63	2.42	0.73	1.33	20 507	18.39
78	淄博洪山煤 A	6.09	29.45	56.30	2.88	1.56	0.89	2.83	21 239	18.39
79	铜川三里铜煤	4.90	26.77	56.67	2.89	2.83	0.64	5.30	22 358	18.52

续表

序号	煤种名称	M_{ar} /%	A_{ar} /%	C_{ar} /%	H_{ar} /%	O_{ar} /%	N_{ar} /%	S_{ar} /%	$Q_{ar,net}$ /(kJ·kg^{-1})	V_{daf} /%
80	鹤壁贫煤 B	4.95	31.29	53.29	2.69	5.50	1.06	1.22	21 012	18.60
81	南桐煤	5.04	18.98	64.15	4.57	2.31	1.54	3.40	24 810	18.60
82	安阳混煤	9.50	18.31	65.33	2.90	2.30	1.06	0.60	24 149	18.98
83	太原西山煤	1.71	15.34	74.04	3.69	3.61	1.09	0.52	28 721	19.00
84	淄博煤	0.78	14.77	72.44	4.19	2.76	1.39	3.66	27 980	19.00
85	河津煤	2.34	29.47	56.55	3.14	5.46	0.69	2.35	21 790	19.26
86	洪山煤	0.72	26.03	62.27	3.84	2.52	1.27	3.35	25 120	19.50
87	观音堂煤 A	3.00	25.22	62.45	3.95	3.59	1.08	0.72	24 700	20.00
88	铜川王石凹贫煤	6.00	29.14	54.87	2.79	3.18	0.97	3.05	21300	20.00

表 2-3 国内烟煤数据

序号	煤种名称	M_{ar} /%	A_{ar} /%	C_{ar} /%	H_{ar} /%	O_{ar} /%	N_{ar} /%	S_{ar} /%	$Q_{ar,net}$ /(kJ·kg^{-1})	V_{daf} /%
1	观音堂煤 B	2.03	22.57	64.74	3.78	4.74	1.17	0.97	25 991	20.10
2	辽宁鞍山煤	1.90	16.70	70.82	3.58	2.36	0.65	3.99	27 790	20.10
3	铜川三里铜贫煤	10.00	37.80	41.34	2.24	2.09	0.73	5.79	15 700	21.00
4	淮北煤 B	6.55	20.46	63.20	3.07	5.28	1.03	0.42	23 685	21.23
5	淮北煤 A	5.60	19.07	66.52	3.84	3.24	1.21	0.53	25 100	21.40
6	峰峰野清煤	6.66	11.10	70.37	4.49	3.45	1.07	2.86	27 934	21.50
7	义马陈村矿煤	6.40	23.96	62.57	3.22	1.69	0.93	1.23	22 986	21.66
8	通化烟煤	10.50	43.10	38.46	2.16	4.65	0.52	0.61	14 556	21.91
9	开滦煤 A	8.01	38.49	43.36	2.87	5.22	0.97	1.08	17 689	21.95
10	铜川李家塔贫煤	6.00	30.08	52.93	2.88	4.60	0.70	2.81	21 100	22.00
11	银川王家河煤	5.81	13.60	65.62	3.54	6.20	0.92	4.31	24 966	22.27
12	烟煤 L	10.30	29.70	48.48	3.60	6.42	0.84	0.66	19 294	22.70
13	褐煤 A	55.30	3.35	28.56	2.08	10.29	0.30	0.12	10 193	22.80
14	大同煤 A	4.48	12.04	69.48	4.18	7.22	0.82	1.78	27 213	24.00
15	开滦煤 C	1.20	28.10	58.20	4.30	6.30	1.10	0.80	22 825	24.00
16	石碳井一矿煤	4.80	33.37	52.61	2.94	4.57	0.84	0.87	19 845	24.01
17	唐山 1 号未煤	1.09	26.03	60.16	3.54	7.40	1.24	0.54	23 284	24.21

序号	煤种名称	M_{ar} /%	A_{ar} /%	C_{ar} /%	H_{ar} /%	O_{ar} /%	N_{ar} /%	S_{ar} /%	$Q_{ar,net}$ /($kJ \cdot kg^{-1}$)	V_{daf} /%
18	滴麻 2 号洗中煤	7.95	42.06	42.28	2.69	4.26	0.52	0.24	16 265	24.40
19	佳木斯煤	4.44	15.23	69.87	4.43	4.57	0.93	0.53	27 532	24.47
20	平顶山烟煤	7.00	25.60	58.20	3.70	4.10	0.90	0.50	22 625	24.60
21	鹅毛口沟煤	3.10	12.15	73.75	4.69	3.26	0.75	2.30	27 795	24.64
22	大同烟煤	3.00	11.70	70.80	4.50	7.10	0.70	2.20	27 800	24.70
23	广旺煤	3.00	38.80	44.46	3.55	8.32	0.76	1.11	17 200	25.00
24	井陉贫煤	6.00	20.90	63.12	3.69	4.78	1.01	0.51	25 500	25.00
25	四川华蓥山煤	7.00	32.55	47.70	2.96	5.74	0.73	3.32	18 000	25.00
26	北票洗中煤	5.29	25.93	56.98	2.41	8.56	0.79	0.04	21 817	25.06
27	林西洗中煤 3 号	5.27	22.81	59.64	3.98	5.67	1.16	1.47	23 835	25.60
28	双山煤	0.96	27.26	61.31	3.28	3.35	0.88	2.96	21 406	26.00
29	准格尔煤 A	8.90	21.13	55.09	2.66	10.76	0.93	0.53	21 126	26.32
30	褐煤 C	27.81	14.02	42.71	3.07	11.52	0.55	0.32	16 080	26.61
31	邯郸煤	3.50	32.20	54.51	3.44	4.11	0.84	1.40	21 771	27.22
32	烟煤 N	6.02	41.70	43.38	2.49	5.30	0.70	0.41	16 200	27.38
33	烟煤 E	7.00	30.13	52.15	3.28	5.67	1.07	0.70	20 306	28.00
34	烟煤 F	7.00	30.13	52.15	3.28	5.67	1.07	0.70	20 306	28.00
35	通化苇塘煤	5.21	30.48	54.26	3.32	5.52	0.88	0.33	21 030	28.22
36	双鸭山岭东煤	3.61	15.83	70.43	4.25	4.77	0.81	0.30	27 997	28.69
37	阿干镇煤	8.28	9.07	68.18	3.73	9.40	0.65	0.69	26 966	28.80
38	萍乡残渣煤	5.89	38.28	46.82	3.09	4.44	1.01	0.47	18 107	28.80
39	鸡西恒山煤	4.63	17.81	65.50	4.48	6.39	0.77	0.41	25 853	29.00
40	新高山煤	2.55	7.56	75.29	4.68	8.83	0.89	0.21	27 900	29.01
41	峰峰洗中煤	1.53	39.30	47.80	3.30	6.95	0.77	0.35	18 972	29.30
42	大友煤	14.60	11.62	60.78	3.33	8.43	0.57	0.67	23 557	29.98
43	烟煤 K	3.30	37.00	47.52	3.22	7.40	1.01	0.54	17 409	30.30
44	石钢厂洗中煤	8.80	29.85	51.16	3.57	5.04	1.00	0.57	19 070	30.73
45	下花园煤	3.99	12.92	64.47	3.94	13.58	0.88	0.22	25 031	31.00
46	宁夏烟煤 A	5.05	28.72	53.94	3.63	6.78	0.87	0.99	21 071	31.01
47	兴隆煤	2.42	38.88	48.76	3.43	3.86	1.07	1.58	18 714	31.10
48	神华煤 F	13.90	12.93	59.37	3.40	9.35	0.66	0.39	22 593	31.13

序号	煤种名称	M_{ar}/%	A_{ar}/%	C_{ar}/%	H_{ar}/%	O_{ar}/%	N_{ar}/%	S_{ar}/%	$Q_{ar,net}$/(kJ·kg^{-1})	V_{daf}/%
49	神华煤 G	11.50	10.70	63.13	3.62	9.94	0.70	0.41	24 140	31.13
50	龙煤	4.39	30.59	56.15	3.66	3.75	1.11	0.35	21 910	31.15
51	大同峪山煤	7.39	10.77	69.15	3.03	7.74	0.77	1.15	25 583	31.25
52	大山白洞煤	9.27	9.54	68.94	3.82	6.70	0.73	1.00	26 214	31.33
53	七台河煤	4.39	32.37	52.33	2.82	6.97	0.94	0.18	19 915	31.34
54	太原煤	2.38	14.20	67.41	4.50	7.50	2.00	2.00	24 718	31.60
55	新疆准东煤	17.09	9.97	58.10	2.80	11.14	0.60	0.30	21 508	31.63
56	神华煤 A	12.40	14.54	59.30	3.39	8.52	0.61	1.24	22 720	31.72
57	汾西南关煤	5.00	20.90	61.80	3.85	3.85	1.26	3.33	25 100	32.00
58	东林混煤	4.00	29.33	55.20	3.50	2.73	1.16	4.08	22 374	32.20
59	中梁山煤	4.00	29.34	55.19	3.50	2.73	1.16	4.08	22 365	32.20
60	烟煤 Q	16.10	25.18	47.05	2.29	7.94	0.62	0.82	16 920	32.26
61	临汾烟煤	2.60	41.32	50.11	3.25	1.35	0.63	0.74	19 657	32.26
62	烟煤 M	17.13	18.10	51.93	3.20	8.57	0.69	0.38	19 649	32.45
63	抚顺泥煤	12.44	28.67	44.90	3.56	9.26	0.72	0.45	16 998	32.54
64	劣质烟煤 A	5.57	54.19	31.61	2.13	5.66	0.50	0.34	12 130	32.67
65	神华煤 B	2.60	6.56	73.63	4.54	11.38	0.95	0.34	28 370	32.76
66	淮南煤 B	8.20	19.43	63.04	3.28	4.54	1.19	0.32	24 760	32.83
67	淮南丰城煤	1.39	26.71	55.29	3.02	7.26	0.88	5.45	23 198	33.00
68	烟煤 G	11.80	27.13	48.05	2.51	8.74	0.54	1.23	17 790	33.15
69	新疆五彩湾煤	24.90	4.83	55.30	2.40	11.75	0.45	0.37	19 510	33.24
70	烟煤 R	8.97	27.54	54.93	3.23	3.92	0.76	0.65	21 292	33.47
71	阜新末煤	12.45	17.16	56.75	3.37	8.73	0.90	0.63	21 695	33.54
72	乌达教子沟煤	2.75	29.18	46.22	3.75	16.48	1.20	0.42	18 875	33.58
73	烟煤 C	13.00	15.00	57.33	3.62	9.94	0.70	0.41	21 805	33.64
74	唐山煤	6.02	27.57	56.11	2.69	5.88	1.01	0.72	20 989	33.67
75	大同煤 B	14.50	6.30	63.75	3.58	10.76	0.71	0.40	24 210	33.80
76	山西塔山煤	14.00	11.76	63.09	3.95	5.93	0.82	0.45	24 190	33.80
77	开滦林西煤	7.00	23.25	58.24	3.63	5.86	1.05	0.98	22 600	34.00
78	大同煤 C	9.81	12.99	61.82	2.92	10.83	0.84	0.79	23 008	34.00

续表

序号	煤种名称	M_{ar} /%	A_{ar} /%	C_{ar} /%	H_{ar} /%	O_{ar} /%	N_{ar} /%	S_{ar} /%	$Q_{ar,net}$ /(kJ·kg^{-1})	V_{daf} /%
79	神华煤 C	15.40	6.73	62.79	3.64	10.33	0.67	0.44	23 420	34.13
80	神华煤 D	15.40	6.73	62.79	3.64	10.33	0.67	0.44	23 420	34.13
81	枣林甘林矿煤	7.71	25.41	56.90	3.64	2.25	0.88	3.21	22362	34.27
82	南昌电厂煤	2.35	29.51	56.05	3.32	7.45	0.88	0.44	21 612	34.57
83	开滦煤 B	2.59	34.27	51.61	3.07	6.81	1.07	0.56	19 954	34.60
84	鹤岗二槽混煤	10.98	2.45	70.95	4.71	9.87	0.76	0.27	27 774	34.76
85	开滦洗中煤 A	8.00	35.00	46.50	3.10	5.80	0.70	0.90	17 180	35.00
86	开滦洗中煤 B	8.00	35.00	46.50	3.10	5.80	0.70	0.90	17 180	35.00
87	宁武阳方口煤	8.30	23.98	54.96	3.70	7.28	0.82	0.96	21 350	35.00
88	神华煤 H	14.00	11.00	60.33	3.62	9.94	0.70	0.41	22 760	35.00
89	宁夏烟煤 B	4.46	20.29	61.69	3.85	6.67	0.96	2.08	24 471	35.02
90	承德煤	2.89	42.14	46.04	2.35	4.69	0.68	1.22	17 407	35.11
91	黄陵煤	5.33	19.95	62.16	4.09	6.50	1.31	0.66	23 865	35.46
92	肥城煤(三层)	8.56	14.20	63.34	4.58	7.87	1.03	0.43	24 639	35.65
93	西蒙煤	15.10	7.73	62.03	2.51	11.64	0.76	0.24	22 546	35.87
94	淮南谢一矿煤	7.06	24.43	57.03	3.63	6.28	1.03	0.54	22 148	35.92
95	鹤岗兴山煤	5.50	22.68	59.68	4.09	7.18	0.57	0.29	23 900	36.00
96	宁东煤	15.90	16.42	55.65	3.06	7.70	0.89	0.38	20 780	36.06
97	平顶山一矿煤	6.47	27.56	56.69	3.62	4.25	0.98	0.43	22 101	36.10
98	平三烟煤	6.50	23.01	56.78	3.54	7.61	1.02	1.54	22 010	36.28
99	鸡西张新矿煤	7.16	22.78	57.44	3.58	8.00	0.73	0.31	22 316	36.39
100	铜川煤	10.00	10.79	65.47	3.47	9.16	0.69	0.42	25 180	36.55
101	神华煤 E	16.60	6.05	62.94	3.97	9.31	0.73	0.40	24 060	36.64
102	褐煤 E	31.20	15.20	38.56	2.74	11.46	0.45	0.39	14 210	36.78
103	烟煤 D	8.19	27.62	51.76	2.99	7.71	0.83	0.90	19 710	36.88
104	大通原煤	15.52	18.42	50.65	2.50	11.11	0.90	0.90	18 254	37.00
105	甘肃窑街煤	5.92	8.90	68.10	3.98	11.55	0.98	0.57	26 222	37.00
106	鹤岗洗中煤	11.00	34.70	44.50	3.00	5.90	0.70	0.20	17 390	37.00

序号	煤种名称	M_{ar} /%	A_{ar} /%	C_{ar} /%	H_{ar} /%	O_{ar} /%	N_{ar} /%	S_{ar} /%	$Q_{ar,net}$ /(kJ·kg^{-1})	V_{daf} /%
107	蛟河煤	9.22	27.48	50.14	3.40	8.81	0.57	0.38	19 409	37.00
108	六道湾原煤	9.20	17.10	59.60	3.50	9.20	0.70	0.70	22 859	37.00
109	徐州烟煤	10.00	13.50	63.00	4.10	6.70	1.50	1.20	24 720	37.00
110	准格尔煤 C	14.60	16.05	55.56	3.18	9.03	0.95	0.63	20 710	37.05
111	山东张庄煤	3.55	11.52	69.40	4.73	7.93	1.59	1.28	27 632	37.20
112	准格尔煤 B	8.00	18.31	58.20	3.57	10.44	1.01	0.47	21 920	37.21
113	鹤岗煤	10.26	21.13	57.79	3.76	6.06	0.89	0.11	22 901	37.30
114	烟煤 H	14.80	9.97	58.75	3.90	11.48	0.68	0.42	22 940	37.40
115	鹤岗兴安矿煤	8.37	20.45	58.68	3.89	7.88	0.59	0.14	22 944	37.45
116	乌东煤	7.80	14.19	65.65	4.03	6.79	0.86	0.68	25 110	37.53
117	平朔混煤	7.99	21.28	56.07	3.29	9.46	1.08	0.83	21 529	37.60
118	华亭煤	16.01	17.32	52.50	3.03	9.96	0.54	0.64	19 630	37.66
119	肥城煤(十五层)	4.46	21.16	59.93	4.42	6.71	0.94	2.38	23 797	37.71
120	奇台矿煤	13.15	9.26	64.65	2.79	8.38	0.58	1.20	23 530	37.96
121	哈密煤	8.06	15.40	60.28	3.59	11.37	0.89	0.41	23 487	38.00
122	淮南煤 D	6.00	19.70	60.80	4.00	7.70	1.10	0.70	24 300	38.00
123	准格尔褐煤	6.68	30.21	49.17	4.04	8.59	0.92	0.38	20 044	38.05
124	烟煤 I	5.81	25.94	55.55	3.45	7.80	0.90	0.55	21 070	38.22
125	烟煤 A	8.20	31.09	47.45	3.03	8.68	0.77	0.78	18 130	38.45
126	淮南煤 E	8.85	21.37	57.42	3.81	7.16	0.93	0.46	22 475	38.48
127	山东良庄烟煤	9.57	34.56	49.52	3.25	0.12	0.91	2.06	19 306	38.50
128	乌鲁木齐煤	6.20	5.27	72.97	4.56	9.33	0.86	0.81	29 441	38.50
129	朔县煤	6.76	27.77	47.72	4.57	10.81	1.20	1.18	20 092	38.56
130	平朔煤 A	8.30	12.89	63.88	4.11	8.99	1.06	0.77	24 640	38.60
131	烟煤 J	13.68	18.79	54.94	3.46	7.72	0.92	0.49	21 340	38.65
132	盘江月亮田矿煤	8.52	28.49	56.15	3.45	1.73	1.08	0.58	23 237	38.85
133	鹤岗混煤	5.42	28.74	54.77	4.39	5.59	0.87	0.23	22 692	39.22
134	云南烟煤	11.76	27.73	49.48	3.31	6.38	0.91	0.43	19 009	39.22
135	平顶山煤	1.72	37.58	49.01	2.96	6.48	1.17	1.09	18 714	39.50
136	平朔煤 B	8.40	23.39	53.96	3.45	8.51	0.75	1.54	20 953	39.66

序号	煤种名称	M_{ar} /%	A_{ar} /%	C_{ar} /%	H_{ar} /%	O_{ar} /%	N_{ar} /%	S_{ar} /%	$Q_{ar,net}$ /(kJ·kg^{-1})	V_{daf} /%
137	铁岭长焰煤	16.84	18.75	50.84	3.24	9.05	0.67	0.62	19 522	39.88
138	北票寇山煤	14.00	28.38	47.82	3.40	5.53	0.63	0.23	18 800	40.00
139	新汶烟煤	6.00	18.80	61.00	4.10	6.80	1.40	1.90	25 140	40.00
140	铁法煤	17.30	25.02	43.23	4.34	8.47	1.12	0.52	18 618	40.12
141	乌鲁木齐苇湖梁煤	8.61	17.25	59.84	4.05	8.35	1.03	0.87	24 158	40.20
142	红岩烟煤	13.39	16.05	57.85	3.41	8.00	0.76	0.54	22 112	40.24
143	烟煤 P	20.80	10.87	52.03	3.40	12.00	0.60	0.30	20 019	40.28
144	淮北袁庄矿煤	6.34	33.25	48.47	3.42	5.35	2.87	0.30	18 422	40.29
145	包头长汉沟矿	5.40	20.06	64.85	4.45	3.71	1.22	0.31	25 812	40.32
146	新疆淮南烟煤	4.61	13.36	69.76	4.46	6.38	1.11	0.32	26 603	40.38
147	徐州义安矿煤	6.60	32.66	54.43	3.12	2.00	0.80	0.39	20 854	40.63
148	朔州麻家梁煤	9.92	24.49	53.66	3.33	7.28	1.00	0.32	20 590	40.77
149	石拐沟选煤	3.14	28.84	54.04	4.03	8.83	0.79	0.32	21 980	40.90
150	阜新烟煤	15.00	23.00	48.30	3.30	8.60	0.80	1.00	18 645	41.00
151	义马烟煤	17.00	16.60	49.60	3.20	11.60	0.70	1.30	19 690	41.00
152	淮阳煤	2.93	28.59	54.40	3.39	7.85	1.09	1.75	21 980	41.20
153	北票煤	6.04	32.58	52.49	2.81	5.16	0.77	0.15	19 919	41.35
154	淮南煤 C	7.40	25.97	54.50	3.81	7.21	0.82	0.29	21 070	41.65
155	阜新海州原煤	11.01	13.05	55.70	3.93	13.75	1.03	1.51	20 770	42.61
156	水城大河矿煤	10.53	25.34	52.78	3.94	4.54	1.08	1.79	21 041	42.63
157	元宝山煤	11.06	21.00	49.94	3.26	12.70	0.61	1.43	19 416	43.00
158	抚顺老虎台选煤厂煤	26.81	8.95	52.02	4.00	7.07	0.83	0.32	19 841	43.48
159	海勃湾公乌素煤	8.35	24.02	49.73	3.06	12.05	0.91	1.88	19 209	43.63
160	抚顺西露天矿煤	13.90	13.38	56.44	4.40	9.93	1.38	0.57	22 093	44.40
161	抚顺胜利矿煤	10.64	11.20	61.82	4.95	9.71	1.26	0.42	24 551	44.53
162	阜新煤	13.20	16.78	54.35	3.71	9.99	0.76	1.22	21 771	44.70
163	新疆南露天煤	30.00	3.28	53.83	2.15	9.85	0.45	0.44	18 600	44.78

续表

序号	煤种名称	M_{ar}/%	A_{ar}/%	C_{ar}/%	H_{ar}/%	O_{ar}/%	N_{ar}/%	S_{ar}/%	$Q_{ar,net}$/(kJ·kg^{-1})	V_{daf}/%
164	抚顺煤	10.67	17.38	55.56	4.16	10.11	1.30	0.82	21 771	45.00
165	平庄煤	10.00	18.00	51.26	3.53	16.13	0.50	0.58	20 143	45.00
166	抚顺烟煤	13.00	14.80	56.90	4.40	9.10	1.20	0.60	22 415	46.00
167	烟煤 O	15.50	8.44	58.97	3.75	12.19	0.69	0.46	23 000	46.22
168	辽源原煤	4.79	14.09	57.28	4.58	17.96	0.97	0.33	22 499	46.70
169	淮南煤 A	8.20	19.36	54.56	3.31	12.40	1.06	1.11	21 048	47.00
170	辽源梅河矿煤	14.57	21.70	47.13	3.25	11.99	0.95	0.41	18 133	47.87

表 2-4　国内褐煤数据

序号	煤种名称	M_{ar}/%	A_{ar}/%	C_{ar}/%	H_{ar}/%	O_{ar}/%	N_{ar}/%	S_{ar}/%	$Q_{ar,net}$/(kJ·kg^{-1})	V_{daf}/%
1	阜新新丘矿煤	13.38	27.41	43.50	2.85	10.81	0.88	1.17	16 998	37.51
2	大同混煤	8.10	33.45	46.68	2.95	7.72	0.79	0.31	17 610	38.96
3	朔县洗中煤	10.00	34.20	44.60	3.30	5.70	0.90	1.30	17 500	40.00
4	上都混煤 A	39.10	10.79	37.16	1.97	9.38	0.45	1.14	13 260	40.60
5	褐煤 J	6.00	38.02	42.44	2.83	9.31	0.67	0.73	16 290	41.14
6	南票煤	12.40	28.63	46.60	2.41	8.33	0.83	0.80	17 438	41.65
7	阜新劣质煤 B	16.32	23.38	45.14	3.70	9.20	0.69	1.57	16 768	41.98
8	扎赉诺尔煤 A	3.00	34.14	44.32	2.77	14.75	0.82	0.19	17 270	42.00
9	扎赉诺尔灵泉煤	37.11	6.99	37.78	0.64	14.95	2.34	0.19	12 201	42.41
10	褐煤 B	13.57	30.58	42.24	2.61	10.00	0.61	0.39	16 007	42.47
11	宝日希勒褐煤 A	36.80	7.22	42.11	2.81	10.36	0.46	0.24	15 801	42.66
12	蒙东褐煤 A	35.00	11.30	42.11	2.35	8.56	0.44	0.24	14 940	42.66
13	烟煤 B	5.97	46.59	38.87	2.57	4.96	0.57	0.48	15 201	42.91
14	平庄古山矿煤	22.86	20.23	42.61	2.84	9.78	0.61	1.07	15 680	42.99
15	扎赉诺尔煤 B	30.85	8.18	46.77	2.92	10.60	0.53	0.16	17 362	43.13
16	大雁褐煤	30.50	9.02	44.88	2.76	12.11	0.56	0.18	16 806	43.62
17	扎赉诺尔煤 C	31.30	12.00	41.91	2.78	11.43	0.46	0.12	15 832	43.67
18	扎赉诺尔褐煤	34.63	17.02	34.65	2.34	10.48	0.57	0.31	12 288	43.75

序号	煤种名称	M_{ar}/%	A_{ar}/%	C_{ar}/%	H_{ar}/%	O_{ar}/%	N_{ar}/%	S_{ar}/%	$Q_{ar,net}$/(kJ·kg^{-1})	V_{daf}/%
19	平庄元宝山混煤	28.70	12.20	43.00	3.00	11.30	0.50	1.30	16 470	43.80
20	平庄元宝山煤	29.31	16.14	39.79	2.52	10.52	0.60	1.12	13 980	43.80
21	白音华褐煤 A	22.89	31.29	33.51	2.24	8.65	0.97	0.45	12 140	43.89
22	扎赉诺尔西山煤	35.48	7.09	38.63	0.85	15.32	2.49	0.14	12 728	43.99
23	元宝山褐煤	24.00	21.30	39.30	2.70	11.20	0.60	0.90	14 580	44.00
24	阜新劣质煤 A	16.70	29.37	40.10	2.88	9.22	0.55	1.18	14 720	44.80
25	锡林浩特胜利煤 B	33.00	18.45	34.10	2.20	10.50	0.64	1.11	12 646	44.80
26	白音华褐煤 B	17.59	26.70	39.84	2.37	11.78	0.73	1.00	14 700	44.96
27	褐煤 F	31.01	11.98	42.42	1.89	11.90	0.53	0.26	14 742	45.42
28	广汇 2 褐煤	31.00	13.05	34.74	3.82	15.48	0.95	0.96	14 523	45.68
29	锡林浩特胜利煤 A	30.00	17.97	36.50	2.60	11.30	0.63	1.00	13 904	45.70
30	浑江褐煤混煤	29.29	21.61	35.75	2.63	9.67	0.71	0.34	13 704	45.90
31	霍林河煤 B	29.29	21.61	35.75	2.63	9.67	0.71	0.34	13 704	45.90
32	褐煤 H	32.00	8.30	46.41	2.90	9.59	0.63	0.17	16 240	46.15
33	褐煤 I	22.60	32.80	33.32	2.14	8.30	0.58	0.27	12 569	46.80
34	上都混煤 B	29.50	13.43	40.96	2.78	12.27	0.61	0.45	15 561	46.80
35	胜利褐煤 A	29.50	13.43	40.96	2.78	12.27	0.61	0.45	15 561	46.80
36	上都混煤 C	33.00	13.40	38.00	2.59	11.62	0.59	0.80	14 318	46.91
37	胜利褐煤 B	33.00	13.40	38.00	2.59	11.62	0.59	0.80	14 318	46.91
38	霍林河煤 A	8.04	33.00	42.80	2.95	12.09	0.77	0.35	16 829	47.00
39	龙凤洗中煤	15.00	29.80	42.90	3.40	7.50	0.90	0.50	16 760	47.00
40	褐煤 G	30.50	16.64	37.78	2.80	11.43	0.55	0.30	14 020	47.79
41	霍县南下庄矿	6.25	23.61	61.51	3.76	3.22	1.16	0.49	23 828	48.73
42	霍林河煤 C	31.80	17.16	38.11	2.39	9.51	0.73	0.30	13 200	49.03
43	霍林河煤 G	31.84	17.07	38.15	2.39	9.52	0.73	0.30	14 197	49.03
44	开远褐煤	37.39	13.72	35.42	2.50	8.72	0.84	1.42	12 850	49.39
45	沈阳清水矿	16.80	29.69	37.40	2.86	11.66	1.12	0.47	14 411	49.55
46	霍林河煤 D	29.90	20.17	35.75	2.33	10.74	0.68	0.43	12 950	49.67
47	霍林河煤 E	31.00	21.49	33.53	2.32	10.49	0.67	0.50	12 625	49.72
48	云南凤鸣村褐煤	47.63	8.62	29.50	2.42	10.61	0.86	0.36	11 070	50.00

序号	煤种名称	M_{ar} /%	A_{ar} /%	C_{ar} /%	H_{ar} /%	O_{ar} /%	N_{ar} /%	S_{ar} /%	$Q_{ar,net}$ /(kJ·kg^{-1})	V_{daf} /%
49	海拉尔褐煤	28.87	21.86	36.25	2.12	9.87	0.58	0.44	13 369	50.22
50	宝日希勒褐煤 B	31.85	11.95	39.03	2.31	13.74	1.12	0.01	14 404	50.74
51	蒙东褐煤 B	37.10	13.14	39.01	2.13	7.79	0.65	0.18	13 424	50.74
52	沈阳前屯矿	18.55	27.64	36.93	2.84	12.58	0.89	0.57	14 549	50.91
53	开远煤	28.13	9.21	43.31	2.33	1.43	14.94	0.65	15 915	51.00
54	龙江煤	26.00	16.28	40.29	2.94	12.64	0.81	1.04	15 585	51.00
55	小龙潭煤	32.00	10.20	40.00	2.89	11.50	1.68	1.73	15 297	51.00
56	沈北清水台煤	13.00	31.32	38.31	3.06	13.08	0.95	0.28	15 351	52.00
57	乌拉盖褐煤	41.60	8.51	36.78	2.20	9.94	0.52	0.46	13 328	52.24
58	东北褐煤 A	33.93	16.96	36.39	2.54	9.67	0.41	0.10	13 721	52.40
59	舒兰东富矿煤	18.06	35.75	31.65	2.14	11.42	0.84	0.13	11 870	53.80
60	舒兰街矿煤	22.90	33.97	29.87	2.08	10.24	0.80	0.14	12 171	54.27
61	沈北褐煤	25.39	29.33	33.41	2.56	8.34	0.44	0.54	12 952	54.45
62	褐煤 D	37.85	17.40	32.63	2.14	9.17	0.54	0.27	11 992	54.97
63	丰广褐煤	22.00	25.70	35.20	3.20	12.60	1.10	0.20	13 410	55.00
64	舒兰丰广煤	22.00	25.74	35.28	3.24	12.54	1.05	0.16	14 326	55.00
65	宜良可保煤	40.77	16.68	27.02	2.21	10.77	0.77	1.79	10 153	55.00
66	东北褐煤 B	30.64	13.83	39.95	2.72	12.38	0.40	0.07	15 676	55.57
67	凤鸣村煤	45.00	7.58	33.23	2.80	9.92	0.85	0.62	12 683	56.00
68	霍林河煤 F	31.93	16.32	37.74	2.61	10.38	0.63	0.39	14 276	56.50
69	广西新州煤	21.83	37.76	26.53	1.94	10.40	0.81	0.73	10 159	57.00
70	可保五邑煤	44.00	11.32	30.71	2.63	9.95	0.94	0.45	11 712	59.00

▪ 2.2　国外动力煤概述与参数

世界各国的煤炭主要用于发电。2013 年,世界主要国家热力发电量排名如下[8]:中国 42 470 亿 kW·h,美国 29 859 亿 kW·h,印度 9 806 亿 kW·h,日本

9 290 亿 kW·h,俄罗斯 7 035 亿 kW·h,德国 4 225 亿 kW·h,韩国 3 909 亿 kW·h,英国 2 505 亿 kW·h,墨西哥 2 469 亿 kW·h,伊朗 2 429 亿 kW·h,南非 2 376 亿 kW·h,澳大利亚 2 196 亿 kW·h,意大利 1 922 亿 kW·h,印度尼西亚 1 898 亿 kW·h,土耳其 1 716 亿 kW·h,泰国 1 586 亿 kW·h,巴西 1 578 亿 kW·h,波兰 1 554 亿 kW·h,埃及 1 533 亿 kW·h,加拿大 1 453 亿 kW·h,马来西亚 1 276 亿 kW·h,西班牙 1 192 亿 kW·h,阿根廷 1 008 亿 kW·h,乌克兰 955 亿 kW·h,荷兰 916 亿 kW·h,哈萨克斯坦 816 亿 kW·h,越南 703 亿 kW·h,巴基斯坦 619 亿 kW·h,菲律宾 556 亿 kW·h,孟加拉国 520 亿 kW·h,法国 514 亿 kW·h,捷克 502 亿 kW·h,新加坡 480 亿 kW·h,尼日利亚 236 亿 kW·h,新西兰 117 亿 kW·h。

热力发电量大的国家,GDP 总体而言也比较高。2014 年,世界 GDP 排名前 15 位的国家是[8]:美国 174 381 亿美元,中国 103 511 亿美元,日本 45 962 亿美元,德国 38 683 亿美元,英国 29 902 亿美元,法国 28 292 亿美元,巴西 24 170 亿美元,意大利 21 385 亿美元,印度 20 424 亿美元,俄罗斯 20 310 亿美元,加拿大 17 838 亿美元,澳大利亚 14 547 亿美元,韩国 14 113 亿美元,西班牙 13 813 亿美元,墨西哥 12 978 亿美元。

由上述数据可知,世界热力发电量主要集中在北半球的 GDP 排名靠前的国家。

世界的原煤主要分布在北半球。美国、俄罗斯、中国是煤炭储量最大的三个国家。中国的煤炭分布情况见第 2.1 节。美国的煤炭以烟煤为主,贫煤、褐煤、无烟煤比较少。俄罗斯的煤炭以贫煤为主,烟煤、褐煤、无烟煤较少。欧洲的煤炭以褐煤为主。澳大利亚的煤炭以烟煤为主。印度尼西亚的煤炭以烟煤为主。朝鲜、越南的煤炭以无烟煤为主。巴西、南非、新西兰分布有少量的烟煤。

燃煤发电机组的供电煤耗随着汽轮机单机容量的提高,以及主蒸汽、再热蒸汽的压力、温度的提高而提高。国内的主流燃煤发电机组是 300 MW 亚临界机组、600 MW 超临界机组、1 000 MW 超超临界机组,而且 2016 年以来,出现了二次再热 1 000 MW 超超临界机组。国内大部分 300 MW 亚临界机组安装于 1993—1998 年,2025 年前后将退役。国外最先进的燃煤发电方式与国内相当。低温省煤器技术也能降低供电煤耗、提高电站效率。电站效率更高的发电方式是煤气化燃气—蒸汽联合循环。国外有的采用整体煤气化燃气—蒸汽联合循环方式(IGCC),国内采用的是煤炭气化过程与燃气轮机—蒸汽轮机联合发电过程分离的方式,煤炭气化(Gasification)过程集中在煤炭产地,燃气—蒸汽联合循环发电(Combined Cycle,CC)工艺集中在发电厂。

其他国家的动力煤数据列于表 2-5~表 2-8[115~166]中。

表 2-5　国外无烟煤数据

序号	国家	州省名称	地名或煤的类型	M_{ar} /%	A_{ar} /%	C_{ar} /%	H_{ar} /%	O_{ar} /%	N_{ar} /%	S_{ar} /%	$Q_{ar,net}$ /$(kJ \cdot kg^{-1})$	V_{daf} /%
1	俄罗斯	乌拉尔	Poltavsk	9.00	18.20	69.16	0.58	2.55	0.36	0.15	23 115	3.50
2	俄罗斯	Doneiz	无烟煤	2.00	11.30	82.02	1.56	1.56	0.87	0.69	29 024	3.50
3	俄罗斯	Doneiz	无烟煤	3.76	27.00	66.21	0.76	0.80	0.41	1.06	22 428	5.66
4	俄罗斯	Doneiz	无烟煤	3.26	31.98	61.15	0.74	2.09	0.38	0.40	20 764	6.02
5	俄罗斯	Doneiz	无烟煤	3.60	34.07	58.57	0.79	2.32	0.41	0.23	19 955	6.24
6	美国	—	无烟煤	7.70	9.69	77.26	1.75	2.12	0.83	0.65	25 350	7.15
7	美国	—	无烟煤	8.31	30.87	54.42	1.74	2.75	0.87	1.03	18 042	7.61
8	德国	—	Ruhr 无烟煤	4.00	5.50	83.00	3.26	2.35	1.27	0.63	31 726	7.70
9	俄罗斯	乌拉尔	Egroshinsk	6.00	22.60	64.26	2.64	3.64	0.43	0.43	23 879	8.00
10	美国	得克萨斯	Titus 褐煤	8.67	26.28	57.90	1.98	0.98	2.49	1.70	19 637	8.31
11	印度	—	Ledo	0.70	24.42	69.93	2.62	1.12	0.67	0.52	25 569	8.68
12	印度	—	无烟煤	5.90	27.11	60.72	2.07	2.74	0.89	0.57	22 640	8.97
13	印度	—	Newlands	0.70	6.31	86.11	3.54	1.30	1.21	0.84	31 786	9.03
14	韩国	—	—	0.50	23.85	68.12	0.90	4.36	0.20	2.08	23 267	9.75
15	南非	—	煤 B	0.50	6.31	85.72	3.64	1.77	1.21	0.84	31 738	9.87

表 2-6　国外贫煤数据

序号	国家	州省名称	地名或者煤的类型	M_{ar}/%	A_{ar}/%	C_{ar}/%	H_{ar}/%	O_{ar}/%	N_{ar}/%	S_{ar}/%	$Q_{ar,net}$/(kJ·kg⁻¹)	V_{daf}/%
1	德国	—	Ruhr Low – Vol. Bit.	8.51	7.51	76.40	3.20	2.27	1.43	0.67	29 387	10.50
2	西班牙	—	无烟煤	3.10	31.90	56.68	1.63	5.20	0.59	0.91	20 914	10.90
3	俄罗斯	Doneiz	Semi 无烟煤	4.00	13.40	74.34	3.47	1.73	1.24	1.82	28 764	12.00
4	德国	—	Aachen Low – Vol. Bit.	9.05	7.54	75.36	4.03	2.35	1.26	0.42	28 860	13.80
5	俄罗斯	Kuznetsk	Anzhero – Sudzhesky	4.00	11.50	76.90	3.63	1.77	1.61	0.59	29 579	15.00
6	俄罗斯	Doneiz	Low – Vol. Bit.	3.00	16.00	71.28	3.65	2.35	1.22	2.51	28 178	16.00
7	美国	西弗吉尼亚	Mercer, Pocahontas, No. 3	4.40	7.10	80.27	4.07	2.39	1.06	0.71	31 451	17.40
8	俄罗斯	Kuznetsk	Kiselevsky	7.00	9.30	74.74	3.60	3.01	1.93	0.42	28 727	18.00
9	美国	西弗吉尼亚	McDowell, Beckley	2.70	10.30	78.13	4.09	2.78	1.39	0.61	29 807	18.40
10	美国	西弗吉尼亚	McDowell, Pocahontas No. 3	3.30	6.20	80.91	4.16	3.71	1.18	0.54	32 099	18.70
11	美国	阿肯色	Sebastian, Upp Hartshorne	2.40	7.40	81.18	4.06	2.35	1.71	0.90	31 761	19.00

表 2-7　国外烟煤数据

序号	国家	州省名称	地名或者煤的类型	M_{ar}/%	A_{ar}/%	C_{ar}/%	H_{ar}/%	O_{ar}/%	N_{ar}/%	S_{ar}/%	$Q_{ar,net}$/(kJ·kg⁻¹)	V_{daf}/%
1	美国	宾夕法尼亚	Cambria, Upper Freeport	1.10	7.50	81.80	4.39	2.65	1.37	1.19	32 341	20.00
2	美国	西弗吉尼亚	Raleigh, Beckley	1.50	5.30	83.32	4.47	3.26	1.40	0.75	32 969	20.00
3	俄罗斯	Kuznetsk	Prokopiersky	6.00	10.30	74.49	3.85	3.10	1.84	0.42	28 782	20.00

续表

序号	国家	州省名称	地名或者煤的类型	M_{ar}/%	A_{ar}/%	C_{ar}/%	H_{ar}/%	O_{ar}/%	N_{ar}/%	S_{ar}/%	$Q_{ar,net}$/(kJ·kg^{-1})	V_{daf}/%
4	南非	—	煤 B	0.90	5.41	84.88	3.85	3.00	1.13	0.84	31 686	20.17
5	美国	西弗吉尼亚	Fayette, Fire Creek	3.00	6.21	81.79	4.27	2.54	1.18	1.00	31 831	20.20
6	美国	马里兰	Allegany Pistsburgh	3.10	10.20	76.73	4.34	3.03	1.73	0.87	30 334	20.40
7	美国	西弗吉尼亚	Mercer, Pocahontas, No. 6	5.10	7.90	78.56	4.18	2.61	1.13	0.52	30 777	20.80
8	美国	马里兰	Allegany, Tyson	2.80	9.10	78.41	4.32	2.47	1.67	1.23	31 115	21.40
9	土耳其	Canakkale province	Can town 褐煤	6.32	14.30	60.09	2.84	14.31	1.39	0.74	22 442	21.51
10	土耳其	—	Baiduri	8.79	12.08	67.63	4.27	6.27	0.66	0.31	26 290	22.02
11	土耳其	—	Highvale	6.71	11.11	70.96	3.73	5.79	1.40	0.30	27 990	23.60
12	美国	怀俄明	Sewell	1.50	2.40	86.30	4.81	2.98	1.54	0.48	34 052	23.80
13	美国	西弗吉尼亚	Greenbrier, Fire Greek	3.60	10.20	76.29	4.31	3.10	1.38	1.12	30 148	24.20
14	德国	—	Ruhr Med – Vol. Bit.	8.09	7.13	70.88	4.00	3.28	1.28	5.35	29 347	24.40
15	美国	宾夕法尼亚	Indiana, Lower Freeport	2.30	9.70	77.88	4.49	3.26	1.32	1.06	31 143	24.60
16	哈萨克斯坦	—	Karagandinsk	7.00	19.50	62.84	3.82	5.07	1.03	0.74	24 777	25.00
17	印度	—	Jharia	1.10	38.90	50.16	2.70	5.94	0.78	0.42	19 819	25.30
18	美国	西弗吉尼亚	McDowell, Douglas	2.50	4.00	83.50	4.68	2.90	1.59	0.84	33 107	25.60
19	美国	西弗吉尼亚	McDowell, Pocahontas No. 4	2.80	7.30	80.37	4.50	3.33	1.17	0.54	31 643	26.10
20	美国	西弗吉尼亚	McDowell, Bradshaw	1.90	6.70	81.25	4.66	3.11	1.55	0.82	32 357	26.50

续表

序号	国家	州省名称	地名或者煤的类型	M_{ar}/%	A_{ar}/%	C_{ar}/%	H_{ar}/%	O_{ar}/%	N_{ar}/%	S_{ar}/%	$Q_{ar,net}$/(kJ·kg^{-1})	V_{daf}/%
21	美国	—	M. Iztok	10.78	14.69	62.27	3.04	7.02	1.52	0.68	23 743	26.97
22	美国	—	煤 F	8.00	14.15	66.53	3.77	5.46	1.56	0.52	25 185	27.07
23	南非	—	煤 A	3.60	18.60	65.27	3.89	7.00	1.32	0.31	25 256	27.76
24	美国	—	Utah	5.40	14.10	69.60	3.63	5.68	1.47	0.12	26 379	28.54
25	美国	—	—	12.00	40.13	34.44	2.58	2.70	0.79	7.36	13 620	28.86
26	吉尔吉斯斯坦	—	Syliutka	21.00	11.90	52.14	2.68	11.41	0.54	0.34	18 691	29.00
27	美国	阿拉巴马	Jafferson Blue, Greek	2.30	7.10	79.00	4.71	4.35	1.63	0.91	31 593	29.10
28	美国	西弗吉尼亚	Greenbrier, Sewell	3.20	3.20	82.37	4.96	4.02	1.68	0.56	32 694	29.10
29	美国	宾夕法尼亚	Fayette, Lower Kittanning	1.70	8.80	78.58	4.65	2.86	1.34	2.06	31 222	29.40
30	英国	—	Duriam	2.60	6.90	79.46	4.80	4.16	1.27	0.81	31 894	29.40
31	美国	阿拉巴马	Jafferson, Mary Lee	1.90	10.00	77.09	4.32	4.23	1.67	0.79	30 695	29.80
32	美国	怀俄明	Eagle	1.90	3.60	83.63	5.01	3.78	1.42	0.66	33 039	29.90
33	俄罗斯	Kuznetsk	Osinovsky	7.00	10.20	71.62	4.55	3.97	2.24	0.41	28 543	30.00
34	印尼	—	印尼煤	8.22	6.35	62.79	3.61	17.86	0.54	0.64	24 047	30.90
35	印尼	—	印尼煤	8.09	13.11	66.16	3.75	6.76	1.53	0.60	23 145	31.02
36	美国	西弗吉尼亚	Randolph, Sewell	1.50	5.40	81.37	4.93	4.84	1.30	0.65	32 372	31.20
37	美国	—	—	2.50	15.01	67.85	4.68	7.99	1.56	0.40	27 130	31.30

续表

序号	国家	州省名称	地名或者煤的类型	M_{ar} /%	A_{ar} /%	C_{ar} /%	H_{ar} /%	O_{ar} /%	N_{ar} /%	S_{ar} /%	$Q_{ar,net}$ /(kJ·kg⁻¹)	V_{daf} /%
38	澳大利亚	—	煤A	15.04	30.95	46.00	2.67	4.25	0.59	0.49	17 577	31.40
39	新西兰	—	Newland 煤	2.60	14.82	70.09	4.29	6.37	1.46	0.38	27 238	31.57
40	美国	怀俄明	Campbell Creek	2.20	2.00	83.15	5.17	5.27	1.44	0.77	33 563	31.70
41	南非	—	No. 2	6.30	16.60	63.53	3.39	8.17	1.23	0.77	24 676	31.80
42	南非	—	—	4.47	12.55	69.59	3.88	7.22	1.72	0.57	26 356	31.85
43	美国	阿拉巴马	Jafferson, Pratt	1.80	6.20	80.32	4.97	3.50	1.66	1.56	32 331	31.90
44	俄罗斯	远东地区	Suchansky	6.00	27.30	57.36	3.34	4.67	0.93	0.40	22 387	32.00
45	俄罗斯	Doneiz	High – Vol. Bit. A	5.00	19.00	63.08	3.88	4.26	1.14	3.65	25 839	32.00
46	澳大利亚	—	—	1.40	6.90	78.95	4.40	6.05	1.56	0.73	30 314	32.39
47	美国	宾夕法尼亚	Upper Freeport MV Bit.	2.20	13.11	73.25	4.60	4.86	1.24	0.74	29 454	32.45
48	德国	—	Saar Med – Vol. Bit.	9.01	8.01	72.19	4.32	4.49	1.08	0.91	28 452	32.50
49	德国	—	—	3.45	9.53	21.35	45.19	2.72	16.58	1.19	52 120	32.50
50	澳大利亚	—	—	6.90	28.77	52.69	3.26	6.92	1.14	0.33	20 089	32.63
51	澳大利亚	—	煤E	8.83	26.88	54.27	3.34	5.40	0.69	0.59	20 562	32.86
52	吉尔吉斯斯坦	—	Kizil – Kia	27.00	11.00	47.43	2.60	10.60	0.62	0.74	17 009	33.00
53	俄罗斯	Kuzmetsk	Kamerovsky	4.00	12.00	71.99	4.54	5.46	1.76	0.25	28 374	33.00
54	俄罗斯	—	煤B	14.24	32.34	44.81	2.87	4.85	0.49	0.40	17 343	33.08

续表

序号	国家	州省名称	地名或者煤的类型	M_{ar}/%	A_{ar}/%	C_{ar}/%	H_{ar}/%	O_{ar}/%	N_{ar}/%	S_{ar}/%	$Q_{ar,net}$/(kJ·kg^{-1})	V_{daf}/%
55	土耳其	—	褐煤	3.40	7.63	69.90	4.23	1.24	9.23	4.38	27 122	33.16
56	美国	—	Cyprus	2.40	36.26	49.05	2.60	6.89	1.10	1.70	18 679	33.28
57	美国	—	Usibelli	1.90	14.00	71.89	4.33	6.08	1.51	0.29	28 000	33.29
58	美国	西弗吉尼亚	Fayette,Lower Bagle	1.80	4.80	81.91	5.14	4.11	1.59	0.65	32 805	33.40
59	澳大利亚	—	Farrells C. K.	7.80	16.40	63.22	3.49	8.03	0.76	0.30	24 344	33.50
60	德国	—	Ruhr High Vol. Bit.	9.00	6.50	72.59	4.65	5.24	1.35	0.68	28 580	33.70
61	南非	—	No. 1	2.90	13.90	70.39	4.08	5.99	1.83	0.92	26 300	33.80
62	南非	—	烟煤	2.64	11.42	70.57	4.62	7.07	1.62	2.06	27 749	34.15
63	英国	—	Yorkshire	2.00	6.80	76.88	4.74	7.30	1.55	0.73	30 715	34.40
64	英国	—	Black 煤#2	5.00	15.00	65.56	4.09	8.26	1.33	0.76	25 400	34.67
65	英国	—	煤 C	15.03	35.09	41.77	2.64	4.68	0.39	0.39	16 660	34.74
66	英国	—	煤 A	11.15	9.73	63.94	4.51	6.90	1.25	2.52	26 151	35.00
67	美国	阿拉巴马	Blount,Bynum	4.60	7.20	75.32	4.76	4.85	1.76	1.50	30 136	35.00
68	格鲁吉亚	—	Tkvarchelsk	7.00	27.90	53.06	3.84	6.31	1.11	0.78	21 377	35.00
69	美国	宾夕法尼亚	Clearfield,Lower Freeport	2.10	7.90	76.77	4.86	3.42	1.44	3.51	31 081	35.40
70	美国	—	煤 D	12.09	38.58	40.50	2.59	5.47	0.38	0.38	14 960	35.60
71	美国	—	—	13.34	15.25	59.71	3.77	4.69	1.30	1.94	23 303	35.64

续表

序号	国家	州省名称	地名或者煤的类型	M_{ar}/%	A_{ar}/%	C_{ar}/%	H_{ar}/%	O_{ar}/%	N_{ar}/%	S_{ar}/%	$Q_{ar,net}$/(kJ·kg^{-1})	V_{daf}/%
72	美国	—	—	2.06	10.76	69.16	4.84	0.33	0.88	11.97	27 515	35.66
73	美国	—	—	18.39	24.26	42.36	2.73	6.82	0.71	4.73	16 227	35.76
74	印尼	—	Adaro	2.53	16.47	69.40	7.02	0.77	0.97	2.84	29 241	35.83
75	印尼	—	—	1.60	4.72	80.79	4.82	6.46	0.80	0.82	31 331	35.90
76	澳大利亚	—	Bayswater	6.11	25.33	54.34	3.16	9.62	1.17	0.27	20 956	36.00
77	美国	西弗吉尼亚	Nicholas, Eagle	4.00	6.80	76.36	4.91	5.71	1.52	0.71	30 563	36.20
78	美国	西弗吉尼亚	Mingo, Upper Cedar Grove	5.10	9.10	73.36	4.72	5.66	1.37	0.69	29 026	36.30
79	美国	西弗吉尼亚	Monongalia, Redstone	2.60	12.40	71.83	4.68	5.36	1.45	1.70	28 812	36.60
80	美国	—	—	3.51	12.95	67.15	4.55	9.79	1.07	0.97	26 430	36.72
81	印尼	—	印尼煤	9.15	53.74	27.81	2.35	5.97	0.75	0.23	11 277	36.73
82	印尼	—	—	0.60	7.50	80.87	4.41	4.14	1.38	1.10	30 972	36.78
83	西班牙	—	High Vol. Bit	6.20	49.00	34.85	2.20	6.99	0.36	0.40	13 159	36.80
84	澳大利亚	—	Curragh	2.19	38.20	46.62	2.63	8.19	1.08	1.07	17 300	36.81
85	美国	—	煤 P8	2.50	13.31	70.14	4.59	6.73	1.37	1.37	26 337	37.09
86	波兰	—	High Vol. Bit.	8.80	11.50	66.07	4.14	7.89	0.80	0.80	25 882	37.10
87	波兰	—	煤 MR	26.30	5.60	51.44	4.20	11.50	0.66	0.29	20 500	37.20
88	澳大利亚	—	澳大利亚煤	6.45	10.36	52.72	4.31	21.25	1.28	3.64	21 484	37.23

续表

序号	国家	州省名称	地名或者煤的类型	M_{ar}/%	A_{ar}/%	C_{ar}/%	H_{ar}/%	O_{ar}/%	N_{ar}/%	S_{ar}/%	$Q_{ar,net}$/(kJ·kg^{-1})	V_{daf}/%
89	澳大利亚	—	—	3.33	15.64	68.09	4.34	5.90	0.82	1.88	26 401	37.32
90	澳大利亚	—	Hongai	3.80	20.40	64.05	3.71	5.84	1.39	0.81	24 674	37.34
91	韩国	—	韩国煤	6.03	10.63	64.20	4.74	11.61	1.58	1.21	25 698	37.45
92	美国	西弗吉尼亚	Mingo, Lower Cedar Grove	1.70	5.00	79.86	5.13	5.97	1.49	0.84	32 305	37.50
93	美国	西弗吉尼亚	Monongalia, Pittsburgh	2.30	6.60	77.89	5.01	5.28	1.64	1.28	31 347	37.50
94	美国	阿拉巴马	Tuscaloosa, Milldale	5.80	7.10	72.73	4.79	6.45	1.39	1.74	29 103	37.60
95	美国	西弗吉尼亚	—	12.98	7.94	65.22	4.30	7.62	1.29	0.66	25 429	37.71
96	美国	西弗吉尼亚	Boone, Hernshaw	2.00	7.20	78.09	4.99	5.45	1.45	0.82	31 250	38.00
97	德国	—	Sachsen	4.00	8.49	71.16	4.81	9.09	1.57	0.87	28 842	38.00
98	美国	田纳西	Campbell, Jordon	4.70	3.80	76.13	4.94	7.87	1.83	0.73	30 442	38.10
99	捷克	—	Central Bohemia	21.10	5.90	58.04	3.65	9.56	0.88	0.88	22 123	38.10
100	南非	—	煤 A	1.80	5.30	77.96	5.10	7.15	1.58	1.11	30 711	38.11
101	德国	—	Saar High – Vol. Bit.	4.00	6.50	74.02	4.65	8.41	1.07	1.34	28 484	38.20
102	德国	—	—	1.70	8.58	74.53	4.80	6.77	1.47	2.16	29 327	38.24
103	美国	伊利诺伊	Gallalin, Willis	3.10	11.30	72.33	4.62	4.37	1.28	3.00	29 193	38.30
104	美国	—	Eastern 烟煤	1.55	14.01	71.73	4.58	4.75	1.34	2.04	28 115	38.58
105	德国	—	Rheinbraun	1.48	7.28	74.70	5.42	7.45	1.55	2.13	29 930	38.60

续表

序号	国家	州省名称	地名或者煤的类型	M_{ar}/%	A_{ar}/%	C_{ar}/%	H_{ar}/%	O_{ar}/%	N_{ar}/%	S_{ar}/%	$Q_{ar,net}$/(kJ·kg^{-1})	V_{daf}/%
106	英国	—	Tower	0.75	8.82	76.75	5.04	6.26	1.44	0.95	31 075	38.60
107	美国	肯塔基	Pike, Alma	2.50	3.30	80.54	5.18	6.31	1.51	0.66	32 505	39.00
108	俄罗斯	Kuznetsk	Leninsky	6.00	10.30	69.47	4.85	6.53	2.26	0.59	27 822	39.00
109	俄罗斯	Doneiz	High – Vol. Bit. B	8.00	14.70	63.39	4.25	6.57	1.16	1.93	25 222	39.00
110	俄罗斯	Trans – Baikal	Bukachachisky	14.00	14.60	57.12	3.93	9.14	0.79	0.43	22 288	39.00
111	美国	西弗吉尼亚	Logan, Cedar Grove	2.40	9.30	74.35	4.86	6.27	1.41	1.41	30 114	39.20
112	加拿大	—	Alberta	24.20	7.30	52.47	3.77	10.82	1.10	0.34	19 628	39.20
113	澳大利亚	—	Drayton	7.05	24.13	54.24	3.22	8.39	1.42	1.55	20 500	39.21
114	南非	—	—	4.30	13.78	66.70	4.31	8.71	1.53	0.67	26 104	39.27
115	澳大利亚	—	Liddell Seam	3.30	24.70	57.67	3.53	9.22	1.08	0.50	22 021	39.30
116	法国	—	—	0.80	8.87	74.00	4.82	9.34	1.38	0.78	29 317	39.31
117	美国	宾夕法尼亚	Allegheny, Pittsburgh	2.60	7.60	75.70	5.03	6.02	1.53	1.53	29 975	39.50
118	美国	肯塔基	Bell, Sterling	4.80	6.50	73.71	4.88	7.45	1.69	0.98	29 575	39.50
119	英国	—	West Midlands	9.80	4.90	68.67	4.69	10.15	1.19	0.60	26 957	39.60
120	美国	蒙大拿	Musselsbell Co.	13.90	7.00	63.99	4.03	9.65	1.03	0.40	24 794	39.60
121	美国	—	—	5.00	3.99	76.01	4.18	9.22	1.22	0.39	29 039	39.65
122	美国	肯塔基	Harlan. D	2.50	7.00	76.02	4.98	7.06	1.54	0.91	30 592	39.80

续表

序号	国家	州省名称	地名或者煤的类型	M_{ar} /%	A_{ar} /%	C_{ar} /%	H_{ar} /%	O_{ar} /%	N_{ar} /%	S_{ar} /%	$Q_{ar,net}$ /(kJ·kg^{-1})	V_{daf} /%
123	美国	宾夕法尼亚	Bituminous high volatile A, Pittsburgh #8	2.50	13.31	70.14	4.59	6.73	1.37	1.37	27 561	39.90
124	美国	—	Freeport	5.93	3.95	68.30	4.75	14.40	1.21	1.46	27 057	40.00
125	格鲁吉亚	—	Tkribulsk	12.00	26.40	48.29	3.63	8.01	0.92	0.74	19 228	40.00
126	美国	西弗吉尼亚	Boone, Chilton	4.20	7.80	73.74	4.84	6.60	1.50	1.32	29 442	40.20
127	美国	宾夕法尼亚	Washington, Pittsburgh	1.60	5.10	78.56	5.22	6.72	1.49	1.31	31 542	40.50
128	美国	—	Black 煤#3	2.61	9.10	72.61	4.93	6.96	1.45	2.34	30 500	40.51
129	美国	宾夕法尼亚	Greene, Pittsburgh	1.80	8.20	75.69	5.04	5.76	1.53	1.98	30 690	40.60
130	美国	得克萨斯	褐煤 A, Wilcox, Titus	21.87	4.12	53.14	4.46	14.74	1.27	0.40	21 419	40.72
131	美国	科罗拉多	Wel County	25.20	4.80	55.02	3.57	9.87	1.19	0.35	20 875	40.80
132	希腊	—	Athens Area, Peristeri	22.24	6.45	51.40	3.32	13.98	1.34	1.27	18 847	40.90
133	美国	—	煤 A	6.23	11.98	65.89	4.59	8.89	2.09	0.34	26 009	41.02
134	美国	—	Black 煤#5	5.06	10.76	66.78	4.67	11.56	0.32	0.85	26 000	41.22
135	哥伦比亚	—	Hvbb	9.00	8.80	66.58	4.52	9.12	1.40	0.58	26 316	41.40
136	美国	阿拉巴马	Marion, Black Creek	4.90	5.50	73.92	4.93	7.71	1.61	1.43	29 605	41.50
137	美国	西弗吉尼亚	Kanawha, Winifrede	4.80	9.50	71.39	4.80	7.37	1.46	0.69	28 553	41.50
138	英国	—	Scotlant	13.73	4.58	66.10	4.38	8.85	1.71	0.65	26 437	41.50
139	美国	科罗拉多	La Plata, No. 1	2.70	5.80	76.59	5.40	7.14	1.46	0.92	31 034	41.80

续表

序号	国家	州省名称	地名或者煤的类型	M_{ar}/%	A_{ar}/%	C_{ar}/%	H_{ar}/%	O_{ar}/%	N_{ar}/%	S_{ar}/%	$Q_{ar,net}$/(kJ·kg⁻¹)	V_{daf}/%
140	美国	科罗拉多	Gunnison C	5.80	3.10	74.52	5.19	9.02	1.73	0.64	29 680	42.00
141	美国	宾夕法尼亚	Butler, Lower Freeport	3.70	8.00	72.58	4.94	6.45	1.41	2.91	29 625	42.00
142	俄罗斯	西伯利亚	Minusinsky	12.00	10.60	61.15	4.49	9.68	1.70	0.39	24 109	42.00
143	英国	—	煤	8.21	7.21	71.20	4.71	5.35	1.35	1.98	28 465	42.05
144	英国	—	—	2.20	6.39	74.61	5.02	9.31	1.74	0.73	29 514	42.12
145	英国	—	—	13.85	3.41	61.56	4.61	14.85	1.47	0.25	24 517	42.22
146	英国	—	Gascoigne 木质煤	4.51	10.36	69.96	4.70	6.33	1.44	2.69	28 747	42.37
147	美国	华盛顿州	Kittitas, No. 1 (Big)	3.70	8.80	71.58	5.25	8.49	1.66	0.53	28 758	42.40
148	美国	西弗吉尼亚	Boone, Alma	2.30	9.80	73.40	5.01	5.54	1.32	2.64	29 768	42.50
149	美国	犹他	Wyoming, Sheridan Co	25.90	3.60	53.51	3.60	11.99	1.13	0.28	20 583	42.80
150	美国	犹他	Carbon, Lower Sunnyside	4.10	5.60	74.14	5.06	8.40	1.63	1.08	29 837	42.90
151	美国	宾夕法尼亚	Lawrence, Brookville	5.20	10.10	69.03	4.83	6.18	1.44	3.22	28 107	42.90
152	美国	蒙大拿	Decker Sub Bit.	23.40	3.98	55.15	3.83	12.57	0.73	0.34	21 415	43.04
153	美国	—	Sewell	4.90	6.11	70.95	6.32	10.00	1.32	0.40	29 521	43.05
154	美国	犹他	Emery, Lower Sunnyside	5.20	6.40	70.54	4.95	10.43	1.50	0.97	28 209	43.20
155	美国	—	Black 煤#4	11.15	9.73	63.94	4.51	6.90	1.25	2.52	25 264	43.60
156	英国	—	—	17.60	4.00	60.84	4.00	10.82	1.10	1.65	23 624	43.60

续表

序号	国家	州省名称	地名或者煤的类型	M_{ar}/%	A_{ar}/%	C_{ar}/%	H_{ar}/%	O_{ar}/%	N_{ar}/%	S_{ar}/%	$Q_{ar,net}$/(kJ·kg^{-1})	V_{daf}/%
157	俄罗斯	—	Chelyabinsk Basin	17.80	9.90	55.09	3.76	11.71	1.37	0.36	20 506	43.60
158	捷克	—	—	23.20	15.90	46.95	3.17	6.76	0.91	3.11	18 119	43.60
159	美国	伊利诺伊	Williamson, No. 6	5.80	11.70	66.41	4.54	7.51	1.32	2.72	26 652	43.80
160	美国	—	煤	3.18	8.83	68.14	5.22	12.75	1.37	0.51	27 535	43.87
161	波兰	—	—	17.60	6.70	58.82	3.86	10.83	0.68	1.51	22 645	44.00
162	俄罗斯	Doneiz	High－Vol. Bit. C	12.00	19.80	52.51	3.82	8.39	1.09	2.39	20 966	44.00
163	美国	肯塔基	Muhlenberg, No. 11	9.00	8.60	65.51	4.61	7.75	1.32	3.21	26 282	44.20
164	美国	俄亥俄	Pittsburg #8	5.20	8.63	70.15	4.83	7.49	1.52	2.18	27 532	44.22
165	美国	—	—	10.00	13.05	50.06	4.06	16.84	1.56	4.44	20 274	44.28
166	美国	—	B. Dol	26.28	3.92	52.18	4.10	11.41	1.10	1.01	20 638	44.47
167	土耳其	—	Tuncbilek 贫煤	19.00	18.00	48.13	3.65	8.69	1.58	0.95	19 096	44.50
168	土耳其	—	Black 煤#6	25.77	8.19	50.07	3.39	11.14	0.71	0.73	19 900	44.51
169	澳大利亚	—	Foxbrook	4.10	16.50	64.47	4.84	8.73	0.87	0.48	25 904	44.70
170	澳大利亚	—	Kideco	2.98	10.04	70.44	5.17	7.01	0.89	3.46	28 156	44.75
171	美国	—	PRB	3.11	7.40	71.68	5.62	10.28	1.38	0.53	29 000	44.92
172	美国	华盛顿州	Kittitas, No. 5（Roslyn）	2.90	9.90	72.11	5.41	7.50	1.74	0.44	29 078	45.10
173	美国	肯塔基	Hopkins, No. 9	6.10	11.20	66.24	4.55	6.62	1.41	3.89	26 958	45.10

第一篇　基础数据与基础理论　33

续表

序号	国家	州省名称	地名或煤的类型	M_{ar}/%	A_{ar}/%	C_{ar}/%	H_{ar}/%	O_{ar}/%	N_{ar}/%	S_{ar}/%	$Q_{ar,net}$/(kJ·kg^{-1})	V_{daf}/%
174	美国	—	—	24.69	4.19	52.71	3.04	13.08	1.11	1.18	19 793	45.28
175	美国	—	—	11.29	5.90	61.39	3.97	16.30	0.91	0.25	23 903	45.29
176	美国	西弗吉尼亚	Marshall, Pittsburgh	4.10	10.50	69.34	4.78	5.81	1.20	4.27	28 298	45.60
177	塞尔维亚	—	Bosnia, Banovici	17.90	10.40	54.21	3.87	10.54	1.65	1.43	21 018	45.60
178	美国	怀俄明	Spring Creek 贫煤	24.10	4.33	53.36	3.80	13.43	0.73	0.27	20 774	45.71
179	美国	俄亥俄	Belmont. Pittsburgh No. 8	3.60	9.10	70.63	4.98	6.46	1.22	4.02	28 836	45.80
180	美国	俄亥俄	Morgan, Middle Kittaning No. 6	8.70	8.50	65.74	4.72	9.03	1.24	2.07	26 400	45.80
181	美国	—	Kleinlopje	7.61	11.39	56.08	3.70	20.19	0.77	0.26	20 652	45.86
182	美国	—	Pirin	25.08	3.06	51.24	4.01	16.23	0.30	0.09	20 418	46.01
183	美国	宾夕法尼亚	Bituminous High Volatile A	11.65	13.14	63.16	3.99	6.36	1.30	0.40	24 440	46.11
184	美国	肯塔基	Hopkins, No. 12	8.30	11.20	63.60	4.51	8.13	1.37	2.90	25 848	46.50
185	澳大利亚	—	Puxtrees	7.30	26.00	51.63	3.67	10.21	0.80	0.40	20 020	46.50
186	墨西哥	—	Rio Escondido No. 2	7.80	29.00	48.22	3.60	9.99	0.57	0.82	18 544	46.70
187	塞尔维亚	—	Bosnia ,Braza	17.20	8.80	55.72	3.85	10.06	1.41	2.96	21 752	46.90
188	美国	印第安纳	Knox, No. 5	9.70	7.50	66.32	4.64	7.04	1.32	3.48	26 808	47.00
189	美国	怀俄明	Sweetwater, No,7	10.30	4.10	67.88	4.79	10.44	1.54	0.94	26 424	47.00
190	阿根廷	—	Hcvb	9.04	11.45	65.81	0.25	12.01	0.59	0.85	21 670	47.10

续表

序号	国家	州省名称	地名或者煤的类型	M_{ar} /%	A_{ar} /%	C_{ar} /%	H_{ar} /%	O_{ar} /%	N_{ar} /%	S_{ar} /%	$Q_{ar,net}$ /(kJ·kg⁻¹)	V_{daf} /%
191	印度	—	—	29.20	5.50	48.90	3.50	11.70	0.90	0.30	19 315	47.17
192	美国	犹他	Carbon, D	3.30	7.30	72.15	5.19	10.46	1.25	0.36	28 626	47.20
193	哥伦比亚	—	Subb	13.80	7.40	50.35	5.04	21.51	1.10	0.79	22 678	47.30
194	哥伦比亚	—	Subb	13.80	7.40	50.35	5.04	21.51	1.10	0.79	22 678	47.30
195	新西兰	—	Ohinewai Area	22.20	3.00	55.28	4.11	14.51	0.67	0.22	21 767	47.60
196	美国	伊利诺伊	Knox, No. 6	18.30	6.20	59.42	4.15	8.23	1.06	2.64	23 563	47.90
197	美国	—	—	11.09	5.13	52.65	4.76	25.16	0.78	0.43	21 232	47.98
198	印度	—	Tikak	22.78	5.45	54.05	3.44	13.09	0.81	0.39	20 167	48.08
199	美国	—	Upper Rajang Valley	23.30	1.30	54.59	3.69	15.98	1.06	0.08	20 418	48.10
200	墨西哥	—	Rio Escondido No. 1	5.20	28.30	50.87	3.86	9.98	0.80	1.00	20 233	48.30
201	捷克	—	Slovenia, Trbovlje	24.90	7.30	48.14	3.39	12.48	0.88	2.92	18 459	48.40
202	捷克	—	Kromdraai 煤	9.14	9.87	49.43	4.13	26.69	0.58	0.15	20 166	48.55
203	马来西亚	—	Selangor, Batu Arang	17.70	7.50	57.67	4.34	11.29	1.20	0.30	22 785	48.70
204	美国	—	Pittsburgh	10.80	4.29	71.85	5.20	5.62	1.52	0.72	28 562	48.83
205	捷克	—	Bosnia, Kakanj	6.10	12.50	62.84	4.40	9.28	1.87	3.01	24 921	49.00
206	捷克	—	Northern Bohemia	20.20	2.70	59.83	4.47	11.33	0.77	0.69	23 518	49.00
207	美国	怀俄明	Campbell Co.	28.20	5.00	49.43	3.74	12.42	0.60	0.60	19 155	49.00

续表

序号	国家	州省名称	地名或者煤的类型	M_{ar}/%	A_{ar}/%	C_{ar}/%	H_{ar}/%	O_{ar}/%	N_{ar}/%	S_{ar}/%	$Q_{ar,net}$/(kJ·kg^{-1})	V_{daf}/%
208	美国	—	—	7.61	1.55	58.36	4.71	27.08	0.22	0.48	23 782	49.19
209	美国	伊利诺伊	Vermilion, No. 7	12.20	9.00	62.41	4.49	7.49	1.18	3.23	25 192	49.30
210	美国	伊利诺伊	#6 HV Bit	17.60	8.90	56.86	4.04	8.24	0.82	3.54	22 316	49.55
211	阿根廷	—	Suba	10.30	15.40	54.39	4.38	14.41	0.74	0.37	22 190	50.10
212	阿根廷	—	—	6.37	7.87	67.70	4.78	11.70	1.22	0.37	26 874	50.47
213	捷克	—	—	31.20	6.40	47.42	3.74	9.80	0.69	0.75	18 167	50.50
214	美国	北达科他	Beulah 褐煤 A	23.00	7.98	49.46	2.41	15.85	0.89	0.41	18 720	50.65
215	墨西哥	—	Nava District	4.80	30.90	49.00	3.60	9.52	0.90	1.29	19 788	50.70
216	墨西哥	—	—	20.41	0.96	56.30	4.14	17.36	0.76	0.07	22 172	50.79
217	墨西哥	—	—	27.70	7.46	46.87	3.12	13.27	0.70	0.89	17 878	51.44
218	匈牙利	—	TataBanyn	13.00	9.00	56.94	4.52	13.81	0.70	2.03	23 261	52.00
219	德国	—	Poissonberg 褐煤	10.00	11.00	58.46	4.35	11.46	1.11	3.63	22 338	52.00
220	英国	—	Kellingley	18.01	3.50	53.03	3.46	21.37	0.08	0.55	20 452	52.23
221	英国	—	WFD	3.98	15.55	59.03	4.74	15.26	0.87	0.56	25 053	52.73
222	德国	—	—	9.70	11.90	57.08	4.23	9.72	1.25	6.12	22 974	52.80
223	德国	—	Bavaria, Peissenberg	12.33	4.48	56.26	5.39	20.25	0.60	0.70	23 589	52.94
224	德国	—	—	6.90	5.60	70.53	4.64	9.80	1.66	0.88	27 653	53.03

续表

序号	国家	州省名称	地名或者煤的类型	M_{ar} /%	A_{ar} /%	C_{ar} /%	H_{ar} /%	O_{ar} /%	N_{ar} /%	S_{ar} /%	$Q_{ar,net}$ /(kJ·kg^{-1})	V_{daf} /%
225	捷克	—	Serbia, Senjski	15.61	10.01	53.38	4.17	14.52	1.04	1.27	21 326	54.30
226	捷克	—	—	11.97	1.46	58.49	4.16	11.36	0.85	11.71	23 107	56.98
227	捷克	—	—	24.90	2.30	53.70	3.81	14.42	0.72	0.14	20 889	66.89
228	韩国	—	煤	25.99	2.70	51.58	3.81	15.19	0.62	0.10	19 249	67.16
229	韩国	—	—	26.99	1.20	54.25	4.01	12.76	0.69	0.10	20 667	68.08
230	美国	—	Wyodak 贫煤	23.70	4.70	55.80	3.60	1.00	10.80	0.40	20 900	68.16

表 2-8　国外褐煤数据

序号	国家	州省名称	地名或者煤的类型	M_{ar} /%	A_{ar} /%	C_{ar} /%	H_{ar} /%	O_{ar} /%	N_{ar} /%	S_{ar} /%	$Q_{ar,net}$ /(kJ·kg^{-1})	V_{daf} /%
1	俄罗斯	乌拉尔	Cheliabinsk	19.00	21.90	42.73	3.01	11.52	1.00	0.83	16 140	39.00
2	俄罗斯	Trans-Baikal	Chernovsky	33.00	7.40	45.00	2.98	10.43	0.77	0.42	16 567	40.00
3	俄罗斯	远东地区	Kirdinsky	33.00	12.70	38.55	2.33	12.60	0.65	0.16	13 312	41.00
4	俄罗斯	—	Denisovsky	2.24	54.07	34.83	1.73	3.36	0.71	3.05	12 888	41.83
5	波兰	—	贫煤 A	17.40	24.40	43.18	3.49	9.72	0.52	1.28	16 515	41.90
6	波兰	—	煤 16	23.92	32.95	31.58	1.91	8.87	0.43	0.33	11 736	41.98
7	俄罗斯	乌拉尔	Bogoslovsk	30.00	14.00	39.20	2.63	13.05	0.84	0.28	14 823	43.00
8	美国	北达科他	Burko Co.	37.20	4.20	43.42	2.75	11.31	0.70	0.41	16 167	43.40

续表

序号	国家	州省名称	地名或者煤的类型	M_{ar}/%	A_{ar}/%	C_{ar}/%	H_{ar}/%	O_{ar}/%	N_{ar}/%	S_{ar}/%	$Q_{ar,net}$/(kJ·kg^{-1})	V_{daf}/%
9	俄罗斯	—	Rhiczbchinisk	37.00	8.90	39.06	2.33	11.96	0.60	0.16	13 655	43.70
10	俄罗斯	西伯利亚	Kansky	32.00	10.20	42.25	2.83	11.56	0.75	0.40	15 980	44.00
11	印度	—	Renusagar	14.90	28.60	41.87	2.71	10.51	0.79	0.62	15 766	45.10
12	美国	北达科他	Mercer Co.	38.10	4.10	42.02	2.83	12.02	0.52	0.40	15 764	45.30
13	美国	—	—	58.30	10.95	19.17	1.54	9.33	0.11	0.62	6 643.4	46.05
14	印度尼西亚	—	—	23.90	19.46	43.10	3.14	9.57	0.67	0.16	16 221	46.39
15	南非	—	煤	23.69	4.94	40.33	4.67	25.61	0.59	0.17	17 376	46.74
16	哈萨克斯坦	—	Berchogursk	6.00	37.60	43.88	3.72	5.53	0.79	2.48	17 764	47.00
17	印度	—	Singrauli	7.90	31.50	43.57	3.03	12.30	1.21	0.48	16 405	47.40
18	澳大利亚	—	Black 煤#1	31.90	7.80	37.00	2.40	20.30	0.50	0.10	13 825	47.90
19	西班牙	—	贫煤 1	21.52	30.93	32.02	2.19	7.72	0.33	5.29	12 192	48.10
20	西班牙	—	贫煤 2	24.91	12.35	43.72	3.49	9.54	0.44	5.55	17 107	48.70
21	俄罗斯	远东地区	Artemovsky	26.00	14.10	42.83	3.29	12.52	0.90	0.36	16 154	49.00
22	美国	北达科他	褐煤	33.30	7.40	42.22	3.00	12.67	0.67	0.73	16 109	49.04
23	美国	—	煤 DR	28.52	15.31	40.64	2.93	11.31	0.79	0.50	15 632	49.85
24	美国	得克萨斯	Milam Co.	36.00	9.40	40.79	2.95	8.95	0.82	1.09	15 523	49.90

续表

序号	国家	州省名称	地名或者煤的类型	M_{ar}/%	A_{ar}/%	C_{ar}/%	H_{ar}/%	O_{ar}/%	N_{ar}/%	S_{ar}/%	$Q_{ar,net}$/(kJ·kg⁻¹)	V_{daf}/%
25	美国	得克萨斯	S. Hallsvile 褐煤	37.70	6.48	41.30	3.05	10.09	0.62	0.75	15 758	50.45
26	美国	华盛顿州	Lewis Co.	28.50	7.10	48.04	3.48	11.59	0.84	0.45	17 691	50.70
27	捷克	—	褐煤 No. 2	49.50	9.00	27.39	2.12	10.71	0.71	0.58	9 132.5	51.10
28	捷克	—	Slovakia	36.10	12.20	35.98	2.53	10.08	0.78	2.33	12 917	51.30
29	捷克	—	Western Bohemia	39.70	6.00	41.59	3.31	8.25	0.65	0.49	15 672	51.70
30	塞尔维亚	—	Bosnia, Kreka	39.80	3.30	39.66	2.96	13.49	0.51	0.28	14 521	52.00
31	捷克	—	褐煤 No. 1	49.70	17.80	20.12	1.40	9.69	0.29	1.01	6 865	52.00
32	美国	—	美国煤	41.19	1.23	39.39	3.06	14.05	0.71	0.37	15 053	52.04
33	印度	—	印度煤	5.53	34.30	36.90	3.76	17.09	0.74	1.68	15 760	52.78
34	西班牙	—	褐煤	47.70	18.80	20.90	1.88	9.51	0.50	0.70	7 648	53.10
35	比利时	—	Florennes	63.30	2.20	24.18	1.73	8.11	0.24	0.24	7 745.3	53.80
36	英国	—	烟煤	16.79	24.71	36.71	3.43	14.30	0.92	3.15	15 103	54.10
37	英国	—	—	16.35	28.78	37.31	3.30	10.02	0.91	3.33	15 184	54.29
38	德国	—	Oberlausitz	58.30	3.20	26.06	2.00	10.01	0.23	0.19	9 026.7	54.40
39	德国	—	Schwandor 褐煤	54.00	13.00	20.99	1.65	8.61	0.43	1.32	6 767.1	55.00
40	德国	—	Rheinland 褐煤	55.68	12.43	21.39	1.57	8.61	0.16	0.16	6 703.6	55.00
41	德国	—	Rhine Region	62.20	3.30	23.84	1.69	8.31	0.31	0.35	7 501.7	55.30

续表

序号	国家	州省名称	地名或煤的类型	M_{ar} /%	A_{ar} /%	C_{ar} /%	H_{ar} /%	O_{ar} /%	N_{ar} /%	S_{ar} /%	$Q_{ar,net}$ /(kJ·kg^{-1})	V_{daf} /%
42	德国	—	Bitterfeld	54.60	5.80	28.23	2.02	7.13	0.24	1.98	9 891.4	55.60
43	德国	—	Niederlausitz	59.80	2.50	25.67	1.77	9.73	0.26	0.26	8 551.7	55.60
44	乌克兰	—	Kirovsk	45.00	24.80	18.88	1.57	8.34	0.30	1.12	5 708.3	56.00
45	希腊	—	Iland of Euboea, Aliveri	33.30	11.30	37.67	2.88	13.24	0.50	1.11	13 599	56.10
46	德国	—	Ostelbe	59.00	3.50	25.58	2.06	9.34	0.41	0.11	9 109.4	56.50
47	捷克	—	Southern Bohemia	44.60	7.40	33.70	2.59	9.36	0.43	1.92	12 120	56.70
48	意大利	—	Tascana, Valdarno	51.90	5.30	28.46	2.23	11.26	0.43	0.43	9 647	56.80
49	乌克兰	—	Aleksandrisk	55.00	10.80	23.12	2.05	7.52	0.27	1.23	7 990.9	57.00
50	希腊	—	Ptolemais	56.13	14.03	19.64	1.59	7.97	0.48	0.15	6 755.5	57.00
51	印度	—	Neyveli	53.10	4.50	29.81	2.20	9.79	0.21	0.38	9 984.5	57.10
52	意大利	—	Toscana, Pietrafitta	60.80	9.90	20.66	1.41	5.83	0.56	0.85	6 369.4	57.30
53	德国	—	Halle – Bitterfeld	54.00	6.00	28.80	2.20	7.32	0.32	1.36	10 225	57.50
54	德国	—	Bautzen	63.40	3.90	22.92	1.73	7.16	0.23	0.65	7 373.5	57.60
55	希腊	—	West Mocedonia, Ptolemais	59.00	12.20	18.84	1.24	7.86	0.55	0.32	6 070.6	57.90
56	德国	—	Geiseltal	55.00	4.30	28.90	2.32	6.72	0.33	2.44	10 467	58.00
57	意大利	—	Lucania, Mercure	58.80	10.10	20.34	1.62	7.87	0.56	0.72	6 276.1	58.60
58	德国	—	Halle	54.60	6.00	28.21	2.21	6.78	0.24	1.97	9 991.5	58.90

续表

序号	国家	州省名称	地名或者煤的类型	M_{ar}/%	A_{ar}/%	C_{ar}/%	H_{ar}/%	O_{ar}/%	N_{ar}/%	S_{ar}/%	$Q_{ar,net}$/(kJ·kg^{-1})	V_{daf}/%
59	德国	—	Helmstedt 褐煤	44.02	17.01	28.33	2.26	6.52	0.16	1.72	10 105	59.40
60	德国	—	Borna	55.10	4.50	29.29	2.38	7.31	0.28	1.13	10 442	60.30
61	意大利	—	Umbria, Spoleto	31.80	7.80	39.14	3.20	16.49	0.66	0.91	14 253	60.40
62	波兰	—	—	53.90	7.30	27.70	2.25	7.84	0.23	0.78	9 587.5	60.80
63	德国	—	Westelbe	54.00	6.50	27.97	2.41	8.41	0.36	0.36	10 357	61.00
64	捷克	—	褐煤 No. 3	48.80	19.00	20.25	2.00	9.11	0.64	0.19	6 451.9	61.00
65	捷克	—	—	45.00	17.77	19.81	2.05	13.40	0.63	1.34	7 522.2	61.41
66	希腊	—	Mogalopolis	62.00	15.00	13.92	1.43	7.04	0.30	0.32	4 572.5	62.00
67	美国	北达科他	Beulah 褐煤 A	33.40	6.40	44.09	2.66	12.39	0.60	0.47	16 384	62.13
68	匈牙利	—	Gyongyos Visonia	50.00	22.50	17.55	1.32	7.37	0.30	0.96	5 935.3	63.00
69	美国	得克萨斯	Bryan 褐煤	34.10	33.21	22.27	2.17	7.31	0.26	0.66	8 709.7	63.51
70	捷克	—	褐煤 No. 4	48.50	18.70	20.40	1.41	9.91	0.39	0.69	6 531.6	65.20
71	土耳其	—	Elbistan 褐煤	54.68	15.91	17.70	1.47	8.53	0.23	1.47	6 030.1	67.00
72	美国	得克萨斯	San Miguel 褐煤	14.20	59.03	15.79	1.97	7.73	0.25	1.03	6 834.5	67.95
73	德国	—	Aschersleben	44.50	5.00	38.58	3.99	6.06	0.20	1.67	15 375	72.20
74	西班牙	—	—	1.80	39.77	36.35	2.70	11.18	0.86	7.33	14 605	73.84
75	美国	—	Pocahontas	28.52	15.31	40.64	2.93	11.31	0.79	0.50	15 790	78.65

2.3　动力煤空气干燥基数据

在动力煤数据调研过程中,作者注意到:① 国内使用动力煤的收到基和空气干燥基数据量大致相当;② 国外使用动力煤的收到基数据较多,使用空气干燥基数据较少,但是使用重量基(by weight)数据也比较多。

为了尽可能多地收录动力煤数据,本节列出了中国动力煤的空气干燥基数据和国外动力煤的空气干燥基数据。至于国外文献中的大量重量基(by weight)数据,因为这些数据所在的文献没有明确指出属于收到基、空气干燥基,所以这些数据没有被本书收录。

收录动力煤的空气干燥基数据的工程意义在于,可以按照干燥无灰基挥发分(V_{daf})的值查阅动力煤的工程绝热燃烧温度,对于特定煤种而言,可以预测锅炉的炉膛烟气温度范围,从而判断煤粉燃烧的着火、燃尽特性。当锅炉的主蒸汽压力、温度给定时,可以初步判断炉膛受热面的吸热比例及其对锅炉运行和汽温特性的影响。

动力煤作为化石燃料,其可燃成分是碳(C)、氢(H)、硫(S),这些成分的分布规律具有客观性。当煤质参数数据量足够大时,这些规律就可以客观地呈现出来。这些规律对研究动力煤的燃烧特性、NO_X排放特性,电站煤粉锅炉(PCB)、电站循环流化床锅炉(CFBB)的换热性能和蒸汽温度随着锅炉负荷率($L,\%$)变化的特性具有工程参考意义。

动力煤的干燥无灰基成分中,氧元素(O)是氧化剂,不是燃料,氮元素(N)的大部分不可燃,只有少量的氮元素在燃烧过程中生成燃料型NO_X。电站煤粉锅炉已经在燃烧器结构和炉膛结构方面做了必要的设计,保证NO_X生成量最小,比如电站煤粉锅炉降低NO_X生成量的措施主要是采取一次风煤粉气流浓淡分离、二次风空气气流分级配风、超细煤粉再燃技术,炉膛的主燃区和燃尽区技术等。因此氮元素燃烧生成的热量可以忽略不计。

表2－9～表2－12是中国动力煤的空气干燥基数据。这些数据是在文献原始数据[14,18,34,37,50,56,59,66,67,68,74,88,94,107,111,112,169－292]基础上进行了重量和热量校核以后的结果。

表2－13是国外动力煤的空气干燥基数据。这些数据是在文献原始数据[293－312]基础上进行了重量和热量校核以后的结果。

表 2-9 国内无烟煤空气干燥基数据

序号	煤种名称	M_{ad} /%	A_{ad} /%	C_{ad} /%	H_{ad} /%	O_{ad} /%	N_{ad} /%	S_{ad} /%	$Q_{ad,net}$ /(kJ·kg^{-1})	V_{daf} /%
1	龙岩无烟煤1	2.82	16.90	78.91	0.24	0.41	0.56	0.15	25 210	2.43
2	龙岩煤1	1.06	33.07	62.07	0.89	1.19	0.66	1.06	21 296	2.93
3	加福煤	1.04	37.84	56.88	1.24	1.71	0.53	0.76	19 916	3.01
4	晋城无烟煤4	1.00	21.78	68.88	2.24	3.86	0.62	1.62	24 922	3.20
5	龙岩煤2	3.26	19.62	73.50	1.68	0.35	0.58	1.01	25 771	3.62
6	永安煤	9.43	21.40	65.70	0.30	2.45	0.51	0.22	21 758	3.64
7	宁夏无烟煤2	2.73	6.71	85.08	3.16	1.41	0.68	0.23	30 976	3.81
8	天湖山煤	8.29	18.90	66.84	0.23	4.97	0.61	0.16	21 921	3.83
9	福建大田煤	7.23	22.86	66.24	0.16	2.97	0.33	0.21	21 163	4.28
10	福建德化煤	7.00	20.81	69.08	0.17	2.36	0.39	0.19	22 823	4.41
11	龙岩煤3	5.23	26.39	66.11	1.14	0.39	0.38	0.35	21 723	4.46
12	龙岩煤9	1.61	35.78	58.47	1.16	0.93	0.79	1.25	20 394	4.82
13	龙岩煤4	4.99	24.32	67.82	0.96	0.76	0.56	0.59	22 160	5.52
14	晋城寺河精煤	1.94	5.60	85.74	2.84	2.55	1.05	0.28	32 310	5.52
15	龙岩煤8	1.56	32.45	61.96	1.25	1.10	0.61	1.06	22 559	5.55
16	龙岩煤5	1.32	11.61	82.08	2.35	1.26	0.71	0.67	29 261	5.69
17	晋城煤1	1.94	6.27	86.23	2.60	1.87	0.79	0.29	30 810	5.82
18	龙岩煤6	9.20	19.96	66.88	1.92	1.42	0.49	0.14	23 618	5.90
19	金竹山煤5	1.18	32.94	60.36	1.70	1.60	0.60	1.63	22 593	6.00
20	耒阳煤2	2.20	26.49	66.30	1.15	3.01	0.45	0.40	22 597	6.19
21	耒阳煤4	2.20	26.49	66.30	1.15	3.01	0.45	0.40	22 763	6.19
22	耒阳煤5	2.55	26.02	65.15	1.65	2.86	0.89	0.89	22 901	6.23
23	阳泉煤8	2.37	19.62	68.72	2.55	4.67	0.98	1.08	26 149	6.38
24	晋城无烟煤1	1.39	11.23	83.55	0.28	0.26	0.99	2.31	27 287	6.38
25	永安无烟煤	3.83	31.83	57.75	0.74	3.59	0.63	1.63	19 718	6.38
26	宁夏无烟煤1	1.36	8.50	87.27	1.06	0.48	0.52	0.80	29 696	6.76
27	金竹山煤1	1.12	39.27	54.13	1.87	1.67	0.63	1.31	19 685	7.00
28	山东混煤1	2.80	18.06	71.94	2.52	3.18	1.02	0.47	26 434	7.02

序号	煤种名称	M_{ad} /%	A_{ad} /%	C_{ad} /%	H_{ad} /%	O_{ad} /%	N_{ad} /%	S_{ad} /%	$Q_{ad,net}$ /(kJ·kg^{-1})	V_{daf} /%
29	山西无烟煤	3.48	8.64	82.70	2.37	0.71	0.42	1.68	29 534	7.11
30	无烟煤1	1.00	27.71	63.92	2.00	2.75	0.93	1.69	23 573	7.20
31	西山贫煤	1.31	2.49	90.21	3.58	1.51	0.70	0.20	33 103	7.31
32	福建石狮煤	5.91	27.81	62.56	0.14	2.60	0.35	0.63	21 565	7.53
33	焦作煤1	1.00	21.78	70.42	2.78	2.55	1.08	0.39	25 850	7.80
34	晋城无烟煤5	3.14	15.82	75.30	0.80	4.00	0.15	0.79	25 610	7.86
35	龙岩煤7	2.41	19.59	73.04	1.28	1.74	0.61	1.33	25 254	7.91
36	耒阳煤3	3.12	17.72	72.18	2.16	3.65	1.01	0.16	26 257	7.97
37	金竹山煤3	0.86	45.02	48.99	1.64	1.53	1.07	0.88	17 748	8.00
38	无烟煤2	2.92	13.57	77.39	2.65	0.62	1.07	1.79	28 087	8.02
39	贵州无烟煤1	4.29	35.15	56.09	1.92	0.62	0.59	1.34	20 307	8.50
40	湖南煤1	3.65	26.28	64.08	2.29	2.64	0.55	0.51	23 232	8.81
41	无烟煤6	1.21	50.47	44.12	1.60	1.76	0.43	0.41	15 601	8.88
42	贵州石关煤	1.06	13.80	76.84	2.98	1.64	1.03	2.65	28 360	8.95
43	阳泉煤1	1.62	18.23	69.59	2.99	3.39	0.79	3.39	26 051	8.96
44	晋城无烟煤2	2.81	19.44	71.54	1.94	2.49	0.85	0.93	25 387	9.00
45	山东混煤2	0.64	24.94	68.40	2.49	1.83	1.05	0.65	25 235	9.05
46	无烟煤9	0.89	27.02	61.38	2.66	6.68	0.93	0.44	22 775	9.32
47	晋城煤2	2.24	26.11	65.11	2.86	0.28	0.92	2.48	24 352	9.32
48	山东混无烟煤	0.68	27.33	64.84	1.68	3.75	1.25	0.48	23 394	9.35
49	无烟煤3	0.68	27.33	64.84	1.68	3.75	1.25	0.48	23 394	9.35
50	峰峰煤	0.69	27.92	64.18	1.71	3.82	1.27	0.41	23 119	9.36
51	淮北百善无烟煤	1.60	7.06	85.41	3.27	1.05	1.34	0.26	31 228	9.42
52	汝其沟煤	1.81	14.00	77.34	2.69	3.07	0.96	0.14	27 981	9.45
53	永城煤	1.83	26.93	65.49	2.49	1.13	0.75	1.37	24 064	9.52
54	雁石煤	1.81	22.01	70.49	1.63	1.87	0.70	1.49	24 870	9.65
55	无烟煤7	1.00	27.71	63.92	2.00	2.75	0.93	1.69	23 573	9.83
56	晋城无烟煤3	0.89	23.52	66.93	2.63	3.68	0.82	1.53	24 665	9.84
57	耒阳I类无烟煤	1.15	58.98	35.50	1.58	1.74	0.33	0.73	13 238	9.86
58	龙岩无烟煤2	1.73	50.24	44.21	1.04	0.18	0.41	2.18	15 682	9.96
59	遵义煤	0.80	20.59	67.82	2.39	2.52	0.80	5.08	25 047	10.00

表 2 - 10   国内贫煤空气干燥基数据

序号	煤种名称	M_{ad} /%	A_{ad} /%	C_{ad} /%	H_{ad} /%	O_{ad} /%	N_{ad} /%	S_{ad} /%	$Q_{ad,net}$ /$(kJ \cdot kg^{-1})$	V_{daf} /%
1	晋城煤 3	1.53	30.42	61.06	2.63	2.50	0.76	1.10	22 688	10.13
2	福建无烟煤	4.35	33.80	52.56	1.86	6.28	0.91	0.24	19283	10.14
3	贵州纳雍煤	0.93	15.53	74.68	3.24	2.10	0.75	2.78	29 280	10.48
4	沁北混煤 1	1.34	25.08	65.55	2.85	3.35	1.10	0.74	24 558	10.84
5	焦作煤 2	2.71	18.34	72.70	3.13	0.32	0.97	1.83	26 781	11.03
6	无烟煤 8	1.21	59.18	35.61	1.60	1.74	0.33	0.33	12 618	11.05
7	贵州无烟煤 2	1.80	34.50	56.98	2.10	0.52	0.95	3.15	21 559	11.16
8	耒阳煤 1	1.81	28.96	63.65	1.59	2.20	0.68	1.11	22 498	11.31
9	广东煤	2.34	21.30	69.68	2.58	2.09	0.99	1.01	25 437	11.62
10	阳泉煤 2	1.42	22.63	68.32	2.38	2.61	0.76	1.88	25 415	11.73
11	阳泉煤 9	1.39	22.21	67.06	2.34	2.56	0.75	3.69	25 066	11.73
12	金竹山煤 4	2.00	29.94	62.42	2.29	1.49	0.88	0.98	23 180	11.77
13	无烟煤 10	1.61	24.28	63.37	2.98	4.73	1.58	1.45	24 649	11.93
14	无烟煤 4	1.70	31.32	59.54	2.58	3.12	1.16	0.58	22 087	12.06
15	阳泉煤 3	1.70	31.32	59.54	2.58	3.12	1.16	0.58	22 088	12.07
16	阳泉煤 4	3.67	25.44	64.24	2.44	2.37	0.67	1.17	23 493	12.09
17	无烟煤 5	1.43	26.79	62.92	2.48	3.39	0.77	2.23	23 250	12.26
18	金竹山煤 2	2.00	25.03	66.36	2.70	2.06	1.00	0.85	24 831	12.48
19	涉县混煤 2	0.90	27.86	63.96	3.02	2.74	1.14	0.37	24 526	12.88
20	石淙一矿煤	1.06	20.91	69.76	3.08	3.58	1.30	0.32	25 921	12.97
21	菏泽煤 1	1.41	24.21	64.75	3.16	3.92	0.83	1.72	25 166	13.00
22	菏泽煤 2	1.27	21.81	68.24	2.85	3.53	0.75	1.55	25 304	13.00
23	古交煤	1.01	10.28	81.33	3.73	0.48	1.02	2.15	30 535	13.39
24	潞安贫煤	1.07	9.96	83.48	3.63	0.25	1.22	0.39	30 119	13.46
25	松藻无烟煤	1.47	31.11	57.42	2.39	2.31	1.02	4.29	21 553	13.53
26	湘潭混煤 2	1.38	19.49	71.76	2.33	2.47	1.02	1.54	26 539	13.71
27	晋城煤 4	2.81	14.78	77.73	2.33	1.11	0.99	0.25	27 743	13.72
28	兴义煤	2.48	20.68	69.98	2.58	1.84	1.25	1.18	25 547	13.81
29	阳泉煤 5	2.16	18.00	72.20	2.74	3.11	1.07	0.72	26 395	13.83

续表

序号	煤种名称	M_{ad} /%	A_{ad} /%	C_{ad} /%	H_{ad} /%	O_{ad} /%	N_{ad} /%	S_{ad} /%	$Q_{ad,net}$ /$(kJ \cdot kg^{-1})$	V_{daf} /%
30	黑龙宝煤	2.25	25.32	66.32	3.35	1.72	0.92	0.12	24 282	13.84
31	扬州混煤2	1.19	26.13	63.63	3.24	4.18	0.96	0.66	23 851	14.08
32	贫煤1	1.18	29.94	61.49	2.42	3.34	1.26	0.37	22 606	14.27
33	贵州桃坪煤	1.05	26.63	63.12	3.25	1.41	0.80	3.74	24 337	14.89
34	扬州混煤1	1.72	25.92	63.42	3.17	3.98	1.04	0.75	23 789	14.98
35	六枝贫煤	1.47	13.81	74.62	3.26	2.80	1.17	2.88	28 193	14.99
36	鹤壁煤1	0.90	17.14	73.10	3.69	3.52	1.31	0.33	27 628	15.50
37	冷水江煤	1.53	45.26	46.40	1.79	4.02	0.62	0.38	16 982	15.84
38	四川煤	0.87	15.99	73.19	3.61	2.03	1.25	3.05	28 652	16.15
39	动力煤1	0.49	28.09	62.15	3.03	3.56	0.85	1.83	23 533	16.52
40	涉县混煤1	0.86	22.96	68.26	3.02	2.80	1.10	1.00	26 140	16.54
41	贫煤XT	0.50	23.91	68.11	2.48	2.92	1.75	0.33	24 800	16.92
42	新泰贫煤	0.50	23.90	65.60	3.18	3.02	1.95	1.85	24 814	16.93
43	潞安泥煤	0.86	11.82	80.38	3.56	1.85	1.22	0.31	30 717	16.97
44	潞安煤	0.76	24.71	67.30	3.36	0.19	0.31	3.37	25 685	17.07
45	阳泉煤6	3.75	33.45	53.37	1.89	6.38	0.92	0.24	19 742	17.39
46	贫煤YL	1.48	26.30	61.89	1.79	6.50	0.98	1.06	22 122	17.39
47	山东贫混煤	1.12	27.06	64.15	2.81	3.21	1.20	0.46	23 838	17.70
48	聊城煤	1.12	27.11	64.18	2.81	3.21	1.20	0.37	23 334	17.75
49	淮南混煤	1.02	31.49	60.15	2.42	3.41	0.83	0.69	22 226	18.01
50	衢州混煤2	1.13	34.49	54.88	2.90	2.94	0.95	2.71	21 088	18.04
51	沁北混煤2	0.66	30.01	60.96	3.44	2.81	1.06	1.05	23 272	18.19
52	淄博岭子煤	0.39	25.13	60.58	3.66	6.75	1.21	2.28	23 687	18.19
53	动力煤3	0.53	26.75	64.39	3.08	2.84	0.85	1.56	24 290	18.39
54	山西贫煤	1.44	19.90	67.14	3.90	5.77	1.07	0.78	25 914	18.54
55	郑州煤	0.56	23.65	67.00	3.86	2.91	1.30	0.72	26 651	18.62
56	兖州煤1	0.90	13.12	76.44	3.64	2.60	1.27	2.03	28 831	18.66
57	贵州窑子湾煤	1.03	33.59	55.80	2.82	0.48	0.92	5.36	21 253	18.69
58	贫煤3	1.14	21.98	68.73	3.12	3.27	1.24	0.52	26 890	19.00
59	长治贫煤	0.58	32.48	58.36	2.93	2.87	0.84	1.94	22 200	19.29

续表

序号	煤种名称	M_{ad} /%	A_{ad} /%	C_{ad} /%	H_{ad} /%	O_{ad} /%	N_{ad} /%	S_{ad} /%	$Q_{ad,net}$ /(kJ·kg^{-1})	V_{daf} /%
60	铜川烟煤	2.57	33.78	50.91	2.81	6.58	0.71	2.63	20 222	19.33
61	河津煤	1.73	14.65	74.55	3.37	4.04	1.00	0.66	27 796	19.83
62	贫煤4	1.30	26.18	62.90	3.25	4.23	1.10	1.04	23 906	19.97

表 2-11　国内烟煤空气干燥基数据

序号	煤种名称	M_{ad} /%	A_{ad} /%	C_{ad} /%	H_{ad} /%	O_{ad} /%	N_{ad} /%	S_{ad} /%	$Q_{ad,net}$ /(kJ·kg)	V_{daf} /%
1	合山煤1	2.07	44.25	42.02	2.28	1.66	0.44	7.28	16 660	20.32
2	湘潭混煤1	1.38	25.32	64.59	2.71	3.75	1.19	1.05	24 257	20.36
3	鹤壁煤2	0.95	26.28	64.01	3.21	4.12	1.09	0.34	24 172	20.52
4	湖南煤2	1.11	36.26	55.61	2.92	2.77	0.92	0.41	21 133	21.11
5	聊城贫煤	1.53	29.11	61.63	2.70	3.08	1.15	0.80	23 862	21.22
6	黄台贫煤	1.10	32.31	58.98	2.93	1.82	0.98	1.88	22 386	21.62
7	黄台煤	1.14	32.31	58.96	2.93	1.80	0.98	1.88	22 378	21.65
8	贫煤5	1.59	33.07	53.41	2.50	7.46	1.12	0.85	20 027	21.85
9	浦白煤	0.51	32.27	57.28	3.23	0.60	2.82	3.29	22 271	22.26
10	杭州褐煤	23.47	5.74	48.90	3.56	17.62	0.51	0.21	19 039	22.80
11	四川格里坪煤	1.41	37.06	52.70	2.72	4.69	0.89	0.53	19 987	23.57
12	莱城煤	1.30	16.60	70.94	3.74	5.51	1.26	0.65	26 373	24.60
13	动力煤4	1.38	41.90	47.70	2.74	3.35	0.70	2.23	18 527	24.74
14	烟煤6	1.18	27.42	64.99	3.74	0.47	1.07	1.13	25 089	25.08
15	烟煤QS	2.03	31.36	56.52	2.82	5.09	1.48	0.70	22 298	26.26
16	斗笠山煤	1.45	40.67	48.66	2.92	2.67	0.98	2.65	19 058	27.90
17	六枝煤	1.33	53.03	33.39	2.17	7.96	0.34	1.78	13 231	28.44
18	桃山煤	2.57	28.80	60.15	3.74	3.84	0.86	0.03	22 643	28.62
19	宁夏烟煤2	1.07	10.29	78.70	4.26	3.09	0.82	1.76	30 163	28.77
20	北票煤	2.01	19.40	69.14	4.19	3.12	0.75	1.38	26 900	28.86
21	大屯煤	1.80	21.08	64.27	4.16	6.85	1.15	0.69	25 250	29.00
22	湖南会同煤	2.40	89.30	5.03	0.51	2.66	0.10	0.01	2 096	29.07

续表

序号	煤种名称	M_{ad} /%	A_{ad} /%	C_{ad} /%	H_{ad} /%	O_{ad} /%	N_{ad} /%	S_{ad} /%	$Q_{ad,net}$ /(kJ·kg)	V_{daf} /%
23	台吉煤	2.91	13.86	69.59	4.57	5.40	0.80	2.87	27 541	29.37
24	大同烟煤	1.65	4.90	89.86	0.75	0.96	1.47	0.42	30 190	29.56
25	灵石煤	2.79	14.59	67.90	3.72	7.67	1.05	2.28	26 091	29.92
26	乌达煤 2	0.82	20.16	68.86	4.41	4.07	0.90	0.77	26 998	29.95
27	烟煤 8	2.42	28.19	63.30	3.71	0.32	0.97	1.09	24 473	30.06
28	扎赉诺尔褐煤	22.29	9.35	48.60	3.59	14.96	1.07	0.14	18 990	30.86
29	灵武烟煤	12.58	4.50	66.14	3.18	12.65	0.59	0.36	24 609	30.91
30	大同煤 1	2.49	3.82	80.64	4.63	6.99	0.78	0.66	31 024	30.94
31	大同煤 2	1.30	8.44	76.78	4.06	6.96	0.82	1.64	30 212	30.94
32	神华榆家梁煤 A	6.66	1.76	74.00	3.11	13.24	1.08	0.15	27 198	31.00
33	宁夏一矿煤	1.29	30.94	55.20	3.72	6.94	0.89	1.02	21 979	31.01
34	兖州煤 2	4.81	16.97	62.56	2.62	11.73	0.90	0.41	23 029	31.33
35	徐州青山煤	0.90	18.14	67.20	3.56	6.56	2.83	0.81	25 000	31.40
36	乌达煤 3	0.75	14.08	73.66	4.13	3.68	0.92	2.78	28 480	31.42
37	神华煤 1	4.38	6.63	73.44	4.04	10.38	0.78	0.36	28 005	31.48
38	神华煤 2	4.38	6.64	73.51	4.04	10.29	0.78	0.36	28 033	31.48
39	乌达煤 1	0.99	22.05	67.39	4.20	3.79	0.93	0.64	26 294	31.49
40	大同煤 3	2.66	10.52	72.82	4.34	7.35	0.79	1.52	28 252	31.64
41	烟煤 DT	2.66	10.52	75.48	4.34	4.69	0.79	1.52	29 124	31.64
42	大同煤 4	3.56	16.01	65.29	3.73	9.38	0.67	1.36	25 245	31.72
43	合山煤 2	2.95	51.56	33.45	1.97	4.64	0.64	4.79	13 293	31.85
44	贵州烟煤	1.81	31.78	55.89	3.25	2.76	0.64	3.87	21 857	31.95
45	乌达煤 4	0.95	16.92	71.70	4.16	3.24	1.25	1.78	27 767	32.05
46	烟煤 1	6.57	33.45	49.95	3.01	5.86	0.75	0.41	19 363	32.30
47	新高山煤	2.54	7.74	75.14	4.67	8.81	0.89	0.21	27 900	32.33
48	七星煤	2.26	26.68	60.20	3.88	5.95	0.83	0.20	23 269	32.36
49	宁夏烟煤 1	1.82	12.47	76.33	4.16	3.22	1.25	0.75	29 169	32.50
50	淮南焦煤	1.62	16.46	69.53	4.19	6.12	1.15	0.93	26 994	32.92
51	乌达煤 6	0.94	18.96	68.76	4.31	4.30	0.78	1.95	26 971	33.04

序号	煤种名称	M_{ad} /%	A_{ad} /%	C_{ad} /%	H_{ad} /%	O_{ad} /%	N_{ad} /%	S_{ad} /%	$Q_{ad,net}$ /(kJ·kg)	V_{daf} /%
52	烟煤7	1.57	33.15	54.44	2.65	6.37	0.92	0.90	21 470	33.04
53	烟煤9	3.40	27.26	56.56	2.67	8.64	0.91	0.56	21 920	33.08
54	徐州煤1	1.60	27.55	58.45	3.47	7.79	0.78	0.35	22 597	33.50
55	神东煤1	9.84	4.08	68.82	3.60	12.45	0.79	0.42	25 821	33.72
56	神华煤3	5.85	6.94	70.20	3.94	11.85	0.78	0.44	26 892	33.80
57	塔山煤	2.01	13.40	71.89	4.50	6.76	0.93	0.51	27 558	33.80
58	神木煤1	4.23	12.69	66.38	3.66	11.65	0.97	0.42	25 329	33.81
59	神府烟煤	1.76	30.11	53.68	3.31	9.66	0.97	0.51	20 885	33.85
60	神华榆家梁煤B	6.92	14.57	62.01	3.20	12.26	0.88	0.16	23 354	34.28
61	坨城烟煤	0.97	17.66	74.98	0.86	2.74	1.52	1.27	25 518	34.41
62	神华煤4	8.00	5.86	70.36	3.99	10.76	0.88	0.15	26 317	34.57
63	乌达煤5	0.89	18.07	69.79	4.22	4.23	0.87	1.93	27 222	34.57
64	徐州烟煤1	2.63	31.32	53.82	3.33	6.66	0.61	1.62	21 035	34.58
65	大屯煤	1.09	14.71	70.71	4.47	7.12	1.46	0.45	27 636	34.68
66	凤川煤	0.91	34.86	48.16	1.18	8.93	1.00	4.96	17 387	34.86
67	神府东胜煤	8.00	8.61	67.61	3.90	10.70	0.75	0.44	24 665	35.00
68	宁夏二矿煤	1.15	21.75	63.21	3.94	6.84	0.98	2.13	25 387	35.02
69	徐州韩桥煤	2.10	16.75	66.09	4.47	8.12	0.85	1.62	26 195	35.20
70	神华上湾煤	10.77	8.71	66.70	3.16	9.52	0.77	0.37	24 782	35.25
71	神府煤1	3.79	2.61	74.57	4.84	11.87	2.02	0.30	29 185	35.44
72	神木煤2	3.80	4.68	74.91	4.91	10.50	0.90	0.30	29 381	35.50
73	新庄煤	1.76	8.93	76.32	4.50	6.56	1.56	0.36	29 474	35.53
74	淮南煤1	1.16	22.83	63.73	4.20	6.42	1.03	0.63	25 091	35.69
75	神华煤5	5.07	10.93	65.73	3.72	12.98	1.03	0.54	25 797	35.74
76	平三煤1	3.27	23.80	58.74	3.66	7.87	1.06	1.59	22 850	35.89
77	准东煤	15.74	9.59	58.16	3.04	0.44	12.22	0.80	20 900	36.04
78	神木烟煤1	2.51	6.33	71.08	4.38	10.99	4.38	0.33	28 370	36.06
79	平三煤2	3.27	23.80	58.75	3.66	7.88	1.05	1.59	22 959	36.28
80	徐州烟煤2	2.42	21.42	62.92	4.11	7.49	1.22	0.43	24 679	36.30

序号	煤种名称	M_{ad} /%	A_{ad} /%	C_{ad} /%	H_{ad} /%	O_{ad} /%	N_{ad} /%	S_{ad} /%	$Q_{ad,net}$ /(kJ·kg)	V_{daf} /%
81	神木煤 3	7.43	4.10	67.28	4.21	15.65	0.85	0.48	26 103	36.43
82	淮南煤 2	0.69	29.65	60.74	3.82	3.62	1.13	0.35	23 891	36.53
83	准格尔煤 1	6.36	11.03	66.51	3.79	10.44	1.20	0.67	25 477	36.68
84	烟煤 2	2.05	17.13	61.21	3.76	14.37	0.97	0.51	23 792	36.95
85	晋北烟煤	2.94	19.43	62.96	3.87	8.92	0.76	1.12	24 640	37.09
86	元宝山褐煤 1	1.26	14.25	66.87	4.11	11.87	1.16	0.48	26 010	37.13
87	元宝山褐煤 2	1.26	14.34	66.80	4.11	11.86	1.16	0.48	26 010	37.17
88	朔州煤	2.23	17.53	64.52	4.17	9.59	1.11	0.85	25 315	37.19
89	准格尔煤 2	4.13	19.08	60.65	3.72	10.88	1.05	0.49	22 939	37.21
90	神华煤 6	17.90	10.11	55.35	4.17	10.74	1.23	0.50	21 911	37.62
91	神府煤 2	10.19	6.50	67.09	4.00	11.17	0.74	0.31	25 750	37.66
92	兖州煤 3	2.88	24.78	56.62	3.76	10.20	0.92	0.84	22 300	37.77
93	神木煤 4	8.76	5.58	73.08	4.52	6.33	1.08	0.65	28 296	37.84
94	依兰煤	3.62	21.80	58.11	4.12	11.37	0.89	0.09	23 061	37.94
95	淮北烟煤	2.14	26.34	58.20	3.96	7.57	1.03	0.76	23 624	38.02
96	粉煤 1	9.73	13.22	60.89	5.15	9.04	1.12	0.85	24 929	38.02
97	神华煤 7	9.30	4.99	68.68	4.18	11.58	0.91	0.36	26 480	38.20
98	神华混煤	4.47	16.25	64.11	2.91	8.41	2.91	0.96	23 878	38.29
99	淮南潘三焦煤	2.24	11.73	68.93	4.00	11.34	1.49	0.26	26 535	38.34
100	神华煤 8	8.70	6.36	66.47	4.15	12.88	0.90	0.54	25 750	38.44
101	神木煤 5	8.28	2.74	72.42	4.41	11.02	0.94	0.18	27 940	38.53
102	大屯孔庄烟煤 2	1.51	17.85	63.66	3.94	10.97	1.23	0.84	26 046	38.54
103	平朔煤 2	2.42	13.72	67.97	4.37	9.57	1.13	0.82	26 367	38.60
104	大屯孔庄烟煤 1	1.50	5.69	76.50	4.53	9.94	1.32	0.51	28 674	38.62
105	兖州煤 4	2.21	21.29	62.24	3.92	8.74	1.04	0.55	24 487	38.65
106	鄂尔多斯烟煤	8.90	10.74	64.36	3.75	11.12	0.98	0.14	24 618	38.70
107	内蒙古褐煤	25.32	4.47	51.81	2.50	14.64	0.99	0.27	18 906	38.96
108	东罗煤	0.64	37.66	49.78	2.42	4.37	0.71	4.42	19 108	39.03
109	兖州煤 5	1.45	22.94	63.86	4.36	5.68	1.13	0.58	26 209	39.03

序号	煤种名称	M_{ad} /%	A_{ad} /%	C_{ad} /%	H_{ad} /%	O_{ad} /%	N_{ad} /%	S_{ad} /%	$Q_{ad,net}$ /(kJ·kg)	V_{daf} /%
110	里彦烟煤	2.62	17.13	66.30	4.52	6.11	1.22	2.09	25 171	39.06
111	神木烟煤2	8.75	7.47	73.27	4.49	4.57	0.90	0.55	24 721	39.07
112	兖州烟煤	2.37	27.45	59.27	3.25	0.38	6.17	1.11	23 818	39.11
113	平朔煤1	2.24	17.99	64.04	4.03	9.68	1.16	0.86	24 570	39.15
114	神东煤2	9.16	3.72	70.28	4.76	10.92	0.88	0.28	27 568	39.53
115	蒙东褐煤	16.62	9.99	58.67	3.24	10.66	0.67	0.15	22 078	40.12
116	兖州煤6	1.24	25.57	58.88	3.72	8.77	1.25	0.57	23 903	40.27
117	新疆黑山烟煤	2.24	4.88	75.44	4.95	10.85	0.92	0.72	29 653	40.31
118	大友煤	3.80	30.88	50.78	3.50	9.54	0.94	0.56	20 081	40.42
119	枣庄柴里烟煤	1.49	7.08	74.79	4.68	10.05	1.28	0.62	29 184	40.90
120	神府烟煤	4.75	6.31	66.62	1.17	19.70	1.02	0.43	21 987	40.99
121	淮南煤3	1.44	27.64	58.01	4.06	7.67	0.87	0.31	22 574	41.65
122	龙口白皂褐煤	25.05	2.91	54.92	2.96	12.16	1.63	0.37	20 395	42.21
123	宝日希勒褐煤1	12.62	9.98	58.22	3.89	14.32	0.64	0.33	22 678	42.66
124	兖州东滩烟煤	2.70	10.55	70.34	4.02	10.85	1.15	0.38	27 446	42.80
125	动力煤5	0.53	37.69	50.61	3.34	6.45	0.74	0.63	19 950	42.94
126	小龙潭褐煤1	22.82	6.37	50.28	2.22	16.37	1.20	0.75	18 229	43.38
127	伊敏煤2	11.10	17.77	50.83	2.98	16.60	0.51	0.21	19 382	43.61
128	大雁褐煤	13.14	11.27	56.09	3.45	15.13	0.70	0.22	21 525	43.62
129	山东混烟煤	2.98	19.59	61.67	4.27	9.99	0.87	0.62	24 432	43.79
130	阜新煤	10.04	22.82	51.18	3.62	10.21	1.03	1.10	20 758	44.20
131	滕州煤	1.66	29.09	53.45	3.76	8.95	0.89	2.20	21 415	44.20
132	张集煤	1.40	18.57	67.52	4.87	6.03	1.26	0.35	26 968	44.21
133	扎赉诺尔煤2	6.51	13.20	60.11	3.64	15.50	0.79	0.24	22 812	44.25
134	烟煤4	2.54	21.15	63.04	4.30	5.81	1.16	1.99	25 170	44.49
135	烟煤5	3.36	30.82	47.50	2.51	12.11	2.96	0.74	18 050	44.77
136	小龙潭褐煤2	11.64	8.95	56.65	3.36	17.21	1.12	1.07	21 757	44.78

序号	煤种名称	M_{ad} /%	A_{ad} /%	C_{ad} /%	H_{ad} /%	O_{ad} /%	N_{ad} /%	S_{ad} /%	$Q_{ad,net}$ /(kJ·kg)	V_{daf} /%
137	褐煤2	11.10	17.77	50.83	2.98	16.60	0.51	0.21	19 382	44.97
138	动力煤2	1.55	30.33	56.84	4.02	5.71	0.88	0.67	22 340	45.32
139	兖州杨村烟煤	0.83	7.16	72.54	4.89	12.66	1.03	0.89	28 587	45.50
140	内蒙古煤	6.12	24.80	49.93	3.79	13.86	0.60	0.90	20 071	45.90
141	锡林浩特褐煤	19.17	14.21	49.78	3.00	12.99	0.18	0.67	18 912	45.99
142	褐煤4	15.39	15.59	49.58	3.05	15.62	0.41	0.35	18 960	46.09
143	小龙潭褐煤3	13.64	17.08	53.72	1.48	8.73	1.08	4.28	18 604	46.32
144	褐煤6	15.26	17.56	48.22	2.91	15.16	0.43	0.46	18 381	46.49
145	胜利褐煤1	14.71	16.25	49.55	3.36	14.84	0.74	0.54	19 291	46.80
146	锡林郭勒煤	14.89	16.45	50.16	3.16	14.05	0.75	0.55	19 283	46.80
147	大屯徐庄烟煤	1.42	16.66	65.98	3.80	10.54	1.38	0.23	25 378	46.80
148	胜利褐煤2	15.00	17.00	48.21	3.29	14.74	0.75	1.01	18 810	46.91
149	衢州混煤1	0.98	29.96	59.75	3.51	4.26	0.83	0.71	23 113	46.92
150	鸡西烟煤	4.51	34.93	44.13	4.01	11.38	0.53	0.50	18 343	47.28
151	黑龙江大头煤	9.35	19.10	55.89	3.99	9.57	0.69	1.41	22 193	47.77
152	吴家坪煤	3.02	18.87	62.60	4.16	8.68	0.98	1.70	24 728	48.83
153	通辽褐煤	6.66	10.42	63.67	5.24	12.56	1.13	0.32	25 946	48.83
154	华亭煤	3.43	20.73	57.43	3.88	13.04	0.76	0.73	22 184	49.93
155	新疆煤	18.31	5.80	56.39	2.67	15.57	0.61	0.65	20 769	50.13
156	宝日希勒褐煤2	13.69	15.12	49.39	2.92	17.38	1.42	0.08	18 781	50.74
157	徐州煤2	1.59	24.40	57.81	5.11	9.07	1.22	0.81	24 054	52.02
158	长广煤	2.73	18.68	65.24	3.52	4.50	1.12	4.21	25 204	52.20
159	乌拉盖褐煤	21.26	11.47	49.58	2.97	13.40	0.70	0.62	18 762	52.24
160	小龙潭褐煤4	7.75	14.51	52.51	4.55	16.80	1.61	2.27	21 759	53.85
161	云南煤	7.48	13.38	56.01	4.90	16.01	1.21	1.01	23 141	55.45
162	龙口褐煤	8.40	22.10	49.90	3.40	14.22	1.38	0.60	19 591	57.12
163	褐煤LK	8.30	22.12	49.89	3.40	13.82	1.38	1.10	19 636	57.20
164	褐煤1	12.96	21.34	48.92	3.24	11.70	1.35	0.50	19 000	62.60

表 2 - 12　国内褐煤空气干燥基数据

序号	煤种名称	M_{ad} /%	A_{ad} /%	C_{ad} /%	H_{ad} /%	O_{ad} /%	N_{ad} /%	S_{ad} /%	$Q_{ad,net}$ /(kJ·kg^{-1})	V_{daf} /%
1	褐煤 5	19.68	16.02	46.26	3.15	14.34	0.47	0.08	17 846	55.57
2	伊敏煤 1	11.96	22.08	45.71	2.97	16.08	0.92	0.28	17 681	47.00
3	东北褐煤	10.20	25.14	47.20	3.17	12.54	0.71	1.03	17 600	43.80
4	霍林河褐煤 5	12.22	24.42	45.91	2.70	13.52	0.73	0.50	17 491	48.53
5	锡林浩特胜利煤 1	14.90	21.85	44.37	3.16	13.74	0.77	1.22	17 450	45.70
6	扎赉诺尔煤 1	11.88	22.94	46.71	3.15	14.13	0.77	0.42	17 354	43.75
7	云南褐煤	27.10	8.83	44.59	3.05	13.71	1.19	1.53	17 158	51.46
8	元宝山褐煤 3	8.50	32.32	44.46	2.87	10.42	0.58	0.86	16 689	43.84
9	锡林浩特胜利煤 2	15.20	23.35	43.16	2.78	13.29	0.81	1.40	16 689	44.80
10	褐煤 3	22.17	19.98	42.86	3.00	11.39	0.48	0.12	16 523	52.40
11	准格尔煤 3	16.89	25.21	37.49	4.55	14.00	1.36	0.50	16 467	43.22
12	山西王坪烟煤	1.61	42.25	41.48	3.07	10.26	0.73	0.60	15 987	41.50
13	湖南褐煤	1.49	24.12	39.69	2.59	27.83	1.01	3.27	15 849	43.41
14	霍林河褐煤 2	19.07	23.29	41.27	2.69	12.40	0.79	0.50	15 804	49.67
15	霍林河褐煤 3	16.82	25.91	40.42	2.80	12.65	0.81	0.60	15 692	49.72
16	霍林河褐煤 4	11.47	34.11	39.17	2.75	11.25	0.71	0.53	15 358	48.37
17	伊泰煤	18.32	19.97	40.23	2.01	18.21	0.77	0.48	14 806	48.44
18	羊草沟煤 1	7.01	43.43	35.82	3.21	9.65	0.53	0.35	14 798	46.31
19	梅河煤 2	20.44	31.70	36.40	2.36	6.51	1.21	1.38	13 929	83.48
20	云南先锋褐煤	33.56	12.26	34.17	3.26	15.57	0.97	0.22	13 681	60.60
21	霍林河褐煤 1	11.42	41.12	34.16	2.40	9.81	0.62	0.47	13 361	48.49
22	舒兰褐煤	10.50	44.18	32.59	2.85	8.58	0.96	0.34	12 766	50.00
23	霍林河褐煤 6	24.00	30.22	34.11	1.84	8.68	0.70	0.45	12 708	68.59
24	梅河煤 1	8.60	51.39	26.74	2.42	9.94	0.73	0.18	10 985	60.83
25	双鸭山煤	2.13	64.94	18.29	4.15	9.92	0.43	0.15	10 081	53.47
26	柳林烟煤	1.14	65.32	17.82	3.72	10.45	0.46	1.08	9 613	38.79
27	羊草沟煤 2	44.47	23.50	20.75	2.53	7.88	0.53	0.33	8 128	68.26
28	丰广煤	51.85	23.55	13.11	1.87	8.73	0.72	0.17	4 936	92.36

表 2-13 国外动力煤空气干燥基数据

序号	煤种名称	M_{ar} /%	A_{ar} /%	C_{ar} /%	H_{ar} /%	O_{ar} /%	N_{ar} /%	S_{ar} /%	$Q_{ar,net}$ /(kJ·kg^{-1})	V_{daf} /%
无烟煤										
1	越南煤1	1.60	28.35	63.50	2.16	2.86	0.93	0.60	23 780	8.97
2	越南煤2	0.97	35.09	55.22	2.33	5.33	0.68	0.38	20 421	9.55
贫煤										
1	CRC 281	2.50	9.09	80.90	3.27	1.77	1.77	0.71	29 817	10.52
2	西班牙煤	0.91	20.00	71.09	3.00	1.10	1.80	2.10	26 449	13.25
3	土耳其 Bierzo 无烟煤	0.90	35.49	56.77	1.89	2.56	0.89	1.49	20 484	13.84
4	日本煤6	2.69	14.47	75.65	3.30	2.72	0.78	0.39	29 321	14.45
5	日本煤5	1.70	13.96	75.79	3.83	3.15	1.18	0.39	29 724	18.07
6	日本煤4	1.39	7.76	81.34	4.52	2.96	1.60	0.42	31 151	19.22
烟煤										
1	日本煤3	0.80	10.61	78.92	5.16	2.38	1.59	0.56	31 965	21.28
2	日本 Ikeshina-C	2.60	51.19	36.30	3.69	4.66	0.51	1.06	15 599	23.51
3	保加利亚 Balkan 烟煤	0.40	42.70	51.10	1.99	1.02	0.80	1.99	18 805	23.90
4	CRC 306	1.20	20.11	69.68	3.66	3.23	1.42	0.71	26 523	24.40
5	英国 Betts Lane 煤	1.57	17.61	70.55	4.33	1.95	1.43	2.55	27 621	25.09
6	澳大利亚 Newlands 煤	2.50	15.01	67.82	4.68	7.99	1.56	0.45	26 300	27.28
7	日本 Ikeshina-B	3.00	43.09	42.63	4.26	5.45	0.59	0.97	18 400	27.42
8	韩国 NCA 煤	2.88	15.35	70.52	3.87	5.53	1.51	0.34	26 924	29.26
9	CRC 310	2.70	11.09	74.50	4.31	4.82	1.72	0.86	28 745	30.16
10	日本 Ikeshina-A	2.70	34.98	50.07	4.66	5.97	0.68	0.93	20 900	31.35
11	澳大利亚煤2	18.52	16.89	15.40	14.05	12.81	11.68	10.65	19 565	31.85
12	CRC 284	1.50	19.30	68.75	4.36	3.80	1.74	0.55	26 912	32.20
13	CRC 274	4.50	9.30	72.15	4.14	7.84	1.72	0.34	27 741	32.60
14	CRC 298	4.10	11.30	70.73	4.15	7.78	1.61	0.34	27 292	34.75
15	CRC 240	2.40	13.09	71.09	4.64	6.33	1.86	0.68	27 941	35.50
16	澳大利亚煤1	8.00	19.90	57.03	3.25	10.81	0.84	0.17	21 827	35.51
17	CRC 263	3.30	8.50	74.53	4.67	6.88	1.76	0.35	29 082	35.71
18	CRC 296	3.40	14.10	69.30	4.29	6.77	1.57	0.58	26 984	35.88

续表

序号	煤种名称	M_{ar} /%	A_{ar} /%	C_{ar} /%	H_{ar} /%	O_{ar} /%	N_{ar} /%	S_{ar} /%	$Q_{ar,net}$ /(kJ·kg^{-1})	V_{daf} /%
19	土耳其 Tuncbilek 褐煤	21.88	19.74	49.39	3.84	1.89	1.75	1.51	19 637	36.04
20	澳大利亚煤 6	21.47	18.46	15.88	13.66	11.74	10.10	8.69	19 083	36.63
21	CRC 283	3.50	9.89	72.16	4.67	7.70	1.64	0.43	28 324	36.72
22	澳大利亚煤 3	5.20	28.60	49.65	3.08	12.45	0.80	0.22	19 300	37.01
23	加拿大 90003（1L#6）	8.79	7.43	68.73	4.77	7.62	1.50	1.15	28 285	37.28
24	韩国 Vitol 煤	3.76	13.08	68.02	4.32	8.87	1.41	0.54	26 545	37.82
25	澳大利亚煤 7	5.90	5.00	69.86	4.57	12.30	1.91	0.46	27 387	37.93
26	CRC 299	9.80	25.40	52.75	2.85	8.16	0.78	0.26	19 984	37.96
27	韩国 ECM 煤	2.58	15.05	67.12	4.42	8.38	1.61	0.85	26 405	38.27
28	加拿大 Eastern 烟煤	1.08	8.75	76.82	4.99	5.96	1.47	0.94	29 524	39.26
29	日本煤 2	2.50	14.82	69.98	4.39	6.24	1.55	0.53	28 378	39.50
30	韩国 PCC 煤	15.42	4.92	59.55	4.55	13.55	1.18	0.84	23 756	39.79
31	俄罗斯 B	2.36	10.12	75.73	5.28	3.50	2.69	0.32	30 036	40.04
32	加拿大 贫煤	11.85	14.85	54.43	3.21	14.72	0.74	0.19	20 769	40.53
33	CRC 272	3.70	12.80	69.22	4.68	7.01	1.50	1.09	27 335	40.60
34	俄罗斯煤 A	5.29	6.43	72.44	4.28	8.98	2.15	0.43	27 903	41.80
35	韩国 MHU 煤	14.50	5.40	61.05	4.25	12.64	1.26	0.91	23 976	42.28
36	加拿大 92073（KY#9）	9.88	23.74	53.66	3.16	4.50	1.05	4.00	21 427	44.20
37	加拿大褐煤	22.09	11.93	47.76	3.09	13.88	0.78	0.47	18 257	45.37
38	印尼煤 1	11.94	3.82	63.91	4.45	14.15	1.32	0.40	24 930	47.23
39	日本煤 1	2.60	13.93	68.95	4.67	7.57	1.52	0.76	28 491	47.37
40	印尼煤 3	10.93	6.26	62.93	4.56	13.79	1.25	0.29	25 297	47.97
41	CRC 252	9.69	11.49	61.49	4.65	11.42	0.87	0.39	24 654	49.87
42	澳大利亚煤 4	16.14	15.48	14.84	14.24	13.65	13.09	12.56	19 801	50.00
43	澳大利亚煤 5	1.70	19.59	64.20	5.38	7.63	0.99	0.50	26 445	51.46
44	印尼 Adaro 贫煤	14.50	1.00	62.36	4.14	17.15	0.76	0.08	24 222	51.48
45	印尼煤 2	7.75	2.21	71.41	4.60	12.21	1.67	0.14	27 806	51.52

续表

序号	煤种名称	M_{ar} /%	A_{ar} /%	C_{ar} /%	H_{ar} /%	O_{ar} /%	N_{ar} /%	S_{ar} /%	$Q_{ar,net}$ /(kJ·kg^{-1})	V_{daf} /%
46	印尼煤 4	15.84	7.56	54.89	2.68	17.59	0.99	0.45	20 379	51.96
47	CRC 297	1.50	13.29	70.15	5.19	3.75	1.11	5.02	28 226	52.35
48	保加利亚索菲亚褐煤	7.20	24.60	45.76	3.96	15.07	0.89	2.52	18 852	56.16
49	巴基斯坦 LKH 褐煤	10.24	14.66	52.44	3.07	13.59	0.85	5.15	20 090	59.31
50	印尼 Adaro 煤	20.40	0.96	56.29	4.14	17.36	0.76	0.10	22 096	63.19
51	巴基斯坦 THR 褐煤	8.50	19.37	49.93	2.94	14.26	0.98	4.02	19 179	67.27
褐煤										
1	保加利亚 Pernik 无烟煤	3.00	53.40	31.65	2.01	7.59	0.78	1.57	12 388	44.50
2	印度中挥发分煤	3.90	47.53	37.20	2.38	8.17	0.67	0.15	14 551	44.65
3	保加利亚 Bobov Dol 无烟煤	3.00	36.50	45.13	2.90	9.32	0.85	2.30	17 698	46.12
4	保加利亚 Maritza East 褐煤	7.80	37.10	32.51	2.98	15.04	0.33	4.24	13 522	54.26
5	保加利亚 Maritza West 褐煤	6.00	37.60	36.15	3.21	9.14	0.85	7.05	14 995	58.33
6	印尼 Wara 煤	39.80	1.20	41.36	3.49	13.37	0.68	0.10	16 115	86.54

第3章 动力煤的绝热
燃烧温度计算方法

3.1 理论绝热燃烧温度

一、研究理论绝热燃烧温度的意义

为了保证燃尽率,动力煤在电站煤粉锅炉中的燃烧过程中,过量空气系数 $\alpha >$ 1.0。

定义:$\alpha = 1.0$ 时,动力煤完全燃烧产生的热量完全用来加热烟气,烟气能够达到的最高温度称为动力煤的理论绝热燃烧温度(t_{a0},℃)。

定义:$\alpha > 1.0$ 时,动力煤完全燃烧产生的热量完全用来加热烟气,烟气能够达到的最高温度称为动力煤的工程绝热燃烧温度(t_{aE},℃)。

动力煤的理论绝热燃烧温度反映了 $\alpha = 1.0$ 时,动力煤燃烧过程中烟气能达的最高温度值,具有学术意义。理论绝热燃烧温度(t_{a0})与工程绝热燃烧温度(t_{aE})之间的差值,可以为提高实际炉膛烟气温度指出工程实践努力的方向。

二、假设条件

取过量空气系数 $\alpha = 1.0$。

一次风、二次风的风率、风温都与常规煤粉燃烧相同,见表 3 – 1。

表 3 – 1 一次风、二次风的风率、风温的取值

动力煤 煤种	t_1/℃ 一次风温	t_2/℃ 二次风温	r_1/% 一次风率	r_2/% 二次风率
无烟煤	380	350	20	80
贫煤	350	330	25	75
烟煤	330	330	25	75
褐煤	380	350	25	75

原煤在电站堆积存放,会在煤堆表面以下发生生物化学反应,引起温度升高。假设大气温度为20℃,煤堆的温度为40℃左右。

假设大气中1.0 kg干空气含有的水蒸气为0.01 kg/kg。

煤的干燥基比热(c_d,kJ/(kg·℃))取值方法如下:无烟煤、贫煤0.936;烟煤1.012;褐煤1.058。

烟气成分焓温表见表3-2。

表3-2　烟气成分焓温表

θ /℃	$(c\theta)_{CO_2}$ /(kJ·m^{-3}) 二氧化碳	$(c\theta)_{N_2}$ /(kJ·m^{-3}) 氮气	$(c\theta)_{O_2}$ /(kJ·m^{-3}) 氧气	$(c\theta)_{H_2O}$ /(kJ·m^{-3}) 水蒸气	$(c\theta)_{air}$ /(kJ·m^{-3}) 空气	$(c\theta)_h$ /(kJ·kg^{-1}) 灰渣
100	170	130	132	151	132	80
200	358	260	267	305	266	168
300	559	392	407	463	403	260
400	772	527	551	626	542	357
500	994	664	699	795	684	461
600	1 225	804	850	969	830	554
700	1 462	948	1 004	1 149	978	665
800	1 705	1 094	1 160	1 334	1 129	770
900	1 952	1 242	1 318	1 526	1 282	880
1 000	2 204	1 392	1 478	1 723	1 435	1 005
1 100	2 458	1 544	1 638	1 925	1 595	1 128
1 200	2 717	1 697	1 801	2 132	1 753	1 261
1 300	2 977	1 853	1 964	2 344	1 914	1 426
1 400	3 239	2 009	2 128	2 559	2 076	1 583
1 500	3 503	2 166	2 294	2 779	2 339	1 777
1 600	3 769	2 325	2 461	3 002	2 403	1 957
1 700	4 036	2 484	2 629	3 229	2 567	2 206
1 800	4 305	2 644	2 797	3 458	2 732	2 412
1 900	4 574	2 804	2 967	3 690	2 899	2 625
2 000	4 844	2 965	3 138	3 926	3 066	2 847
2 100	5 115	3 128	3 309	4 163	3 234	—
2 200	5 387	3 289	3 483	4 402	3 402	—

三、计算方法描述

理论绝热燃烧温度的计算方法[167]如下：

1.0 kg 煤完全燃烧需要的最小干空气量——理论空气量见公式(3-1)。

$$V^0 = \frac{1}{21}(1.866C_{ar} + 5.55H_{ar} + 0.7S_{ar} - 0.7O_{ar}) , \text{Nm}^3/\text{kg} \qquad (3-1)$$

其中，C_{ar}、H_{ar}、S_{ar}、O_{ar} 分别是 1.0 kg 动力煤的收到基碳、氢、硫、氧元素的含量(%)。

理论氮气体积见公式(3-2)。

$$V^0_{N_2} = 0.79V^0 + 0.8N_{ar}/100 , \text{Nm}^3/\text{kg} \qquad (3-2)$$

其中，N_{ar} 是 1.0 kg 动力煤的收到基氮元素的含量(%)。

煤在燃烧过程中会产生燃料型 NO_X，因而会消耗一部分氮元素，这里假设燃料型 NO_X 的生成量为 0。

因为过量空气系数 $\alpha = 1.0$，实际氮气体积见公式(3-3)。

$$V_{N_2} = V^0_{N_2} + 0.79(\alpha - 1)V^0 = V^0_{N_2} , \text{Nm}^3/\text{kg} \qquad (3-3)$$

因为过量空气系数 $\alpha = 1.0$，实际氧气体积见公式(3-4)。

$$V_{O_2} = 0.21(\alpha - 1)V^0 = 0 , \text{Nm}^3/\text{kg} \qquad (3-4)$$

理论水蒸气体积见公式(3-5)。

$$V^0_{H_2O} = 11.1H_{ar}/100 + 1.24M_{ar}/100 + 1.61dV^0 + 1.24W_{wh} , \text{Nm}^3/\text{kg} \qquad (3-5)$$

其中，M_{ar} 是 1.0 kg 动力煤的收到基水分的含量(%)。d 是 1.0 kg 干空气中水蒸气的含量，此处，取 0.01 kg/kg。

因为过量空气系数 $\alpha = 1.0$，实际水蒸气体积见公式(3-6)。

$$V_{H_2O} = V^0_{H_2O} + 1.61d(\alpha - 1)V^0 = V^0_{H_2O} , \text{Nm}^3/\text{kg} \qquad (3-6)$$

1.0 kg 动力煤完全燃烧后的二氧化碳体积见公式(3-7)。

$$V_{CO_2} = 1.866C_{ar}/100 , \text{Nm}^3/\text{kg} \qquad (3-7)$$

1.0 kg 动力煤完全燃烧后的二氧化硫体积见公式(3-8)。

$$V_{SO_2} = 0.7S_{ar}/100 , \text{Nm}^3/\text{kg} \qquad (3-8)$$

理论烟气体积见公式(3-9)。

$$V^0_y = V_{CO_2} + V_{SO_2} + V^0_{N_2} + V^0_{H_2O} , \text{Nm}^3/\text{kg} \qquad (3-9)$$

因为过量空气系数 $\alpha = 1.0$，实际烟气体积见公式(3-10)。

$$V_y = V^0_y + (\alpha - 1)V^0 + 1.61d(\alpha - 1)V^0 = V^0_y , \text{Nm}^3/\text{kg} \qquad (3-10)$$

1.0 kg 动力煤燃烧需要的一次风的热量见公式(3-11)。

$$I_1 = \alpha V^0 \frac{r_1}{100}(ct_1)_{air} = V^0 \frac{r_1}{100}(ct_1)_{air} , \text{kJ/kg} \qquad (3-11)$$

其中 t_1 是一次风温(℃)。

1.0 kg 动力煤燃烧需要的二次风的热量见公式(3-12)。

$$I_2 = \alpha V^0 \frac{r_2}{100} (ct_2)_{\text{air}} = V^0 \frac{r_2}{100} (ct_2)_{\text{air}}, \text{kJ/kg} \tag{3-12}$$

其中 t_2 是二次风温(℃)。

1.0 kg 动力原煤的物理显热见公式(3-13)。

$$I_{\text{coal}} = 40 \left[4.187 \frac{M_{\text{ar}}}{100} + \frac{100 - M_{\text{ar}}}{100} c_{\text{d}} \right], \text{kJ/kg} \tag{3-13}$$

其中, c_{d} 是煤的干燥基比热(kJ/(kg·℃))。取值方法:无烟煤、贫煤: $c_{\text{d}} = 0.94$ kJ/(kg·℃);烟煤: $c_{\text{d}} = 1.075$ kJ/(kg·℃);褐煤: $c_{\text{d}} = 1.175$ kJ/(kg·℃)。

1.0 kg 动力煤完全燃烧生成的三原子气体焓见公式(3-14)。

$$I_{\text{RO}_2} = (V_{\text{CO}_2} + V_{\text{SO}_2})(c\theta)_{\text{CO}_2}, \text{kJ/kg} \tag{3-14}$$

其中, $(c\theta)_{\text{CO}_2}$ 是 CO_2 在温度为 θ(℃)时的焓值(kJ/m³)。取值方法见表 3-2。

1.0 kg 动力煤完全燃烧生成的理论氮气焓见公式(3-15)。

$$I_{\text{N}_2}^0 = V_{\text{N}_2}^0 (c\theta)_{\text{N}_2}, \text{kJ/kg} \tag{3-15}$$

其中, $(c\theta)_{\text{CO}_2}$ 是 N_2 在温度为 θ(℃)时的焓值(kJ/m³)。取值方法见表 3-2。

1.0 kg 动力煤完全燃烧生成的理论水蒸气焓见公式(3-16)。

$$I_{\text{H}_2\text{O}}^0 = V_{\text{H}_2\text{O}}^0 (c\theta)_{\text{H}_2\text{O}}, \text{kJ/kg} \tag{3-16}$$

其中, $(c\theta)_{\text{CO}_2}$ 是水蒸气 H_2O 在温度为 θ(℃)时的焓值(kJ/m³)。取值方法见表 3-2。

1.0 kg 动力煤完全燃烧生成的理论烟气焓见公式(3-17)。

$$I_{\text{y}}^0 = I_{\text{RO}_2} + I_{\text{N}_2}^0 + I_{\text{H}_2\text{O}}^0, \text{kJ/kg} \tag{3-17}$$

1.0 kg 动力煤完全燃烧生成的实际飞灰焓见公式(3-18)。

$$I_{\text{fh}} = 0.9 \frac{A_{\text{ar}}}{100} (c\theta)_{\text{h}}, \text{kJ/kg} \tag{3-18}$$

其中, A_{ar} 是 1.0 kg 动力煤的收到基灰分含量,‰, $(c\theta)_{\text{CO}_2}$ 是飞灰在温度为 θ(℃)时的焓值(kJ/kg)。取值方法见表 3-2。

1.0 kg 动力煤完全燃烧需要的理论空气焓见公式(3-19)。

$$I_{\text{air}}^0 = V^0 (c\theta)_{\text{air}}, \text{kJ/kg} \tag{3-19}$$

其中, $(c\theta)_{\text{CO}_2}$ 是空气在温度为 θ(℃)时的焓值(kJ/m³)。取值方法见表 3-2。

1.0 kg 动力煤完全燃烧生成的实际烟气焓见公式(3-20)。

$$I_{\text{y}} = I_{\text{y}}^0 + (\alpha - 1) I_{\text{air}}^0 + I_{\text{fh}} = I_{\text{y}}^0 + I_{\text{fh}}, \text{kJ/kg} \tag{3-20}$$

1.0 kg 动力煤燃烧带入炉膛的总热量见公式(3-21)。

$$Q_{\text{L}} = Q_{\text{ar,net}} + I_{\text{coal}} + I_1 + I_2, \text{kJ/kg} \tag{3-21}$$

当过量空气系数 $\alpha = 1.0$ 时,1.0 kg 动力煤燃烧生成的烟气焓见公式(3-19)。如果煤燃烧生成的热量完全被烟气吸收,此时必然存在以下关系,见公式(3-22)。

$$Q_L = I_y \qquad\qquad (3-22)$$

取不同的烟气温度,按照公式(3-21)迭代计算,最后得到的温度就是动力煤的理论绝热燃烧温度(t_{a0},℃)。

3.2　工程绝热燃烧温度

一、研究工程绝热燃烧温度的意义

为了保证燃尽率,动力煤在电站煤粉锅炉中的燃烧过程中,过量空气系数 $\alpha >$ 1.0。

定义:在煤粉锅炉燃烧时的过量空气系数条件下,动力煤完全燃烧产生的热量完全用来加热烟气,烟气能够达到的最高温度为动力煤的工程绝热燃烧温度(t_{aE},℃)。

动力煤的工程绝热燃烧温度反映了 $\alpha > 1.0$ 时,动力煤燃烧过程中烟气能达到的最高温度值,理论绝热燃烧温度与工程绝热燃烧温度之间的差值,可以为提高实际炉膛烟气温度指出工程实践努力的方向。t_{aE} 是在电站燃烧的收到基全水分煤的条件下烟气能达的最高温度值,对电站煤粉锅炉的运行技术和电站锅炉的设计、改造具有直接工程参考意义。

二、假设条件

一次风、二次风的风率、温度都与常规煤粉燃烧相同,见表3-1。

过量空气系数 $\alpha > 1.0$。炉膛出口烟气过量空气系数:无烟煤 $\alpha''_L = 1.25$;贫煤 $\alpha''_L = 1.20$;烟煤 $\alpha''_L = 1.10$;褐煤 $\alpha''_L = 1.25$;炉膛漏风系数 $\Delta\alpha_L = 0.05$。

原煤在电站堆积存放,会在煤堆表面以下发生生物化学反应,引起温度升高。假设大气温度为20℃,煤堆的温度为40℃。

假设大气中1.0 kg干空气含有的水蒸气为0.01 kg/kg。

烟气成分焓温表见表3-2。

三、计算方法描述

工程绝热燃烧温度的计算方法[41]如下:

1.0 kg煤完全燃烧需要的最小干空气量——理论空气量见公式(3-1)。

理论氮气体积见公式(3-2)。煤在燃烧过程中会产生燃料型 NO_X,因而会消耗一部分氮元素,这里假设燃料型 NO_X 的生成量为0。

实际氮气体积见公式(3 – 23)。

$$V_{N_2} = V_{N_2}^0 + 0.79(\alpha - 1)V^0, \text{Nm}^3/\text{kg} \qquad (3 – 23)$$

实际氧气体积见公式(3 – 24)。

$$V_{O_2} = 0.21(\alpha - 1)V^0, \text{Nm}^3/\text{kg} \qquad (3 – 24)$$

理论水蒸气体积见公式(3 – 5)。

因为过量空气系数 $\alpha > 1.0$，实际水蒸气体积见公式(3 – 25)。

$$V_{H_2O} = V_{H_2O}^0 + 1.61d(\alpha - 1)V^0, \text{Nm}^3/\text{kg} \qquad (3 – 25)$$

1.0 kg 动力煤完全燃烧后的二氧化碳体积见公式(3 – 7)。

1.0 kg 动力煤完全燃烧后的二氧化硫体积见公式(3 – 8)。

理论烟气体积见公式(3 – 9)。

实际烟气体积见公式(3 – 26)。

$$V_y = V_y^0 + (\alpha - 1)V^0 + 1.61d(\alpha - 1)V^0, \text{Nm}^3/\text{kg} \qquad (3 – 26)$$

1.0 kg 动力煤完全燃烧需要的一次风的热量见公式(3 – 11)；二次风的热量见公式(3 – 12)。1.0 kg 动力原煤的物理显热见公式(3 – 13)。

1.0 kg 动力煤完全燃烧生成的三原子气体焓见公式(3 – 14)。

1.0 kg 动力煤完全燃烧生成的理论氮气焓见公式(3 – 15)。

1.0 kg 动力煤完全燃烧生成的理论水蒸气焓见公式(3 – 16)。

1.0 kg 动力煤完全燃烧生成的理论烟气焓见公式(3 – 17)。

1.0 kg 动力煤完全燃烧生成的实际飞灰焓见公式(3 – 18)。

1.0 kg 动力煤完全燃烧需要的理论空气焓见公式(3 – 19)。

1.0 kg 动力煤完全燃烧生成的实际烟气焓见公式(3 – 27)。

$$I_y = I_y^0 + (\alpha - 1)I_{air}^0 + I_{fh}, \text{kJ/kg} \qquad (3 – 27)$$

1.0 kg 动力煤燃烧带入炉膛的总热量见公式(3 – 21)。当过量空气系数 $\alpha > 1.0$ 时，1.0 kg 动力煤燃烧生成的烟气焓见公式(3 – 20)。如果煤燃烧生成的热量完全被烟气吸收，此时必然存在公式(3 – 21)的热平衡关系。取不同的烟气温度，按照公式(3 – 21)迭代计算，最后得到的温度就是动力煤的工程绝热燃烧温度(t_{aE},℃)。

3.3　动力煤干燥无灰基成分的理论绝热燃烧温度

一、研究干燥无灰基成分的理论绝热燃烧温度的意义

动力煤的成分包括水分、灰分、碳、氢、氧、氮、硫。其中的可燃成分是碳、氢、硫，都

包含在干燥无灰基成分中。因此,煤的干燥无灰基成分的理论绝热燃烧温度($t_{a0,daf}$,℃)在一定程度上反映了动力煤的本质燃烧特性。

二、动力煤的数据处理方法

已知煤的收到基水分、灰分、碳、氢、氧、氮、硫含量——M_{ar}、A_{ar}、C_{ar}、H_{ar}、O_{ar}、N_{ar}、S_{ar},存在以下关系,见公式(3-28)。

$$M_{ar} + A_{ar} + C_{ar} + H_{ar} + O_{ar} + N_{ar} + S_{ar} = 100(\%) \qquad (3-28)$$

将煤的收到基数据换算成干燥无灰基数据,$M_{daf} = A_{daf} = 0$,见公式(3-29)。

$$C_{daf} + H_{daf} + O_{daf} + N_{daf} + S_{daf} = 100(\%) \qquad (3-29)$$

煤的收到基低位发热量换算成干燥无灰基低位发热量,见公式(3-30)。

$$Q_{daf,net} = 32\ 766\ \frac{C_{daf}}{100} + 119\ 970\ \frac{H_{daf}}{100} + 9\ 257\ \frac{S_{daf}}{100} - 206H_{daf}(kJ/kg) \quad (3-30)$$

三、计算方法描述

计算方法与第3.1节类似,这里不再赘述。计算结果为煤的干燥无灰基成分的理论绝热燃烧温度($t_{a0,daf}$,℃)。

3.4　动力煤挥发分的理论绝热燃烧温度

一、研究挥发分的绝热燃烧温度的意义

电站煤粉锅炉燃烧的动力煤的挥发分是煤粉颗粒在炉膛内被加热过程中,通过热解析出的气体,其中大部分是气体可燃物。释放出挥发分以后,煤粉颗粒变成焦炭颗粒。

气体燃料的着火温度比较低,挥发分着火以后释放的热量可以加速焦炭的着火燃烧。一般而言,国内煤粉锅炉电站使用煤的干燥无灰基挥发分含量(V_{daf},%)来表征煤粉的着火温度。V_{daf}值越高,煤粉的着火温度越低,煤粉越容易着火,煤粉锅炉的火焰稳定性越好。

定义:当动力煤的过量空气系数 $\alpha = 1.0$ 时,煤粉所含挥发分绝热燃烧温度称为挥发分的理论绝热燃烧温度($t_{a0,V}$,℃)。

挥发分的理论绝热燃烧温度($t_{a0,V}$)可以为提高挥发分的燃烧温度提供努力的方向,具有工程参考意义。

干燥无灰基挥发分的理论绝热燃烧温度($t_{a0,daf,V}$)可以提供挥发分作为气体燃料自身的燃烧特性,具有学术价值。实际上每种煤所含的挥发分的成分都不尽相

同,这表示不同的煤所含的干燥无灰基挥发分的理论绝热燃烧温度($t_{a0,daf,V}$)有所不同,比简单地根据V_{daf}数值的高低判断煤的着火温度特性要更加精确。

二、动力煤的挥发分理论绝热燃烧温度计算方法

动力煤的工业分析成分之间存在以下关系,见公式(3-31)。其中,FC_{ar}、V_{ar}分别是1.0 kg煤中固定碳和挥发分的含量(%)。

$$M_{ar} + A_{ar} + FC_{ar} + V_{ar} = 100\% \tag{3-31}$$

一般的煤质分析参数中都会有V_{daf}。V_{ar}的计算方法见公式(3-32)。

$$V_{ar} = \frac{100 - M_{ar} - A_{ar}}{100} V_{daf}, \% \tag{3-32}$$

根据公式(3-31),固定碳的计算方法见公式(3-33)。

$$FC_{ar} = 100 - (M_{ar} + A_{ar} + V_{ar}), \% \tag{3-33}$$

综上所述:碳含量可以分为挥发分中的碳含量($C_{ar,V}$)和固定碳含量两部分;其中挥发分中的碳含量($C_{ar,V}$)表达式见公式(3-34)。

$$C_{ar,V} = C_{ar} - FC_{ar}, \% \tag{3-34}$$

这样公式(3-28)可以表达成公式(3-35)。

$$(M_{ar} + A_{ar} + FC_{ar}) + (C_{ar,V} + H_{ar} + O_{ar} + N_{ar} + S_{ar}) = 100(\%) \tag{3-35}$$

公式(3-35)中,等号左边第一个括号中表示1.0 kg动力煤的水分、灰分、固定碳含量之和;等号左边第二个括号中表示挥发分的成分之和。

假设1.0 kg纯碳的发热量为$Q_C = 32\ 766$ kJ/kg,1.0 kg煤中固定碳的发热量见公式(3-36)。

$$Q_{ar}^{FC} = 32\ 766 \frac{FC_{ar}}{100}, \text{kJ/kg} \tag{3-36}$$

1.0 kg煤中挥发分的发热量见公式(3-37)。

$$Q_{ar,V} = Q_{ar,net} - Q_{ar}^{FC}, \text{kJ/kg} \tag{3-37}$$

用$C_{ar,V}$代替C_{ar},用$Q_{ar,V}$代替$Q_{ar,net}$。

按照第3.2节的计算方法,计算得到挥发分理论绝热燃烧温度($t_{a0,V}$,℃)。

三、动力煤的挥发分自身绝热燃烧温度计算方法

将1.0 kg煤中所含挥发分作为研究对象,根据收到基成分,挥发分基的成分表达式见公式(3-38)~(3-42)。

$$C_V = \frac{100}{100 - M_{ar} - A_{ar} - FC_{ar}} C_{ar}, \% \tag{3-38}$$

$$H_V = \frac{100}{100 - M_{ar} - A_{ar} - FC_{ar}} H_{ar}, \% \tag{3-39}$$

$$O_{\mathrm{V}} = \frac{100}{100 - M_{\mathrm{ar}} - A_{\mathrm{ar}} - FC_{\mathrm{ar}}} O_{\mathrm{ar}}, \% \tag{3-40}$$

$$N_{\mathrm{V}} = \frac{100}{100 - M_{\mathrm{ar}} - A_{\mathrm{ar}} - FC_{\mathrm{ar}}} N_{\mathrm{ar}}, \% \tag{3-41}$$

$$S_{\mathrm{V}} = \frac{100}{100 - M_{\mathrm{ar}} - A_{\mathrm{ar}} - FC_{\mathrm{ar}}} S_{\mathrm{ar}}, \% \tag{3-42}$$

其中,C_{V}、H_{V}、O_{V}、N_{V}、S_{V}分别是挥发分基的碳、氢、氧、氮、硫元素含量(%)。

煤的收到基高位发热量见公式(3-43)。

$$Q_{\mathrm{ar,gr}} = Q_{\mathrm{ar,net}} + 23 M_{\mathrm{ar}} + 206 H_{\mathrm{ar}}, \mathrm{kJ/kg} \tag{3-43}$$

煤的挥发分基高位发热量见公式(3-44)。

$$Q_{\mathrm{V,gr}} = Q_{\mathrm{ar,gr}} \frac{100}{100 - M_{\mathrm{ar}} - A_{\mathrm{ar}} - FC_{\mathrm{ar}}}, \mathrm{kJ/kg} \tag{3-44}$$

煤的挥发分基的低位发热量见公式(3-45)。

$$Q_{\mathrm{V,net}} = Q_{\mathrm{V,gr}} - 206 H_{\mathrm{V}}, \mathrm{kJ/kg} \tag{3-45}$$

挥发分自身的成分不包括固定碳、水分、灰分,可以假设 $M_{\mathrm{ar}} = 0$,$A_{\mathrm{ar}} = 0$。
用 C_{V}、H_{V}、O_{V}、N_{V}、S_{V} 分别代替 C_{ar}、H_{ar}、O_{ar}、N_{ar}、S_{ar}。用 $Q_{\mathrm{V,net}}$ 代替 $Q_{\mathrm{ar,net}}$。
按照第 3.1 节的计算方法,计算得到干燥无灰基挥发分的理论绝热燃烧温度 ($t_{\mathrm{a0,daf,V}}$,℃)。

3.5　动力煤挥发分的工程绝热燃烧温度计算方法

一、研究挥发分的工程绝热燃烧温度的意义

定义:当动力煤的过量空气系数 $\alpha > 1.0$ 时,按照煤粉锅炉实际的过量空气系数计算得到煤粉所含挥发分绝热燃烧温度,称为挥发分的工程绝热燃烧温度 ($t_{\mathrm{aE,V}}$,℃)。

挥发分的工程绝热燃烧温度($t_{\mathrm{aE,V}}$)如果高于煤粉的着火温度,煤粉着火稳定性更好,炉膛火焰不容易意外熄灭。$t_{\mathrm{aE,V}}$ 为提高煤粉锅炉的安全运行提供了参考值,具有工程参考意义。

显然 $t_{\mathrm{aE,V}}$ 比简单地根据 V_{daf} 数值的高低判断煤的着火温度特性要更加直接、精确。

二、动力煤的挥发分工程绝热燃烧温度计算方法

动力煤的收到基成分之间存在公式(3-28)的关系。

动力煤的工业分析成分之间存在公式(3-31)的关系。

按照第3章的计算方法,计算得到 1.0 kg 煤中挥发分的碳含量($C_{ar,V}$)、收到基的挥发分低位发热量($Q_{ar,V,net}$)。

用 $C_{ar,V}$ 代替 C_{ar},用收到基的挥发分低位发热量($Q_{ar,V,net}$)代替煤的收到基低位发热量($Q_{ar,net}$)。

按照第 3.1 节的计算方法,计算得到挥发分的工程绝热燃烧温度($t_{aE,V}$)。

三、研究方法的局限性

由于煤粉锅炉的实际燃烧条件与煤的工业分析实验条件之间的差别,第 3 章的研究方法存在局限性,简述如下:

煤粉锅炉炉膛中的煤粉燃烧过程的特点是:① 高温:炉膛温度一般为 1 400 ~ 1 600℃;② 加热迅速,加热速率达到 5 000 ~ 10 000℃/s;③ 燃烧速度快,水分析出、挥发分析出时间为 0.01 ~ 0.1 s,焦炭开裂颗粒燃尽时间一般为 1.8 ~ 2.5 s;④ 悬浮燃烧:煤粉颗粒与空气、烟气形成气力输送流动;⑤ 结渣与掉渣同时进行;⑥ 灰分中的催化剂成分在燃烧过程中起到重要作用。

工业分析成分中的挥发分实验条件是:① 将鼓风干燥箱预热到 145℃ 左右,用玻璃称量瓶称取煤粉样品 1.0 g 左右,然后将玻璃称量瓶和煤粉样品在鼓风干燥箱中恒温 40 min ~ 2 h,得到水分含量(M_{ar},%)。② 将箱式电阻炉预热到 915 ~ 920℃,然后将 1.0 g 左右的煤粉样品以堆积状态加在坩埚中;坩埚(包括盖子)在箱式电阻炉中恒温 7 min,得到水分、挥发分的含量之和($M_{ar} + V_{ar}$),然后用 $(M_{ar} + V_{ar}) - M_{ar}$,得到收到基挥发分含量($V_{ar}$,%)。

显然,实验室中的挥发分实验条件与煤粉锅炉中的挥发分析出条件有很大区别:① 聚集状态不同:煤粉锅炉中的煤粉以悬浮状态被加热,煤的工业分析实验过程中煤粉颗粒以堆积状态被加热;② 加热速率不同:煤粉锅炉炉膛中的煤粉加热速率为 5 000 ~ 10 000℃/s,煤的工业分析实验过程中箱式电阻炉的加热速率为 500 ~ 700℃/s;③ 煤粉锅炉的煤粉颗粒挥发分析出过程是在 O_2 浓度很高的条件下(18% ~ 21%),煤的工业分析实验过程中坩埚中的煤粉挥发分析出过程的 O_2 浓度很低(3% ~ 5%)。

综上所述,煤粉锅炉中实际的挥发分析出量(V_{PCB})比按照 GB/T 212—2008(《煤的工业分析方法》)[35] 做出的收到基挥发分含量(V_{ar})高。

此外,按照 GB/T 212—2008 不同的实验室会产生实验误差,因此工业分析成分中的 V_{daf} 是挥发分的名义值。在本书所列的煤的收到基数据中,有一部分煤的挥发分发热量计算结果为负值。这部分数据被列为无效数据,这些数据主要出现在无烟煤、贫煤等挥发分含量低的煤质参数数据中。

虽然挥发分的绝热燃烧温度计算方法存在局限性,但是当数据量很大时,计算结果仍然能体现出挥发分绝热燃烧温度分布规律的客观性。

对于燃煤电站锅炉而言,1.0 kg 煤带入炉膛的热量中,收到基低位发热量应当扣除排烟热损失率(q_2)、气体不完全燃烧热损失率(q_3)、固体不完全燃烧热损失率(q_4)、锅炉炉膛部分的散热损失率(q_5)、炉渣物理显热损失率(q_6)。1.0 kg 煤的物理显热,1.0 kg 煤对应的一次风的热量、二次风的热量中,应当扣除炉膛部分的散热损失率(q_5)。

本书的计算过程中没有考虑上述因素,因此计算结果的精度有一定折扣。即便如此,由于动力煤以及空气干燥基煤的数据数量庞大,计算方法基本正确,动力煤的工程绝热燃烧温度分布规律也具有足够的客观性。

第二篇

国内外收到基动力煤绝热燃烧温度计算结果及其分布规律

第4章 动力煤的绝热燃烧温度分布规律

燃煤电站使用的动力煤都是收到基。实验室中做出的空气干燥基成分,最后也必须折算成收到基成分。煤的收到基成分工程绝热燃烧温度对于燃煤电站锅炉的运行、改造具有直接技术参考意义。

4.1 中国动力煤的绝热燃烧温度分布规律

一、中国动力煤的工程绝热燃烧温度分布规律

根据表2-1~表2-4的数据和第3.2节的计算方法,中国收到基无烟煤的工程绝热燃烧温度计算结果见表4-1,中国收到基贫煤的工程绝热燃烧温度计算结果见表4-2,中国收到基烟煤的工程绝热燃烧温度计算结果见表4-3,中国收到基褐煤的工程绝热燃烧温度计算结果见表4-4。

表 4-1　中国收到基无烟煤的工程绝热燃烧温度(t_{aE})计算结果　　　　℃

序号	t_{aE}	序号	t_{aE}	序号	t_{aE}	序号	t_{aE}
1	1 926.5	24	2 044.3	47	2 020.4	70	1 870.6
2	2 009.2	25	1 895.6	48	1 948.4	71	2 011.0
3	2 050.2	26	2 070.9	49	2 014.5	72	2 014.7
4	1 991.0	27	1 926.0	50	1 999.5	73	1 926.0
5	1 991.9	28	1 983.3	51	2 024.2	74	2 002.9
6	1 991.0	29	2 012.8	52	1 985.5	75	1 977.7
7	2 033.2	30	1 985.1	53	1 944.0	77	2 067.9
8	1 970.4	31	2 038.3	54	2 022.0	78	1 944.4
9	1 927.0	32	2 000.1	55	1 995.3	79	1 981.7
10	1 951.5	33	1 979.5	56	1 985.3	80	1 983.0
11	2 075.9	34	2 062.3	57	1 919.6	81	1 996.2
12	1 937.2	35	1 991.2	58	1 963.8	82	2 035.0
13	1 952.8	36	1 878.1	59	2 024.2	83	2 006.5
14	1 946.8	37	2 106.7	60	2 007.7	84	2 004.6
15	1 986.9	38	2 017.7	61	2 020.6	85	1 870.9
16	1 985.1	39	1 974.9	62	1 960.2	86	1 994.5
17	1 988.5	40	1 950.2	63	1 895.6	87	1 998.8
18	1 936.0	41	2 099.1	64	2 004.8	88	1 998.8
19	2 087.0	42	2 049.0	65	1 945.5	89	2 014.0
20	2 041.0	43	2 009.2	66	1 939.4	90	1 795.8
21	2 020.7	44	1 919.0	67	2 002.2	91	2 016.6
22	1 990.3	45	2 007.7	68	1 928.2		
23	2 031.0	46	1 974.2	69	1 896.8		

本表序号对应于表 2-1。

表 4-2　中国收到基贫煤的工程绝热燃烧温度(t_{aE})计算结果　　　　℃

序号	t_{aE}	序号	t_{aE}	序号	t_{aE}	序号	t_{aE}
1	2 057.3	6	2 020.9	11	2 017.1	16	2 036.2
2	2 120.7	7	2 018.1	12	1 998.2	17	2 086.2
3	2 025.5	8	2 076.7	13	1 963.0	18	2 002.0
4	2 054.5	9	2 009.4	14	1 840.6	19	2 118.6
5	1 980.0	10	2 018.8	15	2 081.5	20	1 974.6

续表

序号	t_{aE}	序号	t_{aE}	序号	t_{aE}	序号	t_{aE}
21	2 027.9	38	1 965.2	55	2 024.2	72	2 057.1
22	2 028.9	39	2 115.5	56	2 059.0	73	1 973.9
23	2 115.8	40	2 046.4	57	1 974.7	74	2 051.0
24	2 015.6	41	2 075.5	58	2 070.3	75	2 003.7
25	2 029.5	42	2 036.3	59	2 015.9	76	2 050.8
26	2 075.5	43	2 056.9	60	2 018.6	77	2 047.1
27	2 113.0	44	2 076.5	61	1 981.9	78	1 983.4
28	2 113.0	45	1 960.8	62	2 037.5	79	2 075.7
29	1 948.1	46	2 037.7	63	2 037.5	80	2 076.6
30	2 046.4	47	2 057.7	64	2 015.9	81	1 997.4
31	2 045.3	48	1 931.2	65	2 007.8	82	2 016.9
32	2 034.8	49	2 082.4	66	2 119.7	83	2 040.6
33	2 041.0	50	1 898.5	67	2 025.4	84	1 996.9
34	2 082.0	51	2 002.5	68	1 998.2	85	1 992.7
35	2 005.4	52	2 047.1	69	2 040.3	86	2 092.4
36	1 983.4	53	2 049.2	70	2 046.9	87	2 022.2
37	2 052.5	54	2 022.8	71	2 020.2	88	2 038.1

本表序号对应于表2-2。

表4-3　中国收到基烟煤的工程绝热燃烧温度(t_{aE})计算结果　　　　℃

序号	t_{aE}	序号	t_{aE}	序号	t_{aE}	序号	t_{aE}
1	2 246.5	11	2 100.5	21	2 249.1	31	2 273.8
2	2 225.2	12	2 213.2	22	2 043.7	32	2 178.3
3	1 990.6	13	2 125.6	23	2 042.4	33	2 142.7
4	2 129.2	14	2 103.1	24	2 256.5	34	2 013.2
5	2 184.5	15	2 191.7	25	2 179.9	35	2 014.8
6	2 085.6	16	2 048.2	26	2 001.1	36	2 243.0
7	2 025.0	17	2 196.5	27	2 169.7	37	2 045.3
8	2 144.1	18	2 132.6	28	2 141.9	38	2 198.4
9	2 191.9	19	2 110.9	29	2 233.5	39	2 176.3
10	2 159.0	20	2 202.3	30	2 074.2	40	2 067.5

序号	t_{aE}	序号	t_{aE}	序号	t_{aE}	序号	t_{aE}
41	2 210.9	70	2 139.9	99	2 125.9	128	2 132.5
42	2 165.1	71	2 208.2	100	2 206.6	129	2 131.9
43	2 165.5	72	2 221.5	101	2 116.5	130	2 150.4
44	2 093.7	73	2 150.7	102	2 190.2	131	2 184.0
45	2 006.0	74	2 280.5	103	2 187.7	132	2 130.5
46	2 311.5	75	2 044.5	104	2 107.5	133	2 196.8
47	2 146.5	76	2 143.0	105	2 168.5	134	2 136.1
48	2 224.9	77	2 223.1	106	1 748.5	135	2 164.0
49	2 147.0	78	2 171.7	107	2 230.5	136	2 139.3
50	2 111.3	79	2 110.8	108	2 008.1	137	2 124.1
51	2 170.2	80	2 108.0	109	2 046.2	138	2 199.7
52	2 151.3	81	2 242.2	110	2 129.3	139	2 103.8
53	2 200.6	82	2 078.6	111	2 073.2	140	2 133.0
54	2 246.0	83	2 213.6	112	2 139.4	141	2 191.7
55	2 001.0	84	2 041.9	113	2 198.6	142	2 110.3
56	2 134.1	85	2 170.2	114	2 131.8	143	2 152.1
57	2 144.3	86	2 107.5	115	2 160.4	144	2 222.2
58	2 194.1	87	2 195.4	116	2 187.5	145	2 144.2
59	2 133.7	88	2 175.6	117	2 127.5	146	1 948.1
60	2 168.5	89	2 082.9	118	2 154.8	147	2 128.5
61	2 115.2	90	2 226.2	119	2 164.6	148	2 108.5
62	2 087.8	91	2 087.4	120	2 163.0	149	2 150.0
63	2 226.0	92	2 094.5	121	2 042.4	150	2 154.2
64	2 173.3	93	2 159.0	122	2 094.4	151	2 165.5
65	2 166.6	94	2 010.6	123	1 976.8	152	2 156.9
66	2 079.2	95	2 161.4	124	2 224.7	153	2 191.8
67	2 211.7	96	2 106.8	125	2 225.8	154	2 175.0
68	2 169.9	97	2 139.9	126	2 092.0	155	2 144.4
69	2 161.7	98	2 183.7	127	2 087.5	156	2 139.2

序号	t_{aE}	序号	t_{aE}	序号	t_{aE}	序号	t_{aE}
157	2 169.5	161	2 142.5	165	2 132.1	169	2 037.7
158	2 140.6	162	2 125.1	166	2 106.7	170	2 099.2
159	2 121.6	163	2 138.0	166	2 106.7		
160	2 108.1	164	2 128.9	168	2 104.7		
本表序号对应于表 2 - 3。							

表 4 - 4　中国收到基褐煤的工程绝热燃烧温度(t_{aE})计算结果　　　℃

序号	t_{aE}	序号	t_{aE}	序号	t_{aE}	序号	t_{aE}
1	1 985.9	19	1 928.2	37	1 862.5	55	1 859.2
2	1 974.1	20	1 822.7	38	1 811.5	56	1 822.4
3	1 910.0	21	1 910.9	39	1 917.0	57	1 848.3
4	1 821.1	22	1 868.3	40	1 894.8	58	1 750.0
5	2 053.5	23	1 967.0	41	1 918.5	59	1 743.7
6	1 875.6	24	1 858.6	42	1 893.9	60	1 804.5
7	1 851.6	25	1 932.9	43	1 780.4	61	1 825.7
8	1 750.4	26	1 905.8	44	1 815.0	62	1 849.6
9	1 899.9	27	1 818.3	45	1 902.3	63	1 898.5
10	1 782.3	28	1 702.9	46	1 865.1	64	1 749.1
11	1 895.2	29	1 755.5	47	1 885.9	65	1 797.2
12	1 854.3	30	1 804.7	48	1 857.4	66	1 830.3
13	1 825.1	31	1 736.2	49	1 844.6	67	1 829.5
14	1 842.0	32	1 929.3	50	1 844.6	68	1 772.3
15	1 997.0	33	1 796.5	51	1 799.3	69	1 946.0
16	1 889.9	34	1 942.1	52	1 901.3	70	1 853.4
17	1 894.4	35	1 958.1	53	1 901.3		
18	1 716.5	36	1 936.5	54	1 859.2		
本表序号对应于表 2 - 4。							

　　根据表 4 - 1~表 4 - 4 的计算结果,结合表 2 - 1~表 2 - 4 的动力煤成分数据,中国收到基动力煤的工程绝热燃烧温度分布规律见图 4 - 1、图 4 - 2。

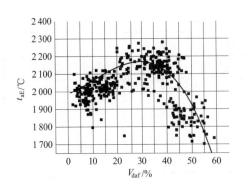

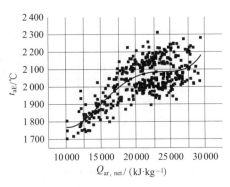

图 4 - 1　中国收到基动力煤的工程　　　　　图 4 - 2　中国收到基动力煤的工程
　绝热燃烧温度与 V_{daf} 之间的关系　　　　　绝热燃烧温度与 $Q_{ar,net}$ 之间的关系

拟合函数参数见表 4 - 5。

残差的标准差(σ_δ)定义见附录。σ_δ 最小表示这种拟合曲线的数据分散度最低。但是这项曲线拟合原则也要结合专业特点进行分析。如果拟合曲线的变化趋势不合理,即使是 σ_δ 最小也不采用。

由图 4 - 1 可知: ① 当 $V_{daf} \leqslant 32\%$ 时, 随着动力煤的干燥无灰基挥发分含量(V_{daf})的提高,中国收到基动力煤的工程绝热燃烧温度(t_{aE})逐渐提高,从 1 950℃提高到 2 120℃ ;而且随着 V_{daf} 的提高, t_{aE} 提高的速度逐步降低。② 当 $V_{daf} > 32\%$ 时,随着动力煤的干燥无灰基挥发分含量(V_{daf})的提高,中国收到基动力煤的工程绝热燃烧温度(t_{aE})逐渐降低,从 2 120℃降低到 1 700℃。而且随着 V_{daf} 的提高, t_{aE} 降低的速度逐步加快。③ 结合表 4 - 5 的数据可知,图 4 - 1 的 3 次多项式拟合函数与 t_{aE} 计算结果的数据之间存在一定的分散度,残差的标准差为 87.94。多项式拟合函数表达式见公式(4 - 1)。

$$y = \sum_{i=0}^{n} B_i x^i \tag{4 - 1}$$

表 4 - 5　图 4 - 1、图 4 - 2 多项式拟合函数参数

参　　　数	拟合公式:公式(4 - 1)	
	图 4 - 1	图 4 - 2
B_0	1 935.619 41	4 147.699 84
B_1	5.432 1	- 0.618 49
B_2	0.250 73	5.56×10^{-5}
B_3	- 0.007 42	-2.01×10^{-9}
B_4	—	2.57×10^{-14}
$\sigma_{\delta,min}$	87.94	80.07

由图 4 - 2 可知:① 随着收到基低位发热量($Q_{ar,net}$)的提高,$Q_{ar,net}$ = 10 170 ~ 29 482 kJ/kg,中国收到基动力煤的工程绝热燃烧温度(t_{aE})逐渐提高,t_{aE} 从 1 767℃提高到 2 176℃。② 结合表 4 - 5 的数据可知,图 4 - 2 的 4 次多项式拟合函数与 t_{aE} 计算结果的数据之间存在一定的分散度,残差的标准差为 80.07。③ 结合表 4 - 5 的数据可知,图 4 - 2 的曲线是 4 次多项式拟合函数,t_{aE} 与 $Q_{ar,net}$ 之间存在非线性函数关系。$Q_{ar,net}$ = 10 000 ~ 22 000 kJ/kg,t_{aE} 计算结果随着 $Q_{ar,net}$ 值的提高明显提高,从 1 767℃提高到 2 078℃;$Q_{ar,net}$ = 22 000 ~ 27 000 kJ/kg,t_{aE} 计算结果随着 $Q_{ar,net}$ 值的提高提高不明显;$Q_{ar,net}$ > 27 000 kJ/kg 范围内,t_{aE} 计算结果随着 $Q_{ar,net}$ 值的提高明显提高,从 2 093℃提高到 2 176℃。

图 4 - 2 的曲线的非线性关系说明,影响动力煤的绝热燃烧温度的因素不只是动力煤的收到基低位发热量,而且与其他因素有关。这些因素包括过量空气系数、炉膛漏风系数、1.0 kg 干空气的水蒸气含量以及动力煤的成分分布特点。

中国动力煤收到基的成分组成与干燥无灰基挥发分含量(V_{daf})的关系见图 4 - 3,其中的拟合函数的参数和残差标准差见表 4 - 6。中国动力煤收到基的成分组成与收到基低位发热量($Q_{ar,net}$)的关系见图 4 - 4,其中的拟合函数的参数和残差标准差见表 4 - 7。

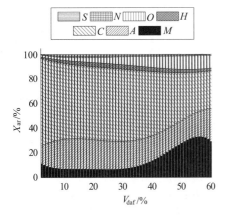

图 4 - 3　中国动力煤收到基的
成分组成与 V_{daf} 的关系
(X 分别表示 M、A、
C、H、O、N、S)

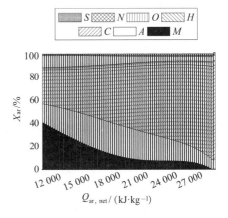

图 4 - 4　中国动力煤收到基的
成分组成与 $Q_{ar,net}$ 的关系
(X 分别表示 M、A、
C、H、O、N、S)

由图 4 - 3 可知,随着干燥无灰基挥发分含量(V_{daf})的提高,中国动力煤收到基的水分含量(M_{ar})提高幅度较大,氢含量(H_{ar})变化幅度不大。水分和氢元素在煤粉燃烧以后会生成水蒸气,水蒸气会吸收煤燃烧释放的热量,降低动力煤的工程绝热燃烧温度(t_{aE}),见图 4 - 1。

由图 4 – 4 可知:① 随着收到基低位发热量($Q_{ar,net}$)的提高,中国动力煤收到基的水分含量(M_{ar})降低幅度较大,氢含量(H_{ar})变化幅度不大。水分和氢元素在煤粉燃烧以后会生成水蒸气,水蒸气会吸收煤燃烧释放的热量,降低动力煤的工程绝热燃烧温度(t_{aE}),见图 4 – 2。② 虽然烟气中的水蒸气吸收了一部分煤燃烧释放的热量,随着收到基低位发热量($Q_{ar,net}$)的提高,中国动力煤收到基的碳含量(C_{ar})提高幅度很大,氢含量(H_{ar})变化幅度不大。因此 $Q_{ar,net}$ 与 C_{ar}、H_{ar} 的关系较大。见图 4 – 5、图 4 – 6。

表 4 – 6　中国动力煤收到基的成分组成与 V_{daf} 的关系拟合函数参数

参数	拟合公式:公式(4 – 1)						
	M_{ar}	A_{ar}	C_{ar}	H_{ar}	O_{ar}	N_{ar}	S_{ar}
B_0	14.654 84	8.683 33	76.083 59	0.341 47	1.464 63	0.002 44	– 0.436 4
B_1	– 2.066 79	3.422 3	– 2.469 3	0.287 52	0.073 16	0.159 86	0.302 11
B_2	0.205 29	– 0.262 82	0.116 17	– 0.008 82	0.000 886	– 0.006 34	– 0.013 07
B_3	– 0.009 49	0.009 2	– 0.001 45	0.000 111	0.000 153	– 0.000 13	0.000 125
B_4	0.000 199	– 0.000 15	– 2.2 × 10^{-5}	– 6 × 10^{-7}	– 2.7 × 10^{-6}	1.32 × 10^{-5}	1.93 × 10^{-6}
B_5	– 1.4 × 10^{-6}	9.88 × 10^{-7}	3.56 × 10^{-7}	—	4.01 × 10^{-9}	– 2.8 × 10^{-7}	– 2.9 × 10^{-8}
B_6	—	—	—	—	—	1.86 × 10^{-9}	—
σ_δ	6.389	8.824	8.113	0.608	2.127	0.325	0.991

表 4 – 7　中国动力煤收到基的成分组成与 $Q_{ar,net}$ 的关系拟合函数参数

参数	拟合公式:公式(4 – 1)						
	M_{ar}	A_{ar}	C_{ar}	H_{ar}	O_{ar}	N_{ar}	S_{ar}
B_0	– 72.753	– 60.736 9	– 20.272 2	– 1.069 99	– 30.606 1	1.444 6	7.241 73
B_1	0.033 57	0.011 91	0.007 82	0.000 407	0.009 09	– 6.9 × 10^{-5}	– 0.001 66
B_2	– 3.4 × 10^{-6}	– 4.9 × 10^{-7}	– 4.5 × 10^{-7}	– 9.9 × 10^{-9}	– 7 × 10^{-7}	– 2.6 × 10^{-9}	1.44 × 10^{-7}
B_3	1.29 × 10^{-10}	5.62 × 10^{-12}	1.68 × 10^{-11}	– 2.2 × 10^{-13}	2.13 × 10^{-11}	3.86 × 10^{-13}	– 5.1 × 10^{-12}
B_4	– 1.7 × 10^{-15}	—	– 2.3 × 10^{-16}	9.6 × 10^{-18}	– 2.3 × 10^{-16}	– 8.1 × 10^{-18}	6.46 × 10^{-17}
σ_δ	5.930	7.859	2.731	0.799	3.299	0.329	1.051

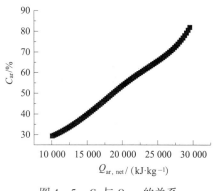

图 4-5　C_{ar} 与 $Q_{ar,net}$ 的关系

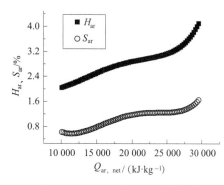

图 4-6　H_{ar}、S_{ar} 与 $Q_{ar,net}$ 的关系

由图 4-5 可知：随着收到基低位发热量（$Q_{ar,net}$）的提高，中国动力煤的收到基碳含量（C_{ar}）几乎近于线性地提高，多项式的拟合函数参数见表 4-7。结合图 4-5、图 4-2 可知：C_{ar} 越高的煤，工程绝热燃烧温度（t_{aE}）越高。

由图 4-6 可知：① 随着收到基低位发热量（$Q_{ar,net}$）的提高，中国动力煤的收到基氢含量（H_{ar}）几乎近于线性地提高。（$Q_{ar,net}$）$>25\ 000$ kJ/kg 以后，H_{ar} 提高速度加快。这种变化趋势在图 4-4 中体现得不够明显。由于氢的发热量大约是碳的发热量的 3.66 倍，因此 H_{ar} 提高对煤的发热量提高贡献更大。② 随着收到基低位发热量（$Q_{ar,net}$）的提高，中国动力煤的收到基硫含量（S_{ar}）小幅度提高。由于硫的发热量大约是碳的发热量的 28.3%，而且 S_{ar} 值很低，因此对收到基低位发热量（$Q_{ar,net}$）以及中国动力煤的工程绝热燃烧温度（t_{aE}）的影响可以忽略不计，见图 4-2、图 4-4。

二、中国动力煤的理论绝热燃烧温度分布规律

根据表 2-1~表 2-4 的数据和第 3.1 节的计算方法，假设过量空气系数 $\alpha=1.0$，炉膛漏风系数 $\Delta\alpha_L=0$，得到中国收到基动力煤的理论绝热燃烧温度（t_{a0}），见表 4-8~表 4-11。

表 4-8　中国收到基无烟煤的理论绝热燃烧温度（t_{a0}）计算结果　　　　℃

序号	t_{a0}	序号	t_{a0}	序号	t_{a0}	序号	t_{a0}
1	2 211.1	5	2 284.2	9	2 198.4	13	2 228.5
2	2 306.6	6	2 282.8	10	2 234.4	14	2 228.7
3	2 356.6	7	2 337.7	11	2 390.7	15	2 280.1
4	2 282.4	8	2 257.1	12	2 207.1	16	2 273.1

序号	t_{a0}	序号	t_{a0}	序号	t_{a0}	序号	t_{a0}
17	2 276.7	36	2 131.8	55	2 278.8	74	2 281.6
18	2 213.4	37	2 421.7	56	2 257.6	75	2 257.9
19	2 399.9	38	2 315.8	57	2 181.9	76	2 257.9
20	2 344	39	2 259.6	58	2 244.3	77	2 375
21	2 314.6	40	2 225.6	59	2 327.2	78	2 221.1
22	2 274.3	41	2 419.3	60	2 297.3	79	2 265.3
23	2 328.9	42	2 354.4	61	2 315.6	80	2 269.6
24	2 341.9	43	2 306.6	62	2 240.8	81	2 287
25	2 164.4	44	2 183.5	63	2 159.7	82	2 326.6
26	2 375.5	45	2 302.9	64	2 292.8	83	2 299.6
27	2 194.7	46	2 262.2	65	2 226.7	84	2 295
28	2 271	47	2 313	66	2 205.2	85	2 117
29	2 305.6	48	2 230.9	67	2 291.9	86	2 280.3
30	2 273.1	49	2 309.9	68	2 193.8	87	2 286.8
31	2 337.1	50	2 285.4	69	2 149.2	88	2 286.8
32	2 291	51	2 327.2	70	2 127.3	89	2 301.9
33	2 262.9	52	2 266.7	71	2 308.4	90	2 016.8
34	2 368.5	53	2 217.1	72	2 305	91	2 308.3
35	2 280.6	54	2 323.6	73	2 194.7		

本表序号对应于表 2 - 1。

表 4 - 9　中国收到基贫煤的理论绝热燃烧温度(t_{a0})计算结果　　　　　℃

序号	t_{a0}	序号	t_{a0}	序号	t_{a0}	序号	t_{a0}
1	2 295.5	8	2 319.7	15	2 323.2	22	2 262.4
2	2 371.4	9	2 238	16	2 272.8	23	2 362.4
3	2 255.4	10	2 249.9	17	2 330.3	24	2 247.2
4	2 290.9	11	2 242.7	18	2 227.7	25	2 263.2
5	2 199.3	12	2 225.2	19	2 368.4	26	2 316.2
6	2 252.9	13	2 178.5	20	2 194.4	27	2 361.9
7	2 251.1	14	2 019.2	21	2 263.6	28	2 361.9

续表

序号	t_{a0}	序号	t_{a0}	序号	t_{a0}	序号	t_{a0}
29	2 160.1	44	2 317.4	59	2 238.9	74	2 284
30	2 281	45	2 180.5	60	2 244.2	75	2 228.3
31	2 279.7	46	2 269.7	61	2 197.6	76	2 283.8
32	2 259.9	47	2 296.4	62	2 266.9	77	2 278.6
33	2 271.5	48	2 148.7	63	2 266.9	78	2 201.1
34	2 323.3	49	2 327.9	64	2 238.9	79	2 315.7
35	2 227.8	50	2 086.9	65	2 229.9	80	2 313.2
36	2 204.3	51	2 226.8	66	2 367.6	81	2 222.1
37	2 286.7	52	2 278.5	67	2 255.4	82	2 240.8
38	2 185.7	53	2 282	68	2 218.6	83	2 267.2
39	2 365.7	54	2 250.3	69	2 274.6	84	2 219.8
40	2 284.5	55	2 250.3	70	2 279.4	85	2 213.8
41	2 316.1	56	2 294.2	71	2 250.8	86	2 331.3
42	2 265.6	57	2 194.2	72	2 295.9	87	2 252
43	2 292.1	58	2 308.2	73	2 193	88	2 268.7

本表序号对应于表 2 - 2。

表 4 - 10　中国收到基烟煤的工程绝热燃烧温度(t_{a0})计算结果　　　　℃

序号	t_{a0}	序号	t_{a0}	序号	t_{a0}	序号	t_{a0}
1	2 362.4	12	2 325.4	23	2 136.4	34	2 106.2
2	2 340.3	13	2 229.9	24	2 372.3	35	2 108.6
3	2 081	14	2 204.7	25	2 288.3	36	2 356
4	2 235.1	15	2 302.1	26	2 098.1	37	2 141.7
5	2 294.6	16	2 141.6	27	2 277.4	38	2 309.5
6	2 188.1	17	2 307.5	28	2 246.6	39	2 285
7	2 114.8	18	2 237	29	2 347.9	40	2 169.1
8	2 246	19	2 216.7	30	2 171.5	41	2 322.9
9	2 301.3	20	2 313.9	31	2 389.5	42	2 272.9
10	2 267.1	21	2 364.1	32	2 287.2	43	2 273.3
11	2 199.3	22	2 139.4	33	2 246.5	44	2 191.6

续表

序号	t_{a0}	序号	t_{a0}	序号	t_{a0}	序号	t_{a0}
45	2 096.2	77	2 335.2	109	2 140.2	141	2 299.1
46	2 434.5	78	2 278.3	110	2 232.1	142	2 210.8
47	2 250.2	79	2 212.4	111	2 171.7	143	2 257.5
48	2 333.4	80	2 206.7	112	2 246.6	144	2 333.4
49	2 252.4	81	2 355.6	113	2 306.5	145	2 247.9
50	2 214.3	82	2 175	114	2 235.3	146	2 029.5
51	2 278	83	2 323.5	115	2 265.2	147	2 230.8
52	2 256.8	84	2 137	116	2 295.2	148	2 208.8
53	2 309.8	85	2 278.5	117	2 231.6	149	2 257.3
54	2 360.5	86	2 209.7	118	2 260.4	150	2 260.9
55	2 092.6	87	2 304.1	119	2 268.8	151	2 272.3
56	2 238.4	88	2 278.3	120	2 268.5	152	2 263.3
57	2 249.1	89	2 179.4	121	2 135.8	153	2 297.7
58	2 303.3	90	2 338.8	122	2 195.2	154	2 279.9
59	2 238	91	2 186.2	123	2 059.7	155	2 248.1
60	2 275	92	2 194.3	124	2 337.5	156	2 243.2
61	2 215.5	93	2 261.8	125	2 338.4	157	2 275.6
62	2 185.2	94	2 102.1	126	2 189.9	158	2 243.2
63	2 338	95	2 265.2	127	2 184.7	159	2 224.4
64	2 280.1	96	2 206.8	128	2 236.1	160	2 209.3
65	2 273.3	97	2 243.6	129	2 234.3	161	2 246.1
66	2 175	98	2 289.1	130	2 256.3	162	2 227.1
67	2 323.4	99	2 227.6	131	2 290.8	163	2 239.9
68	2 276.1	100	2 312.7	132	2 234.2	164	2 228
69	2 267.5	101	2 217.4	133	2 305.7	165	2 235.7
70	2 245.2	102	2 296.6	134	2 239.5	166	2 205.8
71	2 318.5	103	2 294.5	135	2 269.8	167	2 205.8
72	2 331.9	104	2 204.8	136	2 242.6	168	2 200.2
73	2 255.5	105	2 276.9	137	2 226.5	169	2 131.1
74	2 396.9	106	1 811.6	138	2 310.3	170	2 197.8
75	2 140.7	107	2 230.5	139	2 204.4		
76	2 244.5	108	2 095.3	140	2 237.9		

本表序号对应于表2-3。

表4-11　中国收到基褐煤的工程绝热燃烧温度(t_{a0})计算结果　　　　℃

序号	t_{a0}	序号	t_{a0}	序号	t_{a0}	序号	t_{a0}
1	2 268.7	19	2 168.1	37	2 093.3	55	2 084.6
2	2 235.6	20	2 055.7	38	2 035.1	56	2 042.1
3	2 162.5	21	2 150.4	39	2 165.6	57	2 072.8
4	2 055.3	22	2 099.5	40	2 138.2	58	1 959.2
5	2 338.5	23	2 218.6	41	2 163.2	59	1 948
6	2 097.9	24	2 076.2	42	2 130.6	60	2 018.3
7	2 085.9	25	2 158.9	43	1 989.3	61	2 038.8
8	1 953	26	2 137.6	44	2 027.4	62	2 071.8
9	2 140.9	27	2 035.4	45	2 142.7	63	2 130.3
10	1 999.7	28	1 884.1	46	2 097.5	64	1 958.5
11	2 122.7	29	1 955.5	47	2 110.4	65	2 008.9
12	2 083.7	30	2 001.9	48	2 081.3	66	2 048.4
13	2 053.6	31	1 928.7	49	2 065.6	67	2 045.8
14	2 060.3	32	2 187.5	50	2 065.6	68	1 974.1
15	2 264.1	33	2 009.9	51	2 026.7	69	2 188.5
16	2 134	34	2 199	52	2 138.5	70	2 077.9
17	2 129.8	35	2 221.1	53	2 138.5		
18	1 902.3	36	2 188.5	54	2 084.6		

本表序号对应于表2-4。

　　中国收到基动力煤的理论绝热燃烧温度(t_{a0})的分布规律见图4-7、图4-8,多项式拟合函数参数见表4-12。

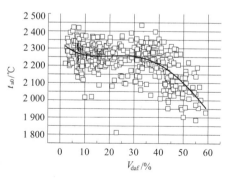

图4-7　中国收到基动力煤的理论
绝热燃烧温度与V_{daf}的关系

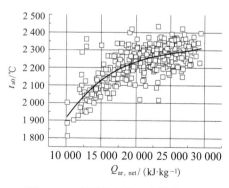

图4-8　中国收到基动力煤的理论
绝热燃烧温度与$Q_{ar,net}$的关系

表 4 - 12　图 4 - 7、图 4 - 8 多项式拟合函数参数

参　　数	拟合公式:公式(4 - 1)	
	图 4 - 7	图 4 - 8
B_0	2 339.62	976.297 09
B_1	- 14.798	0.137 43
B_2	0.859 6	- 4.998 49 × 10^{-6}
B_3	- 0.018 8	6.351 25 × 10^{-11}
B_4	0.000 11	—
$\sigma_{\delta, min}$	78.3	64.2

　　由图 4 - 7 的拟合曲线可知:① 随着干燥无灰基挥发分含量(V_{daf})的提高,中国收到基动力煤的理论绝热燃烧温度(t_{a0})总体上逐步降低。当 $V_{daf} \leq 10\%$ 时,t_{a0} 小幅度降低,从 2 314℃降低到 2 267℃;当 10% < $V_{daf} \leq 15\%$ 时,t_{a0} 从 2 267℃降低到 2 253℃;当 15% < $V_{daf} \leq 26\%$ 时,t_{a0} 从 2 253℃升高到 2 259℃;当 $V_{daf} > 26\%$ 时,t_{a0} 从 2 259℃降低到 1 956℃,而且 V_{daf} 值越大,t_{a0} 降低速度越快。② 结合表 4 - 12 可知,图 4 - 7 的 4 次多项式拟合函数的残差标准差为 78.3,说明拟合函数与计算结果之间存在一定分散度。

　　由图 4 - 8 拟合曲线可知:① 随着 $Q_{ar,net}$ 的提高,t_{a0} 单调提高,从 1 926℃提高到 2 308℃;$Q_{ar,net}$ 值越大,t_{a0} 提高速度越慢。② 结合表 4 - 12 可知,图 4 - 8 的 3 次多项式拟合函数的残差标准差为 64.2,说明拟合函数与计算结果之间存在一定分散度,t_{a0} 对于 $Q_{ar,net}$ 的分散程度小于 t_{a0} 对于 V_{daf} 的分散程度。从图 4 - 7、图 4 - 8 的结果可以比较直观地观察到这一特点。

三、中国动力煤干燥无灰基成分的理论绝热燃烧温度分布规律

　　根据表 2 - 1 ~ 表 2 - 4 的数据和第 3.3 节的计算方法,将煤的成分折算到干燥无灰基成分。干燥无灰基水分 $M_{daf} = 0$,干燥无灰基灰分 $A_{daf} = 0$,干燥无灰基的碳、氢、氧、氮、硫含量的表达式分别是公式(4 - 2) ~ (4 - 6),干燥无灰基低位发热量表达式为公式(4 - 7)。

$$C_{daf} = 100 C_{ar} / (100 - M_{ar} - A_{ar}) \tag{4-2}$$

$$H_{daf} = 100 H_{ar} / (100 - M_{ar} - A_{ar}) \tag{4-3}$$

$$O_{daf} = 100 O_{ar} / (100 - M_{ar} - A_{ar}) \tag{4-4}$$

$$N_{daf} = 100 N_{ar} / (100 - M_{ar} - A_{ar}) \tag{4-5}$$

$$S_{daf} = 100 S_{ar} / (100 - M_{ar} - A_{ar}) \tag{4-6}$$

$$Q_{\mathrm{daf,net}} = 327.66C_{\mathrm{daf}} + 1\,199.7H_{\mathrm{daf}} + 92.57\,S_{\mathrm{daf}} - 206H_{\mathrm{daf}} \qquad (4-7)$$

假设过量空气系数 $\alpha = 1.0$，炉膛漏风系数 $\Delta\alpha_{\mathrm{L}} = 0$，按照第 3 章的计算方法得到中国动力煤干燥无灰基成分的理论绝热燃烧温度（$t_{\mathrm{a0,daf}}$），见表 4-13～表 4-16。

表 4-13　中国无烟煤干燥无灰基成分的理论绝热燃烧温度（$t_{\mathrm{a0,daf}}$）计算结果　℃

序号	$t_{\mathrm{a0,daf}}$	序号	$t_{\mathrm{a0,daf}}$	序号	$t_{\mathrm{a0,daf}}$	序号	$t_{\mathrm{a0,daf}}$
1	2 389.5	24	2 377.8	47	2 380.1	70	2 349.0
2	2 383.6	25	2 370.9	48	2 376.1	71	2 366.8
3	2 374.7	26	2 379.7	49	2 410.4	72	2 365.8
4	2 377.8	27	2 362.4	50	2 387.3	73	2 362.4
5	2 382.1	28	2 365.8	51	2 395.6	74	2 375.9
6	2 388.1	29	2 377.8	52	2 393.7	75	2 366.4
7	2 368.6	30	2 373.3	53	2 374.5	76	2 366.4
8	2 410.0	31	2 369.0	54	2 363.8	77	2 359.7
9	2 384.5	32	2 342.5	55	2 370.6	78	2 366.4
10	2 383.2	33	2 400.6	56	2 417.5	79	2 395.3
11	2 373.9	34	2 366.5	57	2 370.6	80	2 366.3
12	2 400.0	35	2 381.0	58	2 370.8	81	2 377.3
13	2 367.5	36	2 394.7	59	2 378.2	82	2 385.0
14	2 382.3	37	2 361.9	60	2 378.2	83	2 389.6
15	2 398.3	38	2 362.4	61	2 388.4	84	2 369.6
16	2 373.3	39	2 348.0	62	2 383.2	85	2 375.1
17	2 371.7	40	2 357.8	63	2 382.2	86	2 395.1
18	2 373.5	41	2 393.6	64	2 377.7	87	2 365.9
19	2 367.6	42	2 382.7	65	2 351.3	88	2 365.9
20	2 372.4	43	2 383.6	66	2 380.0	89	2 362.7
21	2 374.5	44	2 378.7	67	2 370.8	90	2 369.9
22	2 380.7	45	2 402.0	68	2 382.7	91	2 370.7
23	2 364.0	46	2 401.4	69	2 371.0		

本表序号对应于表 2-5。

表 4 - 14 中国贫煤干燥无灰基成分的理论绝热燃烧温度($t_{a0,daf}$)计算结果 ℃

序号	$t_{a0,daf}$	序号	$t_{a0,daf}$	序号	$t_{a0,daf}$	序号	$t_{a0,daf}$
1	2 348.1	23	2 351.9	45	2 346.0	67	2 349.2
2	2 354.6	24	2 346.2	46	2 356.7	68	2 357.3
3	2 344.6	25	2 349.1	47	2 345.8	69	2 347.1
4	2 335.8	26	2 344.7	48	2 349.9	70	2 352.9
5	2 357.1	27	2 346.0	49	2 338.0	71	2 350.1
6	2 347.1	28	2 346.0	50	2 356.0	72	2 329.5
7	2 342.5	29	2 345.1	51	2 344.3	73	2 349.2
8	2 338.7	30	2 352.9	52	2 354.5	74	2 357.3
9	2 340.1	31	2 342.4	53	2 350.4	75	2 345.0
10	2 338.2	32	2 354.1	54	2 346.2	76	2 347.3
11	2 342.9	33	2 348.3	55	2 367.7	77	2 347.5
12	2 343.6	34	2 348.3	56	2 356.8	78	2 352.4
13	2 345.9	35	2 342.6	57	2 345.1	79	2 351.3
14	2 365.2	36	2 335.3	58	2 351.4	80	2 347.5
15	2 348.4	37	2 339.6	59	2 356.7	81	2 357.8
16	2 335.0	38	2 321.6	60	2 348.8	82	2 353.5
17	2 345.5	39	2 350.8	61	2 343.1	83	2 356.0
18	2 365.0	40	2 333.5	62	2 351.9	84	2 342.3
19	2 348.3	41	2 330.9	63	2 351.9	85	2 348.5
20	2 329.0	42	2 346.9	64	2 356.7	86	2 370.0
21	2 340.6	43	2 341.9	65	2 363.0	87	2 349.4
22	2 348.9	44	2 354.9	66	2 360.4	88	2 361.1

本表序号对应于表 2 - 6。

表 4 - 15 中国烟煤干燥无灰基成分的理论绝热燃烧温度($t_{a0,daf}$)计算结果 ℃

序号	$t_{a0,daf}$	序号	$t_{a0,daf}$	序号	$t_{a0,daf}$	序号	$t_{a0,daf}$
1	2 348.4	10	2 358.5	19	2 331.6	28	2 353.8
2	2 334.8	11	2 327.2	20	2 353.8	29	2 346.8
3	2 327.2	12	2 358.8	21	2 350.5	30	2 350.7
4	2 339.9	13	2 349.1	22	2 357.4	31	2 380.5
5	2 331.5	14	2 356.3	23	2 373.7	32	2 351.5
6	2 335.4	15	2 368.8	24	2 399.6	33	2 369.4
7	2 370.5	16	2 356.9	25	2 348.5	34	2 373.4
8	2 358.6	17	2 342.5	26	2 341.3	35	2 349.0
9	2 353.2	18	2 344.0	27	2 344.2	36	2 405.4

序号	$t_{a0,daf}$	序号	$t_{a0,daf}$	序号	$t_{a0,daf}$	序号	$t_{a0,daf}$
37	2 338.1	71	2 352.6	105	2 362.9	139	2 365.9
38	2 379.1	72	2 359.3	106	2 457.4	140	2 354.7
39	2 362.0	73	2 371.1	107	2 293.0	141	2 418.6
40	2 352.9	74	2 387.7	108	2 418.3	142	2 380.0
41	2 335.5	75	2 400.7	109	2 370.4	143	2 368.0
42	2 327.2	76	2 393.1	110	2 358.7	144	2 383.5
43	2 327.2	77	2 376.1	111	2 325.6	145	2 376.8
44	2 385.0	78	2 390.6	112	2 365.4	146	2 430.9
45	2 383.9	79	2 387.5	113	2 380.7	147	2 380.2
46	2 364.6	80	2 372.6	114	2 361.4	148	2 387.2
47	2 381.5	81	2 373.4	115	2 386.5	149	2 352.6
48	2 442.8	82	2 363.7	116	2 386.5	150	2 359.3
49	2 355.8	83	2 376.6	117	2 340.9	151	2 371.1
50	2 325.7	84	2 371.7	118	2 379.1	152	2 387.7
51	2 373.4	85	2 368.7	119	2 411.6	153	2 400.7
52	2 371.6	86	2 409.3	120	2 378.9	154	2 393.1
53	2 370.5	87	2 365.2	121	2 398.5	155	2 376.1
54	2 337.2	88	2 399.1	122	2 325.6	156	2 390.6
55	2 361.7	89	2 364.2	123	2 384.2	157	2 387.5
56	2 358.1	90	2 359.7	124	2 381.0	158	2 372.6
57	2 359.4	91	2 417.0	125	2 354.7	159	2 373.4
58	2 360.9	92	2 388.5	126	2 399.4	160	2 363.7
59	2 345.4	93	2 416.0	127	2 426.7	161	2 376.6
60	2 373.9	94	2 358.7	128	2 348.3	162	2 371.7
61	2 383.5	95	2 412.6	129	2 387.1	163	2 368.7
62	2 419.4	96	2 371.9	130	2 371.5	164	2 409.3
63	2 389.8	97	2 363.6	131	2 392.5	165	2 365.2
64	2 382.9	98	2 384.0	132	2 354.8	166	2 399.1
65	2 311.5	99	2 376.7	133	2 403.5	167	2 364.2
66	2 366.1	100	2 441.1	134	2 388.8	168	2 359.7
67	2 355.3	101	2 366.5	135	2 385.6	169	2 417.0
68	2 357.3	102	2 427.7	136	2 386.8	170	2 388.5
69	2 368.9	103	2 409.6	137	2 364.5		
70	2 347.9	104	2 413.9	138	2 356.9		

本表序号对应于表2-7。

表 4 – 16　中国褐煤干燥无灰基成分的理论绝热燃烧温度($t_{a0,daf}$)计算结果　℃

序号	$t_{a0,daf}$	序号	$t_{a0,daf}$	序号	$t_{a0,daf}$	序号	$t_{a0,daf}$
1	2 358.4	19	2 459.6	37	2 434.2	55	2 455.2
2	2 432.0	20	2 311.3	38	2 384.2	56	2 449.1
3	2 374.3	21	2 451.5	39	2 384.2	57	2 438.6
4	2 396.8	22	2 435.5	40	2 430.9	58	2 438.6
5	2 476.4	23	2 457.7	41	2 450.5	59	2 423.1
6	2 572.4	24	2 481.3	42	2 446.6	60	2 457.3
7	2 423.9	25	2 470.6	43	2 435.4	61	2 457.4
8	2 456.3	26	2 449.8	44	2 458.1	62	2 453.4
9	2 434.1	27	2 451.4	45	2 460.1	63	2 488.7
10	2 441.8	28	2 469.6	46	2 476.5	64	2 426.9
11	2 563.2	29	2 433.1	47	2 463.0	65	2 451.1
12	2 445.3	30	2 483.4	48	2 452.0	66	2 439.5
13	2 418.1	31	2 441.9	49	2 435.2	67	2 423.4
14	2 436.9	32	2 402.9	50	2 435.2	68	2 449.3
15	2 445.9	33	2 448.6	51	2 421.9	69	2 460.9
16	2 390.2	34	2 420.5	52	2 454.6	70	2 442.4
17	2 447.4	35	2 418.8	53	2 454.6		
18	2 461.5	36	2 434.6	54	2 455.2		
本表序号对应于表 2 – 8。							

　　中国动力煤干燥无灰基成分的理论绝热燃烧温度($t_{a0,daf}$)反映了煤在煤化过程中呈现的某种本质特征,其分布规律见图 4 – 9、图 4 – 10,多项式拟合函数参数见表 4 – 17。

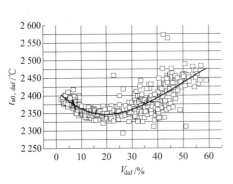

图 4 – 9　中国动力煤干燥无灰基成分的
理论绝热燃烧温度与 V_{daf} 的关系

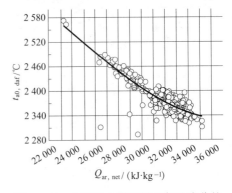

图 4 – 10　中国动力煤干燥无灰基成分的
理论绝热燃烧温度与 $Q_{ar,net}$ 的关系

表 4 – 17　图 4 – 9、图 4 – 10 多项式拟合函数参数

参　数	拟合公式：公式(4 – 1)	
	图 4 – 9	图 4 – 10
B_0	2 417.61	2 526.12
B_1	– 7.788 2	0.052 4
B_2	0.245 15	-3×10^{-6}
B_3	– 0.001 6	4.6×10^{-11}
$\sigma_{\delta,\min}$	26.14	18.04

　　由图 4 – 9 的拟合曲线可知：① 随着干燥无灰基挥发分含量(V_{daf})的提高，中国动力煤干燥无灰基成分的理论绝热燃烧温度($t_{a0,daf}$)先降低后升高。当 $V_{daf} \leqslant 20\%$ 时，$t_{a0,daf}$ 从 2 401℃降低到 2 347℃；随着 V_{daf} 的提高，$t_{a0,daf}$ 降低的速度迅速变慢，然后逐渐降低到 0。当 $V_{daf} > 20\%$ 时，$t_{a0,daf}$ 从 2 347℃提高到 2 476℃；随着 V_{daf} 的提高，$t_{a0,daf}$ 提高的速度迅速降低。② 结合表 4 – 17 可知，图 4 – 9 的 3 次多项式拟合函数的残差标准差为 26.14，说明拟合函数与计算结果之间存在一定分散度。

　　由图 4 – 10 拟合曲线可知：① 随着 $Q_{daf,net}$ 的提高，$t_{a0,daf}$ 单调降低，从 2 559℃降低到 2 336℃；$Q_{daf,net}$ 值加大，$t_{a0,daf}$ 降低速度略有降低。② 结合表 4 – 17 可知，图 4 – 10 的 3 次多项式拟合函数的残差标准差为 18.04，说明拟合函数与计算结果之间存在一定分散度，$t_{a0,daf}$ 对于 $Q_{daf,net}$ 的分散程度小于 $t_{a0,daf}$ 对于 V_{daf} 的分散程度。从图 4 – 9、图 4 – 10 的结果可以比较直观地观察到这一特点。

　　中国动力煤干燥无灰基成分的理论绝热燃烧温度的分布规律特点是由干燥无灰基成分决定的。中国动力煤的干燥无灰基成分见表 4 – 18 ~ 表 4 – 21，分布规律见图 4 – 11、图 4 – 12，其中的多项式拟合函数参数见表 4 – 22、表 4 – 23。

表 4 – 18　中国无烟煤的干燥无灰基成分

序号	煤种名称	C_{daf} /%	H_{daf} /%	O_{daf} /%	N_{daf} /%	S_{daf} /%	$Q_{daf,net}$ /(kJ·kg^{-1})	V_{daf} /%
1	郭二庄煤	96.44	1.07	1.20	0.96	0.33	32 695	2.02
2	福建永安煤	97.28	1.56	0.77	0.18	0.20	33 446	2.84
3	福建煤 2	95.07	2.39	1.19	0.88	0.47	33 573	3.10
4	福建天湖山煤	96.00	2.10	1.00	0.40	0.50	33 588	4.00
5	福建天明山无烟煤	96.00	1.70	1.10	0.30	0.90	33 228	4.00
6	翠屏山煤	94.09	1.40	2.10	0.70	1.70	32 381	4.10

续表

序号	煤种名称	C_{daf} /%	H_{daf} /%	O_{daf} /%	N_{daf} /%	S_{daf} /%	$Q_{daf,net}$ /(kJ·kg^{-1})	V_{daf} /%
7	龙岩煤 B	93.06	3.26	2.03	1.20	0.45	33 776	4.53
8	福建煤 3	94.10	0.60	4.10	0.90	0.30	31 457	4.70
9	福建煤 1	92.60	1.70	2.40	0.80	2.50	32 262	5.00
10	龙岩煤 A	94.04	2.35	2.77	0.55	0.28	33 180	6.00
11	龙岩红炭山无烟煤	93.60	2.84	2.13	0.95	0.47	33 539	6.10
12	邵武无烟煤	93.03	1.41	4.17	0.56	0.83	31 961	6.63
13	加福无烟煤	92.33	3.54	2.46	1.15	0.52	33 823	7.00
14	焦作煤 A	94.00	2.40	2.70	0.60	0.30	33 213	7.00
15	福建红炭山煤	95.00	1.20	3.10	0.40	0.30	32 348	7.00
16	陆家地无烟煤	92.20	3.10	2.80	1.40	0.50	33 337	7.00
17	福建陆家地煤	92.50	3.20	2.60	0.80	0.90	33 572	7.00
18	福建邵武煤	92.19	3.07	2.79	1.39	0.56	33 308	7.00
19	邵武东坑子无烟煤	89.78	4.38	4.38	1.02	0.44	33 808	7.64
20	梅县柱坑煤	89.07	3.55	4.19	1.31	1.88	32 881	7.67
21	连州煤 A	89.96	3.62	4.37	1.36	0.70	33 134	7.85
22	金竹山煤 C	86.99	3.89	6.57	1.48	1.07	32 471	7.97
23	京西无烟煤	92.20	3.60	2.00	1.30	0.90	33 871	8.00
24	晋城煤末	87.69	4.02	6.09	1.30	0.91	32 808	8.00
25	京西安家睢无烟煤	92.50	3.25	2.55	0.85	0.85	33 621	8.00
26	昔阳煤	91.00	2.63	3.47	0.93	1.97	32 616	8.09
27	无烟煤 A	87.16	3.27	2.77	1.06	5.74	32 340	8.13
28	上黄煤	93.56	3.14	1.26	1.26	0.78	33 850	8.20
29	焦作焦东矿煤	92.34	2.96	3.28	1.03	0.39	33 235	8.35
30	焦作李村无烟煤	90.86	3.51	4.12	1.10	0.41	33 299	8.79
31	焦作无烟煤	89.53	3.51	3.47	1.43	2.07	33 013	8.80
32	金竹山煤 A	77.53	3.40	3.27	14.03	1.76	28 946	8.89
33	金竹山无烟煤	91.80	1.70	5.00	0.80	0.70	31 833	9.00
34	京西大台无烟煤	90.80	3.80	3.10	1.30	1.00	33 620	9.00

续表

序号	煤种名称	C_{daf} /%	H_{daf} /%	O_{daf} /%	N_{daf} /%	S_{daf} /%	$Q_{daf,net}$ /$(kJ \cdot kg^{-1})$	V_{daf} /%
35	京西木城涧无烟煤	92.00	2.50	3.20	1.10	1.20	32 740	9.00
36	无烟煤 B	88.90	2.50	6.10	1.10	1.40	31 743	9.00
37	连州煤 B	89.24	4.39	3.64	1.52	1.21	33 720	9.00
38	阳泉五矿煤	86.69	4.16	4.16	1.80	3.19	32 833	9.80
39	无烟煤 G	82.32	5.17	4.53	1.17	6.80	32 746	9.92
40	无烟煤 E	88.95	4.86	3.68	1.47	1.03	34 072	10.00
41	无烟煤 H	95.30	1.05	2.08	0.61	0.96	32 356	2.63
42	湖北新宏煤	96.81	1.57	0.77	0.19	0.66	33 340	2.84
43	阳泉煤屑	97.28	1.56	0.77	0.18	0.20	33 446	2.84
44	湖北源华煤	93.56	1.86	1.48	1.27	1.82	32 674	3.20
45	阳泉块煤	94.71	0.70	2.96	0.49	1.13	31 839	3.58
46	无烟煤 D	95.33	0.42	2.28	0.31	1.67	31 804	3.69
47	阳泉煤 D	93.90	1.90	1.67	0.92	1.61	32 806	3.80
48	耒阳煤 A	92.62	2.72	2.59	1.30	0.78	33 122	4.69
49	阳泉三矿无烟煤	94.13	0.57	4.10	0.88	0.33	31 437	4.72
50	阳泉南庄矿煤	93.39	2.25	3.42	0.35	0.59	32 887	4.88
51	芙蓉煤	94.84	1.07	2.53	0.65	0.91	32 221	5.42
52	金竹山煤 B	87.82	1.99	5.47	2.24	2.49	30 981	5.50
53	金竹山无烟煤	91.61	2.59	2.42	0.91	2.47	32 817	6.00
54	湘水无烟煤	94.55	3.24	0.76	1.31	0.14	34 211	6.64
55	阳泉混煤	87.96	3.37	4.01	3.95	0.71	32 236	6.66
56	焦作焦西矿煤	81.93	2.75	11.39	0.48	3.45	29 901	6.78
57	红山下金煤	90.81	3.13	2.80	1.06	2.20	33 069	7.00
58	焦作煤 B	94.50	2.62	1.06	0.98	0.85	33 642	7.18
59	芙蓉白皎矿煤	89.66	2.81	3.86	1.30	2.37	32 387	7.20
60	芙蓉白皎煤	89.67	2.81	3.86	1.28	2.37	32 392	7.20
61	焦作煤 C	91.65	2.29	4.12	1.01	0.93	32 394	7.23
62	无烟煤 F	93.08	2.22	2.83	1.06	0.81	32 780	7.33

序号	煤种名称	C_{daf} /%	H_{daf} /%	O_{daf} /%	N_{daf} /%	S_{daf} /%	$Q_{\text{daf,net}}$ /(kJ·kg^{-1})	V_{daf} /%
63	纳雍煤 C	91.99	2.63	3.57	1.12	0.69	32 816	7.48
64	纳雍煤 D	86.10	4.49	7.21	1.56	0.64	32 736	7.62
65	晋城凤凰山矿煤	89.90	4.35	1.61	1.32	2.82	34 041	7.66
66	红山朝阳煤	90.30	3.38	4.80	1.04	0.47	32 995	7.70
67	湘水煤	88.79	2.97	3.19	1.36	3.69	32 386	7.76
68	云浮混煤 2	91.94	2.30	3.18	0.98	1.60	32 556	7.83
69	富源无烟煤 A	90.52	3.04	2.83	1.98	1.62	32 829	8.00
70	焦作田门井煤	82.02	3.04	1.94	0.83	12.17	31 025	8.00
71	阳泉四矿煤	89.75	3.45	2.97	1.09	2.74	33 093	8.11
72	镇雄煤 C	93.56	3.14	1.26	1.26	0.78	33 850	8.11
73	广东曲仁煤	87.16	3.27	2.77	1.06	5.74	32 340	8.13
74	韶关曲仁煤	79.03	5.57	10.48	1.92	3.01	31 705	8.20
75	阳泉煤 C	91.71	3.36	2.19	1.30	1.44	33 522	8.30
76	晋城煤	88.46	3.36	2.08	1.04	5.06	32 791	8.42
77	晋城无烟煤	90.73	3.82	3.12	1.39	0.94	33 609	8.50
78	京西王平村无烟煤	87.36	2.34	6.35	1.36	2.59	31 189	8.69
79	邵武丰海无烟煤	90.61	3.48	2.68	1.44	1.78	33 317	8.75
80	阳泉煤 A	91.08	3.07	3.71	1.28	0.86	32 976	8.82
81	阳泉煤 B	86.12	3.52	6.91	2.14	1.31	31 836	8.84
82	耒阳煤 C	88.51	2.65	5.68	1.38	1.77	31 805	8.99
83	云浮混煤 3	91.43	3.75	3.34	1.30	0.18	33 699	9.00
84	纳雍煤 A	91.31	3.31	3.63	0.90	0.85	33 286	9.16
85	纳雍煤 B	87.63	2.96	7.18	1.15	1.08	31 756	9.20
86	云浮煤	90.95	3.69	2.82	1.37	1.17	33 579	9.30
87	松藻混煤	90.95	3.69	2.82	1.37	1.17	33 579	9.30
88	耒阳煤 B	92.14	3.40	1.53	1.67	1.26	33 682	9.33
89	铜川混煤	89.03	3.95	4.37	0.82	1.82	33 272	9.86
90	晋东南混煤	90.09	3.95	4.20	1.28	0.47	33 492	10.00

表 4 – 19 中国贫煤的干燥无灰基成分

序号	煤种名称	C_{daf} /%	H_{daf} /%	O_{daf} /%	N_{daf} /%	S_{daf} /%	$Q_{daf,net}$ /($kJ \cdot kg^{-1}$)	V_{daf} /%
1	新密芦沟矿煤	92.22	3.80	2.16	1.41	0.41	34 035	10.07
2	云浮混煤 1	90.30	3.60	3.50	1.50	1.10	33 267	11.50
3	富源无烟煤 B	89.20	3.60	2.20	1.20	3.80	33 156	11.50
4	沁北混煤 A	89.61	4.02	1.25	3.71	1.41	33 484	12.14
5	鄂尔多斯混煤	83.26	3.63	5.92	1.28	5.91	31 431	12.72
6	永城煤	88.34	3.83	3.15	0.13	4.54	33 170	12.81
7	长治混煤	92.00	4.10	1.70	1.70	0.50	34 265	13.00
8	耒阳煤 D	88.70	4.20	2.20	1.40	3.50	33 561	13.00
9	茶山无烟煤	88.35	4.08	2.39	1.79	3.39	33 319	13.00
10	芙蓉贫煤 C	88.65	4.24	2.19	1.37	3.56	33 589	13.00
11	无烟煤 C	88.54	3.82	2.42	1.19	4.03	33 180	13.25
12	阳泉一矿煤	87.55	3.39	2.26	1.41	5.37	32 558	13.30
13	凤城煤	84.69	3.99	4.28	1.37	5.67	32 236	13.42
14	松藻煤 A	76.35	5.18	11.26	0.68	6.53	30 769	13.50
15	淄博夏庄煤 A	89.24	4.38	3.88	1.89	0.60	33 652	14.00
16	涉县龙山混煤 B	88.88	4.36	1.73	1.24	3.79	33 806	14.00
17	淄博贫混煤	88.23	3.90	3.06	1.66	3.15	33 078	14.00
18	镇雄煤 B	86.75	4.59	7.52	0.64	0.51	33 029	14.00
19	石淙一矿煤	89.79	3.96	3.12	1.19	1.94	33 532	14.20
20	鄂冶源华贫煤	84.10	5.40	3.60	1.20	5.70	33 450	15.00
21	新密王沟贫煤	88.90	4.30	2.58	1.54	2.68	33 648	15.00
22	淄博贫煤	90.98	3.63	2.42	1.21	1.75	33 584	15.00
23	淄博夏庄煤 B	89.40	4.30	4.30	1.60	0.40	33 603	15.50
24	芙蓉贫煤 A	89.76	4.04	2.90	1.23	2.08	33 614	15.93
25	芙蓉贫煤 B	91.00	3.60	2.40	1.20	1.80	33 561	16.00
26	松藻打通矿煤	85.40	4.56	4.65	1.28	4.11	32 889	16.34
27	本溪洗中煤	86.70	4.20	4.00	1.40	3.70	32 924	17.00
28	松藻煤 B	86.70	4.20	4.00	1.40	3.70	32 924	17.00
29	山西潞安煤	83.90	4.50	5.10	1.40	5.10	32 434	17.00

续表

序号	煤种名称	C_{daf} /%	H_{daf} /%	O_{daf} /%	N_{daf} /%	S_{daf} /%	$Q_{daf,net}$ /(kJ·kg^{-1})	V_{daf} /%
30	奎山煤	88.78	4.07	4.32	1.47	1.35	33 262	17.26
31	山西贫混煤E	89.54	4.44	2.89	1.58	1.55	33 894	17.40
32	夏庄煤	84.27	5.64	8.00	1.48	0.60	33 278	17.70
33	新密五里店贫煤	87.49	4.90	5.11	1.50	1.00	33 633	18.00
34	新密原煤	88.99	4.50	4.10	1.40	1.00	33 727	18.00
35	西山白家庄矿	89.70	4.81	3.36	1.30	0.84	34 243	18.30
36	登封煤	87.34	4.47	2.42	1.38	4.39	33 464	18.39
37	镇雄煤A	82.94	4.23	4.14	0.94	7.76	32 096	18.52
38	韩城贫煤	84.43	6.01	3.04	2.03	4.48	34 054	18.60
39	龙泉煤	89.26	4.45	4.35	1.31	0.63	33 725	19.00
40	贫煤A	85.79	4.97	3.27	1.64	4.33	33 445	19.00
41	山西贫混煤D	85.01	5.24	3.44	1.73	4.58	33 488	19.50
42	西山贫煤	84.60	4.30	4.90	1.50	4.70	32 428	20.00
43	榆社混煤1	87.00	5.50	5.00	1.50	1.00	34 064	20.00
44	榆社混煤2	90.91	3.66	3.45	1.49	0.50	33 468	10.27
45	潞安贫煤	88.96	3.76	2.73	1.59	2.95	33 160	10.45
46	山西贫混煤A	89.08	3.87	4.55	1.49	1.01	33 125	10.84
47	河南贫煤B	92.46	3.80	1.69	1.50	0.55	34 118	11.19
48	鹤壁贫煤A	90.64	4.09	3.32	1.35	0.59	33 823	11.27
49	山西贫混煤B	86.67	3.84	2.22	1.05	6.22	32 785	11.48
50	鹤壁贫煤C	89.91	4.02	4.41	0.83	0.83	33 532	11.49
51	贫煤B	85.25	4.50	4.57	1.47	4.21	32 799	11.64
52	阳泉煤	91.41	3.70	3.29	1.02	0.58	33 679	12.22
53	石洞口混煤B	89.79	4.23	3.84	1.61	0.53	33 677	12.88
54	西山营庄矿	84.94	4.22	4.59	1.64	4.61	32 455	12.88
55	贫煤E	87.07	3.69	6.56	1.18	1.50	32 335	12.93
56	山西贫混煤F	89.40	3.95	4.59	1.66	0.41	33 249	12.97
57	石洞口混煤A	85.16	3.55	3.42	1.51	6.37	32 016	13.53
58	西山白家庄贫煤	89.29	4.59	4.64	1.11	0.37	33 848	13.70

续表

序号	煤种名称	C_{daf} /%	H_{daf} /%	O_{daf} /%	N_{daf} /%	S_{daf} /%	$Q_{daf,net}$ /(kJ·kg⁻¹)	V_{daf} /%
59	榆社混煤 3	86.37	4.13	5.70	1.52	2.28	32 615	14.00
60	洪山三井煤	89.10	4.39	4.01	1.82	0.69	33 618	14.22
61	贫煤 C	85.05	4.50	4.45	1.68	4.32	32 738	14.77
62	涉县龙山混煤 A	87.27	4.30	4.91	1.42	2.10	33 060	15.00
63	山西贫混煤 C	87.27	4.30	4.91	1.42	2.10	33 060	15.00
64	河南贫煤 A	86.37	4.13	5.70	1.52	2.28	32 615	15.00
65	煤种 A	84.75	4.63	7.83	1.65	1.14	32 475	15.00
66	淄博洪山煤 B	89.10	3.73	4.95	1.54	0.69	32 967	15.24
67	淄博寨里贫煤	89.85	4.26	3.67	1.48	0.74	33 738	15.48
68	贫煤 D	86.79	4.32	5.94	1.68	1.27	32 850	15.50
69	西峪矿煤	90.10	4.36	3.39	1.51	0.63	33 915	15.64
70	鹤壁一矿煤	88.94	4.26	4.52	1.28	1.00	33 464	15.70
71	鹤壁贫煤 D	89.90	3.92	3.33	1.36	1.50	33 491	15.72
72	太原西山洗中煤	86.83	4.20	1.34	4.16	3.46	32 947	15.79
73	峰峰煤	86.45	3.43	8.79	0.81	0.53	31 781	15.90
74	萍乡巨源贫煤	86.40	4.67	4.94	1.36	2.63	33 198	16.00
75	沁北混煤 B	86.13	4.86	4.30	1.38	1.33	33 825	16.00
76	资兴洗中煤	86.41	4.67	4.94	1.34	2.63	33 203	16.00
77	贫煤 F	88.14	4.72	4.52	1.25	1.36	33 698	16.00
78	淄博洪山煤 A	87.02	4.24	4.98	1.19	2.56	32 966	16.52
79	铜川三里铜矿煤	89.60	3.97	3.67	1.44	1.32	33 421	16.54
80	鹤壁贫煤 B	88.99	4.38	3.81	1.51	1.30	33 636	16.70
81	南桐煤	88.76	3.79	4.71	1.87	0.88	32 926	16.97
82	安阳混煤	89.74	4.39	4.55	0.59	0.73	33 831	17.09
83	太原西山煤	86.30	4.79	6.54	1.55	0.82	33 114	17.52
84	淄博煤	87.93	4.96	4.05	1.53	1.52	33 885	18.19
85	河津煤	88.53	4.24	3.91	1.18	2.15	33 416	18.39
86	洪山煤	83.58	4.22	8.63	1.66	1.91	31 755	18.60
87	观音堂煤 A	90.49	4.02	3.19	1.47	0.83	33 722	18.98
88	铜川王石凹贫煤	82.93	4.60	8.01	1.01	3.45	32 068	19.26

表 4 – 20   中国烟煤的干燥无灰基成分

序号	煤种名称	C_{daf} /%	H_{daf} /%	O_{daf} /%	N_{daf} /%	S_{daf} /%	$Q_{daf,net}$ /(kJ·kg^{-1})	V_{daf} /%
1	观音堂煤 B	85.86	5.01	6.29	1.55	1.29	33 234	20.10
2	辽宁鞍山煤	87.00	4.40	2.90	0.80	4.90	33 332	20.10
3	铜川三里洞贫煤	79.20	4.30	4.00	1.40	11.10	31 251	21.00
4	淮北煤 B	88.30	5.10	4.30	1.60	0.70	34 065	21.40
5	淮北煤 A	85.57	5.46	4.20	1.30	3.48	33 784	21.50
6	峰峰野清煤	89.85	4.62	2.43	1.34	1.77	34 198	21.66
7	义马陈村矿煤	82.89	4.66	10.02	1.12	1.31	31 907	21.91
8	通化烟煤	81.05	5.37	9.75	1.81	2.02	32 079	21.95
9	开滦煤 A	82.80	4.50	7.20	1.10	4.40	32 009	22.00
10	铜川李家塔贫煤	81.43	4.39	7.69	1.14	5.34	31 536	22.27
11	银川王家河矿煤	80.80	6.00	10.70	1.40	1.10	32 539	22.70
12	烟煤 L	83.23	5.01	8.65	0.98	2.13	32 444	24.00
13	褐煤 A	82.32	6.08	8.91	1.56	1.13	33 121	24.00
14	大同煤 A	85.09	4.75	7.39	1.36	1.41	32 735	24.01
15	开滦煤 C	82.55	4.86	10.15	1.70	0.74	31 943	24.21
16	石炭井一矿煤	84.58	5.38	8.52	1.04	0.48	33 104	24.40
17	唐山 1 号末煤	86.98	5.52	5.69	1.15	0.66	34 044	24.47
18	滴麻 2 号洗中煤	86.35	5.49	6.08	1.34	0.74	33 817	24.60
19	佳木斯煤	87.02	5.53	3.85	0.88	2.72	34 261	24.64
20	平顶山烟煤	83.00	5.28	8.32	0.82	2.58	32 677	24.70
21	鹅毛口沟煤	86.34	5.05	6.53	1.39	0.69	33 371	25.00
22	大同烟煤	78.90	4.90	9.50	1.20	5.50	31 231	25.00
23	广旺煤	76.40	6.10	14.30	1.30	1.90	31 271	25.00
24	井陉贫煤	82.85	3.51	12.44	1.15	0.06	30 639	25.06
25	四川华蓥山煤	82.93	5.53	7.88	1.61	2.04	32 860	25.60
26	北票洗中煤	85.41	4.57	4.67	1.23	4.12	32 909	26.00
27	林西洗中煤 3 号	84.77	5.35	6.39	1.31	2.18	33 295	27.22
28	双山煤	84.37	5.16	8.58	1.37	0.51	32 823	28.22

续表

序号	煤种名称	C_{daf} /%	H_{daf} /%	O_{daf} /%	N_{daf} /%	S_{daf} /%	$Q_{daf,net}$ /(kJ·kg^{-1})	V_{daf} /%
29	准格尔煤 A	87.43	5.28	5.92	1.01	0.37	33 923	28.69
30	褐煤 C	83.86	5.53	7.95	1.81	0.84	33 056	28.80
31	邯郸煤	82.49	4.51	11.37	0.79	0.83	31 591	28.80
32	烟煤 N	84.45	5.78	8.24	0.99	0.53	33 465	29.00
33	烟煤 E	80.78	5.58	11.75	1.30	0.59	32 067	29.30
34	烟煤 F	79.60	5.40	12.40	1.70	0.90	31 531	30.30
35	通化苇塘矿煤	83.39	5.82	8.22	1.63	0.93	33 199	30.73
36	双鸭山岭东矿煤	77.59	4.74	16.34	1.06	0.27	30 156	31.00
37	阿干镇煤	83.07	5.84	6.58	1.82	2.70	33 269	31.10
38	萍乡残渣煤	84.49	3.70	9.46	0.94	1.41	31 494	31.25
39	鸡西恒山煤	84.91	4.71	8.25	0.90	1.23	32 612	31.33
40	新高山煤	80.82	5.40	8.99	2.40	2.40	32 064	31.60
41	峰峰洗中煤	83.40	5.20	5.20	1.70	4.50	32 911	32.00
42	大友煤	82.80	5.25	4.09	1.74	6.12	32 912	32.20
43	烟煤 K	82.80	5.25	4.09	1.74	6.12	32 912	32.20
44	石钢厂洗中煤	80.18	4.94	13.23	1.06	0.59	31 234	32.45
45	下花园煤	76.24	6.05	15.72	1.22	0.76	31 060	32.54
46	宁夏烟煤 A	76.90	4.20	10.10	1.22	7.58	30 072	33.00
47	兴隆煤	80.63	4.79	12.41	1.28	0.90	31 261	33.54
48	神华煤 F	67.90	5.51	24.21	1.76	0.62	27 780	33.58
49	神华煤 G	83.50	5.20	8.40	1.50	1.40	32 656	34.00
50	龙煤	85.08	5.44	3.36	1.32	4.80	33 729	34.27
51	大同煤峪山矿	82.25	4.87	10.93	1.29	0.65	31 854	34.57
52	大山白洞矿	81.75	4.87	10.79	1.69	0.89	31 708	34.60
53	七台河煤	81.97	5.44	11.41	0.87	0.31	32 294	34.76
54	太原煤	82.40	5.30	5.90	1.40	5.00	32 729	35.00
55	新疆准东煤	81.58	5.44	10.18	1.23	1.58	32 281	35.00
56	神华煤 A	82.00	5.92	10.19	1.33	0.56	32 805	35.65
57	汾西南关煤	83.24	5.30	9.17	1.50	0.79	32 614	35.92

序号	煤种名称	C_{daf} /%	H_{daf} /%	O_{daf} /%	N_{daf} /%	S_{daf} /%	$Q_{daf,net}$ /(kJ·kg^{-1})	V_{daf} /%
58	东林混煤	83.10	5.70	10.00	0.80	0.40	32 930	36.00
59	中梁山煤	85.93	5.49	6.44	1.49	0.65	33 670	36.10
60	烟煤 Q	81.99	5.11	11.42	1.04	0.44	31 982	36.39
61	临汾烟煤	79.21	5.37	13.92	0.90	0.60	31 347	37.00
62	烟煤 M	76.67	3.79	16.82	1.36	1.36	29 011	37.00
63	抚顺泥煤	79.95	4.67	13.56	1.15	0.67	30 901	37.00
64	劣质烟煤 A	80.87	4.75	12.48	0.95	0.95	31 304	37.00
65	神华煤 B	82.35	5.36	8.76	1.96	1.57	32 455	37.00
66	淮南煤 B	81.95	5.52	10.87	1.29	0.37	32 377	37.00
67	淮南丰城煤	81.71	5.57	9.34	1.87	1.51	32 448	37.20
68	烟煤 G	84.24	5.48	8.83	1.29	0.16	33 066	37.30
69	新疆五彩湾煤	82.44	5.47	11.07	0.83	0.20	32 461	37.45
70	烟煤 R	80.58	5.94	9.02	1.26	3.20	32 602	37.71
71	阜新末煤	81.83	5.38	10.36	1.48	0.94	32 249	38.00
72	乌达教子沟矿煤	78.76	4.69	14.85	1.16	0.54	30 516	38.00
73	烟煤 C	82.29	5.46	10.26	1.33	0.66	32 449	38.48
74	唐山煤	82.42	5.15	10.54	0.97	0.91	32 210	38.50
75	大同煤 B	88.63	5.83	0.21	1.64	3.69	35 173	38.50
76	山西塔山煤	72.89	6.97	16.51	1.83	1.80	30 979	38.56
77	开滦林西煤	89.14	5.48	2.75	1.71	0.92	34 736	38.85
78	大同煤 C	83.18	6.67	8.48	1.32	0.35	33 917	39.22
79	神华煤 C	80.73	4.88	10.68	1.92	1.79	31 466	39.50
80	神华煤 D	78.92	5.03	14.05	1.04	0.96	30 945	39.88
81	枣林甘林矿煤	81.12	5.45	9.04	1.86	2.53	32 230	40.00
82	南昌电厂煤	83.00	5.90	9.60	1.10	0.40	33 096	40.00
83	开滦煤 B	80.71	5.46	11.26	1.39	1.17	31 983	40.20
84	鹤岗二槽混煤	80.24	5.66	8.86	4.75	0.50	31 961	40.29
85	开滦洗中煤 A	87.00	5.97	4.98	1.64	0.42	34 477	40.32
86	开滦洗中煤 B	89.61	5.14	3.29	1.32	0.64	34 526	40.63

续表

序号	煤种名称	C_{daf} /%	H_{daf} /%	O_{daf} /%	N_{daf} /%	S_{daf} /%	$Q_{daf,net}$ /(kJ·kg^{-1})	V_{daf} /%
87	宁武阳方口煤	79.45	5.92	12.99	1.17	0.48	31 962	40.90
88	神华煤 H	74.70	4.82	17.47	1.05	1.96	29 446	41.00
89	宁夏烟煤 B	77.90	5.32	13.87	1.29	1.61	30 964	41.00
90	承德煤	79.44	4.96	11.46	1.59	2.56	31 193	41.20
91	黄陵煤	73.36	5.18	18.11	1.36	1.99	29 365	42.61
92	肥城煤(三层)	82.30	6.14	7.08	1.68	2.79	33 330	42.63
93	西蒙煤	73.50	4.80	18.70	0.90	2.10	29 047	43.00
94	淮南谢一矿煤	80.98	6.23	11.01	1.29	0.50	32 767	43.48
95	鹤岗兴山煤	73.53	4.52	17.82	1.35	2.78	28 847	43.63
96	宁东煤	77.61	6.05	13.66	1.90	0.78	31 516	44.40
97	平顶山一矿煤	79.09	6.33	12.42	1.61	0.54	32 259	44.53
98	平三烟煤	77.61	5.29	14.27	1.08	1.74	30 852	44.70
99	鸡西张新矿煤	77.22	5.78	14.05	1.81	1.14	31 153	45.00
100	铜川煤	71.20	4.90	22.40	0.70	0.80	28 273	45.00
101	神华煤 E	78.81	6.09	12.60	1.66	0.83	31 955	46.00
102	褐煤 E	70.61	5.65	22.14	1.20	0.41	28 785	46.70
103	烟煤 D	75.32	4.56	17.11	1.46	1.54	29 358	47.00
104	大通原煤	73.95	5.10	18.81	1.49	0.64	29 358	47.87
105	甘肃窑街煤	86.58	4.20	7.23	1.41	0.58	32 600	21.23
106	鹤岗洗中煤	69.07	5.03	24.89	0.73	0.29	27 657	22.80
107	蛟河煤	78.73	3.80	15.38	1.33	0.76	29 646	26.32
108	六道湾原煤	73.43	5.28	19.80	0.95	0.55	29 357	26.61
109	徐州烟煤	82.98	4.76	10.14	1.34	0.78	31 993	27.38
110	准格尔煤 C	82.95	5.22	9.02	1.70	1.11	32 466	28.00
111	山东张庄煤	89.37	5.79	2.41	1.12	1.31	35 161	28.72
112	准格尔煤 B	83.75	5.21	9.82	0.99	0.23	32 635	29.01
113	鹤岗煤	82.38	4.51	11.43	0.77	0.91	31 562	29.98
114	烟煤 H	81.45	5.49	10.24	1.32	1.50	32 281	31.01
115	鹤岗兴安矿煤	81.14	4.65	12.78	0.90	0.53	31 260	31.13

续表

序号	煤种名称	C_{daf} /%	H_{daf} /%	O_{daf} /%	N_{daf} /%	S_{daf} /%	$Q_{daf,net}$ /(kJ·kg^{-1})	V_{daf} /%
116	乌东煤	81.14	4.65	12.78	0.90	0.53	31 260	31.13
117	平朔混煤	86.36	5.63	5.77	1.71	0.54	33 939	31.15
118	华亭煤	82.75	4.46	11.02	1.49	0.28	31 571	31.34
119	肥城煤(十五层)	79.65	3.84	15.28	0.82	0.41	29 949	31.63
120	奇台矿煤	81.17	4.64	11.66	0.83	1.70	31 363	31.72
121	哈密煤	80.13	3.90	13.52	1.06	1.40	30 259	32.26
122	淮南煤 D	89.37	5.79	2.41	1.12	1.31	35 161	32.26
123	准格尔褐煤	78.55	5.29	14.07	1.24	0.84	31 077	32.67
124	烟煤 I	81.05	5.00	12.53	1.05	0.37	31 559	32.76
125	烟煤 A	87.11	4.53	6.27	1.64	0.44	33 086	32.83
126	淮南煤 E	78.68	4.11	14.31	0.88	2.01	30 051	33.15
127	山东良庄烟煤	78.70	3.42	16.72	0.64	0.53	29 228	33.24
128	乌鲁木齐煤	86.52	5.09	6.17	1.20	1.02	33 498	33.47
129	朔县煤	79.63	5.03	13.81	0.97	0.57	31 139	33.64
130	平朔煤 A	84.49	4.05	8.85	1.52	1.08	31 810	33.67
131	烟煤 J	80.49	4.52	13.59	0.90	0.51	30 913	33.80
132	盘江月亮田矿煤	84.98	5.32	7.99	1.10	0.61	33 188	33.80
133	鹤岗混煤	80.08	3.78	14.03	1.09	1.02	30 092	34.00
134	云南烟煤	80.63	4.67	13.27	0.86	0.57	31 118	34.13
135	平顶山煤	81.68	4.63	12.49	1.02	0.17	31 381	34.57
136	平朔煤 B	80.44	4.83	13.25	0.93	0.55	31 204	35.00
137	铁岭长焰煤	81.16	5.46	10.75	1.21	1.42	32 153	35.00
138	北票寇山煤	81.99	5.11	8.87	1.27	2.76	32 198	35.02
139	新汶烟煤	83.74	4.27	8.53	1.24	2.22	31 884	35.11
140	铁法煤	83.19	5.47	8.70	1.75	0.88	32 779	35.46
141	乌鲁木齐苇湖梁矿煤	80.38	3.25	15.08	0.98	0.31	29 595	35.87
142	红岩烟煤	82.23	4.52	11.38	1.32	0.56	31 487	36.06
143	烟煤 P	80.55	5.02	10.80	1.45	2.18	31 586	36.28
144	淮北袁庄矿煤	82.65	4.38	11.56	0.87	0.53	31 485	36.55

续表

序号	煤种名称	C_{daf} /%	H_{daf} /%	O_{daf} /%	N_{daf} /%	S_{daf} /%	$Q_{daf,net}$ /(kJ·kg^{-1})	V_{daf} /%
145	包头长汉沟矿煤	81.37	5.13	12.04	0.94	0.52	31 810	36.64
146	新疆淮南烟煤	71.94	5.11	21.38	0.84	0.73	28 719	36.78
147	徐州义安矿煤	80.64	4.66	12.01	1.29	1.40	31 180	36.88
148	朔州麻家梁煤	80.12	4.59	13.02	1.37	0.91	30 891	37.05
149	石拐沟洗中煤	85.04	5.44	7.78	1.35	0.39	33 304	40.38
150	阜新烟煤	84.16	5.17	8.70	1.10	0.87	32 789	37.53
151	义马烟煤	81.05	5.22	11.41	1.35	0.98	31 831	38.60
152	淮阳煤	83.31	3.59	10.80	0.74	1.55	31 012	37.96
153	北票煤	77.53	4.93	16.03	0.91	0.60	30 359	46.22
154	淮南煤 C	78.09	5.18	15.26	0.90	0.56	30 791	37.40
155	阜新海州原煤	81.99	4.83	11.34	1.08	0.77	31 737	40.24
156	水城大河矿煤	78.98	4.84	14.17	1.37	0.64	30 752	37.21
157	元宝山煤	79.27	4.65	13.37	1.53	1.18	30 704	37.60
158	抚顺老虎台选煤厂煤	81.36	5.13	11.43	1.36	0.72	31 822	38.65
159	海勃湾公乌素矿煤	81.39	5.05	11.43	1.32	0.81	31 767	38.22
160	抚顺西露天矿煤	81.79	5.72	10.82	1.23	0.44	32 523	41.65
161	抚顺胜利矿煤	79.11	5.06	12.48	1.10	2.26	31 156	39.66
162	阜新煤	81.82	5.07	11.10	1.53	0.49	31 893	40.77
163	新疆南露天矿煤	77.92	6.40	13.61	1.46	0.61	31 951	38.05
164	抚顺煤	76.15	4.98	17.56	0.88	0.44	29 935	40.28
165	平庄煤	85.52	4.58	8.41	1.25	0.24	32 592	41.35
166	抚顺烟煤	78.75	4.54	14.94	0.81	0.96	30 407	37.66
167	烟煤 O	81.77	5.47	10.54	1.50	0.71	32 295	39.22
168	辽源原煤	74.94	7.53	14.68	1.95	0.90	32 122	40.12
169	淮南煤 A	80.68	3.22	14.76	0.67	0.66	29 699	44.78
170	辽源梅河矿煤	78.16	4.99	14.30	1.27	1.28	30 688	38.45

表4-21 中国褐煤的干燥无灰基成分

序号	煤种名称	C_{daf} /%	H_{daf} /%	O_{daf} /%	N_{daf} /%	S_{daf} /%	$Q_{daf,net}$ /(kJ·kg^{-1})	V_{daf} /%
1	阜新新丘矿煤	87.70	5.36	4.59	1.65	0.70	34 126	48.73
2	大同混煤	73.47	4.81	18.26	1.49	1.98	29 038	37.51
3	朔县洗中煤	79.93	5.91	10.22	1.61	2.33	32 282	40.00
4	上都混煤A	74.86	6.14	15.26	1.14	2.60	30 867	41.98
5	褐煤J	70.51	4.41	23.47	1.30	0.30	27 517	42.00
6	南票煤	67.58	1.14	26.74	4.19	0.34	23 314	42.41
7	阜新劣质煤B	74.87	4.99	17.19	1.07	1.88	29 666	42.99
8	扎赉诺尔煤A	71.66	4.84	21.68	1.18	0.64	28 350	43.75
9	扎赉诺尔灵泉矿	72.76	5.08	19.12	0.85	2.20	29 088	43.80
10	褐煤B	72.94	4.62	19.29	1.10	2.05	28 681	43.80
11	宝日希勒褐煤A	67.26	1.48	26.68	4.34	0.24	23 533	43.99
12	蒙东褐煤A	71.85	4.94	20.48	1.10	1.65	28 598	44.00
13	烟煤B	74.36	5.34	17.10	1.02	2.19	29 873	44.80
14	平庄古山矿煤	74.70	4.80	18.60	1.30	0.60	29 302	46.80
15	扎赉诺尔煤B	72.60	5.00	20.50	1.30	0.60	28 812	47.00
16	大雁褐煤	77.72	6.16	13.59	1.63	0.91	31 669	47.00
17	扎赉诺尔煤C	69.89	5.34	21.79	2.09	0.88	28 294	49.55
18	扎赉诺尔褐煤	67.43	5.53	24.25	1.97	0.82	27 666	50.00
19	平庄元宝山混煤	68.63	5.28	23.38	1.65	1.06	27 830	50.91
20	平庄元宝山矿煤	69.12	3.72	2.28	23.84	1.04	26 439	51.00
21	白音华褐煤A	69.80	5.10	21.90	1.40	1.80	28 105	51.00
22	扎赉诺尔西山矿煤	69.20	5.00	19.90	2.90	3.00	27 920	51.00
23	元宝山褐煤	68.80	5.50	23.50	1.70	0.50	28 055	52.00
24	阜新劣质煤A	68.54	4.63	24.73	1.82	0.28	27 087	53.80
25	锡林浩特胜利煤B	69.26	4.82	23.74	1.85	0.32	27 515	54.27
26	白音华褐煤B	67.50	6.20	24.00	2.00	0.30	28 306	55.00
27	褐煤F	67.30	6.12	24.09	2.10	0.38	28 168	55.00
28	广汇2褐煤	63.50	5.20	25.30	1.80	4.20	26 362	55.00
29	锡林浩特胜利煤A	70.07	5.91	20.92	1.80	1.30	28 948	56.00
30	浑江混褐煤	65.67	4.80	25.73	2.00	1.80	26 457	57.00
31	霍林河煤B	68.73	5.89	22.28	2.10	1.00	28 470	59.00
32	褐煤H	79.86	5.05	13.21	1.35	0.53	31 232	38.96
33	褐煤I	74.17	3.93	18.72	0.90	2.28	28 421	40.60

序号	煤种名称	C_{daf} /%	H_{daf} /%	O_{daf} /%	N_{daf} /%	S_{daf} /%	$Q_{daf,net}$ /(kJ·kg^{-1})	V_{daf} /%
34	上都混煤 B	75.81	5.06	16.63	1.20	1.30	29 985	41.14
35	胜利褐煤 A	79.02	4.09	14.13	1.41	1.36	30 079	41.65
36	上都混煤 C	75.63	4.67	17.91	1.09	0.70	29 490	42.47
37	胜利褐煤 B	75.22	5.02	18.51	0.82	0.43	29 675	42.66
38	霍林河煤 A	78.42	4.38	15.94	0.82	0.45	30 084	42.66
39	龙凤洗中煤	81.92	5.41	10.45	1.20	1.02	32 313	42.91
40	褐煤 G	76.70	4.79	17.38	0.87	0.26	29 913	43.13
41	霍县南下庄矿煤	74.20	4.56	20.02	0.93	0.29	28 876	43.62
42	霍林河煤 C	73.92	4.90	20.16	0.81	0.21	29 111	43.67
43	霍林河煤 G	73.14	4.89	18.87	2.12	0.98	28 913	43.89
44	开远褐煤	70.24	4.53	21.63	1.32	2.29	27 728	44.80
45	沈阳清水矿煤	71.51	4.25	21.14	1.30	1.80	27 817	44.96
46	霍林河煤 D	74.42	3.32	20.88	0.92	0.46	27 723	45.42
47	霍林河煤 E	62.09	6.83	27.66	1.70	1.72	27 291	45.68
48	云南凤鸣村褐煤	70.15	5.00	21.72	1.21	1.92	28 130	45.70
49	海拉尔褐煤	72.81	5.36	19.69	1.45	0.69	29 244	45.90
50	宝日希勒褐煤 B	72.81	5.36	19.69	1.45	0.69	29 244	45.90
51	蒙东褐煤 B	77.74	4.86	16.06	1.06	0.28	30 325	46.15
52	沈阳前屯矿煤	71.77	4.87	21.50	1.07	0.79	28 430	46.80
53	开远煤	71.77	4.87	21.50	1.07	0.79	28 430	46.80
54	龙江煤	70.90	4.83	21.68	1.10	1.49	28 169	46.91
55	小龙潭煤	70.90	4.83	21.68	1.10	1.49	28 169	46.91
56	沈北清水台煤	71.47	5.30	21.62	1.04	0.57	28 735	47.79
57	乌拉盖褐煤	74.67	4.68	18.63	1.43	0.59	29 173	49.03
58	东北褐煤 A	74.67	4.68	18.63	1.43	0.59	29 173	49.03
59	舒兰东富矿煤	72.43	5.11	17.83	1.72	2.90	29 083	49.39
60	舒兰街矿煤	71.60	4.67	21.51	1.36	0.86	28 177	49.67
61	沈北褐煤	70.57	4.88	22.08	1.41	1.05	28 074	49.72
62	褐煤 D	73.58	4.30	20.04	1.18	0.90	28 468	50.22
63	丰广褐煤	69.44	4.11	24.44	1.99	0.01	26 841	50.74
64	舒兰丰广煤	78.40	4.28	15.66	1.31	0.36	29 974	50.74
65	宜良可保煤	73.71	4.41	19.92	1.04	0.92	28 617	52.24
66	东北褐煤 B	74.09	5.18	19.69	0.83	0.21	29 445	52.40

续表

序号	煤种名称	C_{daf} /%	H_{daf} /%	O_{daf} /%	N_{daf} /%	S_{daf} /%	$Q_{daf,net}$ /(kJ·kg^{-1})	V_{daf} /%
67	凤鸣村煤	73.77	5.65	18.41	0.97	1.19	29 899	54.45
68	霍林河煤 F	72.92	4.78	20.49	1.21	0.60	28 700	54.97
69	广西新州煤	71.95	4.90	22.30	0.73	0.13	28 459	55.57
70	可保五邑煤	72.93	5.04	20.06	1.22	0.75	28 972	56.50

　　由图 4 - 11 可知:随着 V_{daf} 值的提高,中国动力煤的 C_{daf} 值从 96.38% 单调降低到 67.46%,碳元素在干燥无灰基成分中占有主要比例。与此同时,氢元素的含量也从 0.96% 单调增加到 5.25%,说明煤化程度浅的褐煤的干燥无灰基成分中含有较多的氢元素。氧元素在干燥无灰基成分中占有较高比例,V_{daf} 值越高,O_{daf} 值就越高,O_{daf} 值越高,动力煤燃烧需要的空气量就越少。干燥无灰基成分中的氮元素和硫元素含量随着 V_{daf} 值的提高变化不大。

　　由图 4 - 12 可知:随着 V_{daf} 值的提高,中国动力煤的 C_{daf} 值从 64.08% 单调降低到 92.75%,碳元素在干燥无灰基成分中占有主要比例。与此同时,氢元素的含量也从 1.06% 单调增加到 5.39%。氧元素在干燥无灰基成分中占有较高比例,V_{daf} 值越高,O_{daf} 值就越高,O_{daf} 值越高,动力煤燃烧需要的空气量就越少。干燥无灰基成分中的氮元素和硫元素含量随着 V_{daf} 值的提高变化不大。

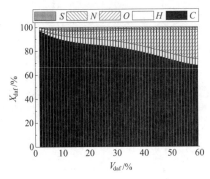

图 4 - 11　中国动力煤的干燥
无灰基成分与 V_{daf} 的关系
(X 表示 C、H、O、N、S)

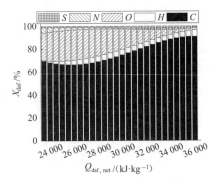

图 4 - 12　中国动力煤的干燥
无灰基成分与 $Q_{daf,net}$ 的关系
(X 表示 C、H、O、N、S)

　　对照图 4 - 3、图 4 - 4 与图 4 - 11、图 4 - 12 可知:收到基成分中水分(M_{ar})、灰分(A_{ar})之和随着 V_{daf} 的提高而提高,M_{ar} 与 A_{ar} 之和是 26% ~ 56%;同时,M_{ar} 与 A_{ar} 之和随着 $Q_{ar,net}$ 的提高而降低。碳元素虽然在中国动力煤收到基成分中占主要比例,但由于水分、灰分的存在,碳元素在收到基煤中的主导作用不像在干燥无灰基煤中那么明显、直观。

表 4 – 22　中国动力煤的干燥无灰基成分与 V_{daf} 的关系拟合函数参数

参数	拟合公式:公式(4-1)				
	C_{daf}	H_{daf}	O_{daf}	N_{daf}	S_{daf}
B_0	99.855 26	0.196 49	0.967 3	0.099 89	– 0.846 4
B_1	– 1.732 06	0.487 21	0.403 08	0.221 88	0.521 94
B_2	0.082 94	– 0.017 63	– 0.017 88	– 0.012 37	– 0.027 64
B_3	– 0.001 87	0.000 270 6	0.000 603 7	0.000 266 1	0.000 538 1
B_4	1.36×10^{-5}	$– 1.48 \times 10^{-6}$	$– 5.14 \times 10^{-6}$	$– 1.92 \times 10^{-6}$	$– 3.58 \times 10^{-6}$
$\sigma_{\delta,min}$	3.428	0.679	3.460	0.481	1.491

表 4 – 23　中国动力煤的干燥无灰基成分与 $Q_{daf,net}$ 的关系拟合函数参数

参数	拟合公式:公式(4-1)				
	C_{daf}	H_{daf}	O_{daf}	N_{daf}	S_{daf}
B_0	– 0.115 84	0.044 08	0.358 14	– 0.003 96	– 0.063 1
B_1	0.048 92	– 0.015 67	– 0.033 1	0.008 13	0.005 7
B_2	$– 4.65 \times 10^{-6}$	1.59×10^{-6}	3.655×10^{-6}	$– 7.63 \times 10^{-7}$	$– 6.07 \times 10^{-7}$
B_3	1.54×10^{-10}	$– 5.28 \times 10^{-11}$	$– 1.27 \times 10^{-10}$	2.392×10^{-11}	2.145×10^{-11}
B_4	$– 1.69 \times 10^{-15}$	5.796×10^{-16}	1.421×10^{-15}	$– 2.5 \times 10^{-16}$	$– 2.5 \times 10^{-16}$
$\sigma_{\delta,min}$	3.382	1.103	2.756	0.456	1.562

四、中国动力煤的三种绝热燃烧温度分布规律对比

将中国收到基动力煤的工程绝热燃烧温度(t_{aE})、理论绝热燃烧温度(t_{a0})、干燥无灰基成分理论绝热燃烧温度($t_{a0,daf}$)绘制在一起,见图 4 – 13、图 4 – 14。

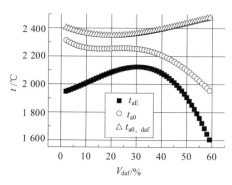

图 4 – 13　中国动力煤的三种
绝热燃烧温度与 V_{daf} 的关系

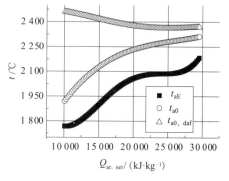

图 4 – 14　中国动力煤的三种
绝热燃烧温度与 $Q_{ar,net}$ 的关系

由图 4-13 可知:① 干燥无灰基成分理论绝热燃烧温度($t_{a0,daf}$)值最高,收到基动力煤的理论绝热燃烧温度(t_{a0})值居中,收到基动力煤的工程绝热燃烧温度(t_{aE})值最低。说明动力煤的工程绝热燃烧温度反映收到基以及在实际过量空气系数下的值,干燥无灰基成分理论绝热燃烧温度在一定程度上反映动力煤的本质特征。② $t_{a0,daf}$ 随着 V_{daf} 的提高先降低、后升高,分界点大约在 $V_{daf}=20\%$。说明在无烟煤和贫煤的范围内,O_{daf} 变化不大,H_{daf} 的增加速度超过 C_{daf} 的降低速度。H_{daf} 燃烧以后生成水蒸气,会吸收热量,降低干燥无灰基的理论绝热燃烧温度($t_{a0,daf}$)。对照图 4-11 可知:$V_{daf}>20\%$ 以后,由于 O_{daf} 的快速提高,煤燃烧需要的空气量降低,燃烧以后的烟气量降低,从而提高了干燥无灰基的理论绝热燃烧温度($t_{a0,daf}$)。③ 差值($\Delta t_1=t_{a0}-t_{aE}$)随着 V_{daf} 值的提高由高到低又变高,分界点大约在 $V_{daf}=35\%$。Δt_1 的范围在 $50\sim300$℃,说明过量空气系数越大,绝热燃烧温度就越低,计算方法见第 3 章。④ 差值($\Delta t_2=t_{a0,daf}-t_{a0}$)随着 V_{daf} 值的提高由高到低又变高,分界点大约在 $V_{daf}=25\%$。Δt_2 的范围在 $30\sim280$℃,对照图 4-3、图 4-4 可知,水分含量越高,绝热燃烧温度就越低,计算方法见第 3 章。因此国内电站煤粉锅炉采用低氧燃烧技术,可以在一定程度上提高主燃区的烟气平均温度,有利于稳定燃烧。对于褐煤而言,脱水提质可以大幅度提高绝热燃烧温度,从而保证褐煤不容易发生意外灭火事故。

由图 4-14 可知:① 随着 $Q_{ar,net}$ 的提高,收到基煤的工程绝热燃烧温度和理论绝热燃烧温度总体上提高。② 随着 $Q_{ar,net}$ 的提高,干燥无灰基成分理论绝热燃烧温度($t_{a0,daf}$)单调降低。元素 C 燃烧以后生成 CO_2,元素 H 燃烧以后生成 H_2O。由表 3-2 可知,在相同温度下 CO_2 气体的焓值高于 H_2O 的焓值(kJ/m^3)。对照图 4-11 可知,随着 V_{daf} 的提高,C_{daf} 降低,H_{daf} 提高,O_{daf} 大幅度提高,煤燃烧需要的氧气量降低,烟气量降低,烟气焓值提高,最终提高了烟气温度($t_{a0,daf}$)。因此,$t_{a0,daf}$ 随着 V_{daf} 的提高而提高。对照图 4-12 可知,随着 $Q_{ar,net}$ 的提高,C_{daf} 提高,H_{daf} 降低,O_{daf} 大幅度降低,煤燃烧需要的氧气量提高,烟气量提高,烟气焓值降低,最终降低了烟气温度($t_{a0,daf}$)。因此 $t_{a0,daf}$ 随着 $Q_{ar,net}$ 的提高而降低。

■ 4.2　国外动力煤的绝热燃烧温度分布规律

一、国外动力煤的工程绝热燃烧温度分布规律

国外燃煤电站使用的动力煤也是收到基,本节将讨论国外动力煤的绝热燃烧温度分布规律。

　　根据表2-5~表2-8的数据和第3.2节的计算方法,得到国外动力煤的工程绝热燃烧温度计算结果,见表4-24~表4-27。

表4-24　国外无烟煤的工程绝热燃烧温度(t_{aE})计算结果　　℃

序号	t_{aE}	序号	t_{aE}	序号	t_{aE}	序号	t_{aE}
1	2 010.0	5	1 991.9	9	2 017.9	13	2 038.1
2	2 073.4	6	1 925.9	10	1 863.5	14	2 032.3
3	1 997.3	7	1 847.3	11	2 011.1	15	2 038.5
4	1 998.3	8	2 102.3	12	2 039.1		
本表序号对应于表2-5。							

表4-25　国外贫煤的工程绝热燃烧温度(t_{aE})计算结果　　℃

序号	t_{aE}	序号	t_{aE}	序号	t_{aE}	序号	t_{aE}
1	2 126.4	4	2 062.2	7	2 127.2	10	2 156.5
2	2 101.9	5	2 104.1	8	2 099.1	11	2 131.2
3	2 104.7	6	2 114.1	9	2 076.1		
本表序号对应于表2-6。							

表4-26　国外烟煤的工程绝热燃烧温度(t_{aE})计算结果　　℃

序号	t_{aE}	序号	t_{aE}	序号	t_{aE}	序号	t_{aE}
1	2 266.7	12	2 265.1	23	2 193.7	34	2 260.4
2	2 276.4	13	2 239.2	24	2 192.8	35	2 028.8
3	2 219.7	14	2 282.3	25	1 909.5	36	2 256.5
4	2 216.6	15	2 261.7	26	2 069.9	37	2 219.5
5	2 242.6	16	2 191.0	27	2 261.4	38	2 063.9
6	2 242.6	17	2 209.4	28	2 248.9	39	2 200.4
7	2 243.2	18	2 263.8	29	2 235.9	40	2 278.8
8	2 255.2	19	2 249.3	30	2 264.0	41	2 230.1
9	2 237.2	20	2 262.7	31	2 269.7	42	2 183.4
10	2 175.4	21	2 199.6	32	2 244.0	43	2 256.0
11	2 263.5	22	2 152.2	33	2 212.6	44	2 170.0

序号	t_{aE}	序号	t_{aE}	序号	t_{aE}	序号	t_{aE}
45	2 236.2	74	2 105.3	103	2 229.7	132	2 058.0
46	2 221.1	75	2 223.4	104	2 186.5	133	2 189.9
47	2 248.5	76	2 184.0	105	2 206.3	134	2 184.1
48	2 210.3	77	2 241.6	106	2 263.7	135	2 197.9
49	1 998.3	78	2 212.6	107	2 270.0	136	2 233.9
50	2 114.1	79	2 226.5	108	2 203.8	137	2 225.9
51	2 092.0	80	2 203.6	109	2 180.5	138	2 215.4
52	2 014.4	81	1 957.8	110	2 140.1	139	2 242.7
53	2 212.4	82	2 212.9	111	2 256.5	140	2 221.4
54	2 060.8	83	2 007.1	112	2 037.4	141	2 243.2
55	2 142.0	84	2 086.9	113	2 120.5	142	2 154.8
56	2 139.7	85	2 117.1	114	2 201.5	143	2 202.9
57	2 212.8	86	2 196.4	115	2 160.9	144	2 228.6
58	2 253.6	87	2 097.1	116	2 243.6	145	2 204.7
59	2 203.6	88	2 243.6	117	2 209.5	146	2 253.6
60	2 194.9	89	2 165.8	118	2 240.3	147	2 214.1
61	2 142.3	90	2 178.4	119	2 193.9	148	2 230.2
62	2 196.0	91	2 206.3	120	2 177.7	149	2 114.6
63	2 266.3	92	2 271.6	121	2 229.0	150	2 243.2
64	2 187.2	93	2 250.6	122	2 254.8	151	2 215.9
65	2 094.0	94	2 222.3	123	2 196.1	152	2 134.4
66	2 207.4	95	2 162.4	124	2 236.0	150	2 243.2
67	2 233.0	96	2 246.6	125	2 106.6	154	2 228.4
68	2 152.5	97	2 260.5	126	2 227.3	155	2 146.8
69	2 240.6	98	2 249.4	127	2 246.5	156	2 155.5
70	1 974.1	99	2 118.0	128	2 307.1	157	2 071.9
71	2 130.4	100	2 219.7	129	2 248.8	158	2 031.9
72	2 094.6	101	2 188.5	130	2 146.9	159	2 203.1
73	2 005.5	102	2 209.0	131	2 090.0	160	2 234.0

续表

序号	t_{aE}	序号	t_{aE}	序号	t_{aE}	序号	t_{aE}
161	2 136.6	179	2 221.9	197	2 232.6	215	2 167.2
162	2 130.3	180	2 195.9	198	2 096.4	216	2 190.9
163	2 183.6	181	2 160.3	199	2 108.9	217	2 125.0
164	2 173.0	182	2 157.7	200	2 141.4	218	2 199.0
165	2 174.5	183	2 151.4	201	2 063.3	219	2 087.6
166	2 095.1	184	2 205.7	202	2 311.8	220	2 229.0
167	2 087.8	185	2 124.6	203	2 144.3	221	2 310.7
168	2 145.7	186	2 076.6	204	2 169.1	222	2 143.8
169	2 192.9	187	2 120.2	205	2 176.6	223	2 230.7
170	2 177.1	188	2 193.6	206	2 136.6	224	2 208.8
171	2 214.7	189	2 165.6	207	2 072.0	225	2 163.5
172	2 208.3	190	2 247.8	208	2 330.9	226	2 104.1
173	2 212.1	191	2 114.0	209	2 171.4	227	2 140.2
174	2 121.7	192	2 215.1	210	2 105.0	228	2 056.7
175	2 232.5	193	2 136.1	211	2 207.4	229	2 075.4
176	2 218.5	194	2 343.1	212	2 219.4	230	2 007.7
177	2 106.0	195	2 155.0	213	2 002.2		
178	2 132.5	196	2 140.4	214	2 206.7		

本表序号对应于表 2-7。

表 4-27　国外褐煤的工程绝热燃烧温度 (t_{aE}) 计算结果　　　℃

序号	t_{aE}	序号	t_{aE}	序号	t_{aE}	序号	t_{aE}
1	1 899.5	8	1 875.7	15	2 049.1	22	1 894.4
2	1 854.9	9	1 791.3	16	1 909.8	23	1 894.0
3	1 782.7	10	1 892.1	17	1 932.1	24	1 839.1
4	1 845.4	11	1 914.4	18	1 957.5	25	1 848.5
5	1 863.7	12	1 870.6	19	1 783.8	26	1 858.8
6	1 826.0	13	1 466.5	20	1 857.8	27	1 562.4
7	1 898.2	14	1 865.0	21	1 872.8	28	1 741.5

续表

序号	t_{aE}	序号	t_{aE}	序号	t_{aE}	序号	t_{aE}
29	1 795.1	41	1 429.4	53	1 602.8	65	1 604.4
30	1 811.0	42	1 586.7	54	1 414.9	66	1 237.9
31	1 513.6	43	1 536.5	55	1 400.6	67	1 903.7
32	1 861.4	44	1 336.9	56	1 601.2	68	1 421.7
33	2 020.4	45	1 780.8	57	1 347.9	69	1 648.7
34	1 560.9	46	1 582.6	58	1 578.5	70	1 457.5
35	1 447.4	47	1 689.2	59	1 606.1	71	1 410.3
36	1 929.0	48	1 589.0	60	1 598.2	72	1 671.1
37	1 890.7	49	1 482.9	61	1 814.0	73	1 746.2
38	1 572.3	50	1 459.2	62	1 559.5	74	1 926.9
39	1 417.0	51	1 581.2	63	1 638.6	75	1 908.6
40	1 410.8	52	1 349.5	64	1 380.8		
本表序号对应于表 2 - 8。							

将这些 t_{aE} 计算结果结合第 2 章的数据绘制成图,见图 4 - 15、图 4 - 16,对应的多项式拟合函数参数见表 4 - 28。

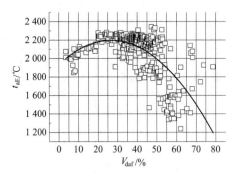

图 4 - 15 国外收到基动力煤的
工程绝热燃烧温度与 V_{daf} 的关系

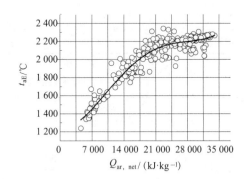

图 4 - 16 国外收到基动力煤的
工程绝热燃烧温度与 $Q_{ar,net}$ 的关系

由图 4 - 15 拟合曲线可知:① 随着 V_{daf} 的提高,国外收到基动力煤的工程绝热燃烧温度(t_{aE})从 2 000℃升高到 2 200℃,此时 $V_{daf} = 25\%$;而且随着 V_{daf} 的提高,t_{aE} 升高速度逐步降低。$V_{daf} > 25\%$ 以后,t_{aE} 从 2 200℃降低到 1 200℃;随着 V_{daf} 的提高,t_{aE}

下降速度逐步加快。② 结合图 4 − 15、表 4 − 28 可知：t_{aE} 数据有一定分散度，残差标准差 $\sigma_\delta = 180.6$。

表 4 − 28　国外收到基动力煤的工程绝热燃烧温度（t_{aE}）与 V_{daf}、$Q_{ar,net}$ 多项式拟合函数参数

参　　数	拟合公式：公式（4 − 1）	
	t_{aE} 与 V_{daf} 多项式拟合	t_{aE} 与 $Q_{ar,net}$ 多项式拟合
B_0	1 933. 752	1 231. 088
B_1	19. 793 01	− 0. 004 46
B_2	− 0. 371 01	$7. 23 \times 10^{-6}$
B_3	0	$− 3. 3 \times 10^{-10}$
B_4	0	$4. 33 \times 10^{-15}$
σ_δ	180. 6	67. 75

由图 4 − 16 拟合曲线可知：① 随着 $Q_{ar,net}$ 的提高，国外收到基动力煤的工程绝热燃烧温度（t_{aE}）从 1 350℃ 单调升高到 2 280℃。当 $Q_{ar,net} \leqslant 24\ 000$ kJ/kg 时，t_{aE} 升高速度较快；当 $Q_{ar,net} > 24\ 000$ kJ/kg 时，t_{aE} 升高速度较慢。② 结合图 4 − 2、表 4 − 28 可知：t_{aE} 数据有一定分散度。相对于图 4 − 15，图 4 − 16 的数据分散程度较小，残差标准差 $\sigma_\delta = 67.75$。

二、国外动力煤的理论绝热燃烧温度分布规律

根据表 2 − 5 ~ 表 2 − 8 的数据和第 3.1 节的计算方法，国外收到基动力煤的理论绝热燃烧温度（t_{a0}）计算结果见表 4 − 29 ~ 表 4 − 32。

表 4 − 29　国外收到基无烟煤的理论绝热燃烧温度（t_{a0}）计算结果　　　　℃

序号	t_{a0}	序号	t_{a0}	序号	t_{a0}	序号	t_{a0}
1	2 306. 5	5	2 280. 9	9	2 311. 3	11	2 308. 6
2	2 390. 3	6	2 207. 3	10	2 121. 9	14	2 337. 5
3	2 292. 5	7	2 099. 4	11	2 308. 6	15	2 345. 2
4	2 290. 9	8	2 420. 8	12	2 337. 3		
本表序号对应于表 2 − 5。							

表4-30   国外收到基贫煤的理论绝热燃烧温度(t_{a0})计算结果   ℃

序号	t_{a0}	序号	t_{a0}	序号	t_{a0}	序号	t_{a0}
1	2 377.1	4	2 300.7	7	2 379.2	10	2 413.5
2	2 347.3	5	2 352.4	8	2 344.5	11	2 384.8
3	2 353.1	6	2 363.6	9	2 319.6		

本表序号对应于表2-6。

表4-31   国外收到基烟煤的理论绝热燃烧温度(t_{a0})计算结果   ℃

序号	t_{a0}	序号	t_{a0}	序号	t_{a0}	序号	t_{a0}
1	2 385.0	18	2 381.4	35	2 127.2	52	2 104.4
2	2 395.2	19	2 365.7	36	2 373.1	53	2 324.7
3	2 333.2	20	2 380.3	37	2 331.9	54	2 155.2
4	2 331.7	21	2 309.1	38	2 158.9	55	2 249.7
5	2 358.8	22	2 259.1	39	2 312.0	56	2 244.0
6	2 358.4	23	2 304.1	40	2 396.8	57	2 325.7
7	2 358.9	24	2 303.7	41	2 342.9	58	2 369.9
8	2 372.2	25	1 991.8	42	2 293.4	59	2 313.7
9	2 349.2	26	2 165.5	43	2 372.8	60	2 305.0
10	2 283.6	27	2 378.4	44	2 277.7	61	2 249.7
11	2 379.7	28	2 364.8	45	2 350.4	62	2 307.1
12	2 382.9	29	2 351.4	46	2 335.2	63	2 383.1
13	2 354.6	30	2 381.2	47	2 364.3	64	2 296.6
14	2 399.9	31	2 387.7	48	2 321.8	65	2 189.6
15	2 379.1	32	2 359.8	49	2 084.0	66	2 316.8
16	2 300.6	33	2 324.4	50	2 215.6	67	2 347.0
17	2 321.2	34	2 372.6	51	2 192.2	68	2 257.1

序号	t_{a0}	序号	t_{a0}	序号	t_{a0}	序号	t_{a0}
69	2 356.1	95	2 268.4	121	2 342.3	147	2 325.7
70	2 061.0	96	2 362.2	122	2 370.5	148	2 344.2
71	2 233.9	97	2 375.6	123	2 307.2	149	2 212.3
72	2 199.8	98	2 363.9	124	2 347.7	150	2 357.2
73	2 095.4	99	2 218.4	125	2 205.1	151	2 327.8
74	2 209.2	100	2 333.0	126	2 340.6	152	2 234.0
75	2 337.5	101	2 298.9	127	2 361.8	150	2 357.2
76	2 291.5	102	2 321.5	128	2 426.8	154	2 340.5
77	2 356.2	103	2 343.9	129	2 364.3	155	2 252.0
78	2 324.8	104	2 297.6	130	2 246.5	156	2 259.2
79	2 340.3	105	2 318.2	131	2 187.1	157	2 168.6
80	2 314.3	106	2 380.6	132	2 152.2	158	2 124.1
81	2 036.3	107	2 387.0	133	2 298.8	159	2 313.6
82	2 327.0	108	2 314.4	134	2 292.6	160	2 346.1
83	2 093.8	109	2 288.7	135	2 307.0	161	2 238.7
84	2 185.7	110	2 242.7	136	2 347.2	162	2 232.0
85	2 222.5	111	2 372.4	137	2 338.6	163	2 291.9
86	2 305.9	112	2 130.6	138	2 324.7	164	2 281.7
87	2 193.0	113	2 222.9	139	2 357.2	165	2 277.8
88	2 352.3	114	2 312.1	140	2 333.3	166	2 191.3
89	2 274.6	115	2 267.6	141	2 357.7	167	2 183.8
90	2 287.8	116	2 358.4	142	2 259.3	168	2 244.6
91	2 315.7	117	2 321.9	143	2 313.7	169	2 302.3
92	2 388.9	118	2 354.1	144	2 341.8	170	2 286.5
93	2 366.4	119	2 302.6	145	2 311.4	171	2 326.0
94	2 334.8	120	2 284.2	146	2 368.7	172	2 319.7

续表

序号	t_{a0}	序号	t_{a0}	序号	t_{a0}	序号	t_{a0}
173	2 323.4	188	2 302.6	203	2 246.2	218	2 305.0
174	2 219.9	189	2 272.1	204	2 276.7	219	2 187.7
175	2 341.8	190	2 363.5	205	2 284.4	220	2 333.6
176	2 331.1	191	2 209.7	206	2 238.1	221	2 428.1
177	2 204.9	192	2 326.6	207	2 165.5	222	2 248.0
178	2 231.2	193	2 236.9	208	2 444.5	223	2 337.1
179	2 334.7	194	2 455.9	209	2 277.9	224	2 319.4
180	2 304.8	195	2 255.8	210	2 205.2	225	2 265.7
181	2 263.7	196	2 243.1	211	2 314.0	226	2 206.2
182	2 256.6	197	2 337.7	212	2 330.1	227	2 239.2
183	2 256.8	198	2 193.6	213	2 091.0	228	2 149.9
184	2 315.4	199	2 206.4	214	2 309.3	229	2 170.6
185	2 225.9	200	2 244.3	215	2 272.3	230	2 101.4
186	2 173.5	201	2 156.8	216	2 293.9		
187	2 220.9	202	2 422.6	217	2 220.8		

本表序号对应于表2－7。

表4－32　国外收到基褐煤的理论绝热燃烧温度(t_{a0})计算结果　　　℃

序号	t_{a0}	序号	t_{a0}	序号	t_{a0}	序号	t_{a0}
1	2 142.7	8	2 110.1	15	2 306.3	22	2 131.1
2	2 089.4	9	2 005.9	16	2 163.5	23	2 130.3
3	1 995.9	10	2 128.9	17	2 186.1	24	2 065.9
4	2 077.7	11	2 161.0	18	2 191.8	25	2 076.5
5	2 102.5	12	2 101.8	19	1 996.0	26	2 098.1
6	2 037.4	13	1 593.5	20	2 097.2	27	1 723.0
7	2 131.6	14	2 101.4	21	2 108.8	28	1 947.0

续表

序号	t_{a0}	序号	t_{a0}	序号	t_{a0}	序号	t_{a0}
29	2 015.2	41	1 563.7	53	1 773.2	65	1 751.0
30	2 028.8	42	1 754.0	54	1 546.7	66	1 327.9
31	1 649.7	43	1 687.4	55	1 519.0	67	2 144.1
32	2 085.9	44	1 454.2	56	1 772.8	68	1 542.6
33	2 284.9	45	1 993.3	57	1 466.7	69	1 814.1
34	1 706.9	46	1 740.2	58	1 745.3	70	1 588.1
35	1 584.5	47	1 881.8	59	1 778.8	71	1 529.7
36	2 171.0	48	1 754.4	60	1 768.7	72	1 823.6
37	2 128.6	49	1 626.2	61	2 033.1	73	1 956.1
38	1 729.2	50	1 588.1	62	1 721.5	74	2 179.0
39	1 546.2	51	1 748.5	63	1 810.9	75	2 147.4
40	1 538.1	52	1 469.5	64	1 505.3		

本表序号对应于表 2 – 8。

国外收到基动力煤的理论绝热燃烧温度(t_{a0})分布规律直观地反映在图 4 – 17、图 4 – 18 中,对应的多项式拟合函数参数见表 4 – 33。

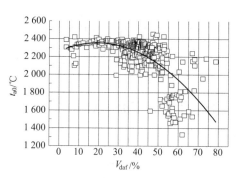

图 4 – 17　国外收到基动力煤的
理论绝热燃烧温度与 V_{daf} 的关系

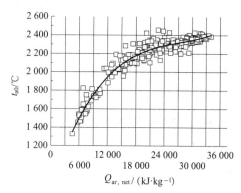

图 4 – 18　国外收到基动力煤的
理论绝热燃烧温度与 $Q_{ar,net}$ 的关系

表 4 - 33　国外收到基动力煤的理论绝热燃烧温度(t_{a0})与 V_{daf}、$Q_{ar,net}$ 多项式拟合函数参数

参　数	拟合公式:公式(4-1)	
	t_{a0} 与 V_{daf} 多项式拟合	t_{a0} 与 $Q_{ar,net}$ 多项式拟合
B_0	2 263.0	752.8
B_1	9.660 07	0.152 99
B_2	-0.250 09	-5.25×10^{-6}
B_3	—	6.391×10^{-11}
σ_δ	170.8	52.26

由图 4 - 17 拟合曲线可知:国外收到基动力煤的理论绝热燃烧温度(t_{a0})分布规律类似于工程绝热燃烧温度(t_{aE})的分布规律。随着 V_{daf} 的提高,t_{a0} 先缓慢提高,后快速降低。$V_{daf} \leq 21\%$ 时,也就是在无烟煤、贫煤范围以及少量挥发分低的烟煤范围内,t_{a0} 从 2 290℃ 提高到 2 363℃,t_{a0} 提高的速度随着 V_{daf} 的提高逐渐降低到 0;$V_{daf} > 21\%$ 时,t_{a0} 从 2 363℃ 降低到 1 470℃,t_{a0} 降低的速度随着 V_{daf} 的提高逐渐加快。

由图 4 - 18 拟合曲线可知:国外收到基动力煤的理论绝热燃烧温度(t_{a0})分布规律类似于工程绝热燃烧温度(t_{aE})的分布规律。随着 $Q_{ar,net}$ 的提高,t_{a0} 单调提高,从 1 344℃ 提高到 2 400℃。

比较图 4 - 17、图 4 - 18、表 4 - 33 的数据可知:国外收到基动力煤的理论绝热燃烧温度(t_{a0})的数据与多项式拟合函数之间存在一定的分散度。t_{a0} 与 V_{daf} 的函数关系中,数据分散度较大,残差标准差为 170.8;t_{a0} 与 $Q_{ar,net}$ 的函数关系中,数据分散度较小,残差标准差为 52.26。在图 4 - 17、图 4 - 18 中可以明显观察到上述数据分布特点。

比较图 4 - 15 ~ 图 4 - 18 可知:国外动力煤虽然 t_{a0} 分布规律类似于 t_{aE} 的分布规律,但由于过量空气系数降低为 1.0,因此烟气量降低,动力煤的发热量不变,烟气焓提高,因此同一种煤的 $t_{a0} > t_{aE}$。

三、国外动力煤干燥无灰基成分的理论绝热燃烧温度分布规律

根据表 2 - 5 ~ 表 2 - 8 的数据和第 3.3 节的计算方法,国外动力煤干燥无灰基成分的理论绝热燃烧温度($t_{a0,daf}$)计算结果见表 4 - 34 ~ 表 4 - 37。

国外动力煤干燥无灰基成分的理论绝热燃烧温度($t_{a0,daf}$)分布规律直观地反映在图 4 - 19、图 4 - 20 中,其中的多项式拟合函数参数见表 4 - 38。

表 4-34　国外无烟煤干燥无灰基成分的理论绝热燃烧温度($t_{a0,daf}$)计算结果　℃

序号	$t_{a0,daf}$	序号	$t_{a0,daf}$	序号	$t_{a0,daf}$	序号	$t_{a0,daf}$
1	2 383.7	5	2 398.7	9	2 366.8	13	2 378.8
2	2 405.2	6	2 400.1	10	2 378.5	14	2 359.4
3	2 383.2	7	2 383.2	11	2 359.5	15	2 408.4
4	2 387.5	8	2 381.7	12	2 364.0		
本表序号对应于表2-5。							

表 4-35　国外贫煤干燥无灰基成分的理论绝热燃烧温度($t_{a0,daf}$)计算结果　℃

序号	$t_{a0,daf}$	序号	$t_{a0,daf}$	序号	$t_{a0,daf}$	序号	$t_{a0,daf}$
1	2 349.1	4	2 340.3	7	2 342.2	10	2 348.2
2	2 389.7	5	2 341.4	8	2 347.4	11	2 341.0
3	2 340.5	6	2 339.2	9	2 342.7		
本表序号对应于表2-6。							

表 4-36　国外烟煤干燥无灰基成分的理论绝热燃烧温度($t_{a0,daf}$)计算结果　℃

序号	$t_{a0,daf}$	序号	$t_{a0,daf}$	序号	$t_{a0,daf}$	序号	$t_{a0,daf}$
1	2 336.1	9	2 333.8	17	2 372.5	25	2 313.7
2	2 339.5	10	2 354.6	18	2 335.4	26	2 419.7
3	2 341.6	11	2 358.2	19	2 339.2	27	2 340.1
4	2 345.6	12	2 336.3	20	2 335.6	28	2 337.7
5	2 345.6	13	2 336.9	21	2 373.3	29	2 331.7
6	2 336.2	14	2 331.7	22	2 353.6	30	2 339.2
7	2 338.2	15	2 336.7	23	2 362.2	31	2 343.1
8	2 333.8	16	2 350.0	24	2 358.8	32	2 336.9

序号	$t_{a0,daf}$	序号	$t_{a0,daf}$	序号	$t_{a0,daf}$	序号	$t_{a0,daf}$
33	2 336.3	62	2 350.6	91	2 376.5	120	2 377.4
34	2 441.8	63	2 354.7	92	2 344.5	121	2 373.0
35	2 361.9	64	2 366.5	93	2 340.6	122	2 350.2
36	2 342.1	65	2 362.0	94	2 346.8	123	2 350.7
37	2 357.6	66	2 348.5	95	2 359.8	124	2 393.5
38	2 357.8	67	2 339.4	96	2 342.8	125	2 370.4
39	2 353.9	68	0.0	97	2 362.1	126	2 348.0
40	2 342.0	69	2 329.0	98	2 354.7	127	2 346.0
41	2 376.2	70	2 370.5	99	2 382.2	128	2 346.9
42	2 363.3	71	2 343.6	100	2 349.5	129	2 340.9
43	2 332.7	72	2 296.1	101	2 360.9	130	2 407.3
44	2 353.2	73	0.0	102	2 348.2	131	2 386.6
45	2 338.1	74	2 292.0	103	2 335.4	132	2 422.9
46	2 352.6	75	2 351.7	104	2 339.2	133	2 362.7
47	2 342.7	76	0.0	105	2 344.9	134	2 380.6
48	2 343.4	77	2 344.5	106	2 345.8	135	2 366.2
49	2 093.8	78	2 345.5	107	2 346.1	136	2 352.6
50	2 369.7	79	2 341.8	108	2 345.7	137	2 353.2
51	2 357.6	80	2 369.7	109	2 351.1	138	2 365.5
52	2 416.0	81	2 381.2	110	2 375.9	139	2 346.3
53	2 346.1	82	2 343.0	111	2 346.3	140	2 357.8
54	2 359.4	83	2 398.3	112	2 391.0	141	2 343.0
55	2 303.9	84	2 390.9	113	2 378.0	142	2 369.0
56	2 378.0	85	2 350.7	114	2 366.1	143	2 340.8
57	2 352.4	86	2 364.5	115	2 382.2	144	2 361.3
58	2 336.2	87	2 389.6	116	2 364.4	145	2 402.3
59	2 375.9	88	2 452.5	117	2 343.1	146	2 344.5
60	2 343.8	89	2 348.3	118	2 352.4	147	2 353.9
61	2 352.8	90	2 355.8	119	2 370.6	148	2 338.4

续表

序号	$t_{a0,daf}$	序号	$t_{a0,daf}$	序号	$t_{a0,daf}$	序号	$t_{a0,daf}$
149	2 403.2	170	2 342.6	191	2 405.3	212	2 379.1
150	2 355.4	171	2 359.8	192	2 366.7	213	2 383.8
151	2 340.8	172	2 346.8	193	2 399.6	214	2 468.6
152	2 403.5	173	2 344.3	194	2 450.1	215	2 382.0
153	2 350.2	174	2 421.4	195	2 413.3	216	2 433.9
154	2 367.7	175	2 424.9	196	2 360.7	217	1 703.9
155	2 252.0	176	2 338.0	197	2 485.6	218	2 395.3
156	2 382.8	177	2 382.4	198	2 415.5	219	2 377.0
157	2 396.6	178	2 411.9	199	2 433.1	220	2 487.1
158	2 362.0	179	2 340.3	200	2 381.9	221	2 404.3
159	2 352.2	180	2 360.1	201	2 406.8	222	2 360.8
160	2 378.6	181	2 465.4	202	2 524.3	223	2 429.6
161	2 386.5	182	2 433.3	203	2 383.6	224	2 368.0
162	2 366.1	183	2 356.1	204	2 338.9	225	2 409.4
163	2 351.3	184	2 355.0	205	2 362.2	226	2 361.8
164	2 350.2	185	2 388.8	206	2 381.7	227	2 419.5
165	2 421.5	186	2 388.3	207	2 406.1	228	2 427.8
166	2 387.6	187	2 376.1	208	2 494.0	229	2 402.5
167	2 373.2	188	2 346.7	209	2 350.5	230	2 299.3
168	2 401.7	189	2 369.5	210	2 360.4		
169	2 360.3	190	2 464.3	211	2 407.2		

本表序号对应于表 2-7。

表 4-37　国外褐煤干燥无灰基成分的理论绝热燃烧温度（$t_{a0,daf}$）计算结果　　℃

序号	$t_{a0,daf}$	序号	$t_{a0,daf}$	序号	$t_{a0,daf}$	序号	$t_{a0,daf}$
1	2 436.1	5	2 407.3	9	2 468.7	13	2 519.2
2	2 427.2	6	2 455.5	10	2 444.1	14	2 417.2
3	2 476.5	7	2 469.7	11	2 435.9	15	2 539.5
4	2 375.7	8	2 442.8	12	2 449.8	16	2 361.6

序号	$t_{a0,daf}$	序号	$t_{a0,daf}$	序号	$t_{a0,daf}$	序号	$t_{a0,daf}$
17	2 443.2	32	2 467.5	47	2 428.6	62	2 431.0
18	2 577.3	33	2 477.5	48	2 483.2	63	2 434.8
19	2 407.4	34	2 490.1	49	2 436.2	64	2 480.0
20	2 393.0	35	2 466.9	50	2 483.8	65	2 561.0
21	2 440.7	36	2 450.4	51	2 460.8	66	2 497.8
22	2 449.9	37	2 407.5	52	2 440.3	67	2 455.5
23	2 439.6	38	2 482.1	53	2 421.2	68	2 490.6
24	2 412.8	39	2 480.3	54	2 449.1	69	2 431.7
25	2 423.3	40	2 495.3	55	2 507.0	70	2 532.4
26	2 424.6	41	2 472.1	56	2 403.5	71	2 503.5
27	2 479.7	42	2 422.5	57	2 472.6	72	2 460.3
28	2 434.1	43	2 489.1	58	2 411.0	73	2 361.6
29	2 399.9	44	2 489.4	59	2 406.9	74	2 421.3
30	2 465.0	45	2 464.1	60	2 415.7	75	2 439.6
31	2 527.6	46	2 468.6	61	2 488.3		

本表序号对应于表 2 – 8。

　　由图 4 – 19 拟合曲线可知:随着 V_{daf} 的提高,国外动力煤干燥无灰基成分的理论绝热燃烧温度($t_{a0,daf}$)先缓慢降低,后快速提高。$V_{daf} \leqslant 21\%$ 时,也就是在无烟煤、贫煤范围以及少量挥发分低的烟煤范围内,$t_{a0,daf}$ 从 2 362.6℃ 降低到 2 351.6℃,降低的速度随着 V_{daf} 的提高逐渐降低到 0;$V_{daf} > 21\%$ 时,$t_{a0,daf}$ 从 2 351.6℃ 提高到 2 536.2℃,提高的速度随着 V_{daf} 的提高逐渐加快。

　　由图 4 – 20 拟合曲线可知:随着 $Q_{daf,net}$ 的提高,国外动力煤干燥无灰基成分的理论绝热燃烧温度($t_{a0,daf}$)单调降低,从 2 548℃ 降低到 2 322℃。

　　比较图 4 – 19、图 4 – 20、表 4 – 38 数据可知:国外动力煤干燥无灰基成分的理论绝热燃烧温度($t_{a0,daf}$)的数据与多项式拟合函数之间存在一定的分散度。$t_{a0,daf}$ 与 V_{daf} 的函数关系中,数据分散度较大,残差标准差为 58.7;$t_{a0,daf}$ 与 $Q_{daf,net}$ 的函数关系中,数据分散度较小,残差标准差为 21.6。在图 4 – 19、图 4 – 20 中可以明显观察到上述数据分布特点。

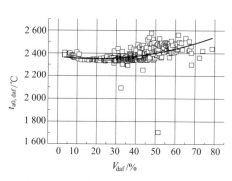

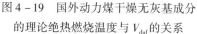

图 4 - 19　国外动力煤干燥无灰基成分
的理论绝热燃烧温度与 V_{daf} 的关系

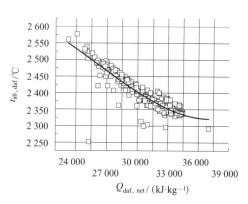

图 4 - 20　国外动力煤干燥无灰基成分
的理论绝热燃烧温度与 $Q_{daf,net}$ 的关系

比较图 4 - 17 ~ 图 4 - 20 可知:虽然国外动力煤理论绝热燃烧温度(t_{a0})的分布规律类似于工程绝热燃烧温度(t_{aE})的分布规律,但由于过量空气系数降低为 1.0,因此烟气量降低,烟气焓提高,同一种煤的 $t_{a0,daf} > t_{a0}$。

表 4 - 38　国外动力煤干燥无灰基成分的理论绝热燃烧温度($t_{a0,daf}$)与
V_{daf}、$Q_{daf,net}$ 多项式拟合函数参数

参　　数	拟合公式:公式(4 - 1)	
	图 4 - 19	图 4 - 20
B_0	2 370.1	1 918.0
B_1	- 2.0	0.1
B_2	5.20×10^{-2}	$- 5.04 \times 10^{-6}$
B_3	—	6.40×10^{-11}
σ_δ	58.7	21.6

四、国外动力煤的三种绝热燃烧温度分布规律对比

将国外收到基动力煤的工程绝热燃烧温度(t_{aE})、理论绝热燃烧温度(t_{a0})、干燥无灰基成分的理论绝热燃烧温度($t_{a0,daf}$)的计算结果拟合曲线汇总在图 4 - 21、图 4 - 22 中,可以对比三种绝热燃烧温度的变化规律。

由图 4 - 21 的拟合曲线可知:① 同一种煤的 $t_{a0,daf} > t_{a0} > t_{aE}$。② 温差($\Delta t_1 = t_{a0} - t_{aE}$)反映了过量空气系数($\alpha$)降低为 1.0 时国外动力煤的绝热燃烧温度($t_a$)的变化。可见,过量空气系数的降低对于烟煤的绝热燃烧温度(t_a)影响最小。过量空气系数的降低对于无烟煤、贫煤、褐煤的绝热燃烧温度(t_a)影响较大。对于无烟煤,V_{daf} 越小,过量空气系数的降低对 t_a 影响就越大。对于褐煤,V_{daf} 越大,过量空气系数的降低对 t_a 影响就越大。③ 温差($\Delta t_2 = t_{a0,daf} - t_{a0}$)反映了煤的干燥无灰基成分对 t_a 的影响。

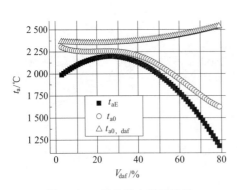

图 4-21　国外动力煤的绝热
燃烧温度与 V_{daf} 的关系

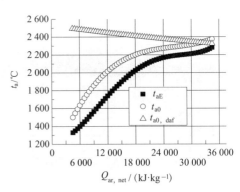

图 4-22　国外动力煤的绝热
燃烧温度与 $Q_{ar,net}$ 的关系

由图 4-22 的拟合曲线可知:① 当煤的 $Q_{ar,net} \leqslant 31\ 310$ kJ/kg 时,同一种煤的 $t_{a0,daf} > t_{a0} > t_{aE}$。$Q_{ar,net} > 31\ 310$ kJ/kg 时,$t_{a0,daf} < t_{a0}$。这部分结果的专业含义是:$Q_{ar,net}$ 超过 31 000 kJ/kg 时,这种优质煤的燃烧特性需要进一步研究。② 温差 ($\Delta t_1 = t_{a0} - t_{aE}$)反映了过量空气系数降低为 1.0 时国外动力煤的绝热燃烧温度 (t_a)的变化。可见,过量空气系数降低到 1.0 可以使煤的绝热燃烧温度(t_a)提高 60~80℃。因此,煤粉锅炉炉膛主燃区采用较低的过量空气系数可以提高主燃区的烟气温度,降低煤粉锅炉炉膛意外灭火事故的概率。③ 温差($\Delta t_2 = t_{a0,daf} - t_{a0}$)反映了煤的干燥无灰基成分对于 t_a 的影响。$Q_{ar,net}$ 越小,Δt_2 就越大,最大值在 1 000℃ 左右。

动力煤的成分对于绝热燃烧温度的影响很大,规律也很复杂。将第 2 章的国外动力煤数据经过多项式拟合后汇总于图 4-23、图 4-24 中,表达方式更加直观。图 4-23、图 4-24 中的多项式拟合函数参数见表 4-39、表 4-40。

对照图 4-21、图 4-23、图 4-25 可知:① $V_{daf} \leqslant 28\%$ 时,工程绝热燃烧温度(t_{aE})随着 V_{daf} 降低而提高,原因是:C_{ar} 随着 V_{daf} 降低而提高,O_{ar} 随着 V_{daf} 降低而降低(见图 4-23)。C_{ar} 提高、O_{ar} 降低都会提高烟气量,降低烟气熵值,从而降低工程绝热燃烧温度(t_{aE})。② $V_{daf} > 28\%$ 时,工程绝热燃烧温度(t_{aE})随着 V_{daf} 提高而降低,原因是:水分含量(M_{ar})随着 V_{daf} 降低而大幅度提高(见图 4-23)。水分在煤燃烧后形成水蒸气,吸收烟气热量,降低烟气熵值,最终降低工程绝热燃烧温度(t_{aE})。③ 干燥无灰基成分的理论绝热燃烧温度($t_{a0,daf}$)随着 V_{daf} 提高而提高。原因是随着 V_{daf} 提高,O_{daf} 提高(见图 4-21),O_{daf} 的提高降低了煤燃烧需要的空气量,进而降低了煤燃烧以后的烟气量,烟气量的降低提高了烟气熵值,最终提高了干燥无灰基成分的理论绝热燃烧温度($t_{a0,daf}$),见图 4-25。

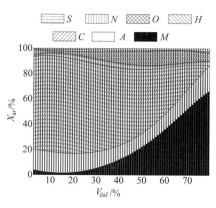

图 4 – 23　国外动力煤的收到基
成分组成与 V_{daf} 的关系
（X 表示 M、A、C、H、O、N、S）

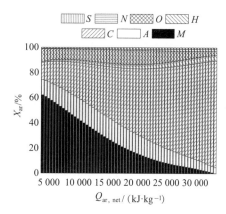

图 4 – 24　国外动力煤的收到基
成分组成与 $Q_{ar, net}$ 的关系
（X 表示 M、A、C、H、O、N、S）

表 4 – 39　国外动力煤的收到基成分组成与 V_{daf} 的关系拟合函数参数

参数	拟合公式：公式(4 – 1)						
	M_{ar}	A_{ar}	C_{ar}	H_{ar}	O_{ar}	N_{ar}	S_{ar}
B_0	5. 152 78	16. 832 29	73. 674 32	0. 927	6. 286 22	0. 551 24	0. 401 13
B_1	– 0. 493 77	0. 042 82	0. 306 3	0. 132 82	– 0. 855 9	0. 038 23	0. 084 06
B_2	0. 016 71	– 0. 009 14	– 0. 015 52	0. 003 1	0. 046 36	0. 000 848	– 0. 005 92
B_3	—	0. 000 118	—	– 0. 000 16	– 0. 000 72	$– 5. 4 \times 10^{-5}$	0. 000 223
B_4	—	—	—	$1. 39 \times 10^{-6}$	$3. 41 \times 10^{-6}$	$4. 82 \times 10^{-7}$	$– 3. 7 \times 10^{-6}$
B_5	—	—	—	—	—	—	$2. 18 \times 10^{-8}$
$\sigma_{\delta, min}$	12. 1	9. 4	12. 8	0. 905	3. 47	0. 368	1. 41

表 4 – 40　国外动力煤的收到基成分组成与 $Q_{ar, net}$ 的关系拟合函数参数

参数	拟合公式：公式(4 – 1)						
	M_{ar}	A_{ar}	C_{ar}	H_{ar}	O_{ar}	N_{ar}	S_{ar}
B_0	69. 33 962	5. 99 183	4. 08 676	– 1. 63 809	18. 66 538	– 0. 1 744	0. 97 485
B_1	– 0. 00 095	0. 00 187	0. 00 239	0. 000 818	– 0. 00 338	0. 000 132	$– 4. 5 \times 10^{-5}$
B_2	$– 2. 8 \times 10^{-7}$	$– 9. 1 \times 10^{-8}$	—	$– 6. 4 \times 10^{-8}$	$3. 56 \times 10^{-7}$	$– 1. 1 \times 10^{-8}$	$5. 43 \times 10^{-9}$
B_3	$1. 29 \times 10^{-11}$	$1. 02 \times 10^{-12}$	—	$2. 39 \times 10^{-12}$	$– 1. 4 \times 10^{-11}$	$5. 28 \times 10^{-13}$	$– 1. 2 \times 10^{-13}$
B_4	$– 1. 7 \times 10^{-16}$	—	—	$– 3. 2 \times 10^{-17}$	$1. 68 \times 10^{-16}$	$– 7. 9 \times 10^{-18}$	—
$\sigma_{\delta, min}$	7. 54	8. 84	2. 52	0. 704	3. 74	0. 299	1. 41

　　对照图 4 - 22、图 4 - 24、图 4 - 26 可知:① 国外收到基动力煤的工程绝热燃烧温度(t_{aE})随着 $Q_{ar,net}$ 的提高而单调提高。原因是随着 $Q_{ar,net}$ 的提高,水分含量(M_{ar})大幅度降低(见图 4 - 24),M_{ar} 的下降降低了烟气量,提高了烟气焓值,最终提高了国外收到基动力煤的工程绝热燃烧温度(t_{aE}),见图 4 - 22。虽然碳、氢的含量(C_{ar}、H_{ar})在同时提高,增加烟气量,但是 M_{ar} 的下降引起的效果占主导地位,t_{aE} 单调提高(见图 4 - 22)。② 国外动力煤干燥无灰基成分的理论绝热燃烧温度($t_{a0,daf}$)随着 $Q_{ar,net}$ 的提高而单调降低。原因是 O_{ar} 随着 $Q_{ar,net}$ 的提高而降低(见图 4 - 26),O_{ar} 降低会提高烟气量,降低烟气焓值,从而降低干燥无灰基成分的理论绝热燃烧温度($t_{a0,daf}$),见图 4 - 22。表 4 - 41、表 4 - 42 是图 4 - 25、图 4 - 26 的拟合函数参数。

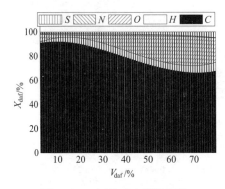

图 4 - 25　国外动力煤的干燥

无灰基成分组成与 V_{daf} 的关系

(X 表示 C、H、O、N、S)

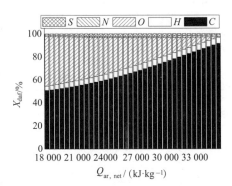

图 4 - 26　国外动力煤的干燥

无灰基成分组成与 $Q_{ar,net}$ 的关系

(X 表示 C、H、O、N、S)

表 4 - 41　国外动力煤的干燥无灰基成分组成与 V_{daf} 的关系拟合函数参数

参数	拟合公式:公式(4 - 1)				
	C_{daf}	H_{daf}	O_{daf}	N_{daf}	S_{daf}
B_0	102.360 1	0.133 84	99.176 63	2.235 38	- 20.94
B_1	- 0.004 78	- 0.000 55	- 0.002 78	- 0.000 13	0.002 31
B_2	1.29×10^{-7}	9.52×10^{-8}	—	3.34×10^{-9}	-7.3×10^{-8}
B_3	—	-3.7×10^{-12}	—	—	7.12×10^{-13}
B_4	—	4.49×10^{-17}	—	—	—
$\sigma_{\delta,min}$	3.15	0.92	3.18	0.43	2.03

表 4 – 42　国外动力煤的干燥无灰基成分组成与 $Q_{ar,net}$ 的关系拟合函数参数

参数	拟合公式：公式(4 – 1)				
	C_{daf}	H_{daf}	O_{daf}	N_{daf}	S_{daf}
B_0	102. 360 09	– 15. 046 28	99. 176 63	16. 900 9	0. 046 71
B_1	– 0. 004 78	0. 002 14	– 0. 002 78	– 0. 001 74	– 0. 000 995
B_2	$1. 285 \times 10^{-7}$	$– 7. 48 \times 10^{-8}$	—	$6. 113 \times 10^{-8}$	$1. 178 \times 10^{-7}$
B_3	—	$8. 65 \times 10^{-13}$	—	$– 6. 84 \times 10^{-13}$	$– 4. 08 \times 10^{-12}$
B_4	—	—	—	—	$4. 433 \times 10^{-17}$
$\sigma_{\delta,min}$	3. 15	0. 92	3. 18	0. 43	2. 03

第5章 动力煤挥发分的绝热燃烧温度分布规律

5.1 中国动力煤挥发分的绝热燃烧温度分布规律

煤粉颗粒在煤粉锅炉炉膛中的燃烧过程大致可以分为以下三步:① 煤粉颗粒被加热,水分析出,水蒸气被加热。② 煤粉颗粒被继续加热,挥发分析出,煤粉颗粒形成焦炭颗粒,挥发分着火、燃烧,烟气温度升高。③ 焦炭颗粒被炉膛温度继续加热,着火、燃烧、燃尽,最后形成飞灰颗粒、炉渣颗粒。其中,挥发分的析出、着火、燃烧对于焦炭颗粒的形成、着火、燃尽起着承上启下的关键作用。动力煤的绝热燃烧温度由两部分组成:挥发分的绝热燃烧温度和焦炭的绝热燃烧温度。本节将描述中国动力煤及其挥发分的工程绝热燃烧温度、理论绝热燃烧温度、干燥无灰基成分的理论绝热燃烧温度的分布规律,以及六种绝热燃烧温度分布规律的对比。

一、中国动力煤挥发分的工程绝热燃烧温度分布规律

中国动力煤的数据取自表2-1~表2-4,挥发分的工程绝热燃烧温度($t_{aE,V}$)计算方法来自第3.5节。在计算过程中,删除了不合理的数据,将$t_{aE,V}$计算结果列于表5-1~表5-4中。

表5-1　中国无烟煤挥发分的工程绝热燃烧温度($t_{aE,V}$)计算结果　　　℃

序号	$t_{aE,V}$	序号	$t_{aE,V}$	序号	$t_{aE,V}$	序号	$t_{aE,V}$
2	404.3	23	520.7	43	404.3	75	495.0
4	428.0	25	508.0	51	389.3	84	527.8
5	411.9	28	516.0	54	525.4	85	498.7
10	455.3	29	489.8	58	488.5	87	524.7
14	475.5	33	433.3	62	450.8	89	519.3
15	431.6	35	479.4	72	509.2	91	536.8
本表序号对应于表2-1。							

表 5 - 2　中国贫煤挥发分的工程绝热燃烧温度($t_{aE,V}$)计算结果　　　　℃

序号	$t_{aE,V}$	序号	$t_{aE,V}$	序号	$t_{aE,V}$	序号	$t_{aE,V}$
1	556.0	24	647.3	43	740.8	70	626.1
2	552.0	25	644.3	44	531.2	71	634.4
3	532.1	26	627.2	47	580.6	72	618.2
4	565.1	27	640.9	48	573.9	73	545.6
6	568.5	28	640.9	50	528.7	74	621.9
7	624.9	29	589.0	52	560.8	75	646.4
8	596.4	30	653.5	53	583.6	76	622.1
9	572.9	31	681.2	55	513.9	77	641.1
10	591.8	32	644.4	56	564.4	78	610.3
11	557.9	33	675.4	58	612.7	79	645.8
12	540.8	34	687.8	59	543.3	80	646.4
15	613.8	35	693.9	60	597.3	81	627.4
16	625.5	36	672.3	62	588.9	82	660.4
17	589.7	37	617.6	63	588.9	83	630.9
18	572.8	38	710.0	64	562.1	84	690.6
19	613.7	39	720.1	66	600.1	85	668.1
21	642.0	40	706.9	67	636.1	86	601.8
22	627.2	41	711.4	68	588.1	87	695.6
23	634.1	42	656.6	69	652.3	88	639.2

本表序号对应于表 2 - 2。

表 5 - 3　中国烟煤挥发分的工程绝热燃烧温度($t_{aE,V}$)计算结果　　　℃

序号	$t_{aE,V}$	序号	$t_{aE,V}$	序号	$t_{aE,V}$	序号	$t_{aE,V}$
1	738.6	28	860.9	55	948.2	82	1 050.9
2	745.4	29	932.8	56	1 008.1	83	1 063.3
3	604.8	30	865.3	57	999.6	84	1 043.4
4	791.5	31	832.9	58	1 022.3	85	1 148.6
5	781.8	32	916.3	59	1 036.0	86	1 132.5
6	794.5	33	855.8	60	990.0	87	1 085.5
7	649.0	34	847.3	61	962.2	88	948.9
8	678.8	35	906.4	62	848.6	89	1 003.7
9	696.7	36	825.4	63	982.0	90	1 063.3
10	693.5	37	929.0	64	975.9	91	1 014.2
11	718.8	38	880.4	65	1 014.7	92	1 123.9
12	780.2	39	920.9	66	974.7	93	998.6
13	807.5	40	918.5	67	1 043.3	94	1 078.6
14	773.3	41	942.1	68	1 032.9	95	1 010.9
15	762.8	42	938.0	69	1 025.8	96	1 112.0
16	768.7	43	938.0	70	1 043.8	97	1 154.9
17	855.5	44	844.4	71	1 037.2	98	1 095.1
18	830.2	45	841.2	72	973.4	99	1 120.5
19	871.1	46	853.0	73	1 039.8	100	1 025.7
20	808.7	47	889.9	74	1 060.9	101	1 158.0
21	828.6	48	750.2	75	1 089.0	102	1 111.5
22	711.4	49	965.5	76	986.1	103	1 112.8
23	725.1	50	996.5	77	1 104.2	104	1 094.3
24	704.5	51	960.5	78	1 102.6	105	720.2
25	817.4	52	947.5	79	1 032.4	107	668.9
26	837.4	53	978.3	80	981.7	108	577.7
27	863.4	54	989.7	81	1 072.4	109	789.4

续表

序号	$t_{aE,V}$	序号	$t_{aE,V}$	序号	$t_{aE,V}$	序号	$t_{aE,V}$
110	833.7	126	816.2	142	935.6	158	1 004.2
111	924.6	127	757.1	143	972.4	159	1 018.6
112	899.4	128	971.7	144	979.2	160	1 102.0
113	830.1	129	888.4	145	972.7	161	1 015.8
114	894.9	130	927.5	146	742.1	162	1 055.6
115	841.7	131	888.3	147	956.7	163	1 010.5
116	853.8	132	969.4	148	938.4	164	947.9
117	959.3	133	866.8	149	1 128.2	165	1 094.8
118	873.2	134	899.5	150	1 046.6	166	923.8
119	784.0	135	924.9	151	1 034.1	167	923.8
120	860.8	136	920.5	152	979.0	168	1 007.3
121	788.6	137	960.5	153	1 116.3	169	1 000.9
122	1 011.1	138	980.4	154	951.2	170	963.6
123	826.4	139	949.8	155	1 038.7	131	888.3
124	932.8	140	1 008.1	156	962.1	132	969.4
125	960.2	141	872.1	157	963.3	133	866.8

本表序号对应于表 2 - 3。

表 5 - 4　中国褐煤挥发分的工程绝热燃烧温度($t_{aE,V}$)计算结果　　℃

序号	$t_{aE,V}$	序号	$t_{aE,V}$	序号	$t_{aE,V}$	序号	$t_{aE,V}$
1	1 205.9	9	898.5	17	1 006.5	25	1 007.5
2	823.7	10	867.5	18	825.0	26	1 088.6
3	984.0	11	602.6	19	1 012.9	27	1 084.3
4	965.4	12	887.7	20	908.3	28	888.8
5	896.7	13	969.8	21	1 007.8	29	1 011.2
6	536.0	14	935.6	22	975.3	30	1 013.3
7	917.0	15	1 021.2	23	1 069.1	31	1 037.6
8	812.1	16	1 070.1	24	1 021.3	32	948.1

序号	$t_{aE,V}$	序号	$t_{aE,V}$	序号	$t_{aE,V}$	序号	$t_{aE,V}$
33	744.6	43	869.9	53	925.4	63	933.8
34	948.4	44	812.2	54	892.5	64	994.0
35	945.4	45	902.4	55	892.5	65	962.1
36	931.6	46	867.3	56	937.4	66	1 017.6
37	865.3	47	846.1	57	962.8	67	1 080.0
38	878.3	48	871.6	58	962.7	68	1 001.5
39	1 031.8	49	908.7	59	931.9	69	1 086.9
40	916.7	50	908.7	60	943.6	70	1 095.6
41	888.1	51	977.6	61	925.4		
42	884.2	52	925.4	62	965.5		

本表序号对应于表2–4。

　　将中国动力煤挥发分的工程绝热燃烧温度($t_{aE,V}$)计算结果绘制在图5–1、图5–2中,其分布规律可以直观地反映出来。图5–1、图5–2中多项式拟合函数参数列于表5–5中。

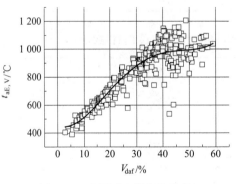

图5–1　中国动力煤挥发分的
工程绝热燃烧温度
与 V_{daf} 的关系

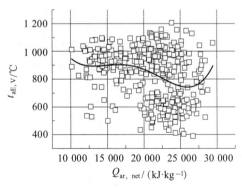

图5–2　中国动力煤挥发分的
工程绝热燃烧温度
与 $Q_{ar,net}$ 的关系

由图5-1拟合曲线可知:随着V_{daf}的提高,挥发分的工程绝热燃烧温度($t_{aE,V}$)从380℃提高到1 072℃,此处V_{daf}=50%,然后$t_{aE,V}$缓慢升高到1 120℃。说明挥发分含量高的煤挥发分发热量高,$t_{aE,V}$提高;当水分含量较高时,烟气中的水蒸气吸收较多的热量,$t_{aE,V}$提高速度降低。

表5-5　中国动力煤挥发分的工程绝热燃烧温度($t_{aE,V}$)与
V_{daf}、$Q_{ar,net}$多项式拟合函数参数

参　　　数	拟合公式:公式(4-1)	
	图5-1	图5-2
B_0	452.945	941.366 2
B_1	-7.911 46	0.002 8
B_2	1.810 81	-3.7×10^{-7}
B_3	-0.046 27	—
B_4	0.000 351	—
σ_δ	74.8	184.1

由图5-2拟合曲线可知:随着$Q_{ar,net}$的提高,挥发分的工程绝热燃烧温度($t_{aE,V}$)从942℃降低到736℃,然后又升高到895℃。说明发热量高的煤挥发分含量低,$t_{aE,V}$总体上降低。当$Q_{ar,net}$>26 000 kJ/kg以后,$t_{aE,V}$出现了上升趋势,说明$Q_{ar,net}$>26 000 kJ/kg以后的区间,挥发分发热量提高。

根据表5-5的数据可知:图5-1的多项式拟合函数残差标准差为74.8,图5-2的多项式拟合函数残差标准差为184.1。因此$t_{aE,V}$对V_{daf}的分散程度较小,对$Q_{ar,net}$的分散程度较大。从图5-1、图5-2中可以明显观察到$t_{aE,V}$的这种特性。

二、中国动力煤挥发分的理论绝热燃烧温度分布规律

在中国动力煤挥发分的理论绝热燃烧温度($t_{a0,V}$)的计算过程中,煤质参数原始数据来自表2-1~表2-4,计算方法来自第3.4节。$t_{a0,V}$的计算结果列于表5-6~表5-9中。$t_{a0,V}$与V_{daf}、$Q_{ar,net}$的关系绘制于图5-3、图5-4中,其中的多项式拟合函数参数列于表5-10中。

表5-6　中国无烟煤挥发分的理论绝热燃烧温度($t_{a0,V}$)计算结果　　℃

序号	$t_{a0,V}$	序号	$t_{a0,V}$	序号	$t_{a0,V}$	序号	$t_{a0,V}$
2	413.6	23	551.8	43	413.6	75	520.9
4	441.9	25	536.7	51	395.8	84	560.0
5	422.8	28	546.2	54	557.8	85	524.4
10	474.3	29	515.1	58	513.4	87	556.2
14	498.4	33	447.9	62	468.8	89	549.5
15	446.2	35	502.8	72	537.8	91	570.5

本表序号对应于表2-1。

表5-7　中国贫煤挥发分的理论绝热燃烧温度($t_{a0,V}$)计算结果　　℃

序号	$t_{a0,V}$	序号	$t_{a0,V}$	序号	$t_{a0,V}$	序号	$t_{a0,V}$
1	588.2	24	692.3	43	797.9	70	667.4
2	583.8	25	688.9	44	559.8	71	677.3
3	560.6	26	669.2	47	616.3	72	659.2
4	598.4	27	684.9	48	608.6	73	575.7
6	602.5	28	684.9	50	554.9	74	662.7
7	667.0	29	624.8	52	593.0	75	690.5
8	634.4	30	699.0	53	619.1	76	662.9
9	607.3	31	730.4	55	539.5	77	684.4
10	629.0	32	687.4	56	597.4	78	648.9
11	589.7	33	723.3	58	652.5	79	690.3
12	570.7	34	738.2	59	572.8	80	690.3
15	654.1	35	743.9	60	634.5	81	669.0
16	667.8	36	719.8	62	625.0	82	705.9
17	626.7	37	657.9	63	625.0	83	672.2
18	607.0	38	763.2	64	594.2	84	740.6
19	654.1	39	775.4	66	638.2	85	714.8
21	686.6	40	760.4	67	679.0	86	639.4
22	669.3	41	764.9	68	623.8	87	746.7
23	677.0	42	701.9	69	697.8	88	682.2

本表序号对应于表2-2。

表 5－8　中国烟煤挥发分的理论绝热燃烧温度($t_{a0,V}$)计算结果　　　℃

序号	$t_{a0,V}$	序号	$t_{a0,V}$	序号	$t_{a0,V}$	序号	$t_{a0,V}$
1	763.4	29	969.0	57	1 038.5	85	1 196.5
2	771.0	30	896.2	58	1 062.7	86	1 178.7
3	621.0	31	863.0	59	1 077.0	87	1 128.8
4	819.4	32	951.1	60	1 028.3	88	983.7
5	809.2	33	886.2	61	998.2	89	1 041.5
6	822.4	34	877.2	62	878.2	90	1 105.7
7	667.2	35	939.7	63	1 020.5	91	1 053.3
8	699.1	36	854.9	64	1 013.5	92	1 169.2
9	718.7	37	963.8	65	1 054.7	93	1 036.4
10	715.8	38	913.4	66	1 010.9	94	1 120.2
11	741.4	39	956.1	67	1 085.6	95	1 049.6
12	807.5	40	953.7	68	1 073.5	96	1 156.4
13	835.9	41	978.4	69	1 066.1	97	1 202.4
14	799.6	42	973.9	70	1 085.6	98	1 138.5
15	788.8	43	973.9	71	1 078.4	99	1 165.5
16	793.9	44	873.9	72	1 010.9	100	1 064.9
17	887.1	45	870.0	73	1 080.8	101	1 205.1
18	859.8	46	884.1	74	1 104.3	102	1 156.1
19	903.9	47	922.4	75	1 132.3	103	1 157.4
20	837.7	48	774.3	76	1 023.1	104	1 136.5
21	858.4	49	1 002.7	77	1 148.9	105	743.8
22	733.8	50	1 035.5	78	1 146.9	107	689.0
23	748.0	51	997.4	79	1 072.7	108	591.7
24	726.9	52	983.3	80	1 018.4	109	815.8
25	846.4	53	1 016.6	81	1 115.7	110	863.1
26	868.0	54	1 028.6	82	1 091.3	111	959.0
27	894.9	55	983.4	83	1 105.8	112	933.8
28	892.1	56	1 047.7	84	1 083.9	113	859.5

续表

序号	$t_{a0,V}$	序号	$t_{a0,V}$	序号	$t_{a0,V}$	序号	$t_{a0,V}$
114	927.8	129	920.8	144	1 017.4	159	1 058.4
115	871.7	130	962.5	145	1 010.0	160	1 146.2
116	884.7	131	921.1	146	764.1	161	1 055.2
117	996.1	132	1 006.8	147	992.8	162	1 097.1
118	904.9	133	898.4	148	973.4	163	1 049.1
119	810.5	134	932.8	149	1 175.3	164	982.6
120	891.9	135	959.8	150	1 088.7	165	1 138.7
121	814.8	136	954.8	151	1 075.3	166	957.6
122	1 050.5	137	997.0	152	1 017.1	167	957.6
123	853.4	138	1 018.8	153	1 161.1	168	1 044.4
124	968.9	139	985.4	154	987.0	169	1 038.3
125	997.4	140	1 047.9	155	1 079.5	170	999.5
126	844.1	141	903.9	156	998.8		
127	781.7	142	970.5	157	1 000.0		
128	1 008.9	143	1 009.8	158	1 042.8		

本表序号对应于表2-3。

表5-9　中国褐煤挥发分的理论绝热燃烧温度($t_{a0,V}$)计算结果　　　℃

序号	$t_{a0,V}$	序号	$t_{a0,V}$	序号	$t_{a0,V}$	序号	$t_{a0,V}$
1	1 353.3	10	949.2	19	1 116.4	28	964.9
2	902.0	11	641.6	20	999.1	29	1 108.2
3	1 089.3	12	973.0	21	1 111.1	30	1 108.7
4	1 066.6	13	1 069.5	22	1 073.0	31	1 136.3
5	987.6	14	1 025.6	23	1 182.6	32	1 048.3
6	564.4	15	1 130.8	24	1 122.5	33	805.7
7	1 008.5	16	1 186.9	25	1 104.7	34	1 047.4
8	882.5	17	1 109.7	26	1 201.4	35	1 044.5
9	986.3	18	892.8	27	1 196.5	36	1 026.5

续表

序号	$t_{a0,V}$	序号	$t_{a0,V}$	序号	$t_{a0,V}$	序号	$t_{a0,V}$
37	946.5	46	949.3	55	976.5	64	1 093.3
38	962.0	47	921.7	56	1 028.3	65	1 054.5
39	1 143.0	48	952.4	57	1 057.7	66	1 119.1
40	1 008.2	49	994.9	58	1 057.6	67	1 190.7
41	974.4	50	994.9	59	1 020.5	68	1 097.5
42	968.8	51	1 078.4	60	1 034.4	69	1 200.7
43	950.3	52	1 016.0	61	1 012.2	70	1 209.6
44	882.7	53	1 016.0	62	1 060.2		
45	991.0	54	976.5	63	1 023.7		
本表序号对应于表 2 – 4。							

由图 5 – 3 拟合曲线可知:① 随着 V_{daf} 的提高,挥发分的理论绝热燃烧温度 ($t_{a0,V}$)从 443℃ 提高到 1 140℃,说明挥发分含量高的煤挥发分发热量高,$t_{a0,V}$ 提高。② $V_{daf} \leqslant 40\%$ 时,$t_{a0,V}$ 随着 V_{daf} 的提高而提高的速度较快,$V_{daf} > 40\%$ 时,$t_{a0,V}$ 随着 V_{daf} 的提高而提高的速度减缓。原因是挥发分含量高的褐煤水分含量高(见图 4 – 3),挥发分燃烧产生的热量被烟气中的水蒸气吸收,降低了挥发分工程绝热燃烧温度 ($t_{aE,V}$)。

由图 5 – 4 拟合曲线可知:随着 $Q_{ar,net}$ 的提高,挥发分的理论绝热燃烧温度($t_{a0,V}$)从 1 006℃ 降低到 774℃,然后又升高到 915℃,说明发热量高的煤挥发分含量低,$t_{a0,V}$ 总体上降低。$Q_{ar,net} > 26\ 000$ kJ/kg 以后的区间,$t_{a0,V}$ 又提高,说明这个区间挥发分的发热量有所提高。

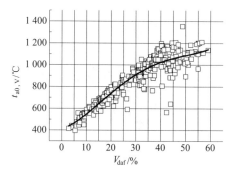

图 5 – 3　中国动力煤挥发分的
理论绝热燃烧温度
与 V_{daf} 的关系

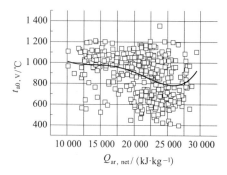

图 5 – 4　中国动力煤挥发分的
理论绝热燃烧温度
与 $Q_{ar,net}$ 的关系

根据表 5 – 10 的数据可知：图 5 – 3 的多项式拟合函数残差标准差为 75.5，图 5 – 4 的多项式拟合函数残差标准差为 191.1，因此 $t_{a0,V}$ 对 V_{daf} 的分散程度较小，对 $Q_{ar,net}$ 的分散程度较大。说明动力煤挥发分与动力煤是两种不同的燃料，1.0 kg 动力煤所含挥发分的理论绝热燃烧温度与动力煤的收到基低位发热量之间的相关度比较低。从图 5 – 3、图 5 – 4 中可以明显观察到 $t_{a0,V}$ 的这种特性。

表 5 – 10   中国动力煤挥发分的理论绝热燃烧温度 $(t_{aE,V})$ 与 V_{daf}、$Q_{ar,net}$ 多项式拟合函数参数

参　　数	拟合公式：公式 (4 – 1)	
	图 5 – 3	图 5 – 4
B_0	409.115 3	2 990.445
B_1	7.569 72	– 0.502 9
B_2	0.841 65	4.62×10^{-5}
B_3	– 0.023 18	$– 1.8 \times 10^{-9}$
B_4	0.000 175	2.57×10^{-14}
σ_δ	75.5	191.1

中国动力煤的干燥无灰基挥发分含量 (V_{daf}) 与收到基低位发热量 $(Q_{ar,net})$ 的关系绘制在图 5 – 5 中。由图 5 – 5 拟合曲线可知：当 $Q_{ar,net} \leqslant 27\ 000$ kJ/kg 时，V_{daf} 单调降低；当 $Q_{ar,net} > 27\ 000$ kJ/kg 时，V_{daf} 单调升高，V_{daf} 的这种分布特性与图 5 – 4 的拟合曲线相对应。

中国动力煤的挥发分低位发热量 $(Q_{ar,net,V})$ 与 V_{daf} 的关系绘制在图 5 – 6 中。由图 5 – 6 的拟合曲线可知：中国动力煤的挥发分低位发热量 $(Q_{ar,net,V})$ 随着 V_{daf} 的提高单调上升，直到 $V_{daf} = 37\%$，之后 $Q_{ar,net,V}$ 随着 V_{daf} 的提高单调下降。这种分布规律表明，挥发分低位发热量 $(Q_{ar,net,V})$ 在 $V_{daf} = 37\%$ 左右达到最大值，与图 5 – 1、图 5 – 3 中的拟合曲线分布规律相对应，即 $V_{daf} > 37\%$ 以后，$t_{aE,V}$、$t_{a0,V}$ 的升高趋势放缓。

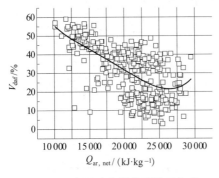

图 5 – 5   中国动力煤的干燥无灰基
挥发分含量与 $Q_{ar,net}$ 的关系

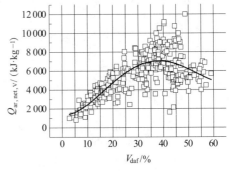

图 5 – 6   中国动力煤的挥发分
低位发热量与 V_{daf} 的关系

图 5 - 5、图 5 - 6 中的拟合函数参数列于表 5 - 11 中。注意:图 5 - 5 的残差标准差小于图 5 - 4 的残差标准差,不表示图 5 - 4 的数据分散程度小,因为图 5 - 4 的因变量比图 5 - 5 的因变量大得多。

表 5 - 11　中国收到基动力煤的 V_{daf} 与 $Q_{ar,net}$ 多项式拟合函数参数

参　　数	拟合公式:公式(4 - 1)	
	图 5 - 5	图 5 - 6
B_0	162. 843 05	1 397. 330 9
B_1	- 0. 022 98	- 37. 787 58
B_2	$1. 829 \times 10^{-6}$	19. 020 73
B_3	$- 7. 04 \times 10^{-11}$	- 0. 511 37
B_4	$9. 996 \times 10^{-16}$	0. 003 69
σ_δ	10. 5	1. 354

三、中国动力煤挥发分的理论绝热燃烧温度分布规律

动力煤干燥无灰基挥发分的理论绝热燃烧温度剔除了水分、灰分、固定碳的影响,在一定程度上反映了挥发分的本质燃烧特性。

在中国动力煤干燥无灰基挥发分的理论绝热燃烧温度($t_{a0,daf,V}$)的计算过程中,煤质参数原始数据来自表 2 - 1 ～表 2 - 4,计算方法来自第 3.4 节。$t_{a0,daf,V}$ 的计算结果列于表 5 - 12 ～表 5 - 15 中。$t_{a0,daf,V}$ 与 V_{daf}、$Q_{ar,net}$ 的关系绘制于图 5 - 7、图 5 - 8 中,其中的多项式拟合函数参数列于表 5 - 16 中。

表 5 - 12　中国无烟煤干燥无灰基挥发分的理论绝热燃烧温度($t_{a0,daf,V}$)计算结果　℃

序号	$t_{a0,daf,V}$	序号	$t_{a0,daf,V}$	序号	$t_{a0,daf,V}$	序号	$t_{a0,daf,V}$
2	2 136. 5	23	2 129. 4	43	2 136. 5	75	2 132. 4
4	2 123. 4	25	2 165. 9	51	2 330. 5	84	2 177. 6
5	2 138. 2	28	2 144. 6	54	2 118. 5	85	2 201. 8
10	2 210. 3	29	2 207. 7	58	2 149. 3	87	2 152. 3
14	2 222. 9	33	2 434. 5	62	2 214. 0	91	2 136. 3
15	2 399. 0	35	2 223. 0	72	2 142. 9	91	2 192. 2

本表序号对应于表 2 - 1。

表5-13　中国贫煤干燥无灰基挥发分的理论绝热燃烧温度($t_{a0,daf,V}$)计算结果　℃

序号	$t_{a0,daf,V}$	序号	$t_{a0,daf,V}$	序号	$t_{a0,daf,V}$	序号	$t_{a0,daf,V}$
1	2 154.8	24	2 198.9	43	2 219.3	70	2 225.6
2	2 186.5	25	2 211.7	44	2 178.6	71	2 212.6
3	2 119.5	26	2 177.7	47	2 159.7	72	2 099.3
4	2 095.0	27	2 191.8	48	2 174.3	73	2 393.8
6	2 156.0	28	2 191.8	50	2 204.0	74	2 195.0
7	2 168.5	29	2 174.4	52	2 207.4	75	2 198.8
8	2 127.4	30	2 233.8	53	2 191.3	76	2 195.2
9	2 125.3	31	2 200.2	55	2 264.2	77	2 207.5
10	2 125.9	32	2 242.9	56	2 216.7	78	2 219.8
11	2 139.0	33	2 225.0	58	2 209.8	79	2 223.7
12	2 117.1	34	2 226.4	59	2 209.6	80	2 211.7
15	2 191.8	35	2 213.6	60	2 195.5	81	2 249.2
16	2 130.9	36	2 170.5	62	2 205.2	82	2 244.7
17	2 159.6	37	2 155.0	63	2 205.2	83	2 247.9
18	2 270.1	38	2 132.8	64	2 220.4	84	2 205.5
19	2 190.6	39	2 243.0	66	2 251.3	85	2 224.8
21	2 164.2	40	2 168.4	67	2 211.8	86	2 307.3
22	2 202.6	41	2 163.4	68	2 233.8	87	2 237.3
23	2 222.1	42	2 211.5	69	2 207.1	88	2 267.3

本表序号对应于表2-2。

表5-14　中国烟煤干燥无灰基挥发分的理论绝热燃烧温度($t_{a0,daf,V}$)计算结果　℃

序号	$t_{a0,daf,V}$	序号	$t_{a0,daf,V}$	序号	$t_{a0,daf,V}$	序号	$t_{a0,daf,V}$
1	2 243.9	7	2 337.2	13	2 265.0	19	2 220.6
2	2 190.8	8	2 283.0	14	2 288.0	20	2 280.9
3	2 115.0	9	2 258.4	15	2 334.2	21	2 275.7
4	2 229.4	10	2 261.1	16	2 294.8	22	2 282.5
5	2 195.9	11	2 290.6	17	2 252.8	23	2 354.5
6	2 216.5	12	2 295.4	18	2 256.1	24	2 486.7

续表

序号	$t_{a0,daf},V$	序号	$t_{a0,daf},V$	序号	$t_{a0,daf},V$	序号	$t_{a0,daf},V$
25	2 266.9	54	2 264.5	83	2 348.6	113	2 384.9
26	2 244.1	55	2 329.2	84	2 302.0	114	2 321.9
27	2 262.5	56	2 321.7	85	2 280.0	115	2 405.8
28	2 310.3	57	2 325.2	86	2 283.7	116	2 405.8
29	2 279.7	58	2 330.1	87	2 361.1	117	2 270.3
30	2 286.5	59	2 293.0	88	2 465.9	118	2 379.0
31	2 384.5	60	2 364.3	89	2 385.3	119	2 514.8
32	2 292.0	61	2 392.1	90	2 358.5	120	2 378.4
33	2 344.8	62	2 526.4	91	2 456.9	121	2 453.7
34	2 358.8	63	2 411.5	92	2 286.2	122	2 241.4
35	2 287.7	64	2 390.4	93	2 485.9	123	2 396.9
36	2 488.2	65	2 313.6	94	2 333.1	124	2 385.3
37	2 257.9	66	2 343.8	95	2 475.0	125	2 308.5
38	2 379.2	67	2 315.7	96	2 362.2	126	2 456.1
39	2 325.3	68	2 323.0	97	2 344.1	127	2 583.9
40	2 295.4	69	2 351.8	98	2 391.1	128	2 293.9
41	2 251.2	70	2 298.4	99	2 373.4	129	2 405.8
42	2 229.0	71	2 338.8	100	2 560.6	130	2 355.3
43	2 229.0	72	2 433.2	101	2 351.3	131	2 424.8
44	2 399.3	73	2 338.3	102	2 507.6	132	2 311.1
45	2 395.8	74	2 350.9	103	2 455.5	133	2 468.8
46	2 327.0	75	2 228.8	104	2 464.2	134	2 411.1
47	2 387.2	76	2 364.0	105	2 304.6	135	2 399.8
48	2 713.3	77	2 266.1	107	2 566.2	136	2 403.4
49	2 312.3	78	2 294.7	108	2 616.6	137	2 336.8
50	2 239.3	79	2 351.9	109	2 346.0	138	2 315.5
51	2 362.0	80	2 402.6	110	2 307.0	139	2 340.2
52	2 356.3	81	2 314.7	111	2 229.0	140	2 312.3
53	2 354.1	82	2 324.3	112	2 332.8	141	2 522.6

序号	$t_{a0,daf,V}$	序号	$t_{a0,daf,V}$	序号	$t_{a0,daf,V}$	序号	$t_{a0,daf,V}$
142	2 381.7	150	2 327.6	158	2 361.7	166	2 441.4
143	2 346.9	151	2 357.7	159	2 363.7	167	2 441.4
144	2 392.0	152	2 404.1	160	2 342.3	168	2 330.3
145	2 372.4	153	2 431.2	161	2 372.3	169	2 479.1
146	2 578.5	154	2 421.7	162	2 360.5	170	2 406.6
147	2 382.3	155	2 371.4	163	2 351.1		
148	2 403.5	156	2 414.1	164	2 468.9		
149	2 316.5	157	2 404.4	165	2 345.8		

本表序号对应于表2-3。

表 5 – 15　中国褐煤干燥无灰基挥发分的理论绝热燃烧温度($t_{a0,daf,V}$)计算结果　℃

序号	$t_{a0,daf,V}$	序号	$t_{a0,daf,V}$	序号	$t_{a0,daf,V}$	序号	$t_{a0,daf,V}$
1	2 320.0	20	2 189.3	37	2 496.1	55	2 551.6
2	2 512.8	21	2 524.7	38	2 476.1	56	2 526.2
3	2 335.9	22	2 485.6	39	2 363.1	58	2 492.9
4	2 391.7	23	2 536.6	40	2 484.2	59	2 454.6
5	2 673.2	24	2 595.7	41	2 547.3	60	2 544.6
7	2 465.7	25	2 562.7	42	2 532.9	61	2 545.3
8	2 570.5	26	2 507.0	43	2 500.4	62	2 530.1
9	2 495.9	27	2 511.2	44	2 577.6	63	2 640.1
10	2 521.5	28	2 565.8	45	2 582.2	64	2 459.3
12	2 532.2	29	2 467.1	46	2 634.1	65	2 516.6
13	2 446.5	30	2 588.5	47	2 593.0	66	2 485.9
14	2 493.7	31	2 481.0	48	2 548.6	67	2 446.9
15	2 520.0	32	2 408.1	50	2 491.8	68	2 504.5
16	2 378.5	33	2 563.6	51	2 453.2	69	2 529.2
17	2 518.2	34	2 458.5	52	2 547.9	70	2 485.3
18	2 558.3	35	2 452.6	53	2 547.9		
19	2 547.7	36	2 499.1	54	2 551.6		

本表序号对应于表2-4。

　　由图 5 - 7 的拟合曲线可知:随着 V_{daf} 的提高,中国动力煤干燥无灰基挥发分的理论绝热燃烧温度($t_{a0,daf,V}$)从 2 170℃单调提高到 2 543℃。说明挥发分含量高的煤,其干燥无灰基挥发分发热量高,$t_{a0,daf,V}$ 提高。

　　由图 5 - 8 的拟合曲线可知:随着 $Q_{ar,net}$ 的提高,中国动力煤干燥无灰基挥发分的理论绝热燃烧温度($t_{a0,daf,V}$)首先从 2 550℃降低到 2 236℃,此时 $Q_{ar,net}=$ 26 300 kJ/kg,然后又升高到 2 276℃。说明发热量高的煤,其干燥无灰基挥发分发热量低,$t_{a0,daf,V}$ 总体上降低。$Q_{ar,net}>$ 26 300 kJ/kg 以后的区间,$t_{a0,daf,V}$ 又提高,说明这个区间中国动力煤干燥无灰基挥发分的发热量有所提高。

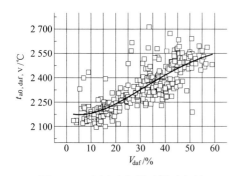

图 5 - 7　中国动力煤干燥无灰基
挥发分的理论绝热燃烧
温度与 V_{daf} 的关系

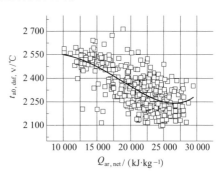

图 5 - 8　中国动力煤干燥无灰基
挥发分的理论绝热燃烧
温度与 $Q_{ar,net}$ 的关系

　　由表 5 - 16 的数据可知:图 5 - 7 的多项式拟合函数残差标准差为 77,图 5 - 8 的多项式拟合函数残差标准差为 97。因此 $t_{a0,daf,V}$ 对 V_{daf} 的分散程度较小,对 $Q_{ar,net}$ 的分散程度较大。从图 5 - 7、图 5 - 8 中可以明显观察到 $t_{a0,daf,V}$ 的这种特性。

表 5 - 16　中国动力煤的 $t_{a0,daf,V}$ 与 V_{daf}、$Q_{ar,net}$ 多项式拟合函数参数

参　　数	拟合公式:公式(4 - 1)	
	$t_{a0,daf,V}$ 与 V_{daf} 多项式拟合	$t_{a0,daf,V}$ 与 $Q_{ar,net}$ 多项式拟合
B_0	2 186.336	2 499.552
B_1	- 5.012 03	0.012 09
B_2	0.530 24	2×10^{-7}
B_3	- 0.008 06	-1.2×10^{-10}
B_4	3.82×10^{-5}	3.14×10^{-15}
σ_δ	77	97

　　按照图 5 – 7 的结果推测,干燥无灰基挥发分的低位发热量($Q_{daf,net,V}$)应当随 V_{daf} 的提高而提高。将 $Q_{daf,net,V}$ 与 V_{daf} 的关系绘制在图 5 – 9 中,由图 5 – 9 可见:$Q_{daf,net,V}$ 随着 V_{daf} 的提高而降低。因此图 5 – 7 的变化规律有待进一步研究。

　　按照图 5 – 8 的结果推测,干燥无灰基挥发分的低位发热量($Q_{daf,net,V}$)应当随 $Q_{ar,net}$ 的提高而降低。将 $Q_{daf,net,V}$ 与 $Q_{ar,net}$ 的关系绘制在图 5 – 10 中,由图 5 – 10 可见:$Q_{daf,net,V}$ 随着 $Q_{ar,net}$ 的提高而总体上提高。因此图 5 – 8 的变化规律有待进一步研究。

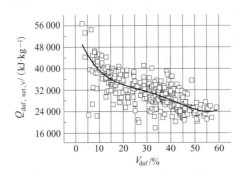

图 5 – 9　中国动力煤挥发分的低位　　　图 5 – 10　中国动力煤挥发分的低位
　　　　发热量与 V_{daf} 的关系　　　　　　　　　发热量与 $Q_{ar,net}$ 的关系

　　图 5 – 9、图 5 – 10 中的拟合函数的参数列于表 5 – 17 中。注意:图 5 – 9 的残差标准差为 4 244,小于图 5 – 10 的残差标准差 5 027。这表示图 5 – 9 的数据分散程度小,图 5 – 10 的数据分散程度大。

表 5 – 17　中国收到基动力煤的 V_{daf}、$Q_{ar,net}$ 与 $Q_{ar,net,V}$ 多项式拟合函数参数

参　　数	拟合公式:公式(4 – 1)	
	图 5 – 9	图 5 – 10
B_0	54 852.686	– 12 959.089
B_1	– 2 364.057	9.166 7
B_2	101.535 94	– 0.000 874 18
B_3	– 2.077 07	$3.71 657 \times 10^{-8}$
B_4	0.015 03	$-5.4 949 \times 10^{-13}$
σ_δ	4 244	5 027

　　将挥发分中的碳、氢、氧、氮、硫五种元素的含量(C_V、H_V、O_V、N_V、S_V)与 V_{daf}、$Q_{ar,net}$ 的关系绘制在图 5 – 11、图 5 – 12 中,其中的多项式拟合函数参数列于表 5 – 18、表5 – 19。

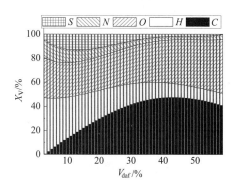

图 5 - 11　挥发分成分组成与 V_{daf} 的关系

（X 表示 C、H、O、N、S）

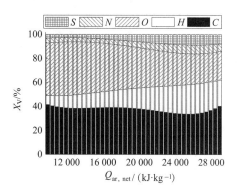

图 5 - 12　挥发分成分组成与 $Q_{ar,net}$ 的关系

（X 表示 C、H、O、N、S）

表 5 - 18　图 5 - 11 中挥发分成分组成与 V_{daf} 关系的多项式拟合函数参数

参数	拟合公式：公式(4 - 1)				
	C_V	H_V	O_V	N_V	S_V
B_0	- 5. 687 42	50. 771 48	33. 581 53	15. 892 65	- 1. 902 44
B_1	2. 040 76	- 2. 111 99	- 0. 777 21	- 0. 528 52	2. 802 71
B_2	- 0. 009 45	0. 050 39	0. 030 07	0. 004 52	- 0. 165 53
B_3	- 0. 000 22	- 0. 000 72	- 0. 000 24	$1. 74 \times 10^{-5}$	0. 003 38
B_4	—	$4. 7 \times 10^{-6}$	—	—	$- 2. 3 \times 10^{-5}$
σ_δ	10. 3	3. 1	11. 0	1. 8	6. 3

表 5 - 19　图 5 - 12 中挥发分成分组成与 $Q_{ar,net}$ 关系的多项式拟合函数参数

参数	拟合公式：公式(4 - 1)				
	C_V	H_V	O_V	N_V	S_v
B_0	243. 770 5	- 81. 390 8	14. 298 08	3. 181 45	24. 686 73
B_1	- 0. 047 99	0. 021 29	0. 006 67	0. 001 46	- 0. 004 25
B_2	$4. 09 \times 10^{-6}$	$- 1. 9 \times 10^{-6}$	$- 4. 3 \times 10^{-7}$	$- 2. 5 \times 10^{-7}$	$2. 54 \times 10^{-7}$
B_3	$- 1. 5 \times 10^{-10}$	$7. 21 \times 10^{-11}$	$7. 46 \times 10^{-12}$	$1. 35 \times 10^{-11}$	$- 4. 4 \times 10^{-12}$
B_4	$1. 99 \times 10^{-15}$	$- 1 \times 10^{-15}$	—	$- 2. 3 \times 10^{-16}$	—
σ_δ	15. 9	7. 6	9. 9	3. 2	7. 4

由图 5 – 11 可知:随着 V_{daf} 的提高,C_V 先提高,后略有降低,H_V 基本上单调降低,因此 1.0 kg 挥发分的低位发热量有所降低,见图 5 – 9。同时,随着 V_{daf} 的提高,O_V 提高,导致了 1.0 kg 挥发分燃烧需要的理论空气量降低,烟气量降低,烟气焓提高,挥发分的理论绝热燃烧温度($t_{a0,daf,V}$)提高,见图 5 – 7。

由图 5 – 12 可知:① 随着 $Q_{ar,net}$ 的提高,C_V 含量变化不大;H_V 增加较多,提高了 1.0 kg 挥发分的低位发热量,见图 5 – 10;同时也导致了烟气中的水蒸气含量提高,水蒸气吸收烟气热量,降低烟气焓,进而降低干燥无灰基挥发分的理论绝热燃烧温度($t_{a0,daf,V}$)。② 随着 $Q_{ar,net}$ 的提高,O_V 单调降低,增加了 1.0 kg 挥发分燃烧需要的理论空气量,烟气量因此提高,烟气量的提高降低了烟气焓,进而降低干燥无灰基挥发分的理论绝热燃烧温度($t_{a0,daf,V}$)。$t_{a0,daf,V}$ 的变化趋势见图 5 – 8。

由表 5 – 18、表 5 – 19 可知:残差标准差值都比较小,挥发分成分对于 V_{daf}、$Q_{ar,net}$ 的分散程度不大。

四、中国动力煤挥发分的三种绝热燃烧温度分布规律对比

将中国收到基动力煤挥发分的工程绝热燃烧温度、理论绝热燃烧温度以及干燥无灰基成分的理论绝热燃烧温度绘制在图上,可以直观地对比三种绝热燃烧温度的分布规律,见图 5 – 13、图 5 – 14。

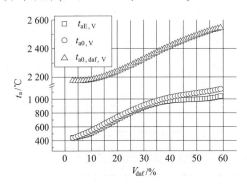

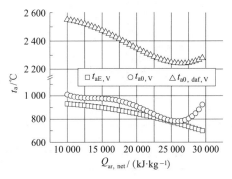

图 5 – 13   中国动力煤挥发分的三种
绝热燃烧温度与 V_{daf} 的关系

图 5 – 14   中国动力煤挥发分的三种
绝热燃烧温度与 $Q_{ar,net}$ 的关系

由图 5 – 13 可知:① 中国动力煤挥发分的理论绝热燃烧温度($t_{a0,V}$)大于工程绝热燃烧温度($t_{aE,V}$)。原因是煤粉燃烧的过量空气系数从实际值降低到 1.0 时,烟气量降低,烟气温度升高。② 温差($t_{a0,V} - t_{aE,V}$)随着 V_{daf} 的提高而提高。原因是随着 V_{daf} 的提高,O_V 提高(见图 5 – 11),挥发分燃烧需要的氧气量降低,挥发分燃烧需要的空气量降低,烟气量降低,烟气温度升高。③ 中国动力煤干燥无灰基挥发分的理论绝热燃烧温度($t_{a0,daf,V}$)随着 V_{daf} 的提高从 2 170℃ 提高到 2 543℃,远高于挥发分的工程绝热燃烧温度($t_{aE,V}$)。因此,脱除动力煤中的水分、灰分可以大大改善动力

煤的着火特性、稳定燃烧特性。

由图 5 – 14 可知:① 温差($t_{a0,V} - t_{aE,V}$)随着 $Q_{ar,net}$ 的提高先降低,后提高。分界点是:$Q_{ar,net}$ = 24 410 kJ/kg。原因是随着 $Q_{ar,net}$ 的提高,O_V 降低(见图 5 – 12),挥发分燃烧需要的氧气量提高,挥发分燃烧需要的空气量提高,烟气量增加,烟气温度降低。$Q_{ar,net}$ > 24 410 kJ/kg 以后,H_V 大幅度提高,氢(H)元素的发热量高于碳(C)元素的发热量(见附录),从而提高了挥发分的发热量,提高了理论绝热燃烧温度。② 中国动力煤干燥无灰基挥发分的理论绝热燃烧温度($t_{a0,daf,V}$)随着 $Q_{ar,net}$ 的提高首先从 2 549℃ 降低到 2 234℃,此处 $Q_{ar,net}$ = 26 432 kJ/kg。然后 $t_{a0,daf,V}$ 小幅度提高到 2 277℃。$Q_{ar,net}$ ≤26 432 kJ/kg 区间的 $t_{a0,daf,V}$ 大幅度降低的原因是 O_V 大幅度降低(见图 5 – 12),燃烧所需空气量大幅度提高,烟气量大幅度提高,烟气温度大幅度降低。$Q_{ar,net}$ > 26 432 kJ/kg 区间的 $t_{a0,daf,V}$ 小幅度提高的原因是 H_V 大幅度提高(见图 5 – 12),氢(H)元素的发热量高于碳(C)元素的发热量(见附录),从而提高了挥发分的发热量,同时氢元素燃烧后形成的水蒸气吸收挥发分燃烧以后释放的热量。

中国动力煤干燥无灰基挥发分的理论绝热燃烧温度($t_{a0,daf,V}$)拟合值高于 2 170℃,表明中国褐煤的 $t_{a0,daf,V}$ 很高,褐煤脱水是提高燃烧稳定性的主要措施。中国无烟煤的 $t_{a0,daf,V}$ 也很高,无烟煤着火稳定性差的原因是挥发分含量太低,挥发分的发热量不足以点燃无烟煤焦炭颗粒群,提高炉膛温度是无烟煤稳定燃烧的主要措施。这些措施包括:① 一次风采用浓淡分离技术,强化浓侧气流的着火稳定性;② 适当缩小燃烧器一次风喷嘴之间的距离,提高燃烧器区域壁面热负荷;③ 适当缩小炉膛横截面面积,提高炉膛横截面热负荷;④ 在燃烧器主燃区域敷设卫燃带,提高主燃区水冷壁壁面热负荷;⑤ 主燃区过量空气系数小于 1.0,提高炉膛主燃区烟气温度,强化无烟煤稳定燃烧特性。

五、中国动力煤及其挥发分的六种绝热燃烧温度分布规律对比

将中国动力煤的挥发分、煤的六种绝热燃烧温度绘制在图上,便于对比分析其变化规律,见图 5 – 15 ~ 图 5 – 20。

由图 5 – 15 可知:中国动力煤的工程绝热燃烧温度(t_{aE})高于挥发分的工程绝热燃烧温度($t_{aE,V}$)。温差($t_{aE} - t_{aE,V}$)随着 V_{daf} 的提高逐步降低,说明电站煤粉锅炉运行中,无烟煤、贫煤的着火温度较高,不容易着火;但是无烟煤、贫煤的火焰持久性好,一旦着火,不容易发生意外灭火事故。褐煤的着火温度较低,容易着火;同时,褐煤的烟气温度偏低,容易发生意外灭火事故。

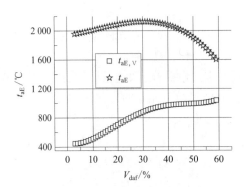

图 5 - 15　中国动力煤及其挥发分
的工程绝热燃烧温度
与 V_{daf} 的关系

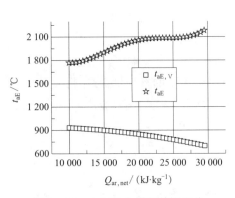

图 5 - 16　中国动力煤及其挥发分
的工程绝热燃烧温度
与 $Q_{ar,net}$ 的关系

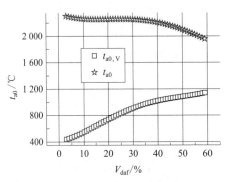

图 5 - 17　中国动力煤及其挥发分
的理论绝热燃烧温度与
V_{daf} 的关系

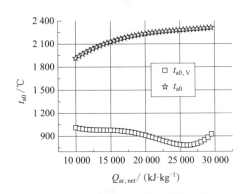

图 5 - 18　中国动力煤及其挥发分
的理论绝热燃烧温度与
$Q_{ar,net}$ 的关系

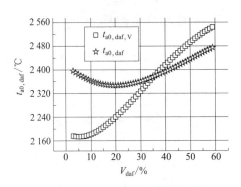

图 5 - 19　中国动力煤及其挥发分的
干燥无灰基成分的理论绝热燃烧
温度与 V_{daf} 的关系

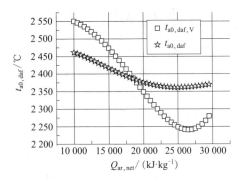

图 5 - 20　中国动力煤及其挥发分的
干燥无灰基成分的理论绝热燃烧
温度与 $Q_{ar,net}$ 的关系

由图 5-16 可知:① 中国动力煤的工程绝热燃烧温度(t_{aE})高于挥发分的工程绝热燃烧温度($t_{aE,V}$)。② 温差($t_{aE}-t_{aE,V}$)随着 $Q_{ar,net}$ 的提高逐步提高,说明电站煤粉锅炉运行中,燃烧发热量很高的动力煤,挥发分含量低,煤粉气流不容易着火。见图 5-5。

由图 5-17 可知:中国动力煤的理论绝热燃烧温度(t_{a0})高于挥发分的理论绝热燃烧温度($t_{a0,V}$)。温差($t_{a0}-t_{a0,V}$)随着 V_{daf} 的提高逐步降低。对照图 5-15 可知:① 中国动力煤的理论绝热燃烧温度随着挥发分的变化有类似的规律和结论。② 电站煤粉锅炉运行中,适当降低炉膛过量空气系数,可以提高电站煤粉锅炉的着火稳定性、燃烧稳定性。

由图 5-18 可知:中国动力煤的理论绝热燃烧温度(t_{a0})高于挥发分的理论绝热燃烧温度($t_{a0,V}$)。温差($t_{a0}-t_{a0,V}$)随着 $Q_{ar,net}$ 的提高逐步提高。对照图 5-16 可知:① 中国动力煤的理论绝热燃烧温度随着挥发分的变化有类似的规律和结论;② 电站煤粉锅炉运行中,适当降低炉膛过量空气系数,可以提高电站煤粉锅炉的着火稳定性、燃烧稳定性。对照图 5-5 可知:电站煤粉锅炉运行中,燃烧发热量很高的动力煤,挥发分含量可能降低,容易引起煤粉气流着火不稳定。

由图 5-19 可知:① 中国动力煤的干燥无灰基成分的理论绝热燃烧温度($t_{a0,daf}$)与挥发分的干燥无灰成分的理论绝热燃烧温度($t_{a0,daf,V}$)数量级相当。$t_{a0,daf,V}$ 随着 V_{daf} 的提高单调提高,增幅为 367.6℃,$t_{a0,daf}$ 随着 V_{daf} 的提高,先从 49.6℃ 降低到 0℃,然后从 0℃ 升高到 127.9℃,分界点是 $V_{daf}=20\%$。② $V_{daf}\leqslant35.3\%$ 时,即无烟煤、贫煤、烟煤的原煤干燥无灰基成分的理论绝热燃烧温度高,$t_{a0,daf}>t_{a0,daf,V}$,温差($t_{a0,daf}-t_{a0,daf,V}$)随着 V_{daf} 的提高从 220.6℃ 降低到 0℃。$V_{daf}>35.3\%$ 时,$t_{a0,daf,V}>t_{a0,daf}$,即少数烟煤和所有褐煤挥发分的干燥无灰基成分的理论绝热燃烧温度高,温差($t_{a0,daf,V}-t_{a0,daf}$)随着 V_{daf} 的提高从 0℃ 提高到 68.9℃。③ 煤的干燥无灰基成分与煤中所含挥发分的成分可以理解成两种不同的常规固体燃料,中国动力煤煤粉的着火稳定性取决于挥发分含量的高低,中国动力煤煤粉的火焰持久性和燃烧稳定性取决于水分含量的高低,见图 5-12。

由图 5-20 可知:① 中国动力煤的干燥无灰基成分的理论绝热燃烧温度($t_{a0,daf}$)与挥发分的干燥无灰基成分的理论绝热燃烧温度($t_{a0,daf,V}$)数量级相当。$t_{a0,daf}$ 随着 V_{daf} 的提高总体上单调降低,增幅为 91.7℃,$t_{a0,daf,V}$ 随着 V_{daf} 的提高,先降低、后升高,降低幅度从 309℃ 到 0℃,升高幅度从 0℃ 到 38.8℃,分界点是 $Q_{ar,net}=26\,500$ kJ/kg。② $Q_{ar,net}\leqslant18\,750$ kJ/kg 时,即少数烟煤和全部褐煤的干燥无灰基成分的理论绝热燃烧温度低,$t_{a0,daf,V}>t_{a0,daf}$,温差($t_{a0,daf,V}-t_{a0,daf}$)随着 $Q_{ar,net}$ 的提高从 88.5℃ 将降低到 0℃。$Q_{ar,net}>18\,750$ kJ/kg 时,$t_{a0,daf}>t_{a0,daf,V}$,即中国无烟煤、贫煤、大部分烟煤挥发分的干燥无灰基成分的理论绝热燃烧温度低,温差($t_{a0,daf,V}-t_{a0,daf}$)

随着 V_{daf} 的提高从0℃提高到89.9℃。③ 煤的干燥无灰基成分与煤中所含挥发分的成分可以理解成两种不同的常规固体燃料,中国动力煤煤粉的着火稳定性取决于挥发分含量的高低,中国动力煤煤粉的火焰持久性和燃烧稳定性的主要影响因素之一是煤的水分含量。见图5-12。

5.2 国外动力煤挥发分的绝热燃烧温度分布规律

英国、德国、美国、俄罗斯、澳大利亚、日本、印度使用的动力煤比较多,其他国家,如韩国、越南、土耳其、荷兰、葡萄牙、西班牙、加拿大也使用动力煤发电。本节将讨论国外动力煤挥发分的绝热燃烧温度分布规律,并比较国外动力煤及其挥发分的几种绝热燃烧温度的分布规律。

一、国外动力煤挥发分的工程绝热燃烧温度分布规律

国外动力煤的数据来自表2-5~表2-8,计算方法来自第3.5节,在计算过程中,删除了无效计算结果。国外动力煤挥发分的工程绝热燃烧温度($t_{aE,V}$)计算结果列于表5-20~表5-23中。国外动力煤挥发分的工程绝热燃烧温度($t_{aE,V}$)分布规律绘制于图5-21、图5-22中,多项式拟合函数参数见表5-24。

表5-20 国外无烟煤挥发分的工程绝热燃烧温度($t_{aE,V}$)计算结果 ℃

序号	$t_{aE,V}$	序号	$t_{aE,V}$	序号	$t_{aE,V}$
3	418.3	5	398.6	11	560.6
4	399.9	6	457.6	15	585.8
本表序号对应于表2-5。					

表5-21 国外贫煤挥发分的工程绝热燃烧温度($t_{aE,V}$)计算结果 ℃

序号	$t_{aE,V}$	序号	$t_{aE,V}$	序号	$t_{aE,V}$	序号	$t_{aE,V}$
1	579.9	5	709.2	8	735.0	11	792.3
3	630.6	6	700.1	9	783.0		
4	687.3	7	770.0	10	779.2		
本表序号对应于表2-6。							

表 5 – 22　国外烟煤挥发分的工程绝热燃烧温度($t_{aE,V}$)计算结果　　　℃

序号	$t_{aE,V}$	序号	$t_{aE,V}$	序号	$t_{aE,V}$	序号	$t_{aE,V}$
1	791.1	31	950.0	61	986.4	90	1 044.9
2	788.3	32	981.2	62	986.4	91	990.4
3	757.8	33	945.3	63	1 013.3	92	1 097.7
4	781.4	34	720.4	64	972.3	93	1 093.9
5	794.7	35	902.3	65	921.3	94	1 065.6
6	784.9	36	993.3	66	973.8	95	1 027.1
7	804.9	37	937.1	67	1 035.9	96	1 108.5
8	809.4	38	875.1	68	978.3	97	1 052.7
10	771.7	39	956.9	69	1 052.9	98	1 072.7
11	785.2	40	999.4	70	925.9	99	955.8
12	873.8	41	887.4	71	987.0	100	1 091.7
13	856.9	42	926.7	72	1 011.9	101	1 065.8
14	785.7	43	1 007.9	73	815.7	102	1 080.6
15	872.0	44	947.7	74	1 145.2	103	1 092.7
16	822.0	45	936.5	75	1 065.7	104	1 104.5
17	773.3	46	983.1	76	929.3	105	1 094.5
18	898.7	47	1 003.7	77	1 065.1	106	1 113.5
19	906.6	48	986.5	78	1 061.0	107	1 123.4
20	914.2	50	905.3	79	1 062.6	108	1 088.4
21	775.9	51	941.5	80	1 014.9	109	1 062.0
22	847.2	52	731.6	81	866.6	110	1 013.9
23	856.5	53	997.5	82	1 089.4	111	1 111.2
24	883.5	54	907.3	83	893.7	112	940.2
25	697.5	55	887.4	84	927.7	113	992.6
26	680.7	56	875.1	85	1 057.2	114	1 064.9
27	944.8	57	997.7	86	1 025.5	115	1 031.7
28	956.8	58	1 042.5	87	905.8	116	1 090.1
29	961.0	59	936.9	88	757.7	117	1 121.2
30	960.8	60	1 006.8	89	1 063.6	118	1 099.6

序号	$t_{aE,V}$	序号	$t_{aE,V}$	序号	$t_{aE,V}$	序号	$t_{aE,V}$
119	1 059.9	147	1 157.7	175	1 075.0	203	1 176.9
120	1 033.3	148	1 172.9	176	1 202.4	204	1 282.4
121	1 081.0	149	989.2	177	1 080.8	205	1 215.0
122	1 121.3	150	1 161.0	178	1 049.7	206	1 186.4
123	1 110.6	151	1 152.3	179	1 209.1	207	1 097.5
124	1 021.1	152	1 014.5	180	1 177.1	208	1 078.8
125	1 017.4	150	1 161.0	181	1 025.5	209	1 228.1
126	1 121.4	154	1 140.7	182	1 025.4	210	1 188.7
127	1 143.8	155	1 137.5	183	1 193.6	211	1 194.2
128	1 119.5	156	1 067.3	184	1 182.4	212	1 270.1
129	1 142.2	157	1 040.5	185	1 146.5	213	1 136.1
130	947.1	158	1 016.2	186	1 138.6	214	1 054.1
131	982.5	159	1 150.6	187	1 107.1	215	1 225.2
132	893.9	160	1 144.9	188	1 201.5	216	1 149.4
133	1 093.9	161	1 073.3	189	1 194.5	217	1 099.4
134	1 094.8	162	1 085.4	190	1 062.2	218	1 227.8
135	1 098.3	163	1 143.7	191	1 053.0	219	1 237.9
136	1 133.0	164	1 174.6	192	1 238.4	220	1 116.5
137	1 139.9	165	952.7	193	1 112.5	221	1 278.6
138	1 081.7	166	1 036.0	194	1 038.7	222	1 240.6
139	1 167.7	167	1 057.6	195	1 101.4	223	1 226.7
140	1 139.9	168	1 016.8	196	1 169.7	224	1 325.6
141	1 145.9	169	1 191.4	197	1 027.1	225	1 242.7
142	1 083.1	170	1 198.5	198	1 095.2	226	1 273.6
143	1 149.4	171	1 202.0	199	1 070.6	227	1 476.9
144	1 143.3	172	1 222.6	200	1 189.1	228	1 468.3
145	1 030.6	173	1 171.8	201	1 047.5	229	1 505.7
146	1 145.5	174	995.5	202	990.2	230	1 467.4

本表序号对应于表 2-7。

表5-23　国外褐煤挥发分的工程绝热燃烧温度($t_{aE,V}$)计算结果　　℃

序号	$t_{aE,V}$	序号	$t_{aE,V}$	序号	$t_{aE,V}$	序号	$t_{aE,V}$
1	828.7	20	1 004.8	39	731.6	58	976.8
2	841.6	21	1 004.8	40	744.2	59	1 042.4
3	753.5	22	963.8	41	774.2	60	1 019.8
4	962.8	23	1 001.6	42	905.5	61	1 140.4
5	944.8	24	1 001.4	43	804.6	62	1 006.2
6	803.3	25	1 005.2	44	758.9	63	1 016.4
7	813.6	26	1 068.7	45	1 058.3	64	886.6
8	861.0	27	788.0	46	851.5	65	826.2
9	810.6	28	949.3	47	1 019.9	66	644.5
10	881.7	29	1 055.1	48	906.7	67	1 215.6
11	965.5	30	977.4	49	861.9	68	818.4
12	882.4	31	630.5	50	749.0	69	1 083.0
13	482.1	32	964.8	51	947.0	70	903.4
14	1 002.9	33	1 073.7	52	765.0	71	859.3
15	838.0	34	736.8	53	959.9	72	1 163.1
16	1 115.4	35	758.6	54	814.9	73	1 375.5
17	1 023.8	36	1 058.4	55	687.5	74	1 480.6
18	759.3	37	1 108.5	56	969.1	75	1 522.8
19	904.7	38	810.9	57	773.8		

本表序号对应于表2-8。

由图5-21拟合曲线可知：国外动力煤挥发分的工程绝热燃烧温度($t_{aE,V}$)单调上升，从320℃上升到1 386℃，增幅为1 066℃。国外动力煤挥发分的工程绝热燃烧温度($t_{aE,V}$)的变化规律与挥发分自身的成分和动力煤的成分有关，需要进一步研究。

由图 5 - 22 拟合曲线可知:随着国外动力煤的收到基低位发热量的提高,曲线呈现先上升、后下降的趋势。说明挥发分的工程绝热燃烧温度并不是随着 $Q_{ar,net}$ 的提高而单调提高。造成这种变化趋势的原因需要进一步研究。

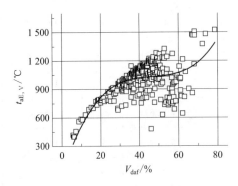 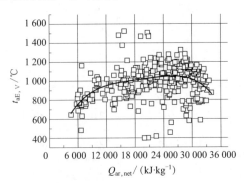

图 5 - 21　国外动力煤挥发分的工程　　图 5 - 22　国外动力煤挥发分的工程
绝热燃烧温度与 V_{daf} 的关系　　　　　绝热燃烧温度与 $Q_{ar,net}$ 的关系

由表 5 - 24 可知:国外动力煤挥发分的工程绝热燃烧温度($t_{aE,V}$)对 V_{daf} 的分散程度较小,残差标准差为 136;$t_{aE,V}$ 对 $Q_{ar,net}$ 的分散程度较大,残差标准差为 165。从图 5 - 21、图 5 - 22 中可以清楚观察到这种数据分布特点。

表 5 - 24　图 5 - 21、图 5 - 22 多项式拟合函数参数

参　　数	拟合公式:公式(4 - 1)	
	图 5 - 21	图 5 - 22
B_0	7.017 94	146.483 2
B_1	62.915 19	0.158 16
B_2	- 1.317 21	$- 1.17 \times 10^{-5}$
B_3	0.009 41	4.004×10^{-10}
B_4	—	$- 5.18 \times 10^{-15}$
$\sigma_{\delta,min}$	136	165

二、国外动力煤挥发分的理论绝热燃烧温度分布规律

国外动力煤的数据来自表 2 - 5 ~ 表 2 - 8,计算方法来自第 3.4 节,在计算过程中,删除了无效计算结果。国外动力煤挥发分的理论绝热燃烧温度($t_{a0,V}$)计算结果

列于表5-25~表5-28中。国外动力煤挥发分的理论绝热燃烧温度($t_{a0,V}$)分布规律绘制于图5-23、图5-24中,其中的多项式拟合函数参数见表5-29。

表5-25　国外无烟煤挥发分的理论绝热燃烧温度($t_{a0,V}$)计算结果　　　　℃

序号	$t_{a0,V}$	序号	$t_{a0,V}$	序号	$t_{a0,V}$
3	430.3	5	406.8	11	599.3
4	408.4	6	477.3	15	629.8
本表序号对应于表2-5。					

表5-26　国外贫煤挥发分的理论绝热燃烧温度($t_{a0,V}$)计算结果　　　　℃

序号	$t_{a0,V}$	序号	$t_{a0,V}$	序号	$t_{a0,V}$	序号	$t_{a0,V}$
1	579.9	5	709.2	8	735.0	11	792.3
3	630.6	6	700.1	9	783.0		
4	687.3	7	770.0	10	779.2		
本表序号对应于表2-6。							

表5-27　国外烟煤挥发分的理论绝热燃烧温度($t_{a0,V}$)计算结果　　　　℃

序号	$t_{a0,V}$	序号	$t_{a0,V}$	序号	$t_{a0,V}$	序号	$t_{a0,V}$
1	819.5	11	812.8	20	949.8	29	999.3
2	816.6	12	907.2	21	802.5	30	999.0
3	784.0	13	889.0	22	878.1	31	987.5
4	809.5	14	813.4	23	888.0	32	1 020.8
5	823.4	15	905.1	24	916.8	33	982.0
6	812.9	16	851.4	25	718.4	34	743.6
7	834.0	17	799.5	26	701.0	35	936.3
8	838.8	18	933.4	27	982.1	36	1 033.5
10	798.3	19	941.7	28	994.9	37	973.3

序号	$t_{a0,V}$	序号	$t_{a0,V}$	序号	$t_{a0,V}$	序号	$t_{a0,V}$
38	906. 1	68	1 015. 7	97	1 095. 6	126	1 168. 4
39	994. 3	69	1 096. 4	98	1 116. 9	127	1 192. 5
40	1 040. 0	70	959. 0	99	991. 6	128	1 166. 4
41	920. 5	71	1 025. 2	100	1 137. 3	129	1 190. 7
42	962. 4	72	1 053. 1	101	1 109. 6	130	981. 7
43	1 048. 9	73	843. 0	102	1 125. 5	131	1 019. 3
44	983. 9	74	1 193. 3	103	1 138. 2	132	925. 5
45	972. 7	75	1 110. 1	104	1 150. 6	133	1 138. 6
46	1 022. 6	76	964. 0	105	1 140. 1	134	1 139. 6
47	1 044. 1	77	1 109. 1	106	1 160. 4	135	1 143. 2
48	1 025. 6	78	1 104. 5	107	1 171. 0	136	1 180. 7
50	938. 6	79	1 106. 3	108	1 133. 1	137	1 187. 7
51	977. 0	80	1 055. 4	109	1 104. 8	138	1 125. 4
52	754. 2	81	894. 7	110	1 053. 1	139	1 217. 5
53	1 037. 4	82	1 135. 3	111	1 157. 8	140	1 187. 8
54	939. 8	83	924. 6	112	974. 5	141	1 194. 4
55	921. 2	84	962. 0	113	1 030. 9	142	1 126. 6
56	906. 8	85	1 100. 4	114	1 108. 2	143	1 197. 8
57	1 037. 7	86	1 066. 4	115	1 072. 6	144	1 191. 6
58	1 085. 6	87	938. 0	116	1 135. 4	145	1 070. 9
59	972. 7	88	782. 5	117	1 168. 4	146	1 193. 7
60	1 047. 0	89	1 107. 1	118	1 145. 3	147	1 206. 4
61	1 025. 6	90	1 087. 0	119	1 102. 7	148	1 223. 0
62	1 025. 6	91	1 029. 1	120	1 074. 1	149	1 026. 0
63	1 054. 3	92	1 143. 8	121	1 125. 8	150	1 210. 2
64	1 010. 3	93	1 139. 7	122	1 168. 5	151	1 200. 8
65	954. 2	94	1 109. 3	123	1 156. 8	152	1 052. 9
66	1 011. 6	95	1 067. 8	124	1 061. 8	150	1 210. 2
67	1 078. 2	96	1 155. 1	125	1 056. 1	154	1 188. 4

续表

序号	$t_{a0,V}$	序号	$t_{a0,V}$	序号	$t_{a0,V}$	序号	$t_{a0,V}$
155	1 184.4	174	1 032.7	193	1 156.6	212	1 324.7
156	1 109.7	175	1 117.8	194	1 077.9	213	1 179.7
157	1 080.7	176	1 253.9	195	1 144.5	214	1 093.8
158	1 054.4	177	1 123.2	196	1 217.6	215	1 275.3
159	1 198.8	178	1 089.8	197	1 065.9	216	1 195.1
160	1 192.6	179	1 261.0	198	1 137.8	217	1 141.0
161	1 115.7	180	1 226.4	199	1 111.8	218	1 278.5
162	1 128.4	181	1 065.1	200	1 237.5	219	1 289.9
163	1 191.3	182	1 063.7	201	1 087.0	220	1 160.0
164	1 224.4	183	1 243.5	202	1 026.6	221	1 332.6
165	988.1	184	1 232.0	203	1 224.7	222	1 292.9
166	1 075.2	185	1 192.6	204	1 338.1	223	1 276.8
167	1 098.0	186	1 183.8	205	1 266.4	224	1 383.8
168	1 054.8	187	1 151.2	206	1 234.8	225	1 293.5
169	1 241.5	188	1 252.3	207	1 139.4	226	1 328.2
170	1 249.8	189	1 244.8	208	1 121.1	227	1 539.6
171	1 253.2	190	1 105.5	209	1 279.9	228	1 529.9
172	1 275.1	191	1 092.5	210	1 237.5	229	1 570.0
173	1 221.2	192	1 291.8	211	1 242.8	230	1 531.1

本表序号对应于表 2 - 7。

表 5 - 28　国外褐煤挥发分的理论绝热燃烧温度 ($t_{a0,V}$) 计算结果　　　　℃

序号	$t_{a0,V}$	序号	$t_{a0,V}$	序号	$t_{a0,V}$	序号	$t_{a0,V}$
1	906.7	7	886.3	13	498.2	19	991.4
2	920.6	8	941.9	14	1 107.5	20	1 111.2
3	816.5	9	881.9	15	913.9	21	1 108.8
4	1 063.4	10	965.9	16	1 242.1	22	1 060.2
5	1 041.7	11	1 065.2	17	1 134.1	23	1 103.9
6	872.7	12	965.7	18	821.4	24	1 103.2

序号	$t_{a0,V}$	序号	$t_{a0,V}$	序号	$t_{a0,V}$	序号	$t_{a0,V}$
25	1 107.2	38	872.7	51	1 030.7	64	954.6
26	1 184.7	39	780.6	52	817.3	65	885.9
27	849.1	40	794.3	53	1 045.6	66	676.4
28	1 040.9	41	829.5	54	874.8	67	1 350.8
29	1 164.8	42	983.5	55	728.1	68	874.8
30	1 073.2	43	865.0	56	1 056.7	69	1 181.7
31	666.1	44	810.7	57	826.8	70	972.2
32	1 058.4	45	1 166.2	58	1 064.6	71	919.8
33	1 188.1	46	918.3	59	1 141.1	72	1 265.5
34	787.1	47	1 118.9	60	1 113.8	73	1 531.0
35	812.1	48	983.8	61	1 260.8	74	1 658.8
36	1 169.4	49	929.7	62	1 096.8	75	1 702.1
37	1 228.4	50	798.5	63	1 108.3		

本表序号对应于表 2-8。

由图 5-23 拟合曲线可知:国外动力煤挥发分的理论绝热燃烧温度($t_{a0,V}$)单调上升,从 331℃上升到 1 537℃,增幅为 1 206℃。国外动力煤挥发分的理论绝热燃烧温度($t_{a0,V}$)的变化规律与挥发分自身的成分和动力煤的成分有关,需要进一步研究。

由图 5-24 拟合曲线可知:随着国外动力煤挥发分的收到基低位发热量的提高,曲线呈现先上升、后下降的趋势。在 4 575 kJ/kg≤$Q_{ar,net}$<15 403 kJ/kg 区间,$t_{a0,V}$单调上升,从 658℃上升到 1 066℃,增加幅度为 408℃;在 15 403 kJ/kg≤$Q_{ar,net}$<26 666 kJ/kg 区间,$t_{a0,V}$单调小幅度提高,从 1 066℃提高到 1 090℃,增加幅度为 24℃;在 26 666 kJ/kg≤$Q_{ar,net}$<34 064 kJ/kg 区间,$t_{a0,V}$单调下降,从 1 090℃下降到 891℃,下降幅度为 199℃;说明国外动力煤挥发分的理论绝热燃烧温度($t_{a0,V}$)

并不是随着 $Q_{ar,net}$ 的提高而单调提高。造成这种变化趋势的原因需要进一步研究。

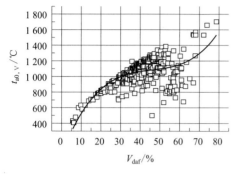

图 5 - 23　国外动力煤挥发分的理论
绝热燃烧温度与 V_{daf} 的关系

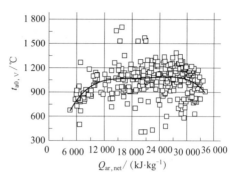

图 5 - 24　国外动力煤挥发分的理论
绝热燃烧温度与 $Q_{ar,net}$ 的关系

由表 5 - 29 可知:国外动力煤挥发分的理论绝热燃烧温度($t_{a0,V}$)对 V_{daf} 的分散程度较小,残差标准差为 138;$t_{a0,V}$ 对 $Q_{ar,net}$ 的分散程度较大,残差标准差为 179。从图 13 - 3、图 13 - 4 中可以清楚地观察到这种数据分布特点。

表 5 - 29　图 5 - 23、图 5 - 24 多项式拟合函数参数

参　　数	拟合公式:公式(4 - 1)	
	图 13 - 3	图 13 - 4
B_0	- 0. 918 66	- 92. 439 61
B_1	65. 102 55	0. 235 6
B_2	- 1. 357 08	- 1. 79 × 10^{-5}
B_3	0. 009 88	5. 981 × 10^{-10}
B_4	—	- 7. 38 × 10^{-15}
$\sigma_{\delta,min}$	138	179

三、国外动力煤挥发分的自身理论绝热燃烧温度分布规律

国外动力煤的数据来自表 2 - 5 ~ 表 2 - 8,计算方法来自第 3.4 节,在计算过程中,删除了无效计算结果。

国外动力煤干燥无灰基挥发分的理论绝热燃烧温度($t_{a0,daf,V}$)计算结果列于表 5 - 30 ~ 表 5 - 33 中。国外动力煤干燥无灰基挥发分的理论绝热燃烧温度

$(t_{a0,daf,V})$随着 V_{daf}、$Q_{ar,net}$ 变化的分布规律绘制于图 5 - 25、图 5 - 26 中,多项式拟合函数参数见表 5 - 34。

表 5 - 30　国外无烟煤干燥无灰基挥发分的理论绝热燃烧温度($t_{a0,daf,V}$)计算结果　℃

序号	$t_{a0,daf,V}$	序号	$t_{a0,daf,V}$	序号	$t_{a0,daf,V}$
3	2 208.0	5	2 441.4	11	2 155.2
4	2 408.3	6	2 212.7	15	2 151.0
本表序号对应于表 2 - 5。					

表 5 - 31　国外贫煤干燥无灰基挥发分的理论绝热燃烧温度($t_{a0,daf,V}$)计算结果　℃

序号	$t_{a0,daf,V}$	序号	$t_{a0,daf,V}$	序号	$t_{a0,daf,V}$	序号	$t_{a0,daf,V}$
1	1 963.4	5	1 978.1	8	2 013.4	11	1 999.9
3	1 941.8	6	1 968.6	9	2 005.6		
4	1 974.3	7	1 999.7	10	2 024.8		
本表序号对应于表 2 - 6。							

表 5 - 32　国外烟煤干燥无灰基挥发分的理论绝热燃烧温度($t_{a0,daf,V}$)计算结果　℃

序号	$t_{a0,daf,V}$	序号	$t_{a0,daf,V}$	序号	$t_{a0,daf,V}$	序号	$t_{a0,daf,V}$
1	2 209.6	10	2 280.1	18	2 237.1	26	2 588.2
2	2 221.0	11	2 294.7	19	2 250.8	27	2 260.8
3	2 223.5	12	2 233.2	20	2 241.4	28	2 256.3
4	2 241.2	13	2 233.4	21	2 355.4	29	2 240.3
5	2 216.6	14	2 198.5	22	2 289.8	30	2 261.3
6	2 210.1	15	2 235.6	23	2 319.0	31	2 270.3
7	2 224.4	16	2 273.1	24	2 310.5	32	2 257.8
8	2 208.9	17	2 351.4	25	2 128.3	33	2 253.1

序号	$t_{a0,daf,V}$	序号	$t_{a0,daf,V}$	序号	$t_{a0,daf,V}$	序号	$t_{a0,daf,V}$
34	2 739.9	64	2 310.6	93	2 284.1	122	2 309.6
35	2 323.3	65	2 330.9	94	2 297.1	123	2 310.2
36	2 273.8	66	2 293.1	95	2 328.4	124	2 420.6
37	2 311.9	67	2 274.5	96	2 290.7	125	2 356.4
38	2 313.9	68	2 309.8	97	2 334.0	126	2 304.9
39	2 303.2	69	2 250.8	98	2 316.6	127	2 301.5
40	2 274.5	70	2 354.4	99	2 388.1	128	2 301.7
41	2 369.1	71	2 284.0	100	2 304.7	129	2 290.2
42	2 328.7	72	2 164.9	101	2 331.6	130	2 463.3
43	2 251.8	73	2 334.8	102	2 300.7	131	2 399.5
44	2 303.0	74	2 189.9	103	2 272.5	132	2 523.7
45	2 257.0	75	2 307.7	104	2 282.5	133	2 338.5
46	2 301.5	76	2 422.8	105	2 294.1	134	2 382.9
47	2 277.9	77	2 290.5	106	2 298.0	135	2 347.4
48	2 279.8	78	2 293.2	107	2 300.0	136	2 316.4
50	2 349.1	79	2 283.9	108	2 297.2	137	2 318.5
51	2 316.1	80	2 352.6	109	2 308.6	138	2 345.6
52	2 534.1	81	2 385.6	110	2 370.4	139	2 304.6
53	2 286.7	82	2 288.8	111	2 299.5	140	2 329.0
54	2 321.4	83	2 440.3	112	2 413.4	141	2 295.8
55	2 145.0	84	2 417.2	113	2 376.1	142	2 354.3
56	2 375.3	85	2 305.2	114	2 345.3	143	2 292.8
57	2 303.4	86	2 339.8	115	2 387.7	144	2 336.7
58	2 266.1	87	2 410.6	116	2 341.3	145	2 443.3
59	2 369.2	88	2 769.6	117	2 293.2	146	2 299.5
60	2 283.5	89	2 300.4	118	2 313.3	147	2 321.0
61	2 303.4	90	2 318.0	119	2 357.1	148	2 288.3
62	2 297.1	91	2 371.6	120	2 374.6	149	2 444.7
63	2 310.6	92	2 293.3	121	2 363.2	150	2 324.7

序号	$t_{a0,daf,V}$	序号	$t_{a0,daf,V}$	序号	$t_{a0,daf,V}$	序号	$t_{a0,daf,V}$
151	2 292.4	171	2 336.4	191	2 442.4	211	2 442.1
152	2 444.4	172	2 310.6	192	2 352.8	212	2 379.1
150	2 324.7	173	2 302.3	193	2 427.7	213	2 389.0
154	2 352.1	174	2 496.3	194	2 584.0	214	2 620.5
155	2 309.8	175	2 503.1	195	2 461.9	215	2 385.3
156	2 388.3	176	2 291.2	196	2 339.7	216	2 509.0
157	2 424.8	177	2 387.1	197	2 719.2	217	2 493.3
158	2 337.3	178	2 462.6	198	2 467.3	218	2 413.4
159	2 317.5	179	2 296.4	199	2 518.1	219	2 374.8
160	2 377.9	180	2 336.9	200	2 385.2	220	2 667.0
161	2 397.6	181	2 650.5	201	2 448.1	221	2 431.9
162	2 347.8	182	2 525.2	202	2 916.4	222	2 341.8
163	2 315.8	183	2 330.2	203	2 388.9	223	2 491.6
164	2 314.6	184	2 326.4	204	2 301.4	224	2 357.8
165	2 515.1	185	2 401.6	205	2 343.0	225	2 442.0
166	2 400.2	186	2 400.4	206	2 384.7	226	2 344.9
167	2 365.0	187	2 372.1	207	2 441.3	227	2 443.9
168	2 437.4	188	2 310.3	208	2 733.0	228	2 457.6
169	2 337.6	189	2 358.1	209	2 320.9	229	2 415.1
170	2 300.0	190	2 630.9	210	2 340.0	230	2 260.7

本表序号对应于表 2 – 7。

表 5 – 33　国外褐煤干燥无灰基挥发分的理论绝热燃烧温度($t_{a0,daf,V}$)计算结果　℃

序号	$t_{a0,daf,V}$	序号	$t_{a0,daf,V}$	序号	$t_{a0,daf,V}$	序号	$t_{a0,daf,V}$
1	2 522.3	6	2 577.9	11	2 496.7	16	2 319.6
2	2 482.3	7	2 633.5	12	2 538.4	17	2 512.7
3	2 685.0	8	2 523.4	13	2 856.9	18	2 419.3
4	2 337.5	9	2 618.0	14	2 441.0	19	2 383.7
5	2 419.6	10	2 525.9	15	2 966.7	20	2 499.0

续表

序号	$t_{a0,daf,V}$	序号	$t_{a0,daf,V}$	序号	$t_{a0,daf,V}$	序号	$t_{a0,daf,V}$
21	2 525.4	35	2 518.3	49	2 585.1	63	2 462.4
22	2 493.9	36	2 415.7	50	2 524.9	64	2 559.0
23	2 428.5	37	2 591.0	51	2 481.9	65	2 798.5
24	2 452.0	38	2 595.0	52	2 440.6	66	2 596.6
25	2 454.3	39	2 625.4	53	2 498.5	67	2 500.8
26	2 611.7	40	2 560.9	54	2 647.5	68	2 577.7
27	2 480.9	41	2 445.9	55	2 406.6	69	2 454.3
28	2 399.7	42	2 604.7	56	2 553.2	70	2 661.8
29	2 555.0	43	2 613.9	57	2 420.2	71	2 589.8
30	2 799.9	44	2 538.9	58	2 420.2	72	2 500.6
31	2 563.5	45	2 546.2	59	2 412.5	73	2 347.6
32	2 596.9	46	2 457.3	60	2 428.0	74	2 431.8
33	2 634.3	47	2 583.7	61	2 580.4	75	2 452.5
34	2 552.1	48	2 473.1	62	2 455.8		

本表序号对应于表 2 - 8。

由图 5 - 25 拟合曲线可知:国外动力煤干燥无灰基挥发分的理论绝热燃烧温度
($t_{a0,daf,V}$)随着 V_{daf} 的提高总体上升。在 5.83% < V_{daf} ≤ 14.69% 区间,$t_{a0,daf,V}$ 从
2 204℃降低到 2 139℃,降低幅度为 65℃;在 14.69% < V_{daf} ≤ 58.84% 区间,$t_{a0,daf,V}$
从 2 139℃提高到 2 508℃,增加幅度为 369℃;在 58.84% < V_{daf} ≤ 78.68 % 区间,
$t_{a0,daf,V}$从 2 508℃降低到 2 394℃,降低幅度为 114℃。国外动力煤干燥无灰基挥发分
的理论绝热燃烧温度($t_{a0,daf,V}$)的变化规律与挥发分自身的成分和动力煤的成分
有关,需要进一步研究。

由图 5 - 26 拟合曲线可知:随着国外动力煤的收到基低位发热量 $Q_{ar,net}$ 的提
高,干燥无灰基挥发分的理论绝热燃烧温度($t_{a0,daf,V}$)单调降低,从 2 603℃降低到
2 163℃,降低幅度为 440℃。说明国外动力煤干燥无灰基挥发分的理论绝热燃烧温
度($t_{a0,daf,V}$)并不是随着 $Q_{ar,net}$ 的提高而单调提高。造成这种变化趋势的原因与国外
动力煤的挥发分成分组成有关,需要进一步研究。

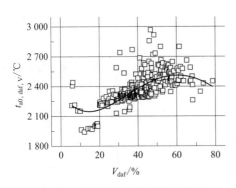

图 5 – 25　国外动力煤干燥无灰基
挥发分的理论绝热燃烧
温度与 V_{daf} 的关系

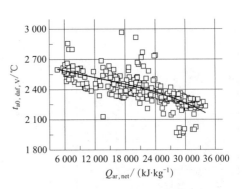

图 5 – 26　国外动力煤干燥无灰基
挥发分的理论绝热燃烧
温度与 $Q_{ar,net}$ 的关系

由表 5 – 34 可知：国外动力煤干燥无灰基挥发分的理论绝热燃烧温度（ $t_{a0,daf,V}$ ）对 V_{daf} 的分散程度较大，残差标准差为 110；$t_{a0,daf,V}$ 对 $Q_{ar,net}$ 的分散程度稍小，残差标准差为 105。从图 5 – 25、图 5 – 26 中可以清楚地观察到这种数据分布特点。

表 5 – 34　图 5 – 25、图 5 – 26 多项式拟合函数参数

参　　数	拟合公式：公式（4 – 1）	
	图 5 – 25	图 5 – 26
B_0	2 336. 153 4	2 667. 694 1
B_1	– 29. 639 08	– 0. 015 66
B_2	1. 397 21	$4. 143 \times 10^{-7}$
B_3	– 0. 018 72	$– 1. 14 \times 10^{-11}$
B_4	$7. 463 \times 10^{-5}$	—
$\sigma_{\delta,min}$	110	105

四、国外动力煤挥发分的三种绝热燃烧温度分布规律对比

将国外动力煤挥发分的工程绝热燃烧温度、理论绝热燃烧温度以及干燥无灰基成分的理论绝热燃烧温度计算结果拟合曲线与 V_{daf}、$Q_{ar,net}$ 的关系绘制在图 5 – 27、图 5 – 28 中，以便于对比分析其分布规律。

由图 5 – 27、图 5 – 28 可知：① 国外动力煤的挥发分工程绝热燃烧温度（ $t_{aE,V}$ ）低于挥发分的理论绝热燃烧温度（ $t_{a0,V}$ ）。适当降低煤粉锅炉的过量空气系数可以提高挥发分的绝热燃烧温度，国内部分电站煤粉锅炉采用了低氧燃烧技术，主燃区

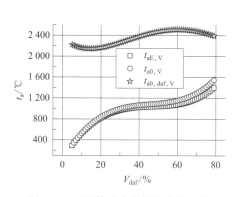

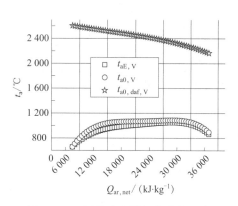

图 5 - 27　国外动力煤挥发分的三种
绝热燃烧温度与 V_{daf} 的关系

图 5 - 28　国外动力煤挥发分的三种
绝热燃烧温度与 $Q_{ar,net}$ 的关系

过量空气系数 $\alpha < 1.0$,有利于提高挥发分的燃烧温度和煤粉气流着火。② 国外动力煤挥发分的干燥无灰基成分的理论绝热燃烧温度($t_{a0,daf,V}$)远远高于挥发分的理论绝热燃烧温度($t_{a0,V}$)。这个规律由国外动力煤挥发分的成分组成决定,需要做进一步研究。

将国外动力煤挥发分的干燥无灰基成分组成与 V_{daf}、$Q_{ar,net}$ 的关系绘制在图 5 - 29、图 5 - 30 中,以便于对比分析其分布规律。在数据处理过程中,删除了无效数据。图 5 - 29、图 5 - 30 中 C、H、O、N、S 的多项式拟合函数参数见表 5 - 35、表 5 - 36。

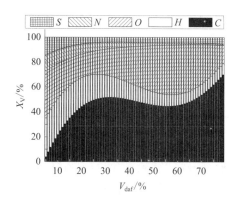

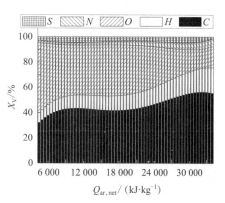

图 5 - 29　国外动力煤挥发分的干燥
无灰基成分组成与 V_{daf} 的关系

(X 表示 C、H、O、N、S)

图 5 - 30　国外动力煤挥发分的干燥
无灰基成分组成与 $Q_{ar,net}$ 的关系

(X 表示 C、H、O、N、S)

表 5 – 35　图 5 – 29 中挥发分的干燥无灰基成分组成与 V_{daf} 关系的多项式拟合函数参数

参数	拟合公式：公式(4 – 1)				
	C_V	H_V	O_V	N_V	S_V
B_0	– 19.771	35.570 41	52.787 09	15.034 17	21.501 24
B_1	5.376 53	– 0.714 62	– 3.172 52	– 0.407 88	– 1.561 26
B_2	– 0.129 73	0.003 27	0.068 91	0.002 76	0.049 45
B_3	0.000 968	2.01×10^{-5}	0.000 645	1.67×10^{-5}	– 0.000 67
B_4	—	—	-2.4×10^{-5}	-1.8×10^{-7}	3.27×10^{-6}
B_5			1.32×10^{-7}		
σ_δ	10.5	2.2	11.6	1.1	4.1

表 5 – 36　图 5 – 30 中挥发分的干燥无灰基成分组成与 $Q_{\text{ar,net}}$ 关系的多项式拟合函数参数

参数	拟合公式：公式(4 – 1)				
	C_V	H_V	O_V	N_V	S_V
B_0	—	3.648 28	112.036 3	2.457 86	0
B_1	0.011 46	0.001 28	– 0.018 42	– 0.000 16	0.000 668
B_2	-1.1×10^{-6}	-8.9×10^{-8}	1.64×10^{-6}	1.26×10^{-8}	2.71×10^{-8}
B_3	4.43×10^{-11}	2.83×10^{-12}	-6×10^{-11}	-1.3×10^{-13}	-8.3×10^{-12}
B_4	-7×10^{-16}	-2.6×10^{-17}	7.43×10^{-16}	-1.9×10^{-19}	3.99×10^{-16}
B_5	2.76×10^{-21}	—	—	—	-5.7×10^{-21}
σ_δ	10.7	4.1	8.9	2.0	3.4

由图 5 – 29 可知：① 国外动力煤挥发分中的碳元素含量(C_V)随着干燥无灰基挥发分含量(V_{daf})的提高先升高，后降低，最后又升高；氢元素含量(H_V)随着 V_{daf} 的提高而逐渐降低；氧元素含量(O_V)随着 V_{daf} 的提高经历了升高、降低、升高、降低的过程；氮元素含量(N_V)随着 V_{daf} 的提高逐渐降低；硫元素含量(S_V)随着 V_{daf} 的提高总体上逐渐降低。② 图 5 – 27、图 5 – 28 中，国外动力煤挥发分的工程绝热燃烧温度、理论绝热燃烧温度随着 V_{daf} 的提高而提高，说明挥发分完全燃烧时，烟气焓提高。原因是国外动力煤挥发分中的碳元素含量(C_V)随着干燥无灰基挥发分含量(V_{daf})的提高，先升高，后降低，最后又升高；挥发分的发热量提高，氧元素含量(O_V)随着 V_{daf}

的提高经历了升高、降低、升高、降低的过程,影响不明显。挥发分的含量随着 V_{daf} 提高而线性提高,1.0 kg 煤中挥发分的发热量提高,导致 1.0 kg 煤中挥发分完全燃烧时烟气焓提高。③ 图 5-25 中干燥无灰基挥发分的理论绝热燃烧温度分布规律与图 5-29 中 C_V、H_V、O_V 的分布规律对应。图 5-29 中,C_V 随着 V_{daf} 的提高经历了升高、降低、升高的过程,百分比很高;H_V 随着 V_{daf} 的提高经历了逐渐下降的过程,百分比很低;O_V 随着 V_{daf} 的提高经历了降低、升高、降低的过程,百分比很高;因此碳元素(C)是国外动力煤挥发分发热量的主要来源。氢元素(H)的发热量大约是碳元素(C)的发热量的 3.67 倍。因此过量空气系数 $\alpha=1.0$ 时,挥发分自身的烟气量经历了降低、升高、降低的过程,烟气焓经历了降低、升高、降低的过程。类似地,烟气温度也经历了降低、升高、降低的过程。

由图 5-30 可知:① 随着 $Q_{ar,net}$ 的提高,国外动力煤的 C_V 总体升高,变化范围是 20% ~50%;H_V 总体升高,变化范围是 9% ~18%;O_V 总体降低,变化范围是 55% ~ 20%;N_V 总体升高,变化范围是 5% ~18%;S_V 总体经历了升高、降低、升高的过程,变化范围是 1% ~5%。② 图 5-22、图 5-24 中的国外动力煤挥发分的工程绝热燃烧温度($t_{aE,V}$)、理论绝热燃烧温度($t_{a0,V}$)总体上随着 $Q_{ar,net}$ 的提高略有升高,但是在 $Q_{ar,net}$ < 9 000 kJ/kg,或者 $Q_{ar,net}$ > 28 000 kJ/kg 时,$t_{aE,V}$、$t_{a0,V}$ 降低。这表示 $Q_{ar,net}$ < 9 000 kJ/kg 时,国外动力煤的水分含量高,烟气中水蒸气吸收了挥发分燃烧释放的热量;$Q_{ar,net}$ > 28 000 kJ/kg 时,国外动力煤的收到基碳含量(C_{ar})高、收到基氢含量(H_{ar})低,见图 4-24。1.0 kg 煤燃烧需要较高的空气量,相应的烟气量也比较高,烟气中的 CO_2 份额高,H_2O 份额低。烟气成分焓温表见表 3-2。在相同的烟气温度下,CO_2 气体的焓值高于 H_2O 焓值。烟气焓降低,1.0 kg 煤挥发分的工程绝热燃烧温度、理论绝热燃烧温度降低。③ 图 5-26 中,国外动力煤挥发分的自身理论绝热燃烧温度($t_{a0,daf,V}$)随着 $Q_{ar,net}$ 的提高而单调降低,原因如图 5-30 所示,随着 $Q_{ar,net}$ 的提高,国外动力煤挥发分自身的氧含量(O_V)总体上逐渐降低,1.0 kg 煤挥发分完全燃烧需要的空气量增加,烟气量随之增加,烟气焓降低,$t_{a0,daf,V}$ 随着 $Q_{ar,net}$ 的提高而单调降低。

五、国外动力煤及其挥发分的四种绝热燃烧温度分布规律对比

煤粉的燃烧过程经历了水分析出,挥发分析出、着火、燃烧,焦炭着火、燃尽,飞灰、炉渣颗粒的形成等几个环节。将国外动力煤的四种绝热燃烧温度变化规律与动力煤的干燥无灰基挥发分含量(V_{daf})、收到基低位发热量($Q_{ar,net}$)的关系绘制在图 5-31 ~ 图 5-34 中,可以分析其变化规律的差别所反映的内在原因。

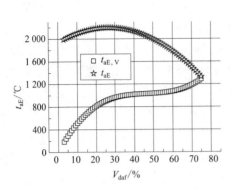

图 5 – 31　国外动力煤及其挥发分的
工程绝热燃烧温度与 V_{daf} 的关系

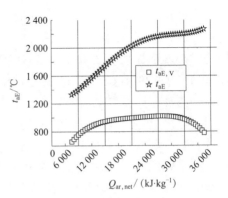

图 5 – 32　国外动力煤及其挥发分的
工程绝热燃烧温度与 $Q_{ar,net}$ 的关系

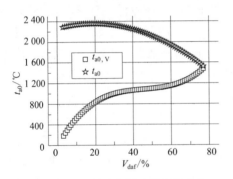

图 5 – 33　国外动力煤及其挥发分的
理论绝热燃烧温度与 V_{daf} 的关系

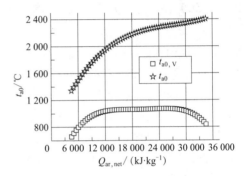

图 5 – 34　国外动力煤及其挥发分的
理论绝热燃烧温度与 $Q_{ar,net}$ 的关系

图 5 – 31 的拟合曲线表明:① 国外动力煤的工程绝热燃烧温度(t_{aE})高于动力煤中所含挥发分的工程绝热燃烧温度($t_{aE,V}$);② 随着 V_{daf} 的提高,温差($t_{aE} - t_{aE,V}$)逐步降低为 0℃。这说明干燥无灰基挥发分含量高的煤,挥发分中所含的碳、氢、硫的比例之和占煤所含的碳、氢、硫的比例之和逐步接近 100%。

图 5 – 33 也有类似于图 5 – 31 的变化规律,当过量空气系数降低为 1.0 时,t_{aE} 提高到 t_{a0}。

图 5 – 32 的拟合曲线表明:① 国外动力煤的工程绝热燃烧温度(t_{aE})与动力煤中所含挥发分的工程绝热燃烧温度($t_{aE,V}$)之差,随着 $Q_{ar,net}$ 的提高经历了降低、提高的过程。$Q_{ar,net} < 12\,000$ kJ/kg 的煤,$t_{aE} < 1\,680$℃,太低,不适合煤粉锅炉燃烧。$Q_{ar,net} > 29\,000$ kJ/kg 的煤,$t_{aE} > 2\,170$℃,太高,不适合煤粉锅炉燃烧。另外,发热量高的煤可以作为工业燃料,用来炼制焦炭,没有必要直接用于燃煤发电。② 国外动力煤所含挥发分的工程绝热燃烧温度不低于 1 000℃时,煤粉的着火稳定性较高,此时 $Q_{ar,net} > 18\,000$ kJ/kg。

图 5 – 34 也有与图 5 – 32 类似的变化规律,当过量空气系数降低为 1.0 时,t_{aE} 提高到 t_{a0}。此处不再赘述。

动力煤中的挥发分可以理解成与煤不同的另外一种固体燃料。

图 5 – 35 的拟合曲线表明:① 国外动力煤的干燥无灰基成分的理论绝热燃烧温度($t_{a0,daf}$)与干燥无灰基挥发分的理论绝热燃烧温度($t_{a0,daf,V}$)之间数量级相当,而且存在曲线交叉。② 挥发分自身的理论绝热燃烧温度很高,表明了挥发分在着火稳定性方面存在较大的技术潜力。挥发分含量低的无烟煤 $t_{a0,daf,V}$ 较低,但是也超过了2 300 ℃。提高无烟煤煤粉气流着火稳定性的主要技术措施是提高炉膛烟气温度,比如在燃烧器区域水冷壁敷设卫燃带或者采用"W"形火焰炉膛。挥发分含量很高的褐煤,$t_{a0,daf,V}$ 较高,在 2 300 ~ 2 600 ℃,要实现燃烧褐煤的煤粉锅炉的稳定着火,可以通过脱水大幅度降低褐煤水分含量、提升褐煤品质的措施。

图 5 – 36 的拟合曲线表明:① 随着 $Q_{ar,net}$ 的提高,国外动力煤的干燥无灰基成分的理论绝热燃烧温度($t_{a0,daf}$)及其挥发分的理论绝热燃烧温度($t_{a0,daf,V}$)总体上降低;$t_{a0,daf}$ 和 $t_{a0,daf,V}$ 数量级相当,而且存在曲线交叉。

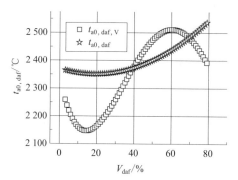

图 5 – 35　国外动力煤的干燥无灰基
成分及其挥发分的理论绝热
燃烧温度与 V_{daf} 的关系

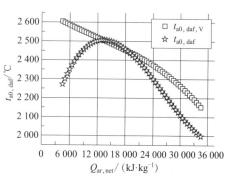

图 5 – 36　国外动力煤的干燥无灰基
成分及其挥发分的理论绝热
燃烧温度与 $Q_{ar,net}$ 的关系

第6章 空气干燥基煤的绝热燃烧温度分布规律

由于专业研究工作的需要,有一部分中国动力煤和国外动力煤的数据以空气干燥基的形式报道。空气干燥基数据是在燃煤电厂到厂煤的基础上,在实验室干燥,失去部分水分得到的煤样的参数。空气干燥基数据虽然不能作为动力煤数据使用,但是可以丰富煤质参数数据库,尤其是在研究挥发分、干燥无灰基成分的绝热燃烧温度时具有理论价值。

本章将动力煤的绝热燃烧温度延伸到收到基煤是一种理论研究方法,研究结果可以比较空气干燥基数据与收到基数据的绝热燃烧温度之间的差别,对空气干燥基煤的绝热燃烧温度分布规律做出合理的推断。

6.1 中国空气干燥基煤的绝热燃烧温度分布规律

一、中国空气干燥基煤的工程绝热燃烧温度分布规律

中国空气干燥基煤的煤质参数来自表 2-9 ~ 表 2-12,计算方法来自第 3.2 节。中国空气干燥基煤的工程绝热燃烧温度计算结果见表 6-1 ~ 表 6-4。

表 6-1 中国空气干燥基无烟煤的工程绝热燃烧温度($t_{aE,ad}$)计算结果　　　℃

序号	$t_{aE,ad}$	序号	$t_{aE,ad}$	序号	$t_{aE,ad}$	序号	$t_{aE,ad}$
1	1 982.1	9	1 968.8	17	2 043.4	25	1 996.8
2	1 998.6	10	2 023.6	18	1 983.7	26	2 047.8
3	1 984.7	11	1 922.6	19	2 063.6	27	1 971.8
4	2 028.1	12	1 982.1	20	2 001.4	28	2 046.3
5	2 011.3	13	1 934.5	21	2 012.8	29	2 028.5
6	2 004.6	14	2 119.2	22	2 003.1	30	2 044.1
7	2 034.5	15	2 061.8	23	2 093.9	31	2 044.4
8	2 019.9	16	2 036.0	24	2 013.5	32	2 075.8

续表

序号	$t_{aE,ad}$	序号	$t_{aE,ad}$	序号	$t_{aE,ad}$	序号	$t_{aE,ad}$
33	2 019.3	40	1 999.4	47	1 987.3	54	2 022.8
34	2 054.9	41	1 889.9	48	2 053.5	55	2 044.1
35	2 023.4	42	2 025.7	49	2 053.5	56	2 020.4
36	2 060.2	43	2 020.5	50	2 046.6	57	1 883.9
37	1 953.0	44	2 021.0	51	2 035.0	58	1 917.7
38	2 017.5	45	2 031.0	52	2 035.3	59	2 016.4
39	1 959.4	46	2 029.2	53	1 999.5		
本表序号对应于表 2 - 9。							

表 6 - 2　中国空气干燥基贫煤的工程绝热燃烧温度 ($t_{aE,ad}$) 计算结果　　℃

序号	$t_{aE,ad}$	序号	$t_{aE,ad}$	序号	$t_{aE,ad}$	序号	$t_{aE,ad}$
1	2 035.5	17	2 049.1	33	2 039.2	49	2 048.1
2	2 058.4	18	2 070.2	34	2 038.2	50	2 019.7
3	2 145.3	19	2 082.8	35	2 084.8	51	2 021.9
4	2 068.0	20	2 065.1	36	2 069.0	52	2 064.3
5	2 030.1	21	2 099.3	37	1 999.3	53	2 048.1
6	1 846.8	22	2 062.1	38	2 108.3	54	2 068.2
7	2 050.7	23	2 066.6	39	2 047.9	55	2 101.5
8	2 045.9	24	2 024.4	40	2 101.9	56	2 070.5
9	2 053.8	25	2 025.1	41	2 061.9	57	1 982.8
10	2 092.4	26	2 103.8	42	2 052.3	58	2 139.6
11	2 085.9	27	2 065.9	43	2 120.0	59	2 031.8
12	2 061.2	28	2 052.5	44	2 035.4	60	2 078.1
13	2 113.5	29	2 066.5	45	2 076.7	61	2 075.1
14	2 035.3	30	1 990.9	46	2 075.5	62	2 051.0
15	2 035.3	31	2 035.6	47	2 050.6		
16	2 038.1	32	2 048.9	48	2 016.1		
本表序号对应于表 2 - 10。							

表6-3　中国空气干燥基烟煤的工程绝热燃烧温度($t_{aE,ad}$)计算结果　　℃

序号	$t_{aE,ad}$	序号	$t_{aE,ad}$	序号	$t_{aE,ad}$	序号	$t_{aE,ad}$
1	2 066.0	42	2 217.1	83	2 211.2	124	2 262.8
2	2 203.5	43	2 033.0	84	2 246.4	125	2 150.9
3	2 177.4	44	2 136.6	85	2 210.4	126	2 160.0
4	2 138.1	45	2 186.4	86	2 237.8	127	2 209.3
5	2 236.1	46	2 130.1	87	2 239.4	128	2 199.0
6	2 143.8	47	2 142.4	88	2 210.3	129	2 201.6
7	2 143.4	48	2 149.7	89	2 163.0	130	2 192.8
8	2 173.9	49	2 194.9	90	2 134.8	131	2 177.6
9	2 128.9	50	2 198.8	91	2 203.6	132	2 188.5
10	2 152.4	51	2 185.2	92	2 194.0	133	2 207.7
11	2 143.7	52	2 249.1	93	2 185.0	134	2 183.2
12	2 161.3	53	2 252.0	94	2 202.5	135	2 191.0
13	2 109.7	54	2 186.0	95	2 223.8	136	2 229.2
14	2 148.6	55	2 214.1	96	2 163.2	137	2 209.3
15	2 238.9	56	2 235.6	97	2 212.1	138	2 135.5
16	2 107.1	57	2 175.5	98	2 202.9	139	2 243.2
17	2 078.1	58	2 228.9	99	2 236.0	140	2 192.2
18	2 099.3	59	2 187.8	100	2 219.0	141	2 133.9
19	2 201.1	60	2 217.4	101	2 218.2	142	2 174.8
20	2 175.1	61	2 216.2	102	2 314.7	143	2 096.6
21	2 192.6	62	2 180.3	103	2 198.0	144	2 166.5
22	—	63	2 188.2	104	2 182.9	145	2 167.4
23	2 187.6	64	2 157.6	105	2 213.7	146	2 162.9
24	2 234.7	65	2 209.2	106	2 201.7	147	2 227.6
25	2 206.4	66	2 186.2	107	2 135.9	148	2 160.5
26	2 183.1	67	2 125.4	108	2 135.9	149	2 162.7
27	2 138.0	68	2 233.5	109	2 244.9	150	2 145.0
28	2 130.4	69	2 201.3	110	2 105.8	151	2 160.0
29	2 214.1	70	2 194.4	111	1 951.3	152	2 195.5
30	2 223.7	71	2 239.1	112	2 212.3	153	2 207.1
31	2 279.1	72	2 230.6	113	2 178.8	154	2 179.6
32	2 254.8	73	2 215.0	114	2 207.1	155	2 190.5
33	2 177.7	74	2 186.7	115	2 156.6	156	2 201.3
34	2 228.2	75	2 280.4	116	2 265.0	157	2 182.0
35	2 160.5	76	2 171.9	117	2 237.4	158	2 177.2
36	2 195.4	77	2 009.9	118	2 166.0	159	2 128.3
37	2 231.2	78	2 283.6	119	2 235.1	160	2 214.8
38	2 230.6	79	2 180.5	120	2 252.0	161	2 215.0
39	2 177.9	80	2 188.9	121	2 144.2	162	2 189.7
40	2 211.3	81	2 246.3	122	2 125.0	163	2 186.3
41	2 199.1	82	2 172.8	123	2 196.5	164	2 143.0

本表序号对应于表2-11。

表6-4　中国空气干燥基褐煤的工程绝热燃烧温度($t_{\mathrm{aE,ad}}$)计算结果　　℃

序号	$t_{\mathrm{aE,ad}}$	序号	$t_{\mathrm{aE,ad}}$	序号	$t_{\mathrm{aE,ad}}$	序号	$t_{\mathrm{aE,ad}}$
1	1 981.5	8	1 929.3	15	1 954.2	22	1 839.3
2	2 028.3	9	1 979.8	16	1 957.3	23	1 866.7
3	1 930.8	10	1 930.4	17	2 012.5	24	1 880.8
4	2 004.9	11	1 946.6	18	1 941.6	25	1 848.7
5	1 987.8	12	1 934.3	19	1 855.4	26	1 857.6
6	1 938.2	13	2 210.0	20	1 874.1	27	1 555.6
7	1 941.3	14	1 946.6	21	1 916.4	28	1 332.4
本表序号对应于表2-12。							

　　将中国空气干燥基煤的工程绝热燃烧温度计算结果绘制在图6-1、图6-2中,其中的多项式拟合函数参数见表6-5。在数据处理过程中,删除了 $V_{\mathrm{daf}} > 60\%$ 以及 $t_{\mathrm{aE,ad}} < 1\,600\,℃$ 的无效数据。

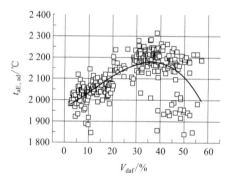

图6-1　中国空气干燥基煤的工程
绝热燃烧温度与 V_{daf} 的关系

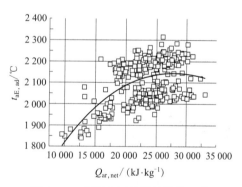

图6-2　中国空气干燥基煤的工程
绝热燃烧温度与 $Q_{\mathrm{ad,net}}$ 的关系

　　图6-1的拟合曲线表明:随着 V_{daf} 的提高,中国空气干燥基煤的工程绝热燃烧温度经历了先提高、后降低的过程,其分界点是 $V_{\mathrm{daf}} = 36\%$ 。这种变化规律的原因与煤的成分组成特点有关,有待进一步研究。

　　图6-2的拟合曲线表明:随着 $Q_{\mathrm{ad,net}}$ 的提高,中国空气干燥基煤的工程绝热燃烧温度经历了先提高、后降低的过程,其分界点是 $Q_{\mathrm{ad,net}} = 27\,500\ \mathrm{kJ/kg}$。这种变化规律的原因与煤的成分组成特点有关,有待进一步研究。

　　表6-5的数据表明:中国空气干燥基煤的工程绝热燃烧温度($t_{\mathrm{aE,ad}}$)对于 V_{daf} 的

分散程度较小,残差标准差为 74;$t_{aE,ad}$ 对于 $Q_{ad,net}$ 的分散程度较大,残差标准差为 85。图 6-1、图 6-2 的数据及其拟合曲线可以清楚地反映出上述特点。

中国煤的空气干燥基成分组成数据分布规律,经过多项式曲线拟合以后,绘制在图 6-3、图 6-4 中,拟合函数参数列于表 6-6、表 6-7 中。

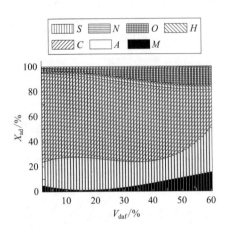

图 6-3 中国煤的空气干燥基
成分组成与 V_{daf} 的关系
(X 表示 S、N、O、H、C、A、M)

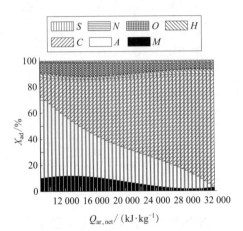

图 6-4 中国煤的空气干燥基
成分组成与 $Q_{ad,net}$ 的关系
(X 表示 S、N、O、H、C、A、M)

表 6-5 图 6-1、图 6-2 的多项式拟合函数参数

参　　数	拟合公式:公式(4-1)	
	图 6-1	图 6-2
B_0	1 964. 523	1 267. 097
B_1	5. 796 07	0. 071 36
B_2	0. 166 83	-1.7×10^{-6}
B_3	$-0.004 52$	1.08×10^{-11}
σ_δ	74	85

图 6-3 表明:① $V_{daf} \leqslant 36\%$ 时,随着 V_{daf} 的提高,空气干燥基的碳元素含量(C_{ad})在降低,氢元素含量(H_{ad})在升高,氧元素含量(O_{ad})在升高,1.0 kg 煤完全燃烧需要的空气量在降低,因此工程绝热燃烧温度($t_{aE,ad}$)逐渐提高,与图 6-1 对应。② 空气干燥基水分含量(M_{ad})在 $V_{daf} > 36\%$ 以后明显提高,因此烟气中的水蒸气含量大幅度提高,水蒸气吸收烟气热量,降低烟气温度,最终降低了工程绝热燃烧温度($t_{aE,ad}$),与图 6-1 对应。

图 6 - 4 表明:① 在 $Q_{ad,net} \leqslant 27\ 500$ kJ/kg 时,空气干燥基的水分含量(M_{ad})在降低,碳元素含量(C_{ad})在提高,氢元素含量(H_{ad})变化不大,氧元素含量(O_{ad})先提高、后降低,因此工程绝热燃烧温度($t_{aE,ad}$)逐渐提高。② 在 $Q_{ad,net} > 27\ 500$ kJ/kg 时,空气干燥基的氢元素含量(H_{ad})变化范围是 3.7% ~ 3.8%,氧元素含量(O_{ad})变化范围是 4.6% ~ 5.7%,比例很低,碳元素含量(C_{ad})占到 72% ~ 90%,为主要比例,1.0 kg 煤完全燃烧需要的空气量更多,烟气量提高,烟气温度降低,$t_{aE,ad}$ 逐渐降低,对应于图 6 - 2。

表 6 - 6、表 6 - 7 的残差标准差数据比较接近,这个特点表明:M_{ad}、A_{ad}、C_{ad}、H_{ad}、O_{ad}、N_{ad}、S_{ad} 对于 V_{daf} 和 $Q_{ad,net}$ 的分散程度比较接近。

表 6 - 6　中国煤的空气干燥基成分组成与 V_{daf} 的关系拟合函数参数

参数	拟合公式:公式(4 - 1)						
	M_{ad}	A_{ad}	C_{ad}	H_{ad}	O_{ad}	N_{ad}	S_{ad}
B_0	5.848 21	16.590 04	73.445 88	0.457 18	3.256 8	0.316 8	1.004 95
B_1	- 0.593 92	1.507 84	- 1.108 19	0.226 63	- 0.282 92	0.077 06	0.023 01
B_2	0.021 03	- 0.070 72	0.044 5	- 0.005 1	0.019 07	- 0.002 39	- 0.000 593
B_3	- 0.000 143	0.000 845 6	- 0.000 633	$3.540\ 5 \times 10^{-5}$	- 0.000 19	2.188×10^{-5}	—
σ_δ	4.3	11.3	10.5	0.8	2.9	0.4	15.1

表 6 - 7　中国煤的空气干燥基成分组成与 $Q_{ad,net}$ 的关系拟合函数参数

参数	拟合公式:公式(4 - 1)						
	M_{ad}	A_{ad}	C_{ad}	H_{ad}	O_{ad}	N_{ad}	S_{ad}
B_0	- 11.399	195.774	- 36.980	11.349	- 12.185	0.907	0.265
B_1	0.004 56	- 0.021 61	0.007 69	- 0.001 33	0.003 81	-8.32×10^{-5}	8.421×10^{-5}
B_2	-2.7×10^{-7}	9.425×10^{-7}	-2.22×10^{-7}	$6.255\ 8 \times 10^{-8}$	-2×10^{-7}	6.317×10^{-9}	-2.1×10^{-9}
B_3	4.427×10^{-12}	-1.44×10^{-11}	3.193×10^{-12}	-8.872×10^{-13}	3.065×10^{-12}	-1.13×10^{-13}	—
σ_δ	4.9	8.0	3.0	1.0	4.6	0.4	1.0

二、中国空气干燥基煤的理论绝热燃烧温度分布规律

中国空气干燥基煤的煤质参数来自表 2 - 9 ~ 表 2 - 12,计算方法来自第 3.1 节,理论绝热燃烧温度计算结果见表 6 - 8 ~ 表 6 - 11。

表6－8　中国空气干燥基无烟煤的理论绝热燃烧温度（$t_{a0,ad}$）计算结果　　　℃

序号	$t_{a0,ad}$	序号	$t_{a0,ad}$	序号	$t_{a0,ad}$	序号	$t_{a0,ad}$
1	2 280.3	16	2 343.4	31	2 353.1	46	2 325.3
2	2 293.1	17	2 352.3	32	2 389.4	47	2 277.0
3	2 271.7	18	2 271.1	33	2 318.0	48	2 360.6
4	2 329.4	19	2 372.8	34	2 366.3	49	2 351.5
5	2 311.3	20	2 296.8	35	2 326.9	50	2 341.1
6	2 298.7	21	2 310.9	36	2 368.9	51	2 339.6
7	2 340.0	22	2 297.4	37	2 225.7	52	2 292.4
8	2 318.0	23	2 409.3	38	2 318.6	53	2 324.8
9	2 256.2	24	2 321.0	39	2 237.7	54	2 348.3
10	2 325.2	25	2 286.7	40	2 290.5	55	2 318.3
11	2 199.6	26	2 361.8	41	2 142.6	56	2 124.3
12	2 269.8	27	2 252.9	42	2 328.6	57	2 178.9
13	2 215.4	28	2 351.3	43	2 319.1	58	2 315.7
14	2 443.9	29	2 333.8	44	2 321.5		
15	2 372.2	30	2 348.3	45	2 332.8		

本表序号对应于表2－9。

表6－9　中国空气干燥基贫煤的理论绝热燃烧温度（$t_{a0,ad}$）计算结果　　　℃

序号	$t_{a0,ad}$	序号	$t_{a0,ad}$	序号	$t_{a0,ad}$	序号	$t_{a0,ad}$
1	2 269.0	17	2 286.3	33	2 274.5	49	2 283.8
2	2 290.8	18	2 311.9	34	2 271.9	50	2 247.5
3	2 403.1	19	2 325.9	35	2 331.0	51	2 252.0
4	2 308.7	20	2 306.2	36	2 310.9	52	2 301.2
5	2 266.4	21	2 345.3	37	2 217.8	53	2 285.0
6	2 029.1	22	2 302.8	38	2 358.3	54	2 307.2
7	2 287.2	23	2 311.0	39	2 283.9	55	2 347.9
8	2 284.0	24	2 262.3	40	2 350.0	56	2 314.2
9	2 293.7	25	2 256.4	41	2 303.1	57	2 206.1
10	2 339.8	26	2 354.3	42	2 290.3	58	2 394.9
11	2 332.2	27	2 310.4	43	2 373.2	59	2 263.5
12	2 300.7	28	2 292.2	44	2 271.6	60	2 313.9
13	2 361.7	29	2 308.9	45	2 313.5	61	2 318.6
14	2 267.8	30	2 217.5	46	2 317.3	62	2 286.8
15	2 267.8	31	2 269.0	47	2 287.7		
16	2 272.9	32	2 285.1	48	2 246.9		

本表序号对应于表2－10。

表 6 - 10　中国空气干燥基烟煤的理论绝热燃烧温度($t_{a0,ad}$)计算结果　℃

序号	$t_{a0,ad}$	序号	$t_{a0,ad}$	序号	$t_{a0,ad}$	序号	$t_{a0,ad}$
1	2 163.9	31	2 397.8	61	2 333.3	91	2 303.1
2	2 316.7	32	2 369.5	62	2 288.9	92	2 294.5
3	2 287.9	33	2 286.1	63	2 299.6	93	2 311.8
4	2 244.2	34	2 341.0	64	2 264.0	94	2 336.3
5	2 352.4	35	2 269.4	65	2 296.5	95	2 268.5
6	2 251.2	36	2 307.9	66	2 229.9	96	2 322.3
7	2 250.8	37	2 344.6	67	2 347.9	97	2 314.2
8	2 282.3	38	2 344.0	68	2 312.3	98	2 349.6
9	2 235.0	39	2 288.2	69	2 303.7	99	2 329.3
10	2 250.4	40	2 323.8	70	2 352.4	100	2 329.3
11	2 249.5	41	2 311.4	71	2 343.5	101	2 435.5
12	2 270.7	42	2 329.3	72	2 328.3	102	2 308.7
13	2 301.6	43	2 123.3	73	2 296.8	103	2 293.5
14	2 211.7	44	2 242.7	74	2 396.6	104	2 325.5
15	2 257.0	45	2 298.1	75	2 279.9	105	2 310.8
16	2 354.3	46	2 232.6	76	2 105.4	106	2 234.4
17	2 209.2	47	2 249.9	77	2 400.5	107	2 241.3
18	2 171.0	48	2 256.3	78	2 289.1	108	2 360.0
19	2 202.2	49	2 307.4	79	2 298.7	109	2 209.9
20	2 314.4	50	2 310.5	80	2 358.3	110	2 046.0
21	2 285.3	51	2 296.2	81	2 282.1	111	2 325.3
22	2 303.1	52	2 365.6	82	2 322.1	112	2 287.8
23	2 298.2	53	2 367.7	83	2 359.9	113	2 316.8
24	2 353.8	54	2 295.5	84	2 321.9	114	2 260.3
25	2 318.5	55	2 324.4	85	2 351.6	115	2 381.8
26	2 293.9	56	2 348.5	86	2 353.3	116	2 351.2
27	2 245.0	57	2 285.3	87	2 321.8	117	2 271.5
28	2 227.6	58	2 341.5	88	2 269.8	118	2 349.1
29	2 323.7	59	2 296.4	89	2 235.7	119	2 366.5
30	2 337.6	60	2 328.1	90	2 312.9	120	2 249.8

序号	$t_{a0,ad}$	序号	$t_{a0,ad}$	序号	$t_{a0,ad}$	序号	$t_{a0,ad}$
121	2 224.1	132	2 298.8	143	2 197.3	154	2 286.9
122	2 302.9	133	2 316.6	144	2 267.8	155	2 295.1
123	2 378.7	134	2 292.2	145	2 269.2	156	2 305.4
124	2 256.4	135	2 298.2	146	2 264.7	157	2 289.8
125	2 259.8	136	2 337.5	147	2 340.9	158	2 287.5
126	2 315.4	137	2 315.4	148	2 261.5	159	2 226.5
127	2 304.9	138	2 240.5	149	2 271.1	160	2 321.8
128	2 311.7	139	2 357.3	150	2 246.1	161	2 322.6
129	2 311.7	140	2 298.3	151	2 264.8	162	2 295.0
130	2 299.0	141	2 233.0	152	2 305.6	163	2 291.5
131	2 285.4	142	2 277.0	153	2 316.0	164	2 243.8
本表序号对应于表2-11。							

表 6-11　中国空气干燥基褐煤的理论绝热燃烧温度($t_{a0,ad}$)计算结果　　　℃

序号	$t_{a0,ad}$	序号	$t_{a0,ad}$	序号	$t_{a0,ad}$	序号	$t_{a0,ad}$
1	2 242.2	8	2 184.5	15	2 205.0	22	2 060.2
2	2 301.4	9	2 240.3	16	2 210.0	23	2 089.9
3	2 187.9	10	2 177.9	17	2 270.8	24	2 096.4
4	2 274.6	11	2 191.3	18	2 188.6	25	2 043.9
5	2 250.9	12	2 189.6	19	2 083.9	26	2 052.6
6	2 194.5	13	2 532.7	20	2 093.6	27	1 704.8
7	2 191.1	14	2 196.1	21	2 153.4	28	1 431.8
本表序号对应于表2-12。							

　　将中国空气干燥基煤的理论绝热燃烧温度计算结果绘制在图 6-5、图 6-6 中,其中的多项式拟合函数参数见表 6-12。在数据处理过程中,删除了 $V_{daf} > 60\%$ 以及 $t_{aE,ad} < 1\ 600℃$ 的无效数据。

　　图 6-5 的拟合曲线表明:随着 V_{daf} 的提高,中国空气干燥基煤的理论绝热燃烧温度($t_{a0,ad}$)经历了先降低,后提高,最后降低的过程,其分界点分别是 $V_{daf} = 12\%$、$V_{daf} = 32\%$。这种变化规律的原因与煤的成分组成特点有关,也与过量空气系数 $\alpha = 1.0$ 有关。由于中国煤的空气干燥基成分不变,因此图 6-5 的拟合曲线变化趋

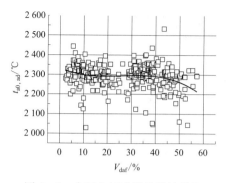

图 6 - 5　中国空气干燥基煤的理论
绝热燃烧温度与 V_{daf} 的关系

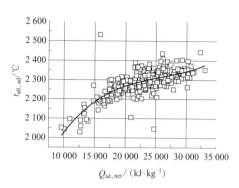

图 6 - 6　中国空气干燥基煤的理论
绝热燃烧温度与 $Q_{ad, net}$ 的关系

势应当与图 6 - 1 相似,但是图 6 - 5 的曲线与图 6 - 1 的曲线变化趋势不相似,原因未知。过量空气系数 $\alpha = 1.0$,小于煤粉锅炉炉膛实际过量空气系数,因此 $t_{a0,ad} > t_{aE,ad}$。

图 6 - 6 的拟合曲线表明:随着 $Q_{ad, net}$ 的提高,中国空气干燥基煤的理论绝热燃烧温度($t_{a0,ad}$)单调提高。这种变化规律的原因与煤的成分组成特点有关,也与过量空气系数 $\alpha = 1.0$ 有关,有待进一步研究。由于中国煤的空气干燥基成分不变,因此图 6 - 6 的拟合曲线变化趋势应当与图 6 - 2 相似,图 6 - 6 的曲线与图 6 - 2 的曲线变化趋势基本相似。过量空气系数 $\alpha = 1.0$,小于煤粉锅炉炉膛实际过量空气系数,因此 $t_{a0,ad} > t_{aE,ad}$。

表 6 - 12 的数据表明:中国空气干燥基煤的工程绝热燃烧温度($t_{a0,ad}$)对于 V_{daf} 的分散程度较大,残差标准差为 61;$t_{aE,ad}$ 对于 $Q_{ad, net}$ 的分散程度较小,残差标准差为 45。图 6 - 5、图 6 - 6 的数据及其拟合曲线可以清楚地反映出上述特点。

表 6 - 12　图 6 - 5、图 6 - 6 的多项式拟合函数参数

参　　数	拟合公式:公式(4 - 1)	
	图 6 - 5	图 6 - 6
B_0	2 333.90	1 340.97
B_1	- 5.469 27	0.099 96
B_2	0.228 51	- 3.605 2 × 10^{-6}
B_3	- 2.96 × 10^{-3}	4.625 14 × 10^{-11}
σ_δ	61	45

三、中国空气干燥基煤的干燥无灰基成分的理论绝热燃烧温度分布规律

中国空气干燥基煤的煤质参数折算成干燥无灰基的数据,总体特性应当与收到基煤的煤质参数折算成干燥无灰基的数据类似。

中国空气干燥基煤的煤质参数来自表 2 - 9 ~ 表 2 - 12,计算方法来自第 3 章,理论绝热燃烧温度计算结果见表 6 - 13 ~ 表 6 - 16。

表 6 – 13　中国空气干燥基无烟煤的干燥无灰基成分的理论

绝热燃烧温度($t_{a0,daf}$)计算结果　　　　　　　℃

序号	$t_{a0,daf}$	序号	$t_{a0,daf}$	序号	$t_{a0,daf}$	序号	$t_{a0,daf}$
1	2 332.9	16	2 372.1	31	2 363.3	46	2 397.5
2	2 386.9	17	2 373.3	32	2 511.2	47	2 348.8
3	2 384.8	18	2 375.8	33	2 370.2	48	2 431.3
4	2 384.0	19	2 464.9	34	2 420.7	49	2 424.4
5	2 372.4	20	2 376.2	35	2 384.6	50	2 361.3
6	2 421.4	21	2 390.5	36	2 425.9	51	2 377.2
7	2 365.5	22	2 377.0	37	2 371.0	52	2 365.2
8	2 426.2	23	2 466.9	38	2 360.8	53	2 385.1
9	2 365.8	24	2 351.2	39	2 362.6	54	2 421.2
10	2 425.1	25	2 407.0	40	2 376.6	55	2 376.4
11	2 296.2	26	2 384.7	41	2 319.8	56	2 369.9
12	2 378.4	27	2 370.6	42	2 360.9	57	2 366.2
13	2 304.6	28	2 406.2	43	2 367.0	58	2 365.6
14	2 463.7	29	2 367.9	44	2 380.9		
15	2 466.0	30	2 421.2	45	2 391.6		
本表序号对应于表 2 – 9。							

表 6 – 14　中国空气干燥基贫煤的干燥无灰基成分的理论

绝热燃烧温度($t_{a0,daf}$)计算结果　　　　　　　℃

序号	$t_{a0,daf}$	序号	$t_{a0,daf}$	序号	$t_{a0,daf}$	序号	$t_{a0,daf}$
1	2 352.4	17	2 359.0	33	2 340.4	49	2 369.1
2	2 426.0	18	2 380.5	34	2 341.9	50	2 344.3
3	2 438.1	19	2 395.3	35	2 366.1	51	2 325.5
4	2 373.8	20	2 356.8	36	2 349.9	52	2 362.2
5	2 318.0	21	2 408.4	37	2 377.7	53	2 348.5
6	2 262.6	22	2 357.8	38	2 394.2	54	2 357.9
7	2389.5	23	2 334.3	39	2 352.4	55	2 401.0
8	2 367.3	24	2 284.9	40	2 404.5	56	2 343.8
9	2 353.5	25	2 345.1	41	2 359.3	57	2 295.7
10	2 398.6	26	2 403.8	42	2 345.9	58	2 448.3
11	2 390.4	27	2 355.1	43	2 399.1	59	2 347.2
12	2 386.1	28	2 351.2	44	2 327.9	60	2 429.4
13	2 428.1	29	2 358.9	45	2 441.2	61	2 357.1
14	2 357.1	30	2 285.1	46	2 394.5	62	2 355.1
15	2 357.1	31	2 335.8	47	2 357.1		
16	2 355.7	32	2 366.1	48	2 316.0		
本表序号对应于表 2 – 10。							

表 6 – 15　中国空气干燥基烟煤的干燥无灰基成分的理论

绝热燃烧温度($t_{a0,daf}$)计算结果　　　　　℃

序号	$t_{a0,daf}$	序号	$t_{a0,daf}$	序号	$t_{a0,daf}$	序号	$t_{a0,daf}$
1	2 373.6	31	2 476.5	61	2 391.4	91	2 453.7
2	2 429.3	32	2 459.9	62	2 406.9	92	2 415.5
3	2 406.6	33	2 441.6	63	2 402.3	93	2 461.9
4	2 400.2	34	2 463.2	64	2 428.4	94	2 483.3
5	2 479.7	35	2 369.4	65	2 447.0	95	2 438.0
6	2 388.5	36	2 396.4	66	2 355.3	96	2 451.6
7	2 388.4	37	2 440.9	67	2 467.2	97	2 430.5
8	2 437.7	38	2 440.3	68	2 428.2	98	2 449.2
9	2 372.4	39	2 402.9	69	2 442.2	99	2 461.8
10	2 535.3	40	2 420.4	70	2 445.1	100	2 444.9
11	2 416.5	41	2 404.3	71	2 440.2	101	2 550.1
12	2 367.0	42	2 446.9	72	2 415.2	102	2 417.5
13	2 398.2	43	2 416.7	73	2 420.8	103	2 373.7
14	2 403.2	44	2 391.9	74	2 514.7	104	2 453.6
15	2 381.2	45	2 395.6	75	2 423.0	105	2 453.4
16	2 503.7	46	2 440.7	76	2 278.1	106	2 506.5
17	2 395.0	47	2 341.4	77	2 492.3	107	2 404.5
18	2 473.8	48	2 398.4	78	2 432.3	108	2 487.6
19	2 347.5	49	2 396.6	79	2 428.4	109	2 327.2
20	2 394.4	50	2 415.2	80	2 479.5	110	2 163.3
21	2 397.2	51	2 403.1	81	2 418.6	111	2 462.2
22	2 426.0	52	2 520.1	82	2 445.6	112	2 406.5
23	2 407.4	53	2 517.4	83	2 480.0	113	2 445.2
24	2 381.4	54	2 436.3	84	2 448.4	114	2 459.1
25	2 423.2	55	2 449.6	85	2 454.5	115	2 517.6
26	2 403.9	56	2 457.5	86	2 456.5	116	2 439.7
27	2 380.5	57	2 386.5	87	2 440.5	117	2 456.9
28	2 509.4	58	2 455.2	88	2 406.2	118	2 435.5
29	2 467.8	59	2 455.0	89	2 458.3	119	2 439.9
30	2 416.6	60	2 466.7	90	2 451.3	120	2 395.7

序号	$t_{a0,daf}$	序号	$t_{a0,daf}$	序号	$t_{a0,daf}$	序号	$t_{a0,daf}$
121	2 473.9	132	2 416.2	143	2 383.2	154	2 432.1
122	2 484.9	133	2 458.7	144	2 518.1	155	2 503.7
123	2 477.1	134	2 422.5	145	2 507.2	156	2 534.8
124	2 431.9	135	2 482.9	146	2 499.9	157	2 440.5
125	2 526.7	136	2 512.0	147	2 447.4	158	2 399.7
126	2 525.4	137	2 525.4	148	2 508.0	159	2 496.2
127	2 497.3	138	2 394.1	149	2 408.9	160	2 502.1
128	2 445.8	139	2 445.1	150	2 477.9	161	2 493.0
129	2 445.8	140	2 494.0	151	2 448.0	162	2 498.3
130	2 510.8	141	2 493.2	152	2 434.1	163	2 492.9
131	2 443.5	142	2 518.4	153	2 459.6	164	2 479.3

本表序号对应于表 2 – 11。

表 6 – 16　　中国空气干燥基褐煤的干燥无灰基成分的理论

绝热燃烧温度($t_{a0,daf}$)计算结果　　　　　　　　　　　℃

序号	$t_{a0,daf}$	序号	$t_{a0,daf}$	序号	$t_{a0,daf}$	序号	$t_{a0,daf}$
1	2 411.7	8	2 316.0	15	2 410.8	22	2 283.5
2	2 434.7	9	2 414.4	16	2399.0	23	2 457.3
3	2 297.4	10	2 391.1	17	2 521.2	24	2 405.0
4	2 423.0	11	2 338.6	18	2 358.6	25	2 272.9
5	2 401.5	12	2 293.1	19	2 362.1	26	2 303.5
6	2 314.4	13	2 588.0	20	2 421.0	27	2 318.8
7	2 403.9	14	2 413.9	21	2 402.9	28	2 435.1

本表序号对应于表 2 – 12。

　　将中国空气干燥基煤的参数折算成干燥无灰基参数,计算干燥无灰基成分的理论绝热燃烧温度($t_{a0,daf}$),计算结果与 V_{daf}、$Q_{ad,net}$ 的关系绘制在图 6 – 7、图 6 – 8 中,其中的多项式拟合函数参数见表 6 – 17。

　　图 6 – 7 的拟合曲线表明:随着 V_{daf} 的提高,$t_{a0,daf}$ 经历了小幅度下降、大幅度上升、小幅度下降的过程,总体上呈现上升趋势。$t_{a0,daf}$ 下降、上升的分界点是 V_{daf} = 12%,$t_{a0,daf}$ 上升、下降的分界点是 V_{daf} = 48%。这种变化规律的原因与煤的干燥无灰基成分组成特点有关,如图 6 – 9 所示。图 6 – 9 在数据处理过程中,删除了 V_{daf} > 60% 以及 $Q_{ad,net}$ < 9 000 kJ/kg 的无效数据。图 6 – 9 的拟合曲线表明,随着 V_{daf} 的提

高,碳含量单调降低,氧含量单调提高。这表明随着 V_{daf} 的提高,1.0 kg 煤的干燥无灰基成分燃烧需要较少的空气量,烟气量少,烟气焓提高。因此随着 V_{daf} 的提高, $t_{\mathrm{a0,daf}}$ 总体上呈现上升趋势。

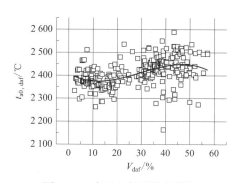

图 6-7　中国空气干燥基煤的干燥无灰基成分的理论绝热燃烧温度与 V_{daf} 的关系

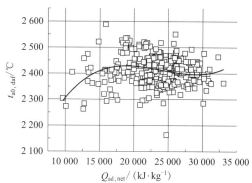

图 6-8　中国空气干燥基煤的干燥无灰基成分的理论绝热燃烧温度与 $Q_{\mathrm{ad,net}}$ 的关系

图 6-8 的拟合曲线表明:随着 $Q_{\mathrm{ad,net}}$ 的提高,中国空气干燥基煤的理论绝热燃烧温度($t_{\mathrm{a0,daf}}$)经历了大幅度上升、小幅度下降、小幅度上升的过程,其分界点分别是 $Q_{\mathrm{ad,net}}=18\ 000$ kJ/kg、 $Q_{\mathrm{ad,net}}=28\ 000$ kJ/kg。随着 $Q_{\mathrm{ad,net}}$ 的提高, $t_{\mathrm{a0,daf}}$ 总体上降低。这种变化规律的原因与挥发分的成分组成特点有关,如图 6-10 所示。图 6-10 在数据处理过程中,删除了 $V_{\mathrm{daf}}>60\%$ 以及 $Q_{\mathrm{ad,net}}<9\ 000$ kJ/kg 的无效数据。图 6-10 的拟合曲线表明,随着 $Q_{\mathrm{ad,net}}$ 的提高,碳含量单调提高,氧含量单调降低。这表明随着 $Q_{\mathrm{ad,net}}$ 的提高,1.0 kg 煤的干燥无灰基成分燃烧需要较多的空气量,烟气量多,烟气焓降低。因此随着 $Q_{\mathrm{ad,net}}$ 的提高, $t_{\mathrm{a0,daf}}$ 总体上呈现下降趋势。

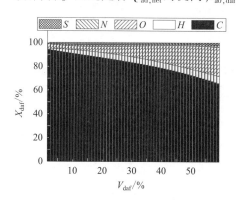

图 6-9　中国空气干燥基煤的干燥无灰基成分组成与 V_{daf} 的关系
(X 表示 C、H、O、N、S)

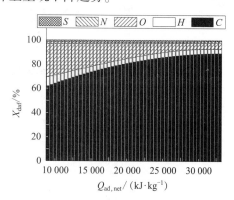

图 6-10　中国空气干燥基煤的干燥无灰基成分组成与 $Q_{\mathrm{ad,net}}$ 的关系
(X 表示 C、H、O、N、S)

表 6 – 17 的数据表明：中国空气干燥基煤的干燥无灰基成分的理论绝热燃烧温度（$t_{a0,daf}$）对于 V_{daf} 的分散程度较小，残差标准差为 51；$t_{a0,daf}$ 对于 $Q_{ad,net}$ 的分散程度较大，残差标准差为 56。图 6 – 7、图 6 – 8 的数据及其拟合曲线可以大致地反映出上述特点。

表 6 – 17 图 6 – 7、图 6 – 8 的多项式拟合函数参数

参 数	拟合公式：公式（4 – 1）	
	图 6 – 7	图 6 – 8
B_0	2 408.06	1 645.61
B_1	– 6.01	0.11
B_2	0.31	-4.62×10^{-6}
B_3	-3.53×10^{-3}	6.43×10^{-11}
σ_δ	51	56

表 6 – 18、表 6 – 19 的残差标准差数据大致相当，表明中国空气干燥基煤的干燥无灰基成分对于 V_{daf}、$Q_{ad,net}$ 的分散程度大致相当。

表 6 – 18 中国空气干燥基煤的干燥无灰基成分组成与 V_{daf} 的关系多项式拟合函数参数

参数	拟合公式：公式（4 – 1）				
	C_{daf}	H_{daf}	O_{daf}	N_{daf}	S_{daf}
B_0	95.29	0.334	3.992	0.415	0.349
B_1	– 0.494	0.373	– 0.259	0.109	0.206
B_2	6.06×10^{-3}	-1.05×10^{-2}	1.81×10^{-2}	-3.53×10^{-3}	-8.30×10^{-3}
B_3	-1.03×10^{-4}	9.98×10^{-5}	-1.34×10^{-4}	3.46×10^{-5}	9.01×10^{-5}
σ_δ	4.2	1.0	4.2	0.7	1.3

表 6 – 19 中国空气干燥基煤的干燥无灰基成分组成与 $Q_{ad,net}$ 的关系多项式拟合函数参数

参数	拟合公式：公式（4 – 1）				
	C_{daf}	H_{daf}	O_{daf}	N_{daf}	S_{daf}
B_0	28.04	20.07	33.69	2.06	1.16
B_1	0.004	-2.13×10^{-3}	-3.43×10^{-4}	-5.64×10^{-5}	2.51×10^{-5}
B_2	-1.09×10^{-7}	9.20×10^{-8}	-6.89×10^{-8}	9.98×10^{-10}	1.45×10^{-9}
B_3	9.45×10^{-13}	-1.29×10^{-12}	1.62×10^{-12}	—	-8.22×10^{-14}
σ_δ	6.4	1.3	6.0	0.5	1.3

四、中国空气干燥基煤的三种绝热燃烧温度分布对比

将中国空气干燥基煤的三种绝热燃烧温度,即工程值、理论值、干燥无灰基理论值与 V_{daf}、$Q_{ad,net}$ 的拟合关系绘制在图 6 – 11、图 6 – 12 中,以便对比分析。

图 6 – 11 的三条拟合曲线说明:① 温差$(t_{a0,ad} - t_{aE,ad})$ 随着 V_{daf} 的提高经历了降低、升高的过程。煤粉锅炉设计中,炉膛出口过量空气系数取值:无烟煤 $\alpha''_L = 1.25$,贫煤 $\alpha''_L = 1.20$,烟煤 $\alpha''_L = 1.10$,褐煤 $\alpha''_L = 1.25$,炉膛漏风系数取 0.05;理论绝热燃烧温度的条件是 $\alpha''_L = 1.00$,炉膛漏风系数取 0。温差$(t_{a0,ad} - t_{aE,ad})$ 随着 V_{daf} 的变化过程与炉膛出口过量空气系数、炉膛漏风系数的取值方法对应。② 温差$(t_{a0,daf} - t_{a0,ad})$ 随着 V_{daf} 的提高单调升高。这种变化趋势进一步说明,随着 V_{daf} 的提高,煤的干燥无灰基成分 C_{daf} 下降,O_{daf} 上升,见图 6 – 9。

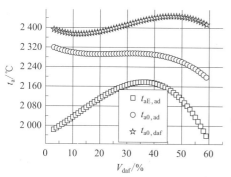

图 6 – 11　中国空气干燥基煤的三种
绝热燃烧温度与 V_{daf} 的关系

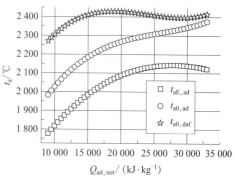

图 6 – 12　中国空气干燥基煤的三种
绝热燃烧温度与 $Q_{ad,net}$ 的关系

图 6 – 12 的三条拟合曲线说明:① 温差$(t_{a0,ad} - t_{aE,ad})$ 随着 $Q_{ad,net}$ 的提高单调升高。煤粉锅炉设计中,发热量很高的煤一般都是无烟煤;无烟煤炉膛出口过量空气系数 $\alpha''_L = 1.25$,炉膛漏风系数取 0.05;理论绝热燃烧温度的条件是 $\alpha''_L = 1.00$,炉膛漏风系数取 0。温差$(t_{a0,ad} - t_{aE,ad})$ 随着 V_{daf} 的变化过程与炉膛出口过量空气系数、炉膛漏风系数的取值方法对应。② 温差$(t_{a0,daf} - t_{a0,ad})$ 随着 $Q_{ad,net}$ 的提高单调降低。这种变化趋势进一步说明随着 $Q_{ad,net}$ 的提高,煤的干燥无灰基成分 C_{daf} 单调上升,O_{daf} 单调下降,见图 6 – 10。

6.2　国外空气干燥基煤的绝热燃烧温度分布规律

一、国外空气干燥基煤的工程绝热燃烧温度分布规律

国外空气干燥基煤的煤质参数来自表 2 – 13,计算方法来自第 3.2 节,工程绝热燃烧温度计算结果见表 6 – 20。

表 6-20　国外空气干燥基煤的工程绝热燃烧温度($t_{aE,ad}$)计算结果　　　℃

序号	$t_{aE,ad}$	序号	$t_{aE,ad}$	序号	$t_{aE,ad}$	序号	$t_{aE,ad}$
无烟煤		8	2 195.2	26	2 146.8	44	2 222.7
1	2 061.2	9	2 200.1	27	2 204.5	45	2 224.7
2	2 003.6	10	2 114.2	28	2 171.3	46	2 219.7
贫煤		11	1 949.8	29	2 268.5	47	2 157.1
1	2 075.2	12	2 181.9	30	2 178.9	48	2 170.2
2	2 052.5	13	2 212.9	31	2 186.6	49	2 156.2
3	2 020.1	14	2 210.3	32	2 197.3	50	2 185.1
4	2 141.5	15	2 201.7	33	2 193.9	51	2 169.9
5	2 131.4	16	2 191.5	34	2 214.3	褐煤	
6	2 075.9	17	2 211.1	35	2 181.7	1	1 912.5
烟煤		18	2 199.1	36	2 158.7	2	1 957.5
1	2 246.4	19	2 021.9	37	2 120.0	3	1 986.8
2	2 048.0	20	1 930.4	38	2 195.1	4	1 951.9
3	2 103.5	21	2 211.9	39	2 283.0	5	1 892.6
4	2 184.3	22	2 194.5	40	2 232.7	6	1 870.7
5	2 171.7	23	2 253.8	41	2 192.2		
6	2 164.7	24	2 207.3	42	1 964.0		
7	2 105.4	25	2 231.2	43	2 190.5		
本表序号对应于表 2-13。							

　　将国外空气干燥基煤的工程绝热燃烧温度计算结果绘制在图 6-13、图 6-14 中,其中的多项式拟合函数参数见表 6-21。

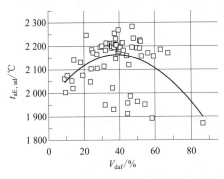

图 6-13　国外空气干燥基煤的工程
绝热燃烧温度与 V_{daf} 的关系

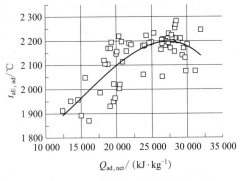

图 6-14　国外空气干燥基煤的工程
绝热燃烧温度与 $Q_{ad,net}$ 的关系

　　图 6 – 13 的拟合曲线表明:随着 V_{daf} 的提高,国外空气干燥基煤的工程绝热燃烧温度($t_{aE,ad}$)经历了先提高、后降低的过程,其分界点是 $V_{daf} = 39\%$。这种变化规律的原因与煤的成分组成特点有关,有待进一步研究。

　　图 6 – 14 的拟合曲线表明:随着 $Q_{ad,net}$ 的提高,中国空气干燥基煤的工程绝热燃烧温度($t_{aE,ad}$)经历了先提高、后降低的过程,其分界点是 $Q_{ad,net} = 27\,000\ kJ/kg$。这种变化规律的原因与煤的成分组成特点有关,有待进一步研究。

　　表 6 – 21 的数据表明:国外空气干燥基煤的工程绝热燃烧温度($t_{aE,ad}$)对于 V_{daf} 的分散程度较大,残差标准差为 91;$t_{aE,ad}$ 对于 $Q_{ad,net}$ 的分散程度较小,残差标准差为 65。图 6 – 13、图 6 – 14 的数据及其拟合曲线可以清楚地反映出上述特点。

　　国外煤的空气干燥基成分组成数据分布规律,经过多项式曲线拟合以后,绘制在图 6 – 15、图 6 – 16 中,拟合函数参数列于表 6 – 22、表 6 – 23 中。

表 6 – 21　图 6 – 13、图 6 – 14 多项式拟合函数参数

参　　数	拟合公式: 公式(4 – 1)	
	图 6 – 13	图 6 – 14
B_0	1 958.280	1 783.997
B_1	11.031 39	– 0.019 07
B_2	– 0.158 99	3.069×10^{-6}
B_3	2.73×10^{-4}	-6.65×10^{-11}
σ_δ	91	65

　　图 6 – 15 表明:① 随着 V_{daf} 的提高,国外煤的空气干燥基的水分含量(M_{ad})单调提高。当 $V_{daf} \leqslant 39\%$ 时,C_{ad} 降低,O_{ad} 升高,1.0 kg 煤完全燃烧需要的空气量在降低,因此工程绝热燃烧温度($t_{aE,ad}$)逐渐提高,与图 6 – 13 对应。当 $V_{daf} > 39\%$ 时,M_{ad} 提高幅度比较大,1.0 kg 煤完全燃烧以后产生的烟气中的水蒸气含量提高,吸收较多的热量,降低了烟气焓,最终降低了烟气温度,与图 6 – 13 对应。② CO_2 气体、N_2 气体是空气与煤中的碳发生燃烧反应后的产物。当 $V_{daf} > 39\%$ 时,M_{ad} 提高幅度比较大,O_{ad} 的提高幅度与 M_{ad} 的提高幅度大致相当,但是水蒸气的摩尔质量小,CO_2 气体的摩尔质量大约是水蒸气摩尔质量的 2.44 倍,N_2 气体的摩尔质量大约是水蒸气摩尔质量的 1.55 倍。因此烟气中的水蒸气含量对于烟气焓的影响要高于 CO_2 气体、N_2 气体。

　　图 6 – 16 表明:① 在 $Q_{ad,net} \leqslant 27\,500\ kJ/kg$ 区间,随着 $Q_{ad,net}$ 的提高,空气干燥基的水分含量(M_{ad})在降低,碳元素含量(C_{ad})在提高,氢元素含量(H_{ad})变化不大,氧元素含量(O_{ad})先提高、后降低,因此工程绝热燃烧温度($t_{aE,ad}$)逐渐提高。② 在 $Q_{ad,net} >$

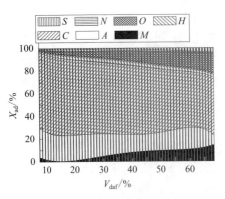

图 6 – 15　国外煤的空气干燥基
成分组成与 V_{daf} 的关系
（X 表示 S、N、O、H、C、A、M）

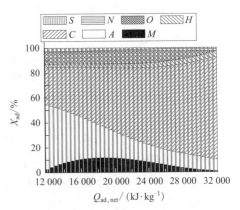

图 6 – 16　国外煤的空气干燥基
成分组成与 $Q_{ad,net}$ 的关系
（X 表示 S、N、O、H、C、A、M）

27 500 kJ/kg 区间，空气干燥基的氢元素含量（H_{ad}）的变化范围是 4.3% ~ 4.7%；氧元素含量（O_{ad}）的变化范围是 7.5% ~ 2.1%，比例逐渐降低；碳元素含量（C_{ad}）占到 72% ~ 90%，占主要比例；1.0 kg 煤完全燃烧需要的空气量更多，烟气量提高，烟气温度降低，$t_{aE,ad}$ 逐渐降低，对应于图 6 – 14。

表 6 – 22、表 6 – 23 的残差标准差数据比较接近，这个特点表明：国外煤的空气干燥基成分 M_{ad}、A_{ad}、C_{ad}、H_{ad}、O_{ad}、N_{ad}、S_{ad} 对于 V_{daf} 和 $Q_{ad,net}$ 的分散程度比较接近。其中，C_{ad} 与 $Q_{ad,net}$ 的拟合函数残差的标准差为 1.9，C_{ad} 与 V_{daf} 的拟合函数残差的标准差为 14.9，可见煤的空气干燥基成分中，碳元素与 $Q_{ad,net}$ 的分散度较小，相关程度较高。

表 6 – 22　国外煤的空气干燥基成分组成与 V_{daf} 的关系拟合函数参数

参数	拟合公式：公式（4 – 1）						
	M_{ad}	A_{ad}	C_{ad}	H_{ad}	O_{ad}	N_{ad}	S_{ad}
B_0	18.790	52.627	66.759	1.183	– 0.404	0.402	– 3.259
B_1	– 3.096	– 6.086	0.221	0.060	0.202	0.079	0.645
B_2	0.178	0.460	– 0.015	0.013	6.99×10^{-4}	$– 1.82 \times 10^{-3}$	– 0.031
B_3	$– 4.22 \times 10^{-3}$	$– 1.60 \times 10^{-2}$	1.12×10^{-4}	$– 6.54 \times 10^{-4}$	—	1.04×10^{-5}	5.90×10^{-4}
B_4	4.541×10^{-5}	2.50×10^{-4}	—	1.14×10^{-5}	—	—	$– 3.63 \times 10^{-6}$
B_5	$– 1.81 \times 10^{-7}$	$– 1.42 \times 10^{-6}$	—	$– 6.79 \times 10^{-8}$	—	—	—
σ_δ	5.2	12.1	14.9	0.8	3.0	0.4	1.5

表 6 – 23　国外煤的空气干燥基成分组成与 $Q_{\mathrm{ad,net}}$ 的关系拟合函数参数

参数	拟合公式：公式(4 – 1)						
	M_{ad}	A_{ad}	C_{ad}	H_{ad}	O_{ad}	N_{ad}	S_{ad}
B_0	– 96. 47	0. 15	0. 15	– 0. 06	21. 32	– 0. 03	– 3. 23
B_1	1.44×10^{-2}	1.83×10^{-2}	1.21×10^{-3}	6.30×10^{-4}	-2.48×10^{-3}	2.99×10^{-4}	1.10×10^{-3}
B_2	-6.12×10^{-7}	-1.83×10^{-6}	1.65×10^{-7}	-5.77×10^{-8}	1.63×10^{-7}	-3.63×10^{-8}	-6.27×10^{-8}
B_3	7.99×10^{-12}	6.32×10^{-11}	-6.45×10^{-12}	2.37×10^{-12}	-3.32×10^{-12}	1.64×10^{-12}	1.02×10^{-12}
B_4	—	-7.38×10^{-16}	8.19×10^{-17}	-3.27×10^{-17}	0	-2.34×10^{-17}	0
σ_δ	6. 2	8. 7	1. 9	0. 6	3. 9	0. 3	1. 6

二、国外空气干燥基煤的理论绝热燃烧温度分布规律

国外空气干燥基煤的煤质参数来自表 2 – 13，计算方法来自第 3.1 节，理论绝热燃烧温度计算结果见表 6 – 24。

表 6 – 24　国外空气干燥基煤的理论绝热燃烧温度($t_{\mathrm{a0,ad}}$)计算结果　　℃

序号	$t_{\mathrm{a0,ad}}$	序号	$t_{\mathrm{a0,ad}}$	序号	$t_{\mathrm{a0,ad}}$	序号	$t_{\mathrm{a0,ad}}$
无烟煤		8	2 306. 8	26	2 250. 5	44	2 330. 3
1	2 368. 6	9	2 312. 3	27	2 315. 7	45	2 335. 8
2	2 290. 9	10	2 215. 4	28	2 281. 4	46	2 326. 0
贫煤		11	2 027. 7	29	2 385. 6	47	2 265. 8
1	2 320. 6	12	2 292. 4	30	2 283. 5	48	2 272. 9
2	2 292. 9	13	2 325. 0	31	2 297. 4	49	2 260. 0
3	2 250. 1	14	2 322. 2	32	2 303. 3	50	2 287. 7
4	2 397. 2	15	2 313. 3	33	2 304. 4	51	2 274. 3
5	2 384. 7	16	2 299. 3	34	2 326. 1	褐煤	
6	2 319. 9	17	2 323. 4	35	2 287. 2	1	2 149. 8
烟煤		18	2 310. 3	36	2 264. 4	2	2 212. 3
1	2 362. 6	19	2 114. 6	37	2 216. 7	3	2 259. 2
2	2 139. 7	20	2 006. 8	38	2 302. 2	4	2 196. 1
3	2 206. 7	21	2 323. 9	39	2 400. 7	5	2 136. 2
4	2 295. 8	22	2 301. 6	40	2 342. 5	6	2 100. 1
5	2 282. 0	23	2 367. 3	41	2 299. 5		
6	2 272. 9	24	2 318. 6	42	2 043. 0		
7	2 203. 9	25	2 343. 1	43	2 299. 9		

本表序号对应于表 2 – 13。

将国外空气干燥基煤的理论绝热燃烧温度计算结果绘制在图 6 – 17、图 6 – 18 中,其中的多项式拟合函数参数见表 6 – 25。在数据处理过程中,删除了 $V_{daf} > 80\%$ 的无效数据。

图 6 – 17 的拟合曲线表明:随着 V_{daf} 的提高,国外空气干燥基煤的理论绝热燃烧温度($t_{a0,ad}$)单调降低。这种变化规律的原因与煤的成分组成特点有关,也与过量空气系数 $\alpha = 1.0$ 有关。由于国外煤的空气干燥基成分不变,因此图 6 – 17 的拟合曲线变化趋势应当与图 6 – 13 相似,但是图 6 – 17 的拟合曲线与图 6 – 13 的拟合曲线变化趋势不相似,原因未知。过量空气系数 $\alpha = 1.0$,小于煤粉锅炉炉膛实际过量空气系数,因此 $t_{a0,ad} > t_{aE,ad}$。

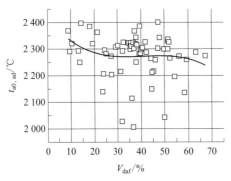

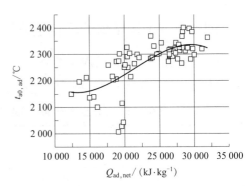

图 6 – 17　国外空气干燥基煤的理论绝热燃烧温度与 V_{daf} 的关系　　图 6 – 18　国外空气干燥基煤的理论绝热燃烧温度与 $Q_{ad,net}$ 的关系

图 6 – 18 的拟合曲线表明:随着 $Q_{ad,net}$ 的提高,国外空气干燥基煤的理论绝热燃烧温度($t_{a0,ad}$)单调提高。这种变化规律的原因与煤的成分组成特点有关,也与过量空气系数 $\alpha = 1.0$ 有关,有待进一步研究。由于国外煤的空气干燥基成分不变,因此图 6 – 18 的拟合曲线变化趋势应当与图 6 – 14 相似,图 6 – 18 的拟合曲线与图 6 – 14 的拟合曲线变化趋势基本相似。过量空气系数 $\alpha = 1.0$,小于煤粉锅炉炉膛实际过量空气系数,因此 $t_{a0,ad} > t_{aE,ad}$。

表 6 – 25 的数据表明:中国空气干燥基煤的理论绝热燃烧温度($t_{a0,ad}$)对于 V_{daf} 的分散程度较大,残差标准差为 80;$t_{a0,ad}$ 对于 $Q_{ad,net}$ 的分散程度较小,残差标准差为 58。图 6 – 17、图 6 – 18 的数据及其拟合曲线可以清楚地反映出上述特点。

表 6 – 25　图 6 – 17、图 6 – 18 多项式拟合函数参数

参数	拟合公式:公式(4 – 1)	
	图 6 – 17	图 6 – 18
B_0	2 420.748	2 706.005
B_1	– 11.605 81	– 0.097 5

续表

参数	拟合公式:公式(4-1)	
	图6-17	图6-18
B_2	0.292 74	$5.323\ 25 \times 10^{-6}$
B_3	-2.39×10^{-3}	$-8.284\ 71 \times 10^{-11}$
σ_δ	80	58

三、国外空气干燥基煤的干燥无灰基成分的理论绝热燃烧温度分布规律

国外干燥基煤的煤质参数来自表2-13,计算方法来自第3.3节。国外空气干燥基煤的干燥无灰基成分的理论绝热燃烧温度计算结果见表6-26。

表6-26　国外空气干燥基煤的干燥无灰基成分的理论绝热燃烧温度($t_{a0,daf}$)计算结果

℃

序号	$t_{a0,daf}$	序号	$t_{a0,daf}$	序号	$t_{a0,daf}$	序号	$t_{a0,daf}$
无烟煤		8	2 412.0	26	2 453.1	44	2 498.7
1	2 447.3	9	2 407.4	27	2 429.4	45	2 451.1
2	2 393.8	10	2 410.6	28	2 368.1	46	2 529.4
贫煤		11	2 433.4	29	2 494.2	47	2 369.7
1	2 350.1	12	2 404.1	30	2 471.8	48	2 490.8
2	2 339.2	13	2 428.8	31	2 396.6	49	2 438.3
3	2 351.2	14	2 429.5	32	2 498.3	50	2 511.2
4	2 440.3	15	2 418.5	33	2 418.8	51	2 461.1
5	2 420.4	16	2 468.9	34	2 429.9	褐煤	
6	2 340.3	17	2 421.2	35	2 464.1	1	2 418.0
烟煤		18	2 421.9	36	2 456.1	2	2 433.0
1	2 450.7	19	2 390.0	37	2 504.2	3	2 395.1
2	2 427.0	20	2 435.2	38	2 456.5	4	2 426.5
3	2 373.1	21	2 428.4	39	2 512.8	5	2 310.0
4	2 398.9	22	2 495.2	40	2 500.4	6	2 437.2
5	2 386.5	23	2 503.2	41	2 462.3		
6	2 387.1	24	2 433.2	42	2 431.0		
7	2 446.3	25	2 455.2	43	2 431.4		

本表序号对应于表2-13。

　　将国外空气干燥基煤的参数折算成干燥无灰基参数计算理论绝热燃烧温度（$t_{a0,daf}$），计算结果与 V_{daf}、$Q_{ad,net}$ 的关系绘制在图 6-19、图 6-20 中，其中的多项式拟合函数参数见表 6-27。

　　图 6-19 的拟合曲线表明：随着 V_{daf} 的提高，国外空气干燥基煤的干燥无灰基成分的绝热燃烧温度（$t_{a0,daf}$）经历了大幅度上升、小幅度下降的过程，分界点是 $V_{daf}=54\%$。$t_{a0,daf}$ 总体上呈现上升趋势，这种变化规律的原因与煤的干燥无灰基成分组成特点有关，如图 6-21 所示。图 6-21 在数据处理过程中，删除了 $V_{daf}>60\%$ 的无效数据。图 6-21 的拟合曲线表明，随着 V_{daf} 的提高，碳含量（C_{daf}）单调降低，氧含量（O_{daf}）单调提高。这表明随着 V_{daf} 的提高，1.0 kg 煤的干燥无灰基成分燃烧需要较少的空气量，烟气量少，烟气焓提高。因此随着 V_{daf} 的提高，$t_{a0,daf}$ 总体上呈现上升趋势。另一方面，$V_{daf}>54\%$ 以后，S_{daf} 提高幅度明显，硫元素燃烧以后生成 SO_2，吸收烟气热量，因此在图 6-19 中，$V_{daf}>54\%$ 以后，$t_{a0,daf}$ 经历小幅度下降过程。

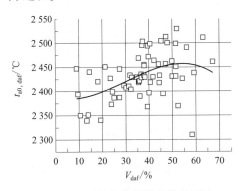

图 6-19　国外空气干燥基煤的干燥
无灰基成分的理论绝热燃烧
温度与 V_{daf} 的关系

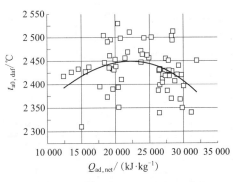

图 6-20　国外空气干燥基煤的干燥
无灰基成分的理论绝热燃烧
温度与 $Q_{ad,net}$ 的关系

　　图 6-20 的拟合曲线表明：随着 $Q_{ad,net}$ 的提高，国外空气干燥基煤的干燥无灰基成分的理论绝热燃烧温度（$t_{a0,daf}$）经历了大幅度上升、大幅度下降的过程，其分界点是 $Q_{ad,net}=22\ 500$ kJ/kg。这种变化规律的原因与干燥无灰基的成分组成特点有关，如图 6-22 所示。图 6-22 在数据处理过程中，删除了 $V_{daf}>60\%$ 的无效数据。图 6-22 的拟合曲线表明，随着 $Q_{ad,net}$ 的提高，碳含量（C_{daf}）单调提高，氧含量（O_{daf}）单调降低。在 $Q_{ad,net}\leqslant22\ 500$ kJ/kg 区间，C_{daf} 提高幅度不大，O_{daf} 降低幅度不大，这表明随着 $Q_{ad,net}$ 的提高，1.0 kg 煤的干燥无灰基成分燃烧需要较少的空气量，空气量少，烟气量小，烟气焓提高，$t_{a0,daf}$ 上升。在 $Q_{ad,net}>22\ 500$ kJ/kg 时，C_{daf} 提高幅度大，O_{daf} 降低幅度大，这表明随着 $Q_{ad,net}$ 的提高，1.0 kg 煤的干燥无灰基成分燃烧需要较多的空气量，空气量大，烟气量大，烟气焓降低，$t_{a0,daf}$ 降低。

表 6 – 27 的数据表明:国外空气干燥基煤的干燥无灰基成分的理论绝热燃烧温度($t_{a0,daf}$)对于 V_{daf} 的分散程度较小,残差标准差为 41;$t_{a0,daf}$ 对于 $Q_{ad,net}$ 的分散程度较大,残差标准差为 43。图 6 – 21、图 6 – 22 的数据及其拟合曲线可以大致地反映出上述特点。

表 6 – 27　图 6 – 19、图 6 – 20 多项式拟合函数参数

参　　数	拟合公式:公式(4 – 1)	
	图 6 – 19	图 6 – 20
B_0	2 388.353	2 200.117
B_1	– 1.332 27	0.019 21
B_2	0.119 28	– 2.170 11 × 10^{-7}
B_3	– 1.31 × 10^{-3}	– 6.422 11 × 10^{-12}
σ_δ	41	43

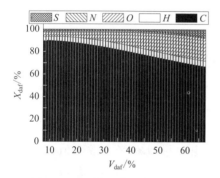

图 6 – 21　国外空气干燥基煤的
干燥无灰基成分组成与 V_{daf} 的关系
(X 表示 C、H、O、N、S)

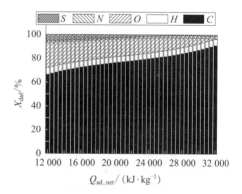

图 6 – 22　国外空气干燥基煤的干燥
无灰基成分组成与 $Q_{ad,net}$ 的关系
(X 表示 C、H、O、N、S)

表 6 – 28、表 6 – 29 的残差标准差数据大致相当,表明国外空气干燥基煤的干燥无灰基成分对于 V_{daf}、$Q_{ad,net}$ 的分散程度大致相当。

表 6 – 28　国外空气干燥基煤的干燥无灰基成分组成与 V_{daf} 的关系多项式拟合函数参数

参数	拟合公式:公式(4 – 1)				
	C_{daf}	H_{daf}	O_{daf}	N_{daf}	S_{daf}
B_0	88.636	0.659	6.536	0.658	1.711
B_1	2.59 × 10^{-1}	3.53 × 10^{-1}	– 4.91 × 10^{-1}	8.89 × 10^{-2}	– 1.42 × 10^{-2}

参数	拟合公式：公式(4-1)				
	C_{daf}	H_{daf}	O_{daf}	N_{daf}	S_{daf}
B_2	-1.65×10^{-2}	-8.15×10^{-3}	2.38×10^{-2}	-2.05×10^{-3}	-1.85×10^{-3}
B_3	1.16×10^{-4}	5.74×10^{-5}	-2.00×10^{-4}	1.18×10^{-5}	4.75×10^{-5}
σ_δ, min	4.0	0.8	4.5	0.4	1.9

表6-29　国外空气干燥基煤的干燥无灰基成分组成与$Q_{ad,net}$的关系多项式拟合函数参数

参数	拟合公式：公式(4-1)				
	C_{daf}	H_{daf}	O_{daf}	N_{daf}	S_{daf}
B_0	-5.224	9.369	52.259	6.606	2.319
B_1	1.02×10^{-2}	-4.58×10^{-4}	-4.74×10^{-3}	-7.73×10^{-4}	9.34×10^{-4}
B_2	-4.34×10^{-7}	1.47×10^{-8}	2.22×10^{-7}	3.50×10^{-8}	-7.16×10^{-8}
B_3	6.59×10^{-12}	-1.32×10^{-13}	-3.89×10^{-12}	-4.8×10^{-13}	1.29×10^{-12}
σ_δ	5.1	1.0	5.0	0.4	2.1

四、国外空气干燥基煤的三种绝热燃烧温度分布对比

将国外空气干燥基煤的三种绝热燃烧温度,即工程值、理论值、干燥无灰基理论值与V_{daf}、$Q_{ad,net}$的拟合关系绘制在图6-23、图6-24中,以便对比分析。

图6-23的三条拟合曲线说明:① 温差($t_{a0,ad} - t_{aE,ad}$)为正值,随着V_{daf}的提高经历了降低、升高的过程。煤粉炉锅设计中,炉膛出口过量空气系数取值:无烟煤$\alpha''_L = 1.25$,贫煤$\alpha''_L = 1.20$,烟煤$\alpha''_L = 1.10$,褐煤$\alpha''_L = 1.25$,炉膛漏风系数取0.05;理论绝热燃烧温度的条件是$\alpha''_L = 1.00$,炉膛漏风系数取0。温差($t_{a0,ad} - t_{aE,ad}$)随着V_{daf}的变化过程与炉膛出口过量空气系数、炉膛漏风系数的取值方法对应。② 温差($t_{a0,daf} - t_{a0,ad}$)为正值,随着V_{daf}的提高单调升高。这种变化趋势进一步说明随着V_{daf}的提高,煤的干燥无灰基成分C_{daf}下降,O_{daf}上升,见图6-21。

图6-24的三条拟合曲线说明:① 温差($t_{a0,ad} - t_{aE,ad}$)为正值,随着$Q_{ad,net}$的提高单调升高。煤粉锅炉设计中,发热量很高的煤一般都是无烟煤;无烟煤炉膛出口过量空气系数$\alpha''_L = 1.25$,炉膛漏风系数取0.05;理论绝热燃烧温度$\alpha''_L = 1.00$,炉膛漏风系数取0。温差($t_{a0,ad} - t_{aE,ad}$)随着V_{daf}的变化过程与炉膛出口过量空气系数、炉膛漏风系数的取值方法对应。② 温差($t_{a0,daf} - t_{a0,ad}$)为正值,随着V_{daf}的提高单调降低。这种变化趋势进一步说明随着$Q_{ad,net}$的提高,煤的干燥无灰基成分C_{daf}单调上升,O_{daf}单调下降,见图6-22。

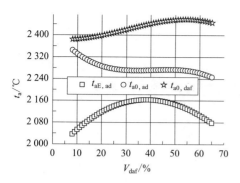

图 6 - 23　国外空气干燥基煤的三种
绝热燃烧温度与 V_{daf} 的关系

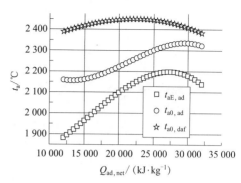

图 6 - 24　国外空气干燥基煤的三种
绝热燃烧温度与 $Q_{ad,net}$ 的关系

第7章 空气干燥基煤的挥发分绝热燃烧温度分布规律

7.1 中国空气干燥基煤的挥发分绝热燃烧温度分布规律

由于专业研究工作的需要,有一部分中国煤的数据以空气干燥基的形式报道。这些数据的种类较多,可以丰富动力煤的数据库,对于干燥无灰基成分及其挥发分的绝热燃烧温度的研究具有学术意义。

一、中国空气干燥基煤的挥发分工程绝热燃烧温度分布规律

中国空气干燥基煤的煤质参数来自表2-9~表2-12。计算方法来自第3.5节。中国空气干燥基煤的挥发分工程绝热燃烧温度计算结果见表7-1~表7-4。

表7-1 中国空气干燥基无烟煤的挥发分工程绝热燃烧温度($t_{aE,ad,V}$)计算结果 ℃

序号	$t_{aE,ad,V}$	序号	$t_{aE,ad,V}$	序号	$t_{aE,ad,V}$	序号	$t_{aE,ad,V}$
1	360.6	26	474.3	38	526.7	47	561.1
10	332.6	29	511.2	39	519.4	50	581.6
11	436.2	31	556.3	40	512.4	51	534.9
13	429.7	32	371.6	41	505.0	52	553.6
18	467.2	34	407.5	44	494.9	53	502.9
24	405.8	35	462.0	45	537.3	57	495.6
本表序号对应于表2-9。							

表7-2 中国空气干燥基贫煤的挥发分工程绝热燃烧温度($t_{aE,ad,V}$)计算结果 ℃

序号	$t_{aE,ad,V}$	序号	$t_{aE,ad,V}$	序号	$t_{aE,ad,V}$	序号	$t_{aE,ad,V}$
5	597.7	9	564.5	15	551.5	20	586.5
6	533.2	10	540.1	16	561.5	26	580.1
7	531.6	12	570.4	18	588.7	27	623.9
8	515.6	14	551.4	19	601.8	28	602.1

续表

序号	$t_{aE,ad,V}$	序号	$t_{aE,ad,V}$	序号	$t_{aE,ad,V}$	序号	$t_{aE,ad,V}$
29	595.7	37	561.8	45	536.7	54	677.3
30	658.8	38	657.9	46	538.7	55	726.5
31	601.8	39	636.5	47	669.3	56	708.2
32	584.1	40	660.1	48	671.7	57	668.8
33	630.0	41	641.0	49	657.1	58	703.9
34	615.2	42	639.3	50	649.2	59	693.6
35	613.1	43	709.3	51	705.1	61	717.6
36	657.8	44	712.0	53	692.2	62	701.3
本表序号对应于表2-10。							

表7-3　中国空气干燥基烟煤的挥发分工程绝热燃烧温度($t_{aE,ad,V}$)计算结果　℃

序号	$t_{aE,ad,V}$	序号	$t_{aE,ad,V}$	序号	$t_{aE,ad,V}$	序号	$t_{aE,ad,V}$
2	719.4	23	917.3	42	891.9	61	956.4
3	749.6	24	905.1	43	749.1	62	947.2
4	775.1	25	868.9	44	943.7	63	1 035.5
5	751.7	26	969.7	45	996.1	64	958.5
6	781.2	27	995.9	46	910.2	65	742.1
7	782.0	28	666.2	47	965.1	66	948.1
8	643.7	29	794.4	48	970.8	67	991.0
9	767.5	30	960.1	49	1 015.6	68	1 002.0
11	766.4	31	934.4	50	983.8	69	937.0
12	820.2	32	812.6	51	1 008.9	70	973.7
14	788.5	33	907.6	52	914.3	71	1 009.4
15	907.9	34	799.9	53	880.0	72	1 041.1
16	803.1	35	900.9	54	948.6	73	1 034.6
17	859.2	36	973.6	55	884.1	74	924.0
18	673.3	37	902.6	56	918.2	75	976.7
19	930.9	38	904.0	57	1 009.7	76	843.9
20	948.6	39	996.2	58	905.7	77	946.3
21	949.3	40	946.2	59	902.2	78	984.4
22	894.2	41	982.5	60	876.6	79	1 024.2

序号	$t_{aE,ad,V}$	序号	$t_{aE,ad,V}$	序号	$t_{aE,ad,V}$	序号	$t_{aE,ad,V}$
80	920. 3	101	1 016. 6	122	1 028. 9	144	1 017. 7
81	1 076. 9	102	1 054. 4	123	1 121. 7	145	1 050. 0
82	975. 4	103	1 067. 5	124	1 133. 3	146	1 054. 5
83	929. 9	104	1 049. 2	125	859. 5	147	1 194. 8
84	1 011. 5	105	1 005. 3	126	961. 9	148	1 037. 9
85	992. 4	106	810. 1	127	1 015. 0	149	1 246. 8
86	993. 2	107	1 005. 1	128	1 144. 2	150	1 149. 5
87	1 015. 6	108	1 108. 7	129	1 144. 2	151	1 183. 7
88	976. 6	109	1 090. 5	130	1 076. 7	152	1 242. 4
89	948. 1	110	1 117. 4	132	1 215. 3	153	1 234. 5
90	994. 8	111	1 052. 0	133	1 062. 9	154	1 216. 6
91	992. 2	112	1 047. 9	134	1 188. 0	155	1 109. 1
92	1 073. 0	113	1 062. 9	135	994. 0	156	1 086. 1
93	1 002. 1	114	993. 1	136	1 001. 0	157	1 321. 1
94	1 045. 4	115	1 068. 1	137	993. 9	158	1 309. 8
95	1 042. 8	116	1 102. 1	138	1 209. 5	159	1 148. 4
96	1 008. 4	117	1 032. 7	139	1 184. 3	160	1 229. 3
97	976. 1	118	1 113. 0	140	1 088. 9	161	1 306. 9
98	1 019. 4	119	854. 6	141	1 037. 1	162	1 296. 7
99	991. 5	120	1 125. 8	142	1 016. 4	163	1 297. 7
100	1 038. 0	121	947. 6	143	1 021. 0	164	1 405. 8

本表序号对应于表 2 – 11。

表 7 – 4　中国空气干燥基褐煤的挥发分工程绝热燃烧温度($t_{aE,ad,V}$)计算结果　　℃

序号	$t_{aE,ad,V}$	序号	$t_{aE,ad,V}$	序号	$t_{aE,ad,V}$	序号	$t_{aE,ad,V}$
1	1 152. 5	8	982. 9	16	1 021. 1	23	1 303. 7
2	966. 3	9	916. 7	17	858. 7	24	1 197. 3
3	964. 6	10	1 092. 6	18	1 033. 0	25	1 134. 5
4	1 021. 4	11	922. 0	19	1 591. 7	27	1 097. 7
5	955. 4	12	962. 7	20	1 113. 6	28	1 218. 7
6	939. 7	14	1 010. 4	21	1 003. 9		
7	1 017. 8	15	1 014. 6	22	1 061. 1		

本表序号对应于表 2 – 12。

将中国空气干燥基煤的挥发分工程绝热燃烧温度计算结果绘制在图7-1、图7-2中,其中的多项式拟合函数参数见表7-5。在数据处理过程中,删除了 $V_{daf} > 80\%$ 的无效数据。

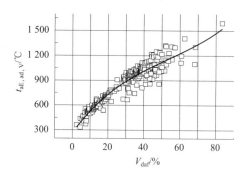

图7-1 中国空气干燥基煤的挥发分
工程绝热燃烧温度与 V_{daf} 的关系

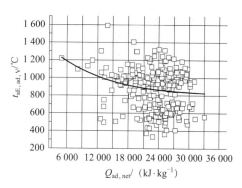

图7-2 中国空气干燥基煤的挥发分
工程绝热燃烧温度与 $Q_{ad,net}$ 的关系

图7-1的拟合曲线表明:随着 V_{daf} 的提高,中国空气干燥基煤的挥发分工程绝热燃烧温度($t_{aE,ad,V}$)单调提高。这种变化规律的原因与煤的成分组成特点有关,有待进一步研究。

图7-2的拟合曲线表明:随着 $Q_{ad,net}$ 的提高,中国空气干燥基煤的挥发分工程绝热燃烧温度($t_{aE,ad,V}$)单调降低。这种变化规律的原因与煤的成分组成特点有关,有待进一步研究。

表7-5的数据表明:中国空气干燥基煤的挥发分工程绝热燃烧温度($t_{aE,ad,V}$)对于 V_{daf} 的分散程度较小,残差标准差为73;$t_{aE,ad,V}$ 对于 $Q_{ad,net}$ 的分散程度较大,残差标准差为225。图7-1、图7-2的数据及其拟合曲线可以清楚地反映出上述特点。

表7-5 图7-1、图7-2的多项式拟合函数参数

参数	拟合公式:公式(4-1)	
	图7-1	图7-2
B_0	263.657	1 447.231 9
B_1	29.569	-0.052
B_2	-0.360 28	1.533×10^{-6}
B_3	2.24×10^{-3}	-1.62×10^{-11}
σ_δ	73	225

中国空气干燥基煤的挥发分成分组成数据分布规律,经过多项式曲线拟合以后,绘制在图 7-3、图 7-4 中,拟合函数参数列于表 7-6、表 7-7 中。在数据处理过程中删除了 $V_{daf} > 60\%$ 的数据。

图 7-3 表明:随着 V_{daf} 的提高,挥发分碳含量($C_{ad,V}$)单调提高,挥发分的发热量单调提高,因此中国空气干燥基煤的挥发分工程绝热燃烧温度($t_{aE,V}$)随着 V_{daf} 的提高而单调提高,如图 7-1 所示。

图 7-4 表明:随着 $Q_{ad,net}$ 的提高,挥发分碳含量($C_{ad,V}$)小幅度上升,挥发分的发热量变化不大,氧含量($O_{ad,V}$)大幅度降低。因此 1.0 kg 煤安全燃烧需要的空气量提高,烟气量升高,烟气焓降低,挥发分的工程绝热燃烧温度降低,对应于图 7-2。

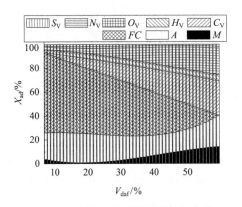

图 7-3　中国空气干燥基煤的挥发分
成分组成与 V_{daf} 的关系

(X_{ad} 表示 M、A、FC、C_V、H_V、O_V、N_V、S_V)

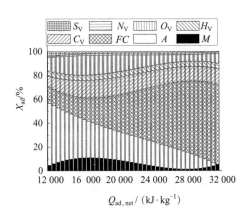

图 7-4　中国空气干燥基煤的挥发分
成分组成与 $Q_{ad,net}$ 的关系

(X_{ad} 表示 M、A、FC、C_V、H_V、O_V、N_V、S_V)

表 7-6　中国空气干燥基煤的挥发分成分组成与 V_{daf} 的关系拟合函数参数

参数	拟合公式:公式(4-1)							
	M_{ad}	A_{ad}	FC_{ad}	$C_{ad,V}$	$H_{ad,V}$	$O_{ad,V}$	$N_{ad,V}$	$S_{ad,V}$
B_0	8.72	15.18	76.14	-4.69	0.23	3.68	0.09	0.11
B_1	-0.95	1.45	-1.50	0.71	0.36	-0.33	0.14	0.21
B_2	0.03	-0.06	0.03	0.00	-0.01	0.02	0.00	-0.01
B_3	-2.6×10^{-4}	7.1×10^{-4}	-4.6×10^{-4}	2.6×10^{-5}	7.6×10^{-5}	-1.8×10^{-4}	3.6×10^{-5}	8.2×10^{-5}
σ_δ	4.4	9.7	9.5	3.4	0.8	3.8	1.2	1.3

表7-7　中国空气干燥基煤的挥发分成分组成与$Q_{ad,net}$的关系拟合函数参数

参数	拟合公式：公式(4-1)							
	M_{ad}	A_{ad}	FC_{ad}	$C_{ad,V}$	$H_{ad,V}$	$O_{ad,V}$	$N_{ad,V}$	$S_{ad,V}$
B_0	-115.0	254.6	91.9	-62.3	3.8	-96.4	-4.4	27.8
B_1	1.9×10^{-2}	-2.9×10^{-2}	-1.5×10^{-2}	1.1×10^{-2}	1.2×10^{-4}	1.7×10^{-2}	7.2×10^{-4}	-3.5×10^{-3}
B_2	-9.1×10^{-7}	1.3×10^{-6}	8.1×10^{-7}	-4.7×10^{-7}	-6.9×10^{-9}	-8.2×10^{-7}	-2.8×10^{-8}	1.5×10^{-7}
B_3	1.4×10^{-11}	-1.9×10^{-11}	-1.2×10^{-11}	6.7×10^{-12}	1.2×10^{-13}	1.2×10^{-11}	3.3×10^{-13}	-2.1×10^{-12}
σ_δ	4.6	7.9	11.1	8.2	1.1	5.8	1.2	1.3

二、中国空气干燥基煤的挥发分理论绝热燃烧温度分布规律

中国空气干燥基煤的煤质参数来自表2-9~表2-12。计算方法来自第3.4节。中国空气干燥基煤的挥发分理论绝热燃烧温度计算结果见表7-8~表7-11。

表7-8　中国空气干燥基无烟煤的挥发分理论绝热燃烧温度($t_{a0,ad,V}$)计算结果　℃

序号	$t_{a0,ad,V}$	序号	$t_{a0,ad,V}$	序号	$t_{a0,ad,V}$	序号	$t_{a0,ad,V}$
1	361.6	26	497.5	38	559.4	47	599.7
10	39.2	29	541.2	39	549.9	50	624.7
11	451.7	31	594.8	40	541.9	51	569.1
13	443.9	32	374.6	41	532.2	52	590.8
18	488.3	34	417.5	44	521.5	53	531.1
24	415.7	35	482.5	45	571.7	57	521.2

本表序号对应于表2-9。

表7-9　中国空气干燥基贫煤的挥发分理论绝热燃烧温度($t_{a0,ad,V}$)计算结果　℃

序号	$t_{a0,ad,V}$	序号	$t_{a0,ad,V}$	序号	$t_{a0,ad,V}$	序号	$t_{a0,ad,V}$
5	636.2	14	582.7	22	605.1	30	705.3
6	560.3	15	582.8	23	699.2	31	640.3
7	560.2	16	594.4	24	721.3	32	620.1
8	542.2	18	625.6	26	616.2	33	672.6
9	598.2	19	640.3	27	666.4	34	655.5
10	570.3	20	623.2	28	641.1	35	653.8
12	604.6	21	603.6	29	633.8	36	704.5

序号	$t_{a0,ad,V}$	序号	$t_{a0,ad,V}$	序号	$t_{a0,ad,V}$	序号	$t_{a0,ad,V}$
37	593.6	43	763.7	49	703.1	56	762.3
38	704.8	44	766.1	50	693.7	57	716.4
39	679.8	45	565.4	51	757.6	58	756.7
40	707.0	46	568.3	53	743.2	59	744.5
41	685.3	47	717.2	54	726.2	61	772.6
42	683.2	48	719.9	55	782.3	62	753.4

本表序号对应于表 2-10。

表 7-10　中国空气干燥基烟煤的挥发分理论绝热燃烧温度 ($t_{a0,ad,V}$) 计算结果　℃

序号	$t_{a0,ad,V}$	序号	$t_{a0,ad,V}$	序号	$t_{a0,ad,V}$	序号	$t_{a0,ad,V}$
2	743.2	25	901.3	46	943.6	67	1 030.2
3	775.1	26	1 008.0	47	1 003.2	68	1 041.8
4	801.8	27	1 035.5	48	1 008.6	69	972.9
5	777.3	28	685.3	49	1 057.0	70	1 012.1
6	808.4	29	822.0	50	1 022.9	71	1 050.0
7	809.3	30	998.3	51	1 049.5	72	1 083.8
8	662.7	31	971.0	52	948.6	73	1 076.2
9	794.0	32	841.8	53	912.4	74	959.2
11	792.4	33	941.6	54	985.0	75	1 014.7
12	850.1	34	827.9	55	917.0	76	874.1
14	815.6	35	935.2	56	953.3	77	983.1
15	942.6	36	1 012.5	57	1 050.3	78	1 022.8
16	831.3	37	937.0	58	939.9	79	1 065.1
17	890.2	38	938.5	59	935.6	80	955.1
18	692.7	39	1 035.9	60	908.8	81	1 120.8
19	966.4	40	983.4	61	994.9	82	1 013.6
20	986.2	41	1 021.8	62	983.8	83	965.2
21	986.4	42	925.5	63	1 077.7	84	1 051.6
22	927.9	43	772.8	64	995.1	85	1 031.6
23	952.5	44	980.0	65	766.6	86	1 032.5
24	941.0	45	1 036.2	66	984.7	87	1 056.1

续表

序号	$t_{a0,ad,V}$	序号	$t_{a0,ad,V}$	序号	$t_{a0,ad,V}$	序号	$t_{a0,ad,V}$
88	1 014.5	107	1 044.5	126	997.5	147	1 245.5
89	983.3	108	1 154.5	127	1 054.0	148	1 077.2
90	1 033.9	109	1 135.4	128	1 191.5	149	1 300.0
91	1 030.7	110	1 164.0	130	1 118.9	150	1 194.8
92	1 117.0	111	1 094.6	132	1 267.2	151	1 232.3
93	1 041.2	112	1 090.1	133	1 105.2	152	1 295.4
94	1 087.1	113	1 106.0	134	1 238.2	153	1 286.6
95	1 084.1	114	1 031.2	135	1 031.6	154	1 267.4
96	1 048.3	115	1 111.1	136	1 039.3	155	1 153.0
97	1 014.4	116	1 148.1	137	1 031.2	156	1 127.9
98	1 060.3	117	1 072.9	138	1 260.1	157	1 377.7
99	1 030.3	118	1 159.7	139	1 234.8	158	1 367.4
100	1 079.9	119	886.0	140	1 131.6	159	1 193.4
101	1 057.1	120	1 171.9	141	1 076.4	160	1 279.7
102	1 097.2	121	982.4	142	1 054.6	161	1 361.9
103	1 111.6	122	1 068.8	143	1 060.8	162	1 350.2
104	1 091.4	123	1 168.5	144	1 055.8	163	1 351.3
105	1 044.8	124	1 179.2	145	1 090.1	164	1 464.7
106	837.1	125	889.0	146	1 094.9		

本表序号对应于表 2-11。

表 7-11　中国空气干燥基褐煤的挥发分理论绝热燃烧温度（$t_{a0,ad,V}$）计算结果　℃

序号	$t_{a0,ad,V}$	序号	$t_{a0,ad,V}$	序号	$t_{a0,ad,V}$	序号	$t_{a0,ad,V}$
1	1 281.4	8	1 087.5	15	1 120.4	22	1 171.4
2	1 067.0	9	1 009.0	16	1 128.6	23	1 446.0
3	1 066.7	10	1 210.7	17	939.2	24	1 320.7
4	1 131.3	11	1 012.4	18	1 141.6	25	1 243.9
5	1 054.2	12	1 064.0	19	1 779.2	26	1 194.2
6	1 037.0	13	1 115.6	20	1 226.2	27	1 307.8
7	1 124.4	14	1 087.5	21	—	28	1 171.4

本表序号对应于表 2-12。

将中国空气干燥基煤的挥发分理论绝热燃烧温度计算结果绘制在图7-5、图7-6中,其中的多项式拟合函数参数见表7-12。在数据处理过程中,删除了$V_{daf} > 60\%$的无效数据。

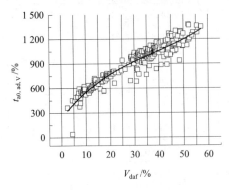

图7-5 中国空气干燥基煤的挥发分
理论绝热燃烧温度与V_{daf}的关系

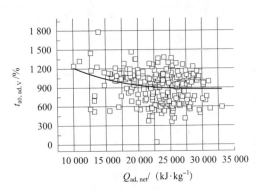

图7-6 中国空气干燥基煤的挥发分
理论绝热燃烧温度与$Q_{ad,net}$的关系

表7-12 图7-5、图7-6的多项式拟合函数参数

参数	拟合公式:公式(4-1)	
	图7-5	图7-6
B_0	234.35	1 878.91
B_1	37.48	-9.20×10^{-2}
B_2	-0.655	2.84×10^{-6}
B_3	5.80×10^{-3}	-2.93×10^{-11}
σ_δ	74	234

图7-5的拟合曲线表明:随着V_{daf}的提高,中国空气干燥基煤的挥发分理论绝热燃烧温度($t_{a0,ad,V}$)单调提高,这种变化规律的原因与煤的成分组成特点有关(见图7-3),也与过量空气系数$\alpha = 1.0$有关。由于中国煤的空气干燥基成分不变,因此图7-5的拟合曲线变化趋势与图7-1相似。过量空气系数$\alpha = 1.0$,小于煤粉锅炉炉膛实际过量空气系数,因此$t_{a0,ad,V} > t_{aE,ad,V}$。

图7-6的拟合曲线表明:随着$Q_{ad,net}$的提高,中国空气干燥基煤挥发分的理论绝热燃烧温度$t_{a0,ad,V}$单调降低,这种变化规律的原因与煤的成分组成特点有关(见图7-4),也与过量空气系数$\alpha = 1.0$有关。由于中国煤的空气干燥基成分不变,因此图7-6的拟合曲线变化趋势应该与图7-2相似,图7-6的拟合曲线变化趋势与图7-2基本相似。过量空气系数$\alpha = 1.0$,小于煤粉锅炉炉膛实际过量空气系数,因此$t_{a0,ad,V} > t_{aE,ad,V}$。

表7-12的数据表明:中国空气干燥基煤的挥发分理论绝热燃烧温度($t_{a0,ad,V}$)

对于 V_{daf} 的分散程度较小,残差标准差为 74; $t_{a0,ad,V}$ 对于 $Q_{ad,net}$ 的分散程度较大,残差标准差为 234。图 7-5、图 7-6 的数据及其拟合曲线可以清楚地反映出上述特点。

三、中国空气干燥基煤挥发分的理论绝热燃烧温度分布规律

中国空气干燥基煤的煤质参数来自表 2-9~表 2-12。计算方法来自第 3.4 节。中国空气干燥基煤挥发分的理论绝热燃烧温度计算结果见表 7-13~表 7-16。

将中国空气干燥基煤的参数折算成干燥无灰基参数,计算其挥发分的理论绝热燃烧温度($t_{a0,daf,V}$),计算结果与 V_{daf}、$Q_{ad,net}$ 的关系绘制在图 7-7、图 7-8 中,其中的多项式拟合函数参数见表 7-17。

表 7-13　中国空气干燥基无烟煤挥发分的理论绝热燃烧温度($t_{a0,daf,V}$)计算结果　℃

序号	$t_{a0,daf,V}$	序号	$t_{a0,daf,V}$	序号	$t_{a0,daf,V}$	序号	$t_{a0,daf,V}$
1	2 382.7	29	2 146.3	39	2 135.3	50	2 166.6
11	2 177.3	31	2 155.3	40	2 225.3	51	2 239.0
13	2 227.3	32	3 362.5	41	2 214.3	52	2 153.3
18	2 183.9	34	2 775.4	44	2 244.5	53	2 244.3
24	2 242.1	35	2 264.4	45	2 177.6	57	2 137.0
26	2 256.6	38	2 114.1	47	2 085.1		
本表序号对应于表 2-9。							

表 7-14　中国空气干燥基贫煤挥发分的理论绝热燃烧温度($t_{a0,daf,V}$)计算结果　℃

序号	$t_{a0,daf,V}$	序号	$t_{a0,daf,V}$	序号	$t_{a0,daf,V}$	序号	$t_{a0,daf,V}$
5	2 125.2	21	2 206.2	35	2 189.2	48	2 261.7
6	2 211.6	22	2 227.6	36	2 224.3	49	2 287.7
7	2 086.6	23	2 148.9	37	2 361.5	50	2 199.7
8	2 268.0	24	2 174.1	38	2 168.6	51	2 213.1
9	2 198.3	26	2 237.2	39	2 229.7	53	2 233.2
10	2 209.2	27	2 237.0	40	2 232.9	54	2270.1
12	2 190.0	28	2 207.0	41	2 265.0	55	2 213.8
14	2 215.8	29	2 246.0	42	2 198.1	56	2 217.0
15	2 215.9	30	2 190.1	43	2 223.9	57	2 118.3
16	2 213.6	31	2 235.2	44	2 159.1	58	2 258.7
18	2 197.7	32	2 262.1	45	0.0	59	2 229.6
19	2 202.5	33	2 130.6	46	2 505.7	61	2 276.4
20	2 229.0	34	2 238.0	47	2 260.1	62	2 265.1
本表序号对应于表 2-10。							

表 7-15　中国空气干燥基烟煤挥发分的理论绝热燃烧温度($t_{a0,daf,V}$)计算结果　℃

序号	$t_{a0,daf,V}$	序号	$t_{a0,daf,V}$	序号	$t_{a0,daf,V}$	序号	$t_{a0,daf,V}$
2	2 282.9	35	2 321.7	66	2 407.8	96	2 407.8
3	2 275.6	36	2 267.0	67	2 320.2	97	2 390.1
4	2 251.2	37	2 396.4	68	2 328.8	98	2 408.6
5	2 270.8	38	2 394.3	69	2 420.8	99	2 434.9
6	2 220.4	39	2 273.4	70	2 380.2	100	2 388.6
7	2 220.3	40	2 321.4	71	2 361.9	101	2 403.8
8	2 438.7	41	2 285.8	72	2 315.9	102	2 361.8
9	2 141.2	42	2 384.5	73	2 315.4	103	2 364.5
11	2 314.7	43	2 300.2	74	2 468.6	104	2 365.9
12	2 297.7	44	2 249.8	75	2 351.3	105	2 421.0
14	2 253.7	45	2 264.3	76	2 142.5	106	2 676.7
15	2 210.5	46	2 343.5	77	2 368.3	107	2 314.4
16	2 320.3	47	2 342.5	78	2 351.9	108	2 305.3
17	2 237.3	48	2 315.1	79	2 335.7	109	2 299.8
18	2 537.9	49	2 276.9	80	2 502.8	110	2 298.6
19	2 277.0	50	2 308.5	81	2 286.5	111	2 219.0
20	2 261.2	51	2 275.4	82	2 402.3	112	2 375.9
21	2 255.3	52	2 373.3	83	2 508.0	113	2 374.1
22	2 310.9	53	2 437.9	84	2 369.4	114	2 441.5
23	2 266.5	54	2 368.6	85	2 416.6	115	2 373.1
24	2 358.4	55	2 467.6	86	2 416.6	116	2 365.2
25	2 338.3	56	2 430.7	87	2 368.6	117	2 402.1
26	2 267.9	57	2 315.5	88	2 419.1	118	2 361.4
27	2 228.1	58	2 444.4	89	2 392.7	120	2 345.8
29	2 527.7	59	2 423.1	90	2 410.7	121	2 490.7
30	2 316.3	60	2 501.1	91	2 401.3	122	2 483.1
31	2 325.6	61	2 380.0	92	2 314.9	123	2 397.0
32	2 533.7	62	2 405.2	93	2 412.7	124	2 348.0
33	2 327.4	63	2 281.4	94	2 340.8	125	2 755.6
34	2 552.3	64	2 341.3	95	2 322.7	126	2 655.1

续表

序号	$t_{a0,daf,V}$	序号	$t_{a0,daf,V}$	序号	$t_{a0,daf,V}$	序号	$t_{a0,daf,V}$
127	2 534.6	138	2 319.1	147	2 398.7	156	2 627.1
128	2 374.7	139	2 390.2	148	2 538.6	157	2 336.3
130	2 403.3	140	2 478.9	149	2 318.9	158	2 314.7
132	2 307.7	141	2 514.1	150	2 416.3	159	2 501.6
133	2 516.5	142	2 592.9	151	2 374.6	160	2 462.5
134	2 308.7	143	2 464.0	152	2 355.3	161	2 435.5
135	2 524.4	144	2 594.0	153	2 379.5	162	2 477.0
136	2 588.1	145	2 534.7	154	2 438.1	163	2 466.4
137	2 640.3	146	2 525.3	155	2 564.1	164	2 432.8

本表序号对应于表 2 - 11。

表 7 - 16　中国空气干燥基褐煤挥发分的理论绝热燃烧温度($t_{a0,daf,V}$)计算结果　℃

序号	$t_{a0,daf,V}$	序号	$t_{a0,daf,V}$	序号	$t_{a0,daf,V}$	序号	$t_{a0,daf,V}$
1	2 532.5	8	2 484.6	16	2 519.2	23	2 481.2
2	2 649.8	9	2 583.5	17	3 014.5	24	2 512.6
3	2 516.7	10	2 489.2	18	2 449.6	25	2 398.0
4	2 571.8	11	2 475.0	19	2 400.8	27	2 444.6
5	2 553.9	12	2 475.8	20	2 580.0	28	2 524.1
6	2 576.4	13	2 549.0	21	2 518.8		
7	2 530.0	15	2 549.7	22	2 440.4		

本表序号对应于表 2 - 12。

　　图 7 - 7 是中国空气干燥基煤挥发分的理论绝热燃烧温度($t_{a0,daf,V}$)与 V_{daf} 的关系。图 7 - 7 的拟合曲线表明:随着 V_{daf} 的提高,$t_{a0,daf,V}$ 单调上升,这种变化规律的原因与空气干燥基煤的挥发分成分组成特点有关,如图 7 - 9 所示。

　　图 7 - 9 在数据处理过程中,删除了 $V_{daf} > 60\%$ 以及 $Q_{ad,net} < 9\ 000\ kJ/kg$ 的无效数据。图 7 - 9 表明:在 $V_{daf} \leqslant 42\%$ 区间,随着 V_{daf} 的提高,中国干燥无灰基煤挥发分的碳含量(C_V)逐渐提高,氧含量(O_V)逐渐提高,氢含量(H_V)逐渐降低。在此区间内,挥发分自身的发热量逐步提高,烟气焓逐渐提高。所以随着 V_{daf} 的提高,$t_{a0,daf,V}$ 单调

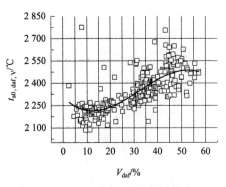

图7-7 中国空气干燥基煤挥发分的
理论绝热燃烧温度
与V_{daf}的关系

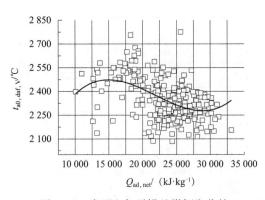

图7-8 中国空气干燥基煤挥发分的
理论绝热燃烧温度
与$Q_{ad,net}$的关系

表7-17 图7-7、图7-8的多项式拟合函数参数

参　　数	拟合公式：公式(4-1)	
	图7-7	图7-8
B_0	2 407.57	1 310.78
B_1	-26.60	0.19
B_2	1.12	-9.57×10^{-6}
B_3	-1.11×10^{-2}	1.46×10^{-10}
σ_δ	88	116

上升。在$V_{daf} > 42\%$时，随着V_{daf}的提高，中国干燥无灰基煤挥发分的碳含量（C_V）小幅度降低，氢含量（H_V）小幅度提高，氧含量（O_V）大幅度提高，1.0 kg挥发分完全燃烧需要较少的理论空气量，烟气量随之降低，烟气焓提高，所以随着V_{daf}的提高，$t_{a0,daf,V}$单调上升。

　　图7-8的拟合曲线表明：随着$Q_{ad,net}$的提高，中国空气干燥基煤挥发分的理论绝热燃烧温度（$t_{a0,daf,V}$）经历了小幅度上升、大幅度下降、小幅度上升的过程，其分界点分别是$Q_{ad,net} = 16\,000$ kJ/kg、$Q_{ad,net} = 28\,000$ kJ/kg。随着$Q_{ad,net}$的提高，$t_{a0,daf,V}$总体上降低。这种变化规律的原因与挥发分的成分组成特点有关，如图7-10所示。

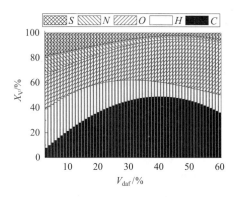

图 7 - 9　中国空气干燥基煤的
挥发分成分组成与 V_{daf} 的关系
（ X 表示 C、H、O、N、S）

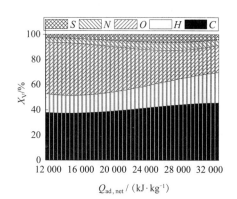

图 7 - 10　中国空气干燥基煤的
挥发分成分组成与 $Q_{ad,net}$ 的关系
（ X 表示 C、H、O、N、S）

　　图 7 - 10 在数据处理过程中,删除了 $V_{daf}>60\%$ 以及 $Q_{ad,net}<9\,000\,kJ/kg$ 的无效数据。图 7 - 10 的拟合曲线表明:① 随着 $Q_{ad,net}$ 的提高,挥发分碳含量(C_V)小幅度提高,氢含量(H_V)总体上大幅度上升,氧含量(O_V)大幅度降低。这表明随着 $Q_{ad,net}$ 的提高, $1.0\,kg$ 煤的挥发分燃烧需要较多的理论空气量,烟气量大,烟气焓降低。因此随着 $Q_{ad,net}$ 的提高, $t_{a0,daf,V}$ 总体上呈现下降趋势。② 图 7 - 8 中,在 $Q_{ad,net}=16\,000\,kJ/kg$ 时, $t_{a0,daf,V}$ 达到最大值的原因是:氧含量(O_V)绝对值较大,理论空气量较少,烟气量较少,烟气焓较高;氢含量(H_V)降到最低值后,又逐渐提高,烟气中水蒸气的含量降到最低值后,又逐渐提高,水蒸气吸收的热量降到最低值后,又逐渐提高。③ 图 7 - 8 中,在 $Q_{ad,net}=28\,000\,kJ/kg$ 时, $t_{a0,daf,V}$ 达到最小值的原因是:氧含量(O_V)绝对值较小,理论空气量较多,烟气量较多,烟气焓较低;氢含量(H_V)绝对值较高,烟气中水蒸气的含量较大,水蒸气吸收的热量较多,烟气焓较低。

　　表 7 - 17 的数据表明:中国空气干燥基煤的挥发分理论绝热燃烧温度($t_{a0,daf,V}$)对于 V_{daf} 的分散程度较小,残差标准差为 88; $t_{a0,daf,V}$ 对于 $Q_{ad,net}$ 的分散程度较大,残差标准差为 116。图 7 - 7、图 7 - 8 的数据及其拟合曲线可以大致地反映出上述特点。

　　表 7 - 18、表 7 - 19 的残差标准差数据比较接近,这个特点表明: C_V、H_V、O_V、N_V、S_V 对于 V_{daf} 和 $Q_{ad,net}$ 的分散程度比较接近。其中挥发分碳含量(C_V)与 V_{daf}、$Q_{ar,net}$ 之间的多项式拟合函数的残差标准差最大,说明挥发分与煤不是同一种燃料。挥发分的发热量中,氢元素的发热量接近碳元素的发热量。煤的发热量中氢元素的发热量远远小于碳元素的发热量。

表 7 - 18   中国空气干燥基煤的挥发分成分组成与 V_{daf} 的关系拟合函数参数

参数	拟合公式：公式(4-1)				
	C_V	H_V	O_V	N_V	S_V
B_0	0.995 9	31.986 9	29.959 3	17.421 6	19.507 6
B_1	2.304 9	-0.152 0	-0.964 3	-0.718 9	-0.432 9
B_2	-0.026 38	-0.021 91	0.039 73	0.012 07	-0.005 96
B_3	-3.65×10^{-5}	3.26×10^{-4}	-3.37×10^{-4}	-7.11×10^{-5}	1.54×10^{-4}
σ_δ	11	5	12	3	7

表 7 - 19   中国空气干燥基煤的挥发分成分组成与 $Q_{ad,net}$ 的关系拟合函数参数

参数	拟合公式：公式(4-1)				
	C_V	H_V	O_V	N_V	S_V
B_0	49.026 4	27.786 3	-24.826 8	10.967 9	11.638 0
B_1	-0.002 3	-0.002 1	0.010 7	-0.001 5	-0.001 8
B_2	1.179×10^{-7}	9.147×10^{-8}	-5.43×10^{-7}	9.2×10^{-8}	1.116×10^{-7}
B_3	-1.59×10^{-12}	-9.34×10^{-13}	7.91×10^{-12}	-1.57×10^{-12}	-1.92×10^{-12}
σ_δ	15	8	12	4	6

四、中国空气干燥基煤挥发分的三种绝热燃烧温度分布规律对比

将中国空气干燥煤挥发分的三种绝热燃烧温度,即工程值、理论值、干燥无灰基理论值与 V_{daf}、$Q_{ad,net}$ 的拟合关系绘制在图 7 - 11、图 7 - 12 中,以便对比分析。

图 7 - 11 的三条拟合曲线说明:① 温差($t_{a0,V} - t_{aE,V}$)随着 V_{daf} 的提高单调升高,说明煤的水分随着 V_{daf} 的提高单调升高,降低过量空气系数引起的挥发分绝热燃烧温度的变化体现在煤的水分含量上,见图 6 - 3。② 中国空气干燥基挥发分的理论绝热燃烧温度($t_{a0,daf,V}$)在 2 300 ~ 2 450℃,比 $t_{a0,V}$ 高得多。温差($t_{a0,daf,V} - t_{a0,V}$)随着 V_{daf} 的提高总体上逐渐降低。这种变化趋势由煤的成分和挥发分的成分的差别引起,见图 7 - 3、图 7 - 9。

图 7 - 12 的三条拟合曲线说明:① 温差($t_{a0,V} - t_{aE,V}$)随着 $Q_{ad,net}$ 的提高单调降低,说明空气干燥基煤所含的水分随着 $Q_{ad,net}$ 的提高单调降低。降低过量空气系数引起的挥发分绝热燃烧温度的变化体现在煤的水分含量上,见图 6 - 4。② 温差($t_{a0,daf,V} - t_{a0,V}$)随着 $Q_{ad,net}$ 的提高总体单调上升。这种变化趋势与煤及其挥发分的成分组成有关,见图 6 - 14、图 6 - 10。

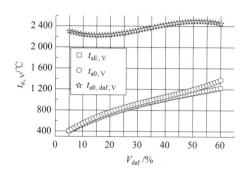

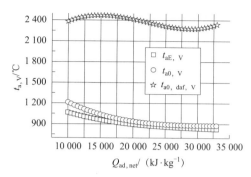

图 7 - 11　中国空气干燥基煤挥发分的
三种绝热燃烧温度与 V_{daf} 的关系

图 7 - 12　中国空气干燥基煤挥发分的
三种绝热燃烧温度与 $Q_{ad,net}$ 的关系

五、中国空气干燥基煤及其挥发分的六种绝热燃烧温度分布规律对比

将中国空气干燥基煤及其挥发分的六种绝热燃烧温度,即工程值、理论值、干燥无灰基理论值与 V_{daf}、$Q_{ad,net}$ 的拟合关系绘制在图 7 - 13 ~ 图 7 - 18 中,以便对比分析。

图 7 - 13 所示为中国空气干燥基煤及其挥发分的工程绝热燃烧温度与 V_{daf} 的关系。图 7 - 13 的两条拟合曲线说明:① 煤粉颗粒的燃烧过程中,挥发分燃烧释放的热量先将烟气温度提高,焦炭燃烧将烟气温度提高到最大值。② 随着 V_{daf} 的提高,中国空气干燥基煤的挥发分含量提高;$V_{daf} > 38\%$ 以后,中国空气干燥基煤的水分提高幅度较大,见图 7 - 3。

图 7 - 14 所示为中国空气干燥基煤及其挥发分的工程绝热燃烧温度与 $Q_{ad,net}$ 的关系。图 7 - 14 的两条拟合曲线说明:① 煤粉颗粒的燃烧过程中,挥发分燃烧释放的热量先将烟气温度提高,焦炭燃烧将烟气温度提高到最大值。② 发热量低的煤,挥发分的空气干燥基含量较高,水分含量增加幅度较大,见图 7 - 4。

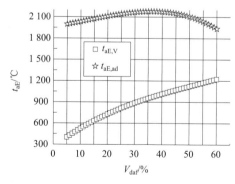

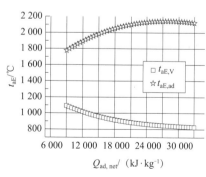

图 7 - 13　中国空气干燥基煤及其挥
发分的工程绝热燃烧温度与 V_{daf} 的关系

图 7 - 14　中国空气干燥基煤及其挥
发分的工程绝热燃烧温度与 $Q_{ad,net}$ 的关系

图 7 - 15 所示为中国空气干燥基煤及其挥发分的理论绝热燃烧温度与 V_{daf} 的关系。图 7 - 16 所示为中国空气干燥基煤及其挥发分的理论绝热燃烧温度与 $Q_{ad,net}$ 的关系。当过量空气系数降低到 1.0 时,中国空气干燥基煤及其挥发分的理论绝热燃烧温度比工程绝热燃烧温度高,而且有类似的变化规律,见图 7 - 13 ~ 图 7 - 16。

图 7 - 17 所示为中国空气干燥基煤的干燥无灰基成分及其挥发分的理论绝热燃烧温度与 V_{daf} 的关系。图 7 - 18 所示为中国空气干燥基煤及其挥发分的干燥无灰基成分的理论绝热燃烧温度与 $Q_{ad,net}$ 的关系。

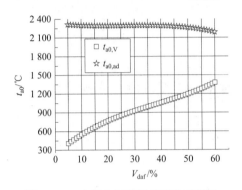

图 7 - 15　中国空气干燥基煤及其挥发分的理论绝热燃烧温度与 V_{daf} 的关系

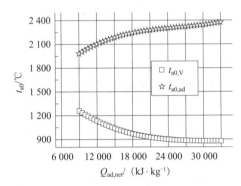

图 7 - 16　中国空气干燥基煤及其挥发分的理论绝热燃烧温度与 $Q_{ad,net}$ 的关系

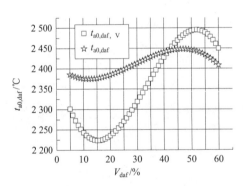

图 7 - 17　中国空气干燥基煤的干燥无灰基成分及其挥发分的理论绝热燃烧温度与 V_{daf} 的关系

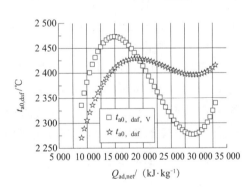

图 7 - 18　中国空气干燥基煤的干燥无灰基成分及其挥发分的理论绝热燃烧温度与 $Q_{ad,net}$ 的关系

图 7 - 17 说明:中国空气干燥基煤的干燥无灰基成分的理论绝热燃烧温度 ($t_{a0,daf}$)在 2 380 ~ 2 440℃,中国空气干燥基煤挥发分的理论绝热燃烧温度($t_{a0,daf,V}$) 在 2 100 ~ 2 500℃, $t_{a0,daf}$ 、 $t_{a0,daf,V}$ 随着 V_{daf} 变化的规律,与煤的干燥无灰基成分及挥发分自身的成分随着 V_{daf} 变化的规律有关,见图 6 - 9、图 7 - 9。

图 7 - 18 说明:中国空气干燥基煤的干燥无灰基成分的理论绝热燃烧温度

$(t_{a0,daf})$ 在 2 380 ~ 2 420℃,中国空气干燥基煤挥发分的理论绝热燃烧温度 $(t_{a0,daf,V})$ 在 2 380 ~ 2 480℃, $t_{a0,daf}$、$t_{a0,daf,V}$ 随着 V_{daf} 变化的规律,与煤的干燥无灰基成分及挥发分自身的成分随着 $Q_{ad,net}$ 变化的规律有关,见图 6 - 10、图 7 - 10。

7.2　国外空气干燥基煤的挥发分绝热燃烧温度分布规律

由于专业研究工作的需要,有一部分国外煤的数据以空气干燥基的形式报道。这些数据的种类较多,见表 4 - 5。

一、国外空气干燥基煤的挥发分工程绝热燃烧温度分布规律

本节将动力煤的挥发分工程绝热燃烧温度延伸到空气干燥基煤是一种理论研究方法,虽然不能对煤粉锅炉的运行、设计提供直接工程参考意义,但是可以比较空气干燥基数据与收到基数据的工程绝热燃烧温度之间的差别,对于空气干燥基煤的挥发分绝热燃烧温度分布规律做出合理的推断。

国外空气干燥基煤的煤质参数来自表 2 - 13。计算方法来自第 3.5 节。国外空气干燥基煤的挥发分工程绝热燃烧温度计算结果见表 7 - 20。

表 7 - 20　国外空气干燥基煤的挥发分工程绝热燃烧温度 $(t_{aE,ad,V})$ 计算结果　　℃

序号	$t_{aE,ad,V}$	序号	$t_{aE,ad,V}$	序号	$t_{aE,ad,V}$	序号	$t_{aE,ad,V}$
无烟煤、贫煤		9	944.3	27	1 054.5	44	1 204.0
1	283.2	10	961.6	28	1 126.5	45	1 282.9
2	323.8	12	1 000.4	29	1 109.1	46	1 127.0
3	278.5	13	946.1	30	982.5	47	1 351.5
4	370.8	14	991.0	31	1 157.6	48	1 261.7
5	446.1	15	1 034.5	32	939.5	49	1 313.0
6	483.7	16	912.4	33	1 119.8	50	1 417.3
烟煤		17	1 037.7	34	1 110.3	51	1 485.0
1	846.3	18	1 027.9	35	1 040.8	褐煤	
2	792.3	19	994.1	36	1 108.8	1	947.0
3	798.7	21	1 045.9	37	986.6	2	1 007.3
4	846.9	22	894.0	38	1 151.0	3	1 041.2
5	876.9	23	1 038.7	39	1 247.2	4	1 036.7
6	857.3	24	1 041.2	40	1 175.2	5	1 187.9
7	877.9	25	1 000.2	41	1 241.7	6	1 635.9
8	911.1	26	972.6	43	1 340.4		

本表序号对应于表 2 - 13。

　　将国外空气干燥基煤的挥发分工程绝热燃烧温度计算结果绘制在图7-19、图7-20中,其中的多项式拟合函数参数见表7-21。

　　图7-19的拟合曲线表明:随着V_{daf}的提高,国外空气干燥基煤的挥发分工程绝热燃烧温度($t_{aE,ad,V}$)单调升高。这种变化规律的原因与挥发分的成分组成特点有关,有待进一步研究。

　　图7-20的拟合曲线表明:随着$Q_{ad,net}$的提高,国外空气干燥基煤的挥发分工程绝热燃烧温度($t_{aE,ad,V}$)经历了先降低、后提高、再降低的过程,其分界点分别是$Q_{ad,net}=16\,000$ kJ/kg,$Q_{ad,net}=23\,000$ kJ/kg。随着$Q_{ad,net}$的提高,$t_{aE,ad,V}$总体上降低。这种变化规律的原因与煤的挥发分成分组成特点有关,有待进一步研究。

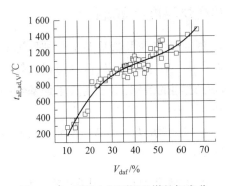

图7-19　国外空气干燥基煤的挥发分
工程绝热燃烧温度与V_{daf}的关系

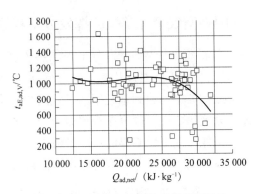

图7-20　国外空气干燥基煤的挥发分
工程绝热燃烧温度与$Q_{ad,net}$的关系

表7-21　图7-19、图7-20的多项式拟合函数参数

参　　数	拟合公式:公式(4-1)	
	图7-19	图7-20
B_0	-659.76	3 130.79
B_1	99.222	-0.339 2
B_2	-2.008	1.779×10^{-5}
B_3	0.015 0	-3.01×10^{-10}
σ_δ	78	256

表 7 – 21 的数据表明:国外空气干燥基煤的挥发分工程绝热燃烧温度($t_{aE,ad,V}$)对于 V_{daf} 的分散程度较小,残差标准差为 78;$t_{aE,ad,V}$ 对于 $Q_{ad,net}$ 的分散程度较大,残差标准差为 256。图 7 – 19、图 7 – 20 的数据及其拟合曲线可以清楚地反映出上述特点。$t_{aE,ad,V}$ 对于 V_{daf} 的分散程度较小,说明 $t_{aE,ad,V}$ 与 V_{daf} 的相关程度较高。事实上,1.0 kg 煤中挥发分的绝热燃烧温度与空气干燥基的挥发分含量有关,也与煤的挥发分成分组成特点有关。

国外煤的空气干燥基成分组成数据分布规律,经过多项式曲线拟合以后,绘制在图 7 – 21、图 7 – 22 中,拟合函数参数列于表 7 – 22、表 7 – 23 中。

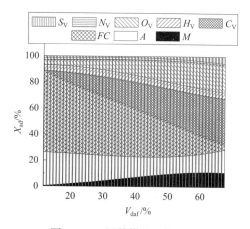

图 7 – 21　国外煤的空气干燥
基成分组成与 V_{daf} 的关系
(X 表示 M、A、FC、C_V、H_V、O_V、N_V、S_V)

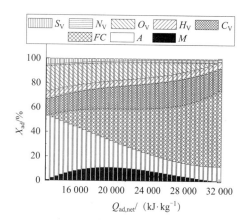

图 7 – 22　国外煤的空气干燥
基成分组成与 $Q_{ad,net}$ 的关系
(X 表示 M、A、FC、C_V、H_V、O_V、N_V、S_V)

表 7 – 22　国外煤的空气干燥基成分组成与 V_{daf} 的关系拟合函数参数

参数	拟合公式:公式(4 – 1)							
	M_{ad}	A_{ad}	FC_{ad}	$C_{ad,V}$	$H_{ad,V}$	$O_{ad,V}$	$N_{ad,V}$	$S_{ad,V}$
B_0	0.112	14.41	48.81	– 13.72	0.188	5.112	0.114	0.637
B_1	$– 8.72 \times 10^{-2}$	0.988	0.531	1.339	0.369	– 0.366	0.130	8.13×10^{-2}
B_2	1.13×10^{-2}	$– 3.85 \times 10^{-2}$	$– 2.47 \times 10^{-2}$	$– 1.67 \times 10^{-2}$	$– 8.14 \times 10^{-3}$	2.01×10^{-2}	$– 3.02 \times 10^{-3}$	$– 4.05 \times 10^{-3}$
B_3	$– 1.12 \times 10^{-4}$	3.65×10^{-4}	1.04×10^{-4}	1.12×10^{-4}	5.46×10^{-5}	$– 1.66 \times 10^{-4}$	1.90×10^{-5}	5.81×10^{-5}
σ_δ	5.2	11.0	11.1	4.1	0.9	4.6	0.4	1.6

表 7 – 23　国外煤空气干燥基成分组成与 $Q_{ad,net}$ 的关系拟合函数参数

参数	拟合公式:公式(4 – 1)							
	M_{ad}	A_{ad}	FC_{ad}	$C_{ad,V}$	$H_{ad,V}$	$O_{ad,V}$	$N_{ad,V}$	$S_{ad,V}$
B_0	– 122.24	181.94	– 118.73	30.87	17.480	68.801	2.255	21.34
B_1	1.68×10^{-2}	– 0.014	0.014	– 0.004	– 0.002	– 0.007	0.000	-1.96×10^{-3}
B_2	-6.75×10^{-7}	3.85×10^{-7}	-4.97×10^{-7}	2.35×10^{-7}	5.99×10^{-8}	3.16×10^{-7}	1.22×10^{-8}	6.39×10^{-8}
B_3	8.41×10^{-12}	-3.11×10^{-12}	6.95×10^{-12}	-4.14×10^{-12}	-7.68×10^{-13}	-5.25×10^{-12}	-1.72×10^{-13}	-7.10×10^{-13}
σ_δ	4.9	7.7	8.4	7.6	1.0	4.9	0.4	1.6

图 7 – 21 是国外空气干燥基煤的成分组成与 V_{daf} 的关系,其中下标 V 表示挥发分。图 7 – 21 表明:随着 V_{daf} 的提高,国外空气干燥基煤挥发分的碳含量($C_{ad,V}$)单调上升,1.0 kg 煤的挥发分发热量提高,引起烟气焓提高,挥发分的工程绝热燃烧温度($t_{aE,V}$)单调升高,见图 7 – 19。

图 7 – 22 是国外空气干燥基煤的成分组成与 $Q_{ad,net}$ 的关系,其中下标 V 表示挥发分。图 7 – 22 表明:① 随着 $Q_{ad,net}$ 的提高,国外空气干燥基煤挥发分的氧含量($O_{ad,V}$)逐渐降低,1.0 kg 煤完全燃烧需要的理论空气量提高,烟气量上升,烟气焓降低。因此随着 $Q_{ad,net}$ 的提高,挥发分的工程绝热燃烧温度($t_{aE,V}$)总体上降低。② 在 $Q_{ad,net} \leq 16\,000$ kJ/kg 时,挥发分的氧含量($O_{ad,V}$)逐渐降低,1.0 kg 煤的理论空气量提高,烟气量提高,烟气焓降低。所以随着 $Q_{ad,net}$ 的提高,挥发分的工程绝热燃烧温度($t_{aE,V}$)小幅度降低。在 $16\,000$ kJ/kg $< Q_{ad,net} \leq 23\,000$ kJ/kg 区间,挥发分的碳含量($C_{ad,V}$)逐渐提高,1.0 kg 煤的挥发分发热量提高,烟气焓提高。所以随着 $Q_{ad,net}$ 的提高,挥发分的工程绝热燃烧温度($t_{aE,V}$)小幅度提高。在 $Q_{ad,net} > 23\,000$ kJ/kg 时,挥发分的氧含量($O_{ad,V}$)快速降低,1.0 kg 煤的理论空气量快速提高,烟气量快速提高,烟气焓大幅度降低。因此随着 $Q_{ad,net}$ 的提高,烟气焓降低,挥发分的工程绝热燃烧温度($t_{aE,V}$)大幅度降低,见图 7 – 20。

表 7 – 22、表 7 – 23 的残差标准差数据比较接近,这个特点表明:国外空气干燥基煤的 M_{ad}、A_{ad}、FC_{ad}、$C_{ad,V}$、$H_{ad,V}$、$O_{ad,V}$、$N_{ad,V}$、$S_{ad,V}$ 对于 V_{daf} 和 $Q_{ad,net}$ 的分散程度比较接近。其中,FC_{ad} 对于空气干燥基低位发热量($Q_{ad,net}$)的多项式拟合函数的残差标准差为 8.4,小于 FC_{ad} 对于干燥无灰基挥发分(V_{daf})的多项式拟合函数的残差标准差 11.1,说明空气干燥基挥发分中的碳含量($C_{ad,V}$)小于固定碳的含量(FC_{ad}),空气干燥基低位发热量($Q_{ad,net}$)的主要发热元素是 FC_{ad}。

二、国外空气干燥基煤的挥发分理论绝热燃烧温度分布规律

国外空气干燥基煤的煤质参数来自表 2 – 13。计算方法来自第 3.4 节。国外空气干燥基煤的挥发分理论绝热燃烧温度计算结果见表 7 – 24。

表 7 – 24　国外空气干燥基煤的挥发分理论绝热燃烧温度($t_{a0,ad,V}$)计算结果　℃

序号	$t_{a0,ad,V}$	序号	$t_{a0,ad,V}$	序号	$t_{a0,ad,V}$	序号	$t_{a0,ad,V}$
无烟煤、贫煤		9	981.3	27	1 097.3	44	1 253.8
1	599.2	10	998.0	28	1 174.2	45	1 338.6
2	640.2	12	1 040.5	29	1 155.2	46	1 171.7
3	586.3	13	983.0	30	1 020.0	47	1 411.8
4	690.2	14	1 030.3	31	1 206.9	48	1 312.8
5	770.2	15	1 076.0	32	974.3	49	1 368.3
6	811.8	16	946.2	33	1 166.5	50	1 549.0
烟煤		17	1 080.0	34	1 156.6	褐煤	
1	877.9	18	1 069.4	35	1 081.7	1	1 042.0
2	818.4	19	1 031.6	36	1 153.6	2	1 113.5
3	826.7	21	1 088.5	37	1 022.7	3	1 156.7
4	878.3	22	926.3	38	1 198.3	4	1 143.8
5	910.1	23	1 080.5	39	1 301.1	5	1 322.5
6	888.9	24	1 083.2	40	1 223.7	6	1 830.2
7	909.1	25	1 039.8	41	1 293.9		
8	946.0	26	1 009.4	43	1 398.8		

本表序号对应于表 2 – 13。

将国外空气干燥基煤的挥发分理论绝热燃烧温度计算结果绘制在图 7 – 23、图 7 – 24 中,其中的多项式拟合曲线参数见表 7 – 25。在数据处理过程中,删除了 $V_{daf} > 80\%$ 的无效数据。

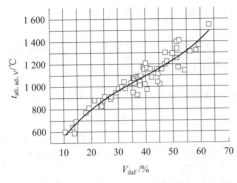

图 7 – 23　国外空气干燥基煤的挥发分
理论绝热燃烧温度与 V_{daf} 的关系

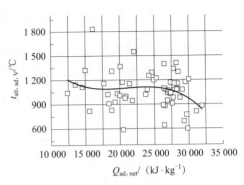

图 7 – 24　国外空气干燥基煤的挥发分
理论绝热燃烧温度与 $Q_{ad,net}$ 的关系

表 7 – 25　图 7 – 23、图 7 – 24 的多项式拟合函数参数

参　　数	拟合公式：公式(4 – 1)	
	图 7 – 23	图 7 – 24
B_0	205. 70	3 300. 42
B_1	42. 15	– 0. 327
B_2	– 0. 765	1.588×10^{-5}
B_3	6.66×10^{-3}	-2.52×10^{-10}
σ_δ	66	214

图 7 – 23 的拟合曲线表明：随着 V_{daf} 的提高，国外空气干燥基煤的挥发分理论绝热燃烧温度($t_{a0,ad,V}$)单调升高。这种变化规律的原因与煤的成分组成特点有关，见图 7 – 21。由于国外煤的空气干燥基成分不变，因此图 7 – 23 的拟合曲线变化趋势与图 7 – 19 类似。过量空气系数 $\alpha = 1.0$，小于煤粉锅炉炉膛实际过量空气系数，因此 $t_{a0,ad,V} > t_{aE,ad,V}$。

图 7 – 24 的拟合曲线表明：随着 $Q_{ad,net}$ 的提高，国外空气干燥基煤的挥发分理论绝热燃烧温度($t_{a0,ad,V}$)总体上降低。在此过程中，$Q_{ad,net} \leqslant 17\ 500$ kJ/kg 时，$t_{a0,ad,V}$ 小幅度降低；$17\ 500$ kJ/kg $< Q_{ad,net} \leqslant 23\ 900$ kJ/kg 区间，$t_{a0,ad,V}$ 小幅度提高；$Q_{ad,net} > 23\ 900$ kJ/kg 时，$t_{a0,ad,V}$ 大幅度降低。这种变化规律的原因与煤的成分组成特点有关，见图 7 – 22。由于国外煤的空气干燥基成分不变，因此图 7 – 24 的拟合曲线变化趋势与图 7 – 20 类似。过量空气系数 $\alpha = 1.0$，小于煤粉锅炉炉膛实际过量空气系数，因此 $t_{a0,ad,V} > t_{aE,ad,V}$。

表 7 – 25 的数据表明：国外空气干燥基煤的挥发分理论绝热燃烧温度($t_{a0,ad,V}$)

对于 V_{daf} 的分散程度较小,残差标准差为 66;$t_{a0,ad,V}$ 对于 $Q_{ad,net}$ 的分散程度较大,残差标准差为 214。图 7 – 23、图 7 – 24 的数据及其拟合曲线可以清楚地反映出上述特点。

三、国外空气干燥基煤的挥发分理论绝热燃烧温度分布规律

国外空气干燥基煤的煤质参数来自表 2 – 13。计算方法来自第 3.4 节。国外空气干燥基煤的挥发分理论绝热燃烧温度计算结果见表 7 – 26。

表 7 – 26　国外空气干燥基煤的挥发分理论绝热燃烧温度($t_{a0,daf,V}$)计算结果　　℃

序号	$t_{a0,daf,V}$	序号	$t_{a0,daf,V}$	序号	$t_{a0,daf,V}$	序号	$t_{a0,daf,V}$
无烟煤、贫煤		9	2 281.0	27	2 338.2	44	2 493.4
1	2 343.4	10	2 267.3	28	2 300.6	45	2 391.7
2	2 317.7	12	2 267.1	29	2 315.5	46	2 613.4
3	2 340.6	13	2 338.7	30	2 427.7	47	2 276.8
4	2 348.5	14	2 339.9	31	2 266.3	48	2 466.3
5	2 342.7	15	2 300.9	32	2 567.1	49	2 450.4
6	2 336.5	16	2 457.0	33	2 315.7	50	2 477.4
烟煤		17	2 312.8	34	2 355.8	褐煤	
1	2 200.9	18	2 319.1	35	2 418.7	1	2 479.1
2	2 223.9	19	2 229.1	36	2 303.0	2	2 469.1
3	2 241.5	21	2 324.0	37	2 541.5	3	2 434.8
4	2 256.4	22	2 536.7	38	2 431.1	4	2 605.5
5	2 207.2	23	2 315.2	39	2 331.4	5	2 379.0
6	2 308.3	24	2 352.3	40	2 421.3	6	2 456.0
7	2 247.3	25	2 397.9	41	2 383.6		
8	2 304.7	26	2 410.9	43	2 320.0		
本表序号对应于表 2 – 13。							

将国外空气干燥基煤挥发分的参数折算成干燥无灰基参数,计算其挥发分的理论绝热燃烧温度($t_{a0,daf,V}$),将 $t_{a0,daf,V}$ 计算结果与 V_{daf}、$Q_{ad,net}$ 的关系绘制在图 7 – 25、图 7 – 26 中,其中的多项式拟合函数参数见表 7 – 27。

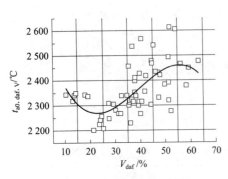

图 7 - 25   国外空气干燥基煤的
挥发分理论绝热燃烧温度
与 V_{daf} 的关系

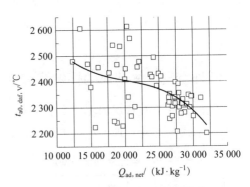

图 7 - 26   国外空气干燥基煤的
挥发分理论绝热燃烧温度
与 $Q_{ad,net}$ 的关系

图 7 - 25 的拟合曲线表明:随着 V_{daf} 的提高,国外空气干燥基煤的挥发分理论绝热燃烧温度($t_{a0,daf,V}$)经历了小幅度下降、大幅度上升、小幅度下降的过程,分界点分别是 $V_{daf} = 23\%$ 、$V_{daf} = 56\%$ 。随着 V_{daf} 的提高,$t_{a0,daf,V}$ 总体上呈现上升趋势,这种变化规律的原因与煤的干燥无灰基成分组成特点有关,如图 7 - 27 所示。

图 7 - 27 在数据处理过程中,删除了 $V_{daf} > 67\%$ 的无效数据。图 7 - 27 的拟合曲线表明:① 随着 V_{daf} 的提高,挥发分的碳含量(C_V)单调升高,氢含量(H_V)总体上单调降低,氧含量(O_V)总体上单调提高。这表明随着 V_{daf} 的提高,1.0 kg 煤的干燥无灰基挥发分燃烧需要较少的空气量,烟气量少,烟气焓提高。随着 V_{daf} 的提高,$t_{a0,daf,V}$ 总体上呈现上升趋势。② 在 $V_{daf} \leqslant 23\%$ 时,随着 V_{daf} 的提高,挥发分的碳含量(C_V)快速升高,氧含量(O_V)快速降低,1.0 kg 煤的干燥无灰基挥发分燃烧需要的空气量快速提高,烟气量快速提高,烟气焓快速降低。随着 V_{daf} 的提高,$t_{a0,daf,V}$ 出现最小值。在 $23\% < V_{daf} \leqslant 56\%$ 的区间,随着 V_{daf} 的提高,挥发分的碳含量(C_V)小幅度升高,氧含量(O_V)大幅度提高,1.0 kg 煤的干燥无灰基挥发分燃烧需要的空气量快速降低,烟气量快速降低,烟气焓快速提高。随着 V_{daf} 的提高,$t_{a0,daf,V}$ 提高并出现最大值。在 $V_{daf} > 56\%$ 时,随着 V_{daf} 的提高,挥发分的碳含量(C_V)提高速度比较快,1.0 kg 煤的干燥无灰基挥发分燃烧需要的空气量降低,烟气量提高,烟气焓降低,随着 V_{daf} 的提高,$t_{a0,daf,V}$ 出现小幅度下降过程。

表 7 - 27 的数据表明:国外空气干燥基煤的挥发分理论绝热燃烧温度($t_{a0,daf,V}$)对于 V_{daf} 的分散程度较小,残差标准差为 74;$t_{a0,daf,V}$ 对于 $Q_{ad,net}$ 的分散程度较大,残差标准差为 82。图 7 - 25、图 7 - 26 的数据及其拟合曲线可以大致反映出上述特点。

表 7 – 27   图 7 – 25、图 7 – 26 的多项式拟合函数参数

参　　数	拟合公式:公式(4 – 1)	
	图 7 – 25	图 7 – 26
B_0	2 675. 46	3 081. 06
B_1	– 41. 18	– 0. 090
B_2	1. 27	$4. 17 \times 10^{-6}$
B_3	$– 1. 08 \times 10^{-2}$	$– 6. 87 \times 10^{-11}$
σ_δ	74	82

　　图 7 – 26 的拟合曲线表明:随着 $Q_{ad,net}$ 的提高,国外空气干燥基煤的挥发分理论绝热燃烧温度($t_{a0,daf,V}$)快速单调下降。这种变化规律的原因与挥发分的成分组成特点有关,如图 7 – 28 所示。

　　图 7 – 28 在数据处理过程中,删除了 $V_{daf} > 67\%$ 的无效数据。图 7 – 28 的拟合曲线表明:随着 $Q_{ad,net}$ 的提高,挥发分的碳含量(C_V)单调快速提高,氧含量(O_V)单调快速降低。这表明随着 $Q_{ad,net}$ 的提高,1.0 kg 煤的挥发分燃烧需要的空气量快速提高,烟气量快速提高,烟气焓快速降低。因此随着 $Q_{ad,net}$ 的提高,$t_{a0,daf,V}$ 快速降低,如图 7 – 26 所示。

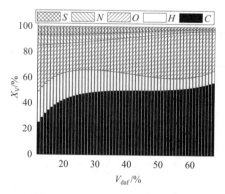

图 7 – 27   国外空气干燥基煤的
挥发分成分组成与 V_{daf} 的关系
(X 表示 C、H、O、N、S)

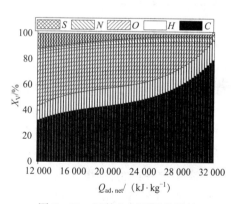

图 7 – 28   国外空气干燥基煤的
挥发分成分组成与 $Q_{ad,net}$ 的关系
(X 表示 C、H、O、N、S)

　　图 7 – 27、图 7 – 28 的多项式拟合函数参数见表 7 – 28、表 7 – 29。

　　表 7 – 28、表 7 – 29 的残差标准差数据大致相当,表明国外空气干燥基煤的挥发分成分对于 V_{daf}、$Q_{ad,net}$ 的分散程度大致相当。

表 7 – 28　国外空气干燥基煤的挥发分成分组成与 V_{daf} 的关系多项式拟合函数参数

参数	拟合公式:公式(4 – 1)				
	C_V	H_V	O_V	N_V	S_V
B_0	– 40.322	– 1.573	32.926	0.829	– 2.725
B_1	5.835	1.756	– 1.868	0.451	0.724
B_2	– 1.22 × 10⁻¹	– 4.97 × 10⁻²	6.89 × 10⁻²	– 1.28 × 10⁻²	– 1.93 × 10⁻²
B_3	8.20 × 10⁻⁴	3.85 × 10⁻⁴	– 6.28 × 10⁻⁴	9.16 × 10⁻⁵	1.41 × 10⁻⁴
σ_δ	20	5.2	12	1.7	4.8

表 7 – 29　国外空气干燥基煤的挥发分成分组成与 $Q_{ad,net}$ 的关系多项式拟合函数参数

参数	拟合公式:公式(4 – 1)				
	C_V	H_V	O_V	N_V	S_V
B_0	– 53.98	– 20.599	139.59	9.572	25.469
B_1	0.013	0.005	– 0.016	– 0.001	– 0.001
B_2	0.000	– 2.15 × 10⁻⁷	8.02 × 10⁻⁷	6.18 × 10⁻⁸	5.59 × 10⁻⁹
B_3	1.14 × 10⁻¹¹	3.15 × 10⁻¹²	– 1.40 × 10⁻¹¹	– 9.47 × 10⁻¹³	3.68 × 10⁻¹³
σ_δ	14	5.9	10	1.9	3.8

四、国外空气干燥基煤挥发分的三种绝热燃烧温度分布规律对比

将国外空气干燥基煤挥发分的三种绝热燃烧温度,即工程值、理论值、干燥无灰基理论值与 V_{daf}、$Q_{ad,net}$ 的拟合关系绘制在图 7 – 29、图 7 – 30 中,以便对比分析。

图 7 – 29 的三条拟合曲线说明:① 温差 $(t_{a0,ad,V} - t_{aE,ad,V})$ 为正值,空气量的降低提高了烟气焓,进而提高了烟气温度。随着 V_{daf} 的提高,温差 $(t_{a0,ad,V} - t_{aE,ad,V})$ 经历了降低、升高的过程。煤粉锅炉设计中,炉膛出口过量空气系数取值:无烟煤 $\alpha''_L = 1.25$,贫煤 $\alpha''_L = 1.20$,烟煤 $\alpha''_L = 1.10$,褐煤 $\alpha''_L = 1.25$,炉膛漏风系数取 0.05;理论绝热燃烧温度的条件是 $\alpha''_L = 1.00$,炉膛漏风系数取 0。温差 $(t_{a0,ad,V} - t_{aE,ad,V})$ 随着 V_{daf} 的变化过程与炉膛出口过量空气系数、炉膛漏风系数的取值方法对应。② 温差 $(t_{a0,daf,V} - t_{a0,ad,V})$ 为正值,而且很大。这说明排出了煤所含的水分、灰分、固定碳等成分以后,挥发分自身绝热燃烧温度超过 2 300℃。③ 随着 V_{daf} 的提高,温差 $(t_{a0,daf,V} - t_{a0,ad,V})$ 单调降低。这种变化趋势进一步说明随着 V_{daf} 的提高,挥发分的碳含量(C_V)提高,氧含量(O_V)提高,见图 7 – 27。

图 7 – 30 的三条拟合曲线说明:① 温差 $(t_{a0,ad,V} - t_{aE,ad,V})$ 为正值。② 随着 $Q_{ad,net}$

的提高,温差$(t_{a0,ad,V} - t_{aE,ad,V})$经历了降低、升高、降低的过程。煤粉锅炉设计中,发热量很高的煤一般都是无烟煤;无烟煤炉腔出口过量空气系数$\alpha''_{L} = 1.25$,炉腔漏风系数取0.05;理论绝热燃烧温度的条件是$\alpha''_{L} = 1.00$,炉腔漏风系数取0。温差$(t_{a0,ad,V} - t_{aE,ad,V})$随着$V_{daf}$的变化过程与炉腔出口过量空气系数、炉腔漏风系数的取值方法对应。③ 温差$(t_{a0,daf,V} - t_{a0,ad,V})$为正值,而且很大。④ 随着$V_{daf}$的提高,温差$(t_{a0,daf,V} - t_{a0,ad,V})$经历了升高、降低、升高的过程。这种变化趋势说明:随着$Q_{ad,net}$的提高,挥发分的碳含量(C_V)单调上升,氧含量(O_V)单调下降,见图$7 - 28$。

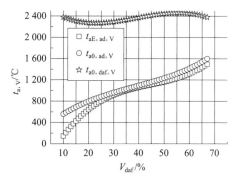

图 7 - 29　国外空气干燥基煤挥发分的
三种绝热燃烧温度与V_{daf}的关系

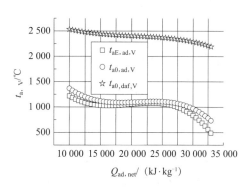

图 7 - 30　国外空气干燥基煤挥发分的
三种绝热燃烧温度与$Q_{ad,net}$的关系

五、国外空气干燥基煤及其挥发分的三种绝热燃烧温度分布规律对比

将国外空气干燥基煤及其挥发分的三种绝热燃烧温度,即工程值、理论值、干燥无灰基理论值与V_{daf}、$Q_{ad,net}$的拟合关系绘制在图$7 - 31$、图$7 - 32$中,以便对比分析。

图$7 - 31$所示为国外空气干燥基煤及其挥发分的工程绝热燃烧温度与V_{daf}的关系。图$7 - 31$的两条拟合曲线说明:① 煤粉颗粒的燃烧过程中,挥发分燃烧释放的热量先将烟气温度提高,焦炭燃烧将烟气温度提高到最大值。② 随着V_{daf}的提高,国外空气干燥基煤的挥发分含量提高,1.0 kg煤的挥发分发热量随着V_{daf}的提高而提高。③ $V_{daf} > 38\%$以后,国外空气干燥基煤的水分含量提高幅度较大,见图$7 - 21$,因此煤的工程绝热燃烧温度降低。

图$7 - 32$所示为国外空气干燥基煤及其挥发分的工程绝热燃烧温度与$Q_{ad,net}$的关系。图$7 - 32$的两条拟合曲线说明:① 煤粉颗粒的燃烧过程中,挥发分燃烧释放的热量先将烟气温度提高,焦炭燃烧将烟气温度提高到最大值。② 发热量低的煤,空气干燥基挥发分含量较高,水分含量增加幅度较大,煤的工程绝热燃烧温度降低,见图$7 - 4$。

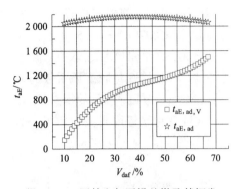

图 7 - 31　国外空气干燥基煤及其挥发
分的工程绝热燃烧温度与 V_{daf} 的关系

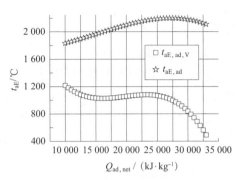

图 7 - 32　国外空气干燥基煤及其挥发
分的工程绝热燃烧温度与 $Q_{ad,net}$ 的关系

图 7 - 33 所示为国外空气干燥基煤及其挥发分的理论绝热燃烧温度与 V_{daf} 的关系。图 7 - 34 所示为国外空气干燥基煤及其挥发分的理论绝热燃烧温度与 $Q_{ad,net}$ 的关系。当过量空气系数降低到 1.0 时,国外空气干燥基煤及其挥发分的理论绝热燃烧温度比工程绝热燃烧温度高,而且有类似的变化规律,见图 7 - 31 ~ 图 7 - 34。

图 7 - 35 说明:① 国外空气干燥基煤的干燥无灰基成分的理论绝热燃烧温度 ($t_{a0,daf}$) 在 2 380 ~ 2 460℃,波动幅度较小。国外空气干燥基煤的挥发分理论绝热燃烧温度 ($t_{a0,daf,V}$) 在 2 260 ~ 2 470℃,波动幅度较大。② 国外空气干燥基煤干燥无灰基成分的理论绝热燃烧温度 ($t_{a0,daf}$)、国外空气干燥基煤的挥发分理论绝热燃烧温度 ($t_{a0,daf,V}$) 随着 V_{daf} 变化的规律,与煤的干燥无灰基成分及挥发分自身的成分随着 V_{daf} 变化的规律有关,见图 6 - 21、图 7 - 27。

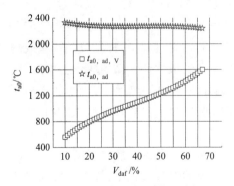

图 7 - 33　国外空气干燥基煤及其挥发
分的理论绝热燃烧温度与 V_{daf} 的关系

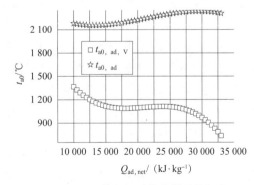

图 7 - 34　国外空气干燥基煤及其挥发
分的理论绝热燃烧温度与 $Q_{ad,net}$ 的关系

图 7 - 36 说明:① 国外空气干燥基煤干燥无灰基成分的理论绝热燃烧温度 ($t_{a0,daf}$) 在 2 350 ~ 2 480℃,波动幅度小;国外空气干燥基煤的挥发分理论绝热燃烧温度 ($t_{a0,daf,V}$) 在 2 190 ~ 2 530℃,波动幅度大,见图 7 - 25、图 7 - 26。② 国外空气干

燥基煤干燥无灰基成分的理论绝热燃烧温度($t_{a0,daf}$)、国外空气干燥基煤的挥发分理论绝热燃烧温度($t_{a0,daf,V}$)随着 V_{daf} 变化的规律,与煤的干燥无灰基成分及挥发分自身的成分随着 $Q_{ad,net}$ 变化的规律有关,见图6-22、图7-28。

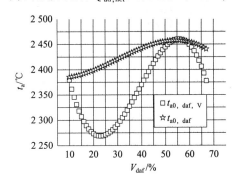 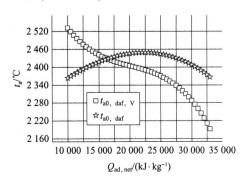

图7-35　国外空气干燥基煤的干燥
无灰基成分及其挥发分的理论
绝热燃烧温度与 V_{daf} 的关系

图7-36　国外空气干燥基煤的干燥
无灰基成分及其挥发分的理论
绝热燃烧温度与 $Q_{ad,net}$ 的关系

第三篇

大气温度、湿度、压力对动力煤的
工程绝热燃烧温度的影响

第8章　大气温度对动力煤工程
绝热燃烧温度的影响

8.1　煤燃烧以后的烟气成分在大气环境下的聚集状态

　　煤的收到基成分是水分、灰分、挥发分、固定碳,其中挥发分成分包括碳元素、氢元素、氧元素、氮元素、硫元素;挥发分是煤在被加热过程中通过热分解作用析出的气体物质。固定碳也是碳元素,但是不在挥发分的范畴之内。

　　煤的成分经过燃烧以后形成下列产物:① 水分形成水蒸气;② 灰分形成飞灰和炉渣(或者底渣);③ 碳元素形成 CO_2 气体;④ 氢元素形成水蒸气;⑤ 氧元素形成 CO_2、H_2O、SO_2 等气体;⑥ 氮元素形成氮气和少量的氮氧化物(NO_X);⑦ 硫元素形成 SO_2 等气体。

　　在地表大气压力、大气温度、大气相对湿度条件下,煤燃烧以后的烟气产物的聚集状态是:飞灰、炉渣保持固体状态,CO_2 气体维持气体状态不变,水蒸气凝结成液态水或者固态冰,SO_2 气体保持气体状态,氮气保持气体状态,NO_X 保持气体状态。

　　煤燃烧以后形成的烟气成分中,发生相变的气体只有水蒸气。烟气中水蒸气的聚集状态分为三种情况:① 如果环境温度高于大气压力对应的水的饱和温度,水蒸气保持过热气体状态;② 如果环境温度低于大气压力对应的水的饱和温度,而且高于冰的相变温度,即冰的融化温度,水蒸气凝结成液态水。烟气中的水蒸气在凝结过程中释放的热量与烟气中的水蒸气含量有关,也与水蒸气的凝结潜热有关;③ 如果环境温度低于冰的相变温度,即冰的融化温度,水蒸气结成固态冰。烟气中的水蒸气结成冰释放的热量与烟气中的水蒸气含量有关,也与大气温度有关。

粗略地讲,当大气温度在 0~100℃时,水的汽化潜热只与温度有关。大气温度越高,汽化潜热越小。当大气温度达到大气压力对应的水的饱和温度时,汽化潜热值等于零。但是大气温度一般不会超过50℃,因此煤燃烧以后的烟气中的水蒸气在凝结成液态水的过程中一定会释放出潜热。

大气温度低于0℃时,水蒸气结成冰会释放出水蒸气的凝结潜热,相变成液态水;液态水结成冰会释放出融化潜热,相变成冰;0℃的冰到大气温度之间,冰会释放出物理显热。因此当大气温度低于0℃时,煤燃烧后形成的烟气成分中,水蒸气在冷却、相变成冰的过程中会依次释放出水蒸气的凝结潜热、水的凝固热、冰的物理显热。

国家标准 GB/T 213—2008[313] 中关于煤的低位发热量的规定描述为:1.0 kg 煤燃烧以后的物质组成之一为水蒸气,水蒸气压力假设为 0.1 MPa。0.1 MPa 对应的水的饱和温度为 99.63℃[314]。煤的化验过程中,实验室的温度一般为 10~30℃,远远低于99.63℃。10~30℃对应的饱和水蒸气压力为 1.228~4.245 kPa[314],远远小于0.1 MPa(0.1 MPa = 100 kPa)。中国各主要城市全年的温度变化范围是 -30~40℃[315-345]。显然,国家标准 GB/T 213—2008 中这个假设不符合煤燃烧过程中对应的大气温度实际情况。因此国家标准 GB/T 213—2008 关于煤的低位发热量中,烟气成分水蒸气压力为 0.1 MPa 的假设不准确。

8.2 煤的实际低位发热量计算方法

按照 GB/T 213—2008[313] 煤的发热量测定方法规定,煤的收到基低位发热量按照(8-1)式计算。其中 $Q_{ar,gr}$ 为煤的收到基高位发热量(kJ/kg);M_{ar}、H_{ar} 分别是煤的收到基水分、氢元素含量。

$$Q_{ar,net} = Q_{ar,gr} - 23M_{ar} - 206H_{ar} \quad (kJ/kg) \qquad (8-1)$$

煤燃烧以后生成的烟气中,水蒸气凝结成水释放的热量,按照(8-2)式计算。其中 r 表示水的汽化潜热(kJ/kg)。水的汽化潜热、饱和压力与温度的关系[314]见表 8-1、图 8-1。

$$Q_c = \frac{M_{ar}}{100}r \quad (kJ/kg) \qquad (8-2)$$

表 8−1　水的汽化潜热(r)和压力(p_s)与温度(t_s)的关系

t_s/℃	r/(kJ·kg^{-1})	p_s/kPa	t_s/℃	r/(kJ·kg^{-1})	p_s/kPa	t_s/℃	r/(kJ·kg^{-1})	p_s/kPa
0	2 500.6	0.611	33	2 422.6	5.033	67	2 340.5	27.349
0.01	2 500.5	0.612	34	2 420.2	5.323	68	2 338.0	28.578
1	2 498.2	0.657	35	2 417.8	5.626	69	2 335.6	29.854
2	2 495.8	0.706	36	2 415.4	5.945	70	2 333.1	31.178
3	2 493.4	0.758	37	2 413.0	6.279	71	2 330.6	32.551
4	2 491.1	0.814	38	2 410.6	6.630	72	2 328.1	33.974
5	2 488.7	0.873	39	2 408.3	6.997	73	2 325.7	35.450
6	2 486.3	0.935	40	2 405.9	7.381	74	2 323.2	36.980
7	2 484.0	1.002	41	2 403.5	7.784	75	2 320.7	38.565
8	2 481.6	1.073	42	2 401.1	8.205	76	2 318.2	40.207
9	2 479.3	1.148	43	2 398.7	8.646	77	2 315.7	41.908
10	2 476.9	1.228	44	2 396.3	9.107	78	2 313.2	43.668
11	2 474.6	1.313	45	2 393.9	9.590	79	2 310.7	45.490
12	2 472.2	1.403	46	2 391.5	10.094	80	2 308.1	47.376
13	2 469.8	1.498	47	2 389.1	10.621	81	2 305.6	49.327
14	2 467.5	1.599	48	2 386.7	11.171	82	2 303.1	51.345
15	2 465.1	1.705	49	2 384.3	11.745	83	2 300.6	53.431
16	2 462.8	1.818	50	2 381.9	12.345	84	2 298.0	55.588
17	2 460.4	1.938	51	2 379.5	12.970	85	2 295.5	57.818
18	2 458.1	2.064	52	2 377.0	13.623	86	2 292.9	60.122
19	2 455.7	2.198	53	2 374.6	14.303	87	2 290.4	62.505
20	2 453.3	2.339	54	2 372.2	15.013	88	2 287.8	64.961
21	2 451.0	2.487	55	2 369.8	15.752	89	2 285.3	67.500
22	2 448.6	2.644	56	2 367.4	16.522	90	2 282.7	70.121
23	2 446.3	2.810	57	2 364.9	17.324	91	2 280.1	72.826
24	2 443.9	2.985	58	2 362.5	18.160	92	2 277.5	75.618
25	2 441.5	3.169	59	2 360.1	19.029	93	2 274.9	78.498
26	2 439.2	3.363	60	2 357.6	19.933	94	2 272.4	81.469
27	2 436.8	3.567	61	2 355.2	20.874	95	2 269.8	84.533
28	2 434.4	3.782	62	2 352.8	21.852	96	2 267.1	87.692
29	2 432.0	4.007	63	2 350.3	22.869	97	2 264.5	90.948
30	2 429.7	4.245	64	2 347.9	23.926	98	2 261.9	94.304
31	2 427.3	4.495	65	2 345.4	25.024	99	2 259.3	97.762
32	2 424.9	4.757	66	2 343.0	26.164	100	2 256.7	101.325

由图 8 - 1 可知:① 水的汽化潜热随着温度的提高几乎线性地降低,不是常数。② 水的饱和蒸汽压力随着温度的提高而提高,不是常数。

当水蒸气的压力为 0.1 MPa 时,水的汽化潜热(凝结潜热)为 2 257.6 kJ/kg[314]。根据(8 - 2)式,$Q_c = 22.576M_{ar} \approx 23M_{ar}$(kJ/kg),与(8 - 1)式对应。氢气的摩尔质量为 2.015 88 g/mol,水的摩尔质量为 18.015 28 g/mol。1.0 kg 煤中氢元素燃烧以后形成的水的汽化潜热为(18.015 28/2.015 88)× 2 257.6 (H_{ar}/100) = 8.937 × 22.576 H_{ar} = 201.8 H_{ar} ≈ 206 H_{ar}(kJ/kg),与(8 - 1)式对应。

根据表 8 - 1 的数据,当煤质分析实验室的温度为 10 ~ 30℃时,水的汽化潜热变化范围是 2 476.9 ~ 2 429.7 kJ/kg,当水蒸气的压力为 0.1MPa(99.63℃)时,水的汽化潜热为 2 257.6 kJ/kg。说明是 10 ~ 30℃的汽化潜热高于 0.1MPa 的汽化潜热。

燃煤电站建在地表,电站当地的大气温度对水的汽化潜热有直接影响。当动力煤在电站锅炉中燃烧时,动力煤的实际收到基低位发热量计算方法为(8 - 3)式。

$$Q_{ar,net} = Q_{ar,gr} - r\frac{M_{ar}}{100} - 8.937r\frac{H_{ar}}{100} \quad (kJ/kg) \qquad (8 - 3)$$

如果大气温度在 0℃以上,r 的含义是水的汽化潜热;如果大气温度在 0℃以下,r 的含义是冰被加热成水蒸气吸收的热量(kJ/kg)。在 0℃以下,冰被加热成水蒸气的过程:冰被加热到 0℃,0℃冰融化成 0℃水,0℃水被加热成 0℃饱和水蒸气,0℃饱和水蒸气被冷却到冰的温度,形成 0℃以下的蒸汽。由于焓是状态函数,因此当大气温度低于 0℃时,冰被加热成水蒸气吸收的热量就是焓增 r,r 值数据见表 8 - 2。

根据冰、水的相关热物理参数[346,347]并做相关计算后,绘制了冰和水的相变过程吸收的热量与温度的关系,见图 8 - 2。

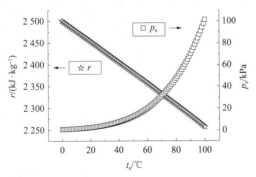 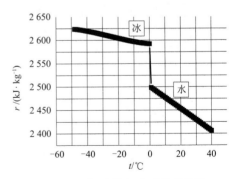

图 8 - 1　水的汽化潜热(r)、饱和压力(p_s)与温度(t_s)的关系　　图 8 - 2　冰、水的相变过程吸收的热量(r)与温度(t)的关系

表 8 − 2　冰被加热成水蒸气吸收的热量(r)与温度的关系

$t/℃$	$r/(kJ \cdot kg^{-1})$	$t/℃$	$r/(kJ \cdot kg^{-1})$	$t/℃$	$r/(kJ \cdot kg^{-1})$	$t/℃$	$r/(kJ \cdot kg^{-1})$
−48	2 623.6	−35	2 616.1	−22	2 605.8	−9	2 596.3
−47	2 623.2	−34	2 615.4	−21	2 605.0	−8	2 595.7
−46	2 622.8	−33	2 614.6	−20	2 604.2	−7	2 595.1
−45	2 622.3	−32	2 613.9	−19	2 603.4	−6	2 594.5
−44	2 621.8	−31	2 613.1	−18	2 602.6	−5	2 594.0
−43	2 621.3	−30	2 612.3	−17	2 601.9	−4	2 593.5
−42	2 620.7	−29	2 611.5	−16	2 601.1	−3	2 593.1
−41	2 620.1	−28	2 610.7	−15	2 600.4	−2	2 592.7
−40	2 619.5	−27	2 609.9	−14	2 599.6	−1	2 592.3
−39	2 618.9	−26	2 609.1	−13	2 598.9	0	2 592.0
−38	2 618.2	−25	2 608.3	−12	2 598.2		
−37	2 617.5	−24	2 607.4	−11	2 597.5		
−36	2 616.8	−23	2 606.6	−10	2 596.9		

由图 8 − 2 可知:① 冰被加热成水蒸气的相变过程吸收的热量高于水被加热成水蒸气的汽化潜热($r_水$)。0℃以下的大幅度升值表示冰融化成水的熔融热。② 温度(t)越高,冰被加热成水蒸气吸收的热量(r)越低,水被加热成水蒸气吸收的热量(r)也越低。③ 随着温度(t)的升高,冰的相变吸收的热量($r_冰$)降低的速度低于水蒸气的汽化潜热($r_水$)降低的速度。这说明 GB/T 213—2008 中,煤燃烧以后产生的烟气中水蒸气分压为 0.1MPa(0.1 MPa = 100 kPa)的规定是不合理的,见图 8 − 1。

8.3　大气温度对动力煤工程绝热燃烧温度的影响

按照大气温度为 −30℃、−25℃、−20℃、−15℃、−10℃、−5℃、0℃、1℃、5℃、10℃、15℃、20℃、25℃、30℃、35℃、40℃,分别查阅表 8 − 1、表 8 − 2,得到水、冰被加

热成水蒸气的相变热量(r, kJ/kg)。根据表2-1~表2-4的中国收到基动力煤数据中的水分、氢元素含量，以及公式(8-3)、表8-1、表8-2的数据校正中国收到基动力煤收到基低位发热量。按照第3.2节的计算方法，得到不同大气温度下中国收到基动力煤的工程绝热燃烧温度(t_{aE})，见表8-3~表8-6。将t_{aE}新的计算结果与V_{daf}、$Q_{ar,net}$的关系进行多项式拟合，得到拟合函数，将这些函数关系绘制在图8-3、图8-4中，拟合函数参数见表8-7、表8-8。在多项式拟合过程中，出现了不同温度的拟合曲线随着V_{daf}的提高互相交叉的不合理现象。为此，将t_{aE}新的计算结果按照V_{daf}值从小到大排序，删除了V_{daf}的相同的数据中第一个数据以外的其他数据。

相应地，在t_{aE}新的计算结果与V_{daf}、$Q_{ar,net}$的关系多项式拟合过程中，采用了t_{aE}新的计算结果与V_{daf}的关系对应的数据。作者查阅到中国以外的国家或地区城市的海拔、温度、降水量的文献数据[359]，本书研究大气温度对国外煤工程绝热燃烧温度的影响，可以推测大气温度对国外煤工程绝热燃烧温度的影响有着与中国煤类似的规律。

按照GB/T 213—2008的规定，煤燃烧以后形成的烟气成分中，水蒸气的分压为0.1 MPa，计算得到煤的低位发热量，按照第6章的计算方法得到的动力煤工程绝热燃烧温度为t_{aE0}。实际大气温度下对应着不同的水的汽化潜热或者冰的相变热量，按照第6章的计算方法得到的动力煤工程绝热燃烧温度为t_{aE1}。表8-3~表8-6中$\Delta t_{aE} = t_{aE1} - t_{aE0}$。图8-3、图8-4中$\Delta t_{aE}$的含义与表8-3~表8-6相同。

表8-7、表8-8分别是图8-3、图8-4的多项式拟合函数参数。

由图8-3可知：① 由于实际大气温度低于0.1 MPa水蒸气压力对应的饱和温度99.63℃，水、冰被加热成蒸汽需要的热量较大，根据公式(8-3)，煤的实际收到基低位发热量比名义值低，工程绝热燃烧温度降低，$\Delta t_{aE} < 0$℃。② 随着V_{daf}的提高，Δt_{aE}拟合曲线值降低，原因是随着V_{daf}的提高，M_{ar}提高，见图4-3。③ 曲线分为两组，上面一组为大气温度高于0℃，煤燃烧以后的烟气成分中水蒸气的聚集状态为液态水；下面一组为大气温度低于0℃，煤燃烧以后的烟气成分中水蒸气的聚集状态为固态冰。两组曲线之间的空白表示冰的融化热产生的影响。④ 上面一组曲线的间隙较大，表示水的汽化潜热随着大气温度的降低增加速度较快；下面一组曲线的间隙较小，表示水的汽化潜热随着大气温度的降低增加速度较慢。如图8-3所示。⑤ 上面一组曲线的斜率较小，表示水的汽化潜热值较小；下面一组曲线的斜率较大，表示冰的物理显热、冰的融化热、水的汽化潜热、水蒸气的物理显热之和较大。⑥ 大气温度在-30~40℃之间变化时，中国收到基动力煤的工程绝热燃烧温度(t_{aE})降低1~21℃，煤粉锅炉炉膛烟气温度降低0.5~10.5℃，降低了炉膛内受热面

表 8 - 3　大气温度对中国无烟煤工程绝热燃烧温度的影响

$\Delta t_{aE}/℃$

序号	大气温度/℃															
	-30	-25	-20	-15	-10	-5	0	1	5	10	15	20	25	30	35	40
1	-3.04	-3.00	-2.96	-2.93	-2.89	-2.86	-2.84	-1.92	-1.83	-1.71	-1.60	-1.48	-1.37	-1.25	-1.13	-1.02
2	-3.90	-3.85	-3.80	-3.75	-3.70	-3.67	-3.64	-2.46	-2.34	-2.19	-2.05	-1.90	-1.75	-1.60	-1.45	-1.30
3	-4.40	-4.34	-4.28	-4.23	-4.18	-4.14	-4.11	-2.77	-2.63	-2.47	-2.30	-2.13	-1.96	-1.79	-1.62	-1.45
4	-4.99	-4.93	-4.86	-4.80	-4.74	-4.70	-4.66	-3.15	-3.00	-2.81	-2.62	-2.43	-2.24	-2.05	-1.86	-1.66
5	-4.19	-4.13	-4.08	-4.03	-3.98	-3.94	-3.91	-2.64	-2.52	-2.36	-2.20	-2.04	-1.88	-1.72	-1.56	-1.40
6	-3.73	-3.68	-3.63	-3.58	-3.54	-3.51	-3.48	-2.35	-2.24	-2.10	-1.95	-1.81	-1.67	-1.53	-1.38	-1.24
7	-4.71	-4.65	-4.59	-4.53	-4.47	-4.43	-4.40	-2.96	-2.82	-2.64	-2.46	-2.28	-2.10	-1.92	-1.73	-1.55
8	-3.20	-3.16	-3.12	-3.08	-3.04	-3.01	-2.99	-2.03	-1.93	-1.81	-1.68	-1.56	-1.44	-1.32	-1.20	-1.07
9	-3.90	-3.85	-3.80	-3.75	-3.71	-3.67	-3.65	-2.46	-2.34	-2.20	-2.05	-1.90	-1.75	-1.60	-1.45	-1.30
10	-4.08	-4.02	-3.97	-3.92	-3.87	-3.84	-3.81	-2.57	-2.44	-2.29	-2.13	-1.98	-1.82	-1.66	-1.51	-1.35
11	-4.10	-4.05	-4.00	-3.95	-3.90	-3.86	-3.83	-2.58	-2.45	-2.30	-2.14	-1.98	-1.82	-1.67	-1.51	-1.35
12	-3.93	-3.88	-3.83	-3.78	-3.74	-3.70	-3.68	-2.49	-2.36	-2.22	-2.07	-1.92	-1.77	-1.62	-1.46	-1.31
13	-7.40	-7.31	-7.21	-7.12	-7.03	-6.97	-6.92	-4.67	-4.44	-4.16	-3.88	-3.60	-3.32	-3.03	-2.75	-2.46
14	-4.13	-4.07	-4.02	-3.97	-3.92	-3.88	-3.86	-2.60	-2.47	-2.32	-2.16	-2.00	-1.84	-1.68	-1.52	-1.36
15	-2.64	-2.60	-2.57	-2.54	-2.51	-2.48	-2.46	-1.66	-1.58	-1.48	-1.38	-1.28	-1.18	-1.08	-0.98	-0.88

续表

序号	大气温度/℃ Δt_{aE}/℃															
	-30	-25	-20	-15	-10	-5	0	1	5	10	15	20	25	30	35	40
16	-5.39	-5.32	-5.25	-5.18	-5.12	-5.07	-5.03	-3.39	-3.23	-3.02	-2.82	-2.61	-2.40	-2.20	-1.99	-1.78
17	-5.50	-5.43	-5.36	-5.29	-5.23	-5.18	-5.14	-3.47	-3.30	-3.09	-2.88	-2.67	-2.46	-2.25	-2.03	-1.82
18	-5.37	-5.30	-5.23	-5.16	-5.10	-5.05	-5.02	-3.38	-3.22	-3.01	-2.81	-2.60	-2.40	-2.19	-1.99	-1.78
19	-6.07	-5.99	-5.91	-5.84	-5.77	-5.71	-5.67	-3.82	-3.63	-3.40	-3.17	-2.93	-2.70	-2.47	-2.23	-2.00
20	-5.30	-5.23	-5.16	-5.09	-5.03	-4.99	-4.95	-3.33	-3.17	-2.97	-2.77	-2.56	-2.36	-2.15	-1.95	-1.74
21	-6.29	-6.21	-6.13	-6.05	-5.98	-5.92	-5.88	-3.97	-3.77	-3.53	-3.29	-3.05	-2.81	-2.57	-2.32	-2.08
22	-5.98	-5.90	-5.82	-5.74	-5.68	-5.62	-5.58	-3.76	-3.58	-3.35	-3.12	-2.89	-2.66	-2.43	-2.20	-1.97
23	-5.92	-5.84	-5.76	-5.69	-5.62	-5.57	-5.53	-3.73	-3.55	-3.32	-3.09	-2.87	-2.64	-2.41	-2.19	-1.96
24	-7.43	-7.34	-7.24	-7.15	-7.06	-6.99	-6.94	-4.69	-4.46	-4.17	-3.89	-3.61	-3.32	-3.04	-2.75	-2.46
25	-5.57	-5.49	-5.42	-5.35	-5.29	-5.24	-5.20	-3.51	-3.34	-3.13	-2.91	-2.70	-2.49	-2.27	-2.06	-1.84
26	-5.88	-5.80	-5.73	-5.65	-5.59	-5.53	-5.49	-3.71	-3.53	-3.31	-3.08	-2.86	-2.63	-2.41	-2.18	-1.96
27	-6.37	-6.29	-6.20	-6.12	-6.05	-5.99	-5.95	-4.02	-3.82	-3.58	-3.34	-3.09	-2.85	-2.61	-2.36	-2.12
28	-6.22	-6.14	-6.06	-5.98	-5.91	-5.85	-5.81	-3.92	-3.73	-3.50	-3.26	-3.02	-2.78	-2.55	-2.31	-2.07
29	-5.88	-5.81	-5.73	-5.66	-5.59	-5.54	-5.50	-3.71	-3.53	-3.31	-3.08	-2.86	-2.63	-2.41	-2.18	-1.95
30	-5.39	-5.32	-5.25	-5.18	-5.12	-5.07	-5.03	-3.39	-3.23	-3.02	-2.82	-2.61	-2.40	-2.20	-1.99	-1.78

续表

序号	大气温度/℃ Δt_{aE}/℃															
	-30	-25	-20	-15	-10	-5	0	1	5	10	15	20	25	30	35	40
31	-6.21	-6.13	-6.04	-5.97	-5.90	-5.84	-5.80	-3.91	-3.72	-3.48	-3.24	-3.01	-2.77	-2.53	-2.29	-2.05
32	-5.64	-5.57	-5.50	-5.43	-5.36	-5.31	-5.27	-3.55	-3.38	-3.16	-2.95	-2.73	-2.51	-2.30	-2.08	-1.86
33	-3.49	-3.44	-3.40	-3.35	-3.31	-3.28	-3.26	-2.20	-2.09	-1.96	-1.82	-1.69	-1.56	-1.42	-1.29	-1.15
34	-5.82	-5.74	-5.67	-5.59	-5.53	-5.48	-5.44	-3.66	-3.48	-3.26	-3.04	-2.82	-2.59	-2.37	-2.14	-1.92
35	-5.11	-5.05	-4.98	-4.92	-4.86	-4.81	-4.78	-3.22	-3.07	-2.87	-2.68	-2.48	-2.29	-2.09	-1.89	-1.70
36	-4.88	-4.82	-4.76	-4.69	-4.64	-4.59	-4.56	-3.08	-2.93	-2.74	-2.55	-2.37	-2.18	-1.99	-1.81	-1.62
37	-6.69	-6.60	-6.51	-6.43	-6.35	-6.29	-6.25	-4.21	-4.00	-3.75	-3.49	-3.24	-2.98	-2.72	-2.47	-2.21
38	-6.09	-6.01	-5.93	-5.86	-5.79	-5.73	-5.69	-3.83	-3.64	-3.41	-3.18	-2.94	-2.71	-2.48	-2.24	-2.00
39	-7.36	-7.26	-7.16	-7.07	-6.99	-6.92	-6.87	-4.63	-4.40	-4.12	-3.84	-3.56	-3.27	-2.99	-2.71	-2.42
40	-7.48	-7.39	-7.29	-7.19	-7.11	-7.04	-6.99	-4.71	-4.48	-4.20	-3.91	-3.62	-3.34	-3.05	-2.76	-2.47
41	-2.92	-2.88	-2.84	-2.80	-2.77	-2.74	-2.72	-1.84	-1.75	-1.64	-1.53	-1.42	-1.31	-1.20	-1.09	-0.98
42	-4.13	-4.07	-4.02	-3.97	-3.92	-3.89	-3.86	-2.61	-2.48	-2.33	-2.17	-2.01	-1.85	-1.70	-1.54	-1.38
43	-3.90	-3.85	-3.80	-3.75	-3.70	-3.67	-3.64	-2.46	-2.34	-2.19	-2.05	-1.90	-1.75	-1.60	-1.45	-1.30
44	-5.41	-5.34	-5.27	-5.20	-5.14	-5.09	-5.06	-3.42	-3.25	-3.05	-2.84	-2.64	-2.43	-2.22	-2.02	-1.81
45	-3.12	-3.08	-3.04	-3.00	-2.97	-2.94	-2.92	-1.97	-1.88	-1.76	-1.64	-1.52	-1.40	-1.29	-1.17	-1.05

续表

序号	大气温度/℃															
	-30	-25	-20	-15	-10	-5	0	1	5	10	15	20	25	30	35	40
	Δt_{aE}/℃															
46	-3.28	-3.24	-3.20	-3.16	-3.12	-3.09	-3.07	-2.08	-1.98	-1.86	-1.73	-1.61	-1.48	-1.36	-1.23	-1.11
47	-4.57	-4.51	-4.45	-4.39	-4.34	-4.30	-4.27	-2.89	-2.75	-2.57	-2.40	-2.22	-2.05	-1.88	-1.70	-1.52
48	-5.18	-5.11	-5.04	-4.98	-4.92	-4.87	-4.84	-3.26	-3.10	-2.91	-2.71	-2.51	-2.31	-2.12	-1.92	-1.72
49	-3.25	-3.20	-3.16	-3.12	-3.08	-3.05	-3.03	-2.06	-1.96	-1.83	-1.71	-1.59	-1.46	-1.34	-1.22	-1.09
50	-5.61	-5.54	-5.47	-5.40	-5.34	-5.28	-5.25	-3.55	-3.37	-3.16	-2.95	-2.73	-2.52	-2.30	-2.09	-1.87
51	-3.17	-3.13	-3.08	-3.04	-3.01	-2.98	-2.96	-2.00	-1.90	-1.78	-1.66	-1.54	-1.42	-1.30	-1.18	0.00
52	-4.61	-4.55	-4.49	-4.43	-4.38	-4.33	-4.30	-2.91	-2.76	-2.59	-2.41	-2.24	-2.06	-1.88	-1.71	-1.53
53	-5.43	-5.36	-5.29	-5.22	-5.16	-5.11	-5.07	-3.43	-3.26	-3.05	-2.85	-2.64	-2.43	-2.22	-2.01	-1.80
54	-4.74	-4.68	-4.61	-4.55	-4.50	-4.46	-4.42	-2.98	-2.84	-2.65	-2.47	-2.29	-2.11	-1.93	-1.74	-1.56
55	-6.32	-6.24	-6.16	-6.08	-6.01	-5.95	-5.91	-3.99	-3.79	-3.55	-3.31	-3.07	-2.83	-2.59	-2.34	-2.10
56	-6.68	-6.60	-6.51	-6.43	-6.35	-6.29	-6.25	-4.22	-4.01	-3.76	-3.50	-3.25	-2.99	-2.74	-2.48	-2.22
57	-6.30	-6.21	-6.13	-6.05	-5.98	-5.92	-5.88	-3.97	-3.78	-3.54	-3.30	-3.06	-2.82	-2.57	-2.33	-2.09
58	-4.98	-4.92	-4.85	-4.79	-4.74	-4.69	-4.66	-3.14	-2.99	-2.80	-2.61	-2.42	-2.23	-2.04	-1.85	-1.65
59	-5.46	-5.39	-5.32	-5.25	-5.19	-5.14	-5.10	-3.44	-3.28	-3.07	-2.86	-2.65	-2.44	-2.23	-2.02	-1.81
60	-5.47	-5.40	-5.33	-5.26	-5.20	-5.15	-5.11	-3.45	-3.28	-3.08	-2.87	-2.66	-2.45	-2.24	-2.03	-1.82

续表

大气温度/℃

Δt_{aE}/℃

序号	40	35	30	25	20	15	10	5	1	0	-5	-10	-15	-20	-25	-30
61	-1.52	-1.69	-1.87	-2.04	-2.22	-2.39	-2.57	-2.74	-2.88	-4.27	-4.30	-4.34	-4.39	-4.45	-4.51	-4.57
62	-1.46	-1.62	-1.79	-1.96	-2.13	-2.30	-2.46	-2.63	-2.76	-4.09	-4.12	-4.16	-4.21	-4.27	-4.32	-4.38
63	-1.66	-1.85	-2.04	-2.24	-2.43	-2.62	-2.81	-3.00	-3.16	-4.68	-4.71	-4.76	-4.81	-4.88	-4.94	-5.01
64	-2.42	-2.70	-2.99	-3.27	-3.55	-3.83	-4.11	-4.39	-4.62	-6.85	-6.90	-6.96	-7.05	-7.14	-7.24	-7.33
65	-2.06	-2.30	-2.54	-2.79	-3.03	-3.27	-3.50	-3.74	-3.94	-5.84	-5.89	-5.95	-6.02	-6.09	-6.18	-6.26
66	-2.15	-2.40	-2.65	-2.90	-3.14	-3.39	-3.64	-3.88	-4.08	-6.05	-6.09	-6.15	-6.22	-6.31	-6.39	-6.48
67	-1.73	-1.94	-2.14	-2.34	-2.54	-2.74	-2.94	-3.14	-3.30	-4.89	-4.93	-4.98	-5.03	-5.10	-5.17	-5.24
68	-1.89	-2.11	-2.33	-2.55	-2.76	-2.98	-3.19	-3.41	-3.58	-5.30	-5.34	-5.39	-5.46	-5.53	-5.60	-5.68
69	-2.13	-2.38	-2.63	-2.87	-3.12	-3.36	-3.61	-3.85	-4.05	-5.99	-6.03	-6.09	-6.16	-6.24	-6.33	-6.41
70	-2.38	-2.66	-2.93	-3.21	-3.48	-3.76	-4.03	-4.30	-4.52	-6.70	-6.74	-6.81	-6.89	-6.98	-7.07	-7.17
71	-1.66	-1.86	-2.05	-2.24	-2.44	-2.63	-2.82	-3.02	-3.17	-4.71	-4.74	-4.79	-4.85	-4.91	-4.98	-5.04
72	-2.03	-2.26	-2.50	-2.73	-2.96	-3.20	-3.43	-3.66	-3.85	-5.70	-5.74	-5.79	-5.86	-5.94	-6.02	-6.10
73	-2.12	-2.36	-2.61	-2.85	-3.09	-3.34	-3.58	-3.82	-4.02	-5.95	-5.99	-6.05	-6.12	-6.20	-6.29	-6.37
74	-2.93	-3.27	-3.62	-3.96	-4.30	-4.64	-4.98	-5.32	-5.59	-8.30	-8.36	-8.44	-8.54	-8.65	-8.77	-8.88
75	-2.14	-2.39	-2.64	-2.89	-3.14	-3.38	-3.63	-3.87	-4.07	-6.03	-6.07	-6.13	-6.21	-6.29	-6.37	-6.46

续表

大气温度/℃

序号	40	35	30	25	20	15	10	5	1	0	-5	-10	-15	-20	-25	-30
									Δt_{aE}/℃							
76	-2.14	-2.39	-2.64	-2.89	-3.14	-3.38	-3.63	-3.87	-4.07	-6.03	-6.07	-6.13	-6.21	-6.29	-6.37	-6.46
77	-1.95	-2.17	-2.40	-2.63	-2.85	-3.08	-3.30	-3.53	-3.71	-5.49	-5.53	-5.59	-5.65	-5.73	-5.81	-5.88
78	-2.33	-2.60	-2.87	-3.14	-3.41	-3.68	-3.95	-4.22	-4.43	-6.57	-6.62	-6.68	-6.76	-6.85	-6.94	-7.03
79	-1.66	-1.86	-2.05	-2.24	-2.43	-2.63	-2.82	-3.01	-3.16	-4.69	-4.72	-4.76	-4.82	-4.88	-4.95	-5.02
80	-1.98	-2.21	-2.44	-2.68	-2.91	-3.13	-3.36	-3.59	-3.78	-5.60	-5.64	-5.70	-5.77	-5.84	-5.92	-6.00
81	-1.71	-1.92	-2.12	-2.32	-2.52	-2.71	-2.91	-3.11	-3.27	-4.85	-4.89	-4.94	-4.99	-5.06	-5.13	-5.20
82	-1.81	-2.02	-2.23	-2.44	-2.65	-2.86	-3.07	-3.28	-3.45	-5.12	-5.16	-5.21	-5.27	-5.34	-5.41	-5.48
83	-1.54	-1.72	-1.90	-2.08	-2.26	-2.43	-2.61	-2.79	-2.93	-4.35	-4.38	-4.43	-4.48	-4.54	-4.60	-4.66
84	-2.10	-2.34	-2.59	-2.83	-3.08	-3.32	-3.56	-3.80	-4.00	-5.93	-5.97	-6.03	-6.10	-6.18	-6.27	-6.35
85	-1.73	-1.93	-2.13	-2.33	-2.53	-2.73	-2.93	-3.13	-3.30	-4.89	-4.92	-4.97	-5.03	-5.09	-5.16	-5.23
86	-1.86	-2.08	-2.29	-2.51	-2.72	-2.94	-3.15	-3.36	-3.54	-5.24	-5.28	-5.33	-5.40	-5.47	-5.54	-5.61
87	-2.10	-2.34	-2.59	-2.83	-3.07	-3.31	-3.56	-3.80	-3.99	-5.92	-5.96	-6.02	-6.09	-6.17	-6.25	-6.34
88	-2.10	-2.34	-2.59	-2.83	-3.07	-3.31	-3.56	-3.80	-3.99	-5.92	-5.96	-6.02	-6.09	-6.17	-6.25	-6.34
89	-2.16	-2.41	-2.66	-2.91	-3.16	-3.41	-3.66	-3.91	-4.11	-6.08	-6.13	-6.19	-6.26	-6.34	-6.43	-6.51
90	-1.90	-2.13	-2.35	-2.57	-2.79	-3.01	-3.23	-3.45	-3.63	-5.38	-5.42	-5.48	-5.54	-5.61	-5.69	-5.76
91	-2.10	-2.35	-2.59	-2.84	-3.08	-3.32	-3.57	-3.81	-4.01	-5.94	-5.98	-6.04	-6.12	-6.19	-6.28	-6.36

本表序号对应于表2-1。

表8-4　大气温度对中国贫煤工程绝热燃烧温度的影响

大气温度/℃　Δt_aE/℃

序号	-30	-25	-20	-15	-10	-5	0	1	5	10	15	20	25	30	35	40
1	-6.48	-6.40	-6.31	-6.23	-6.16	-6.10	-6.06	-4.08	-3.88	-3.64	-3.39	-3.14	-2.89	-2.64	-2.39	-2.14
2	-5.83	-5.76	-5.68	-5.61	-5.54	-5.49	-5.45	-3.67	-3.49	-3.27	-3.04	-2.82	-2.60	-2.37	-2.15	-1.92
3	-6.42	-6.33	-6.25	-6.17	-6.10	-6.04	-5.99	-4.04	-3.85	-3.60	-3.36	-3.11	-2.86	-2.62	-2.37	-2.12
4	-6.62	-6.54	-6.45	-6.37	-6.29	-6.23	-6.19	-4.17	-3.97	-3.71	-3.46	-3.21	-2.95	-2.70	-2.44	-2.19
5	-7.51	-7.41	-7.31	-7.22	-7.13	-7.06	-7.01	-4.73	-4.50	-4.22	-3.93	-3.64	-3.36	-3.07	-2.78	-2.49
6	-6.12	-6.04	-5.96	-5.88	-5.81	-5.76	-5.71	-3.85	-3.66	-3.43	-3.19	-2.96	-2.72	-2.49	-2.25	-2.02
7	-6.45	-6.37	-6.28	-6.20	-6.13	-6.07	-6.02	-4.06	-3.86	-3.61	-3.37	-3.12	-2.87	-2.63	-2.38	-2.13
8	-6.15	-6.07	-5.99	-5.91	-5.84	-5.78	-5.74	-3.87	-3.68	-3.44	-3.21	-2.97	-2.73	-2.50	-2.26	-2.02
9	-6.84	-6.75	-6.66	-6.58	-6.50	-6.44	-6.39	-4.31	-4.10	-3.84	-3.58	-3.32	-3.05	-2.79	-2.53	-2.26
10	-6.45	-6.36	-6.28	-6.20	-6.12	-6.06	-6.02	-4.06	-3.86	-3.61	-3.36	-3.12	-2.87	-2.62	-2.37	-2.12
11	-7.10	-7.01	-6.91	-6.82	-6.75	-6.68	-6.63	-4.48	-4.26	-3.99	-3.72	-3.45	-3.17	-2.90	-2.63	-2.35
12	-5.98	-5.91	-5.83	-5.75	-5.69	-5.63	-5.59	-3.77	-3.59	-3.36	-3.13	-2.90	-2.67	-2.44	-2.21	-1.98
13	-8.04	-7.93	-7.83	-7.73	-7.64	-7.56	-7.51	-5.07	-4.82	-4.52	-4.21	-3.90	-3.60	-3.29	-2.98	-2.67
14	-10.03	-9.90	-9.77	-9.64	-9.53	-9.44	-9.37	-6.32	-6.02	-5.63	-5.25	-4.87	-4.48	-4.10	-3.71	-3.32
15	-6.98	-6.89	-6.79	-6.71	-6.63	-6.56	-6.52	-4.39	-4.18	-3.91	-3.64	-3.38	-3.11	-2.84	-2.57	-2.30
16	-6.48	-6.40	-6.31	-6.23	-6.16	-6.10	-6.05	-4.08	-3.88	-3.63	-3.38	-3.13	-2.88	-2.63	-2.38	-2.13
17	-6.03	-5.95	-5.87	-5.80	-5.73	-5.67	-5.63	-3.79	-3.61	-3.38	-3.15	-2.91	-2.68	-2.45	-2.22	-1.98
18	-8.60	-8.49	-8.37	-8.27	-8.17	-8.09	-8.03	-5.42	-5.15	-4.83	-4.50	-4.17	-3.84	-3.51	-3.18	-2.85

续表

序号	大气温度/℃															
	40	35	30	25	20	15	10	5	1	0	−5	−10	−15	−20	−25	−30
	Δt_{aE}/℃															
19	−2.08	−2.33	−2.57	−2.81	−3.06	−3.30	−3.54	−3.78	−3.98	−5.90	−5.95	−6.01	−6.08	−6.16	−6.24	−6.32
20	−2.81	−3.14	−3.47	−3.79	−4.12	−4.45	−4.77	−5.10	−5.36	−7.96	−8.01	−8.09	−8.19	−8.29	−8.41	−8.52
21	−1.98	−2.21	−2.45	−2.68	−2.91	−3.14	−3.37	−3.60	−3.79	−5.63	−5.67	−5.73	−5.79	−5.87	−5.95	−6.03
22	−1.99	−2.22	−2.45	−2.68	−2.91	−3.14	−3.37	−3.60	−3.79	−5.62	−5.66	−5.72	−5.78	−5.86	−5.94	−6.02
23	−2.41	−2.69	−2.97	−3.25	−3.53	−3.81	−4.09	−4.37	−4.59	−6.81	−6.86	−6.93	−7.01	−7.10	−7.20	−7.29
24	−2.15	−2.40	−2.66	−2.91	−3.16	−3.40	−3.65	−3.90	−4.10	−6.08	−6.13	−6.19	−6.26	−6.34	−6.43	−6.51
25	−1.97	−2.20	−2.43	−2.66	−2.89	−3.12	−3.35	−3.58	−3.76	−5.58	−5.62	−5.68	−5.74	−5.82	−5.90	−5.97
26	−2.08	−2.33	−2.58	−2.82	−3.06	−3.31	−3.55	−3.80	−3.99	−5.93	−5.97	−6.03	−6.10	−6.18	−6.27	−6.35
27	−2.01	−2.25	−2.48	−2.72	−2.95	−3.19	−3.42	−3.65	−3.84	−5.70	−5.75	−5.80	−5.87	−5.95	−6.03	−6.11
28	−2.01	−2.25	−2.48	−2.72	−2.95	−3.19	−3.42	−3.65	−3.84	−5.70	−5.75	−5.80	−5.87	−5.95	−6.03	−6.11
29	−2.75	−3.07	−3.39	−3.70	−4.02	−4.34	−4.66	−4.97	−5.23	−7.75	−7.80	−7.88	−7.97	−8.08	−8.19	−8.30
30	−2.16	−2.42	−2.67	−2.92	−3.17	−3.42	−3.67	−3.93	−4.13	−6.12	−6.17	−6.23	−6.30	−6.38	−6.47	−6.56
31	−2.33	−2.60	−2.87	−3.14	−3.41	−3.68	−3.95	−4.22	−4.43	−6.58	−6.62	−6.69	−6.77	−6.86	−6.95	−7.04
32	−3.21	−3.59	−3.96	−4.33	−4.71	−5.08	−5.45	−5.82	−6.12	−9.07	−9.13	−9.22	−9.33	−9.45	−9.58	−9.71
33	−2.62	−2.93	−3.23	−3.54	−3.84	−4.14	−4.45	−4.75	−5.00	−7.41	−7.46	−7.54	−7.63	−7.73	−7.83	−7.94
34	−2.41	−2.69	−2.98	−3.26	−3.54	−3.82	−4.10	−4.38	−4.60	−6.83	−6.88	−6.94	−7.03	−7.12	−7.21	−7.31
35	−2.77	−3.10	−3.42	−3.74	−4.06	−4.38	−4.70	−5.02	−5.28	−7.82	−7.88	−7.95	−8.05	−8.15	−8.26	−8.37
36	−2.36	−2.64	−2.91	−3.19	−3.46	−3.74	−4.01	−4.29	−4.51	−6.69	−6.73	−6.80	−6.88	−6.97	−7.07	−7.16

续表

大气温度/℃ ; $\Delta t_{aE}/℃$

序号	40	35	30	25	20	15	10	5	1	0	-5	-10	-15	-20	-25	-30
37	-2.27	-2.53	-2.80	-3.06	-3.33	-3.59	-3.85	-4.12	-4.33	-6.42	-6.47	-6.53	-6.61	-6.69	-6.78	-6.87
38	-2.88	-3.22	-3.55	-3.89	-4.23	-4.56	-4.90	-5.23	-5.50	-8.16	-8.22	-8.30	-8.40	-8.51	-8.63	-8.74
39	-2.06	-2.30	-2.55	-2.79	-3.03	-3.27	-3.51	-3.75	-3.95	-5.86	-5.90	-5.96	-6.03	-6.11	-6.19	-6.28
40	-2.23	-2.50	-2.76	-3.02	-3.28	-3.54	-3.80	-4.06	-4.27	-6.35	-6.40	-6.46	-6.54	-6.62	-6.71	-6.80
41	-2.32	-2.59	-2.87	-3.14	-3.41	-3.68	-3.95	-4.22	-4.44	-6.60	-6.65	-6.71	-6.79	-6.88	-6.97	-7.07
42	-2.38	-2.65	-2.93	-3.21	-3.48	-3.76	-4.03	-4.31	-4.53	-6.72	-6.77	-6.83	-6.91	-7.00	-7.10	-7.19
43	-2.56	-2.86	-3.16	-3.46	-3.76	-4.06	-4.35	-4.65	-4.89	-7.26	-7.31	-7.38	-7.47	-7.57	-7.67	-7.77
44	-2.14	-2.39	-2.64	-2.89	-3.13	-3.38	-3.63	-3.88	-4.07	-6.04	-6.08	-6.14	-6.22	-6.30	-6.38	-6.47
45	-2.17	-2.42	-2.68	-2.93	-3.18	-3.43	-3.68	-3.93	-4.13	-6.13	-6.17	-6.23	-6.31	-6.39	-6.48	-6.56
46	-2.19	-2.45	-2.70	-2.96	-3.21	-3.46	-3.72	-3.97	-4.17	-6.19	-6.23	-6.29	-6.37	-6.45	-6.54	-6.63
47	-2.14	-2.39	-2.64	-2.89	-3.14	-3.39	-3.64	-3.89	-4.09	-6.06	-6.10	-6.16	-6.24	-6.32	-6.40	-6.49
48	-2.05	-2.30	-2.54	-2.78	-3.02	-3.25	-3.49	-3.73	-3.92	-5.82	-5.86	-5.92	-5.99	-6.07	-6.15	-6.23
49	-1.79	-2.01	-2.22	-2.43	-2.64	-2.85	-3.06	-3.27	-3.43	-5.10	-5.14	-5.19	-5.25	-5.32	-5.39	-5.46
50	-2.02	-2.26	-2.50	-2.73	-2.97	-3.20	-3.43	-3.67	-3.86	-5.72	-5.76	-5.82	-5.88	-5.96	-6.04	-6.12
51	-2.11	-2.36	-2.61	-2.85	-3.10	-3.34	-3.59	-3.84	-4.03	-5.99	-6.03	-6.09	-6.16	-6.24	-6.33	-6.41
52	-2.48	-2.77	-3.06	-3.35	-3.63	-3.92	-4.20	-4.49	-4.72	-6.99	-7.04	-7.11	-7.19	-7.29	-7.39	-7.48
53	-2.36	-2.64	-2.91	-3.19	-3.46	-3.73	-4.01	-4.28	-4.50	-6.67	-6.72	-6.79	-6.87	-6.96	-7.05	-7.14
54	-2.31	-2.58	-2.85	-3.12	-3.39	-3.66	-3.93	-4.20	-4.41	-6.54	-6.59	-6.65	-6.73	-6.82	-6.91	-7.00

续表

序号	大气温度/℃ $\Delta t_{aE}/℃$															
	40	35	30	25	20	15	10	5	1	0	-5	-10	-15	-20	-25	-30
55	-2.30	-2.57	-2.84	-3.11	-3.37	-3.64	-3.90	-4.17	-4.38	-6.50	-6.55	-6.61	-6.69	-6.78	-6.87	-6.96
56	-2.39	-2.67	-2.95	-3.23	-3.50	-3.78	-4.06	-4.33	-4.56	-6.76	-6.80	-6.87	-6.95	-7.04	-7.14	-7.23
57	-2.08	-2.32	-2.57	-2.81	-3.05	-3.29	-3.53	-3.77	-3.97	-5.88	-5.92	-5.98	-6.05	-6.13	-6.21	-6.30
58	-2.43	-2.72	-3.00	-3.29	-3.57	-3.85	-4.13	-4.41	-4.64	-6.88	-6.93	-7.00	-7.09	-7.18	-7.27	-7.37
59	-2.55	-2.85	-3.14	-3.44	-3.73	-4.03	-4.32	-4.61	-4.85	-7.19	-7.24	-7.31	-7.40	-7.50	-7.60	-7.70
60	-2.64	-2.94	-3.25	-3.55	-3.86	-4.16	-4.47	-4.77	-5.01	-7.43	-7.48	-7.56	-7.65	-7.74	-7.85	-7.95
61	-2.52	-2.81	-3.10	-3.40	-3.69	-3.98	-4.27	-4.56	-4.80	-7.11	-7.16	-7.23	-7.32	-7.41	-7.51	-7.61
62	-2.56	-2.85	-3.15	-3.45	-3.74	-4.04	-4.33	-4.63	-4.87	-7.21	-7.27	-7.34	-7.42	-7.52	-7.62	-7.72
63	-2.56	-2.85	-3.15	-3.45	-3.74	-4.04	-4.33	-4.63	-4.87	-7.21	-7.27	-7.34	-7.42	-7.52	-7.62	-7.72
64	-2.55	-2.85	-3.14	-3.44	-3.73	-4.03	-4.32	-4.61	-4.85	-7.19	-7.24	-7.31	-7.40	-7.50	-7.60	-7.70
65	-2.63	-2.93	-3.24	-3.55	-3.85	-4.15	-4.46	-4.76	-5.01	-7.43	-7.48	-7.55	-7.64	-7.74	-7.85	-7.95
66	-2.18	-2.44	-2.69	-2.94	-3.20	-3.45	-3.70	-3.95	-4.15	-6.16	-6.20	-6.26	-6.34	-6.42	-6.51	-6.59
67	-2.39	-2.67	-2.95	-3.23	-3.51	-3.78	-4.06	-4.34	-4.56	-6.76	-6.81	-6.88	-6.96	-7.05	-7.14	-7.24
68	-2.46	-2.75	-3.04	-3.33	-3.61	-3.90	-4.18	-4.46	-4.69	-6.96	-7.01	-7.08	-7.16	-7.25	-7.35	-7.45
69	-2.35	-2.63	-2.90	-3.17	-3.45	-3.72	-3.99	-4.26	-4.48	-6.65	-6.70	-6.77	-6.85	-6.93	-7.03	-7.12
70	-2.39	-2.67	-2.95	-3.23	-3.51	-3.78	-4.06	-4.34	-4.56	-6.76	-6.81	-6.88	-6.96	-7.05	-7.14	-7.24
71	-2.12	-2.37	-2.62	-2.86	-3.11	-3.36	-3.60	-3.85	-4.05	-6.00	-6.05	-6.10	-6.18	-6.26	-6.34	-6.43
72	-1.95	-2.18	-2.40	-2.63	-2.86	-3.09	-3.31	-3.54	-3.72	-5.53	-5.57	-5.62	-5.69	-5.76	-5.84	-5.92

续表

序号	大气温度/℃															
	-30	-25	-20	-15	-10	-5	0	1	5	10	15	20	25	30	35	40
	Δt_{aE}/℃															
73	-7.02	-6.93	-6.84	-6.75	-6.67	-6.60	-6.56	-4.43	-4.21	-3.94	-3.68	-3.41	-3.14	-2.87	-2.60	-2.33
74	-7.51	-7.42	-7.32	-7.22	-7.14	-7.07	-7.02	-4.73	-4.50	-4.21	-3.93	-3.64	-3.35	-3.06	-2.77	-2.48
75	-8.01	-7.90	-7.80	-7.69	-7.60	-7.53	-7.48	-5.04	-4.79	-4.49	-4.18	-3.88	-3.57	-3.26	-2.95	-2.64
76	-7.51	-7.41	-7.31	-7.22	-7.13	-7.06	-7.01	-4.73	-4.50	-4.21	-3.92	-3.64	-3.35	-3.06	-2.77	-2.48
77	-7.70	-7.60	-7.49	-7.40	-7.31	-7.24	-7.19	-4.85	-4.61	-4.32	-4.02	-3.73	-3.43	-3.14	-2.84	-2.54
78	-7.35	-7.26	-7.16	-7.07	-6.99	-6.92	-6.87	-4.63	-4.41	-4.12	-3.84	-3.56	-3.28	-3.00	-2.71	-2.43
79	-6.55	-6.47	-6.38	-6.30	-6.23	-6.17	-6.12	-4.13	-3.93	-3.68	-3.43	-3.18	-2.92	-2.67	-2.42	-2.17
80	-7.58	-7.48	-7.38	-7.29	-7.20	-7.13	-7.08	-4.77	-4.54	-4.25	-3.96	-3.67	-3.38	-3.09	-2.80	-2.51
81	-6.53	-6.45	-6.36	-6.28	-6.21	-6.15	-6.10	-4.11	-3.91	-3.66	-3.41	-3.16	-2.91	-2.66	-2.41	-2.16
82	-7.34	-7.25	-7.15	-7.06	-6.98	-6.91	-6.86	-4.63	-4.40	-4.12	-3.84	-3.56	-3.28	-2.99	-2.71	-2.43
83	-8.70	-8.58	-8.47	-8.36	-8.26	-8.18	-8.12	-5.48	-5.21	-4.88	-4.55	-4.22	-3.88	-3.55	-3.22	-2.88
84	-7.64	-7.54	-7.44	-7.34	-7.26	-7.19	-7.14	-4.81	-4.58	-4.28	-3.99	-3.70	-3.41	-3.11	-2.82	-2.52
85	-7.10	-7.01	-6.92	-6.83	-6.75	-6.68	-6.63	-4.47	-4.25	-3.98	-3.71	-3.44	-3.17	-2.89	-2.62	-2.35
86	-7.10	-7.01	-6.92	-6.83	-6.75	-6.68	-6.64	-4.47	-4.26	-3.98	-3.71	-3.44	-3.17	-2.89	-2.62	-2.35
87	-7.22	-7.13	-7.03	-6.94	-6.86	-6.80	-6.75	-4.55	-4.33	-4.06	-3.78	-3.50	-3.23	-2.95	-2.67	-2.39
88	-6.90	-6.81	-6.72	-6.64	-6.56	-6.49	-6.45	-4.34	-4.13	-3.86	-3.60	-3.33	-3.07	-2.80	-2.54	-2.27

本表序号对应于表2-2。

表 8 - 5　大气温度对中国烟煤工程绝热燃烧温度的影响

大气温度/℃　Δt_{aE}/℃

序号	-30	-25	-20	-15	-10	-5	0	1	5	10	15	20	25	30	35	40
1	-7.86	-7.75	-7.65	-7.55	-7.46	-7.39	-7.34	-4.94	-4.70	-4.40	-4.10	-3.80	-3.49	-3.19	-2.89	-2.58
2	-6.82	-6.73	-6.65	-6.56	-6.48	-6.42	-6.37	-4.29	-4.08	-3.82	-3.56	-3.30	-3.04	-2.77	-2.51	-2.24
3	-9.22	-9.10	-8.97	-8.86	-8.76	-8.67	-8.61	-5.81	-5.53	-5.18	-4.83	-4.48	-4.12	-3.77	-3.42	-3.06
4	-8.39	-8.28	-8.17	-8.06	-7.97	-7.89	-7.83	-5.28	-5.02	-4.70	-4.38	-4.06	-3.74	-3.41	-3.09	-2.77
5	-9.11	-9.00	-8.88	-8.76	-8.66	-8.57	-8.51	-5.74	-5.46	-5.11	-4.76	-4.41	-4.06	-3.71	-3.36	-3.01
6	-7.85	-7.74	-7.64	-7.54	-7.45	-7.38	-7.33	-4.94	-4.70	-4.40	-4.10	-3.80	-3.50	-3.19	-2.89	-2.59
7	-10.09	-9.96	-9.83	-9.70	-9.59	-9.49	-9.43	-6.36	-6.05	-5.67	-5.28	-4.90	-4.51	-4.13	-3.74	-3.35
8	-10.25	-10.11	-9.98	-9.85	-9.74	-9.64	-9.57	-6.46	-6.14	-5.75	-5.36	-4.97	-4.58	-4.18	-3.79	-3.39
9	-8.32	-8.21	-8.10	-8.00	-7.91	-7.83	-7.77	-5.24	-4.98	-4.67	-4.35	-4.03	-3.71	-3.39	-3.07	-2.75
10	-8.04	-7.93	-7.82	-7.72	-7.63	-7.56	-7.51	-5.06	-4.81	-4.50	-4.19	-3.89	-3.58	-3.27	-2.96	-2.65
11	-11.44	-11.29	-11.14	-10.99	-10.87	-10.76	-10.68	-7.21	-6.86	-6.42	-5.98	-5.55	-5.11	-4.67	-4.23	-3.79
12	-8.52	-8.41	-8.30	-8.19	-8.09	-8.01	-7.96	-5.36	-5.10	-4.77	-4.45	-4.12	-3.79	-3.47	-3.14	-2.81
13	-9.13	-9.01	-8.89	-8.77	-8.67	-8.58	-8.52	-5.74	-5.46	-5.11	-4.76	-4.41	-4.06	-3.70	-3.35	-3.00
14	-8.14	-8.03	-7.92	-7.82	-7.73	-7.66	-7.60	-5.12	-4.87	-4.56	-4.25	-3.94	-3.63	-3.31	-3.00	-2.68
15	-7.74	-7.64	-7.54	-7.44	-7.35	-7.28	-7.23	-4.87	-4.63	-4.33	-4.04	-3.74	-3.44	-3.14	-2.85	-2.55
16	-9.84	-9.71	-9.59	-9.46	-9.35	-9.26	-9.19	-6.20	-5.90	-5.52	-5.15	-4.77	-4.39	-4.01	-3.64	-3.25
17	-8.79	-8.67	-8.56	-8.45	-8.35	-8.27	-8.21	-5.53	-5.26	-4.92	-4.59	-4.25	-3.91	-3.57	-3.24	-2.89
18	-9.37	-9.25	-9.13	-9.01	-8.90	-8.82	-8.75	-5.90	-5.61	-5.25	-4.89	-4.54	-4.18	-3.82	-3.45	-3.09

续表

序号	大气温度/℃ $\Delta t_{aE}/℃$															
	-30	-25	-20	-15	-10	-5	0	1	5	10	15	20	25	30	35	40
19	-8.41	-8.30	-8.19	-8.08	-7.99	-7.91	-7.85	-5.29	-5.03	-4.71	-4.39	-4.06	-3.74	-3.42	-3.09	-2.77
20	-8.55	-8.43	-8.32	-8.21	-8.12	-8.04	-7.98	-5.37	-5.11	-4.78	-4.46	-4.13	-3.80	-3.47	-3.14	-2.81
21	-8.74	-8.63	-8.51	-8.40	-8.30	-8.22	-8.16	-5.50	-5.23	-4.90	-4.57	-4.23	-3.90	-3.56	-3.22	-2.88
22	-9.28	-9.16	-9.04	-8.92	-8.82	-8.73	-8.67	-5.85	-5.56	-5.21	-4.85	-4.50	-4.14	-3.79	-3.43	-3.07
23	-10.04	-9.91	-9.78	-9.65	-9.54	-9.44	-9.38	-6.31	-6.01	-5.62	-5.24	-4.85	-4.47	-4.08	-3.69	-3.30
24	-7.15	-7.05	-6.96	-6.87	-6.79	-6.72	-6.68	-4.50	-4.28	-4.01	-3.74	-3.46	-3.19	-2.91	-2.64	-2.36
25	-9.34	-9.22	-9.10	-8.98	-8.88	-8.79	-8.73	-5.88	-5.59	-5.23	-4.88	-4.52	-4.16	-3.80	-3.44	-3.08
26	-6.84	-6.75	-6.66	-6.58	-6.50	-6.44	-6.39	-4.30	-4.09	-3.83	-3.57	-3.30	-3.04	-2.78	-2.51	-2.25
27	-8.56	-8.45	-8.34	-8.23	-8.14	-8.06	-8.00	-5.39	-5.13	-4.80	-4.47	-4.14	-3.81	-3.48	-3.15	-2.82
28	-8.86	-8.74	-8.62	-8.51	-8.41	-8.33	-8.27	-5.58	-5.30	-4.97	-4.63	-4.29	-3.95	-3.61	-3.27	-2.92
29	-8.35	-8.24	-8.13	-8.03	-7.94	-7.86	-7.80	-5.26	-5.00	-4.68	-4.36	-4.04	-3.72	-3.40	-3.07	-2.75
30	-9.43	-9.31	-9.18	-9.06	-8.96	-8.87	-8.81	-5.94	-5.65	-5.29	-4.93	-4.57	-4.21	-3.84	-3.48	-3.11
31	-8.89	-8.77	-8.65	-8.54	-8.44	-8.36	-8.30	-5.60	-5.32	-4.98	-4.64	-4.30	-3.96	-3.62	-3.28	-2.94
32	-9.40	-9.27	-9.15	-9.03	-8.93	-8.84	-8.78	-5.91	-5.62	-5.26	-4.90	-4.54	-4.18	-3.82	-3.46	-3.10
33	-8.75	-8.64	-8.52	-8.41	-8.31	-8.23	-8.17	-5.50	-5.23	-4.90	-4.56	-4.23	-3.89	-3.55	-3.21	-2.88
34	-8.99	-8.88	-8.76	-8.64	-8.54	-8.46	-8.40	-5.66	-5.38	-5.04	-4.69	-4.35	-4.00	-3.66	-3.31	-2.96
35	-10.46	-10.32	-10.18	-10.05	-9.94	-9.84	-9.77	-6.59	-6.27	-5.87	-5.47	-5.07	-4.67	-4.26	-3.86	-3.46
36	-8.86	-8.74	-8.62	-8.51	-8.41	-8.33	-8.27	-5.57	-5.30	-4.96	-4.62	-4.28	-3.94	-3.60	-3.26	-2.91

续表

序号	大气温度/℃ Δt_{aE}/℃															
	40	35	30	25	20	15	10	5	1	0	−5	−10	−15	−20	−25	−30
37	−2.90	−3.24	−3.58	−3.92	−4.25	−4.59	−4.93	−5.26	−5.54	−8.22	−8.28	−8.36	−8.46	−8.57	−8.68	−8.80
38	−2.45	−2.74	−3.02	−3.31	−3.59	−3.88	−4.16	−4.44	−4.67	−6.93	−6.98	−7.04	−7.13	−7.22	−7.32	−7.41
39	−2.97	−3.31	−3.66	−4.01	−4.35	−4.69	−5.04	−5.38	−5.65	−8.39	−8.45	−8.53	−8.63	−8.74	−8.86	−8.98
40	−2.87	−3.21	−3.54	−3.88	−4.21	−4.55	−4.88	−5.22	−5.49	−8.15	−8.20	−8.29	−8.38	−8.49	−8.61	−8.72
41	−2.88	−3.22	−3.55	−3.89	−4.23	−4.56	−4.90	−5.23	−5.50	−8.16	−8.22	−8.30	−8.40	−8.51	−8.62	−8.74
42	−2.82	−3.15	−3.48	−3.81	−4.13	−4.46	−4.79	−5.11	−5.38	−7.98	−8.04	−8.12	−8.21	−8.32	−8.43	−8.54
43	−2.82	−3.15	−3.48	−3.81	−4.13	−4.46	−4.79	−5.11	−5.38	−7.98	−8.04	−8.12	−8.21	−8.32	−8.43	−8.54
44	−4.00	−4.46	−4.92	−5.39	−5.85	−6.31	−6.77	−7.23	−7.59	−11.25	−11.33	−11.44	−11.58	−11.73	−11.88	−12.04
45	−4.20	−4.69	−5.18	−5.67	−6.15	−6.64	−7.12	−7.61	−8.00	−11.85	−11.94	−12.06	−12.20	−12.36	−12.52	−12.69
46	−2.43	−2.72	−3.00	−3.29	−3.57	−3.85	−4.14	−4.42	−4.65	−6.90	−6.95	−7.02	−7.10	−7.19	−7.29	−7.39
47	−3.48	−3.88	−4.29	−4.69	−5.09	−5.49	−5.89	−6.29	−6.62	−9.81	−9.88	−9.97	−10.09	−10.22	−10.36	−10.50
48	−3.60	−4.02	−4.44	−4.86	−5.28	−5.70	−6.12	−6.54	−6.88	−10.21	−10.28	−10.38	−10.51	−10.64	−10.79	−10.93
49	−3.08	−3.44	−3.80	−4.16	−4.52	−4.87	−5.23	−5.59	−5.87	−8.71	−8.77	−8.86	−8.96	−9.08	−9.20	−9.32
50	−3.10	−3.46	−3.82	−4.19	−4.55	−4.90	−5.26	−5.62	−5.91	−8.77	−8.83	−8.92	−9.02	−9.14	−9.26	−9.39
51	−2.65	−2.96	−3.27	−3.58	−3.89	−4.20	−4.51	−4.82	−5.07	−7.52	−7.58	−7.65	−7.74	−7.84	−7.95	−8.06
52	−2.66	−2.98	−3.29	−3.60	−3.92	−4.23	−4.54	−4.85	−5.10	−7.57	−7.62	−7.70	−7.79	−7.89	−8.00	−8.10
53	−3.46	−3.86	−4.27	−4.67	−5.07	−5.47	−5.87	−6.27	−6.60	−9.78	−9.85	−9.95	−10.07	−10.20	−10.34	−10.47
54	−3.04	−3.39	−3.75	−4.10	−4.45	−4.81	−5.16	−5.51	−5.79	−8.59	−8.65	−8.74	−8.84	−8.96	−9.08	−9.20

续表

大气温度/℃　　Δt_{aE}/℃

序号	-30	-25	-20	-15	-10	-5	0	1	5	10	15	20	25	30	35	40
55	-10.07	-9.94	-9.80	-9.68	-9.56	-9.47	-9.40	-6.34	-6.03	-5.64	-5.26	-4.88	-4.49	-4.10	-3.71	-3.32
56	-10.60	-10.46	-10.32	-10.19	-10.07	-9.97	-9.90	-6.67	-6.35	-5.94	-5.54	-5.13	-4.72	-4.32	-3.91	-3.50
57	-9.52	-9.39	-9.27	-9.15	-9.04	-8.95	-8.89	-5.99	-5.70	-5.33	-4.97	-4.61	-4.24	-3.87	-3.51	-3.14
58	-9.70	-9.57	-9.45	-9.32	-9.22	-9.13	-9.06	-6.11	-5.81	-5.43	-5.06	-4.69	-4.32	-3.95	-3.57	-3.20
59	-9.31	-9.19	-9.07	-8.95	-8.84	-8.76	-8.70	-5.86	-5.57	-5.22	-4.86	-4.51	-4.15	-3.79	-3.43	-3.07
60	-9.52	-9.39	-9.27	-9.15	-9.04	-8.95	-8.89	-5.99	-5.70	-5.34	-4.97	-4.61	-4.24	-3.88	-3.51	-3.14
61	-10.70	-10.56	-10.42	-10.29	-10.17	-10.07	-10.00	-6.74	-6.41	-6.01	-5.60	-5.19	-4.78	-4.37	-3.95	-3.54
62	-10.72	-10.58	-10.44	-10.31	-10.19	-10.09	-10.02	-6.77	-6.44	-6.03	-5.62	-5.21	-4.80	-4.39	-3.98	-3.57
63	-8.83	-8.71	-8.60	-8.49	-8.39	-8.31	-8.25	-5.56	-5.28	-4.95	-4.61	-4.27	-3.93	-3.59	-3.25	-2.91
64	-9.62	-9.50	-9.37	-9.25	-9.14	-9.05	-8.99	-6.06	-5.77	-5.40	-5.03	-4.67	-4.30	-3.93	-3.56	-3.18
65	-10.18	-10.05	-9.91	-9.79	-9.67	-9.58	-9.51	-6.41	-6.10	-5.71	-5.32	-4.93	-4.54	-4.15	-3.76	-3.36
66	-11.15	-11.00	-10.85	-10.71	-10.59	-10.49	-10.41	-7.03	-6.68	-6.26	-5.83	-5.41	-4.98	-4.55	-4.13	-3.69
67	-9.17	-9.05	-8.93	-8.81	-8.71	-8.62	-8.56	-5.76	-5.48	-5.13	-4.78	-4.43	-4.08	-3.72	-3.37	-3.01
68	-10.40	-10.26	-10.13	-10.00	-9.88	-9.78	-9.71	-6.55	-6.23	-5.83	-5.43	-5.04	-4.64	-4.24	-3.84	-3.44
69	-10.14	-10.01	-9.88	-9.75	-9.64	-9.54	-9.47	-6.39	-6.08	-5.69	-5.30	-4.91	-4.53	-4.14	-3.74	-3.35
70	-9.80	-9.68	-9.55	-9.42	-9.31	-9.22	-9.16	-6.17	-5.87	-5.49	-5.12	-4.74	-4.37	-3.99	-3.61	-3.23
71	-9.55	-9.42	-9.30	-9.18	-9.07	-8.98	-8.92	-6.01	-5.72	-5.35	-4.99	-4.62	-4.26	-3.89	-3.52	-3.15
72	-9.57	-9.44	-9.32	-9.20	-9.09	-9.00	-8.94	-6.03	-5.73	-5.36	-5.00	-4.63	-4.27	-3.90	-3.53	-3.16

续表

大气温度/℃，Δt_{aE}/℃

序号	-30	-25	-20	-15	-10	-5	0	1	5	10	15	20	25	30	35	40
73	-10.23	-10.09	-9.96	-9.83	-9.72	-9.62	-9.55	-6.44	-6.13	-5.74	-5.34	-4.95	-4.56	-4.17	-3.77	-3.38
74	-9.17	-9.05	-8.93	-8.82	-8.72	-8.63	-8.57	-5.78	-5.49	-5.14	-4.79	-4.44	-4.09	-3.74	-3.38	-3.03
75	-10.00	-9.87	-9.74	-9.61	-9.50	-9.41	-9.34	-6.30	-5.99	-5.61	-5.23	-4.85	-4.46	-4.08	-3.69	-3.31
76	-12.64	-12.47	-12.31	-12.15	-12.01	-11.89	-11.80	-7.96	-7.57	-7.08	-6.60	-6.12	-5.63	-5.15	-4.66	-4.17
77	-9.57	-9.45	-9.32	-9.20	-9.09	-9.01	-8.94	-6.03	-5.74	-5.37	-5.00	-4.64	-4.27	-3.90	-3.53	-3.16
78	-10.71	-10.57	-10.43	-10.29	-10.17	-10.07	-10.00	-6.74	-6.41	-6.00	-5.59	-5.18	-4.77	-4.36	-3.94	-3.53
79	-7.87	-7.77	-7.66	-7.56	-7.48	-7.40	-7.35	-4.95	-4.71	-4.41	-4.10	-3.80	-3.50	-3.20	-2.89	-2.59
80	-12.26	-12.10	-11.94	-11.78	-11.65	-11.53	-11.45	-7.73	-7.36	-6.89	-6.42	-5.96	-5.49	-5.02	-4.55	-4.07
81	-9.63	-9.50	-9.38	-9.26	-9.15	-9.06	-8.99	-6.06	-5.76	-5.39	-5.03	-4.66	-4.29	-3.92	-3.55	-3.17
82	-12.09	-11.93	-11.77	-11.62	-11.49	-11.38	-11.30	-7.62	-7.25	-6.79	-6.33	-5.87	-5.41	-4.94	-4.48	-4.01
83	-10.33	-10.19	-10.06	-9.93	-9.81	-9.72	-9.65	-6.50	-6.19	-5.79	-5.40	-5.00	-4.60	-4.21	-3.81	-3.41
84	-9.98	-9.85	-9.72	-9.59	-9.48	-9.39	-9.32	-6.28	-5.98	-5.59	-5.21	-4.83	-4.45	-4.06	-3.68	-3.29
85	-9.46	-9.34	-9.21	-9.10	-8.99	-8.90	-8.84	-5.95	-5.66	-5.30	-4.94	-4.58	-4.21	-3.85	-3.48	-3.12
86	-8.62	-8.51	-8.39	-8.28	-8.19	-8.11	-8.05	-5.43	-5.16	-4.83	-4.50	-4.17	-3.84	-3.51	-3.18	-2.84
87	-9.86	-9.73	-9.60	-9.48	-9.37	-9.27	-9.21	-6.20	-5.90	-5.52	-5.14	-4.77	-4.39	-4.01	-3.63	-3.24
88	-12.65	-12.48	-12.32	-12.16	-12.02	-11.90	-11.82	-7.98	-7.59	-7.11	-6.63	-6.14	-5.66	-5.18	-4.69	-4.20
89	-12.26	-12.10	-11.94	-11.79	-11.65	-11.54	-11.46	-7.73	-7.36	-6.89	-6.42	-5.95	-5.48	-5.01	-4.54	-4.07
90	-8.58	-8.47	-8.35	-8.25	-8.15	-8.07	-8.01	-5.40	-5.14	-4.81	-4.48	-4.15	-3.82	-3.49	-3.16	-2.83

续表

大气温度/℃　Δt_{aE}/℃

序号	-30	-25	-20	-15	-10	-5	0	1	5	10	15	20	25	30	35	40
91	-11.42	-11.27	-11.12	-10.98	-10.85	-10.75	-10.67	-7.19	-6.84	-6.41	-5.97	-5.53	-5.09	-4.66	-4.22	-3.77
92	-11.22	-11.08	-10.93	-10.79	-10.66	-10.56	-10.48	-7.07	-6.72	-6.30	-5.87	-5.44	-5.01	-4.58	-4.14	-3.71
93	-11.19	-11.05	-10.90	-10.76	-10.63	-10.53	-10.46	-7.05	-6.71	-6.28	-5.86	-5.43	-5.00	-4.57	-4.14	-3.71
94	-15.51	-15.31	-15.11	-14.91	-14.74	-14.60	-14.49	-9.79	-9.31	-8.72	-8.13	-7.54	-6.95	-6.36	-5.76	-5.16
95	-10.07	-9.93	-9.80	-9.68	-9.56	-9.47	-9.40	-6.34	-6.03	-5.65	-5.26	-4.88	-4.49	-4.10	-3.72	-3.33
96	-12.54	-12.37	-12.21	-12.05	-11.91	-11.79	-11.71	-7.90	-7.51	-7.04	-6.56	-6.08	-5.60	-5.12	-4.63	-4.15
97	-11.85	-11.69	-11.54	-11.39	-11.26	-11.15	-11.07	-7.46	-7.10	-6.64	-6.19	-5.74	-5.28	-4.83	-4.37	-3.91
98	-11.65	-11.50	-11.34	-11.20	-11.07	-10.96	-10.88	-7.34	-6.98	-6.54	-6.09	-5.65	-5.20	-4.75	-4.31	-3.86
99	-11.58	-11.43	-11.28	-11.13	-11.00	-10.90	-10.82	-7.30	-6.94	-6.50	-6.06	-5.61	-5.17	-4.72	-4.28	-3.83
100	-11.49	-11.34	-11.19	-11.05	-10.92	-10.81	-10.73	-7.24	-6.89	-6.45	-6.01	-5.57	-5.13	-4.69	-4.25	-3.80
101	-12.22	-12.06	-11.90	-11.75	-11.61	-11.50	-11.42	-7.70	-7.33	-6.86	-6.39	-5.93	-5.46	-4.99	-4.52	-4.05
102	-11.14	-10.99	-10.84	-10.70	-10.58	-10.48	-10.40	-7.01	-6.67	-6.24	-5.81	-5.39	-4.96	-4.53	-4.10	-3.67
103	-9.86	-9.73	-9.60	-9.48	-9.37	-9.28	-9.21	-6.21	-5.91	-5.53	-5.15	-4.78	-4.40	-4.02	-3.64	-3.26
104	-12.57	-12.41	-12.24	-12.09	-11.95	-11.83	-11.75	-7.93	-7.54	-7.06	-6.58	-6.10	-5.62	-5.14	-4.66	-4.17
105	-7.77	-7.67	-7.56	-7.47	-7.38	-7.31	-7.26	-4.89	-4.65	-4.35	-4.06	-3.76	-3.46	-3.16	-2.86	-2.56
106	-30.59	-30.20	-29.80	-29.42	-29.08	-28.79	-28.59	-19.36	-18.43	-17.27	-16.11	-14.95	-13.79	-12.62	-11.45	-10.28
107	-8.78	-8.67	-8.55	-8.44	-8.35	-8.26	-8.21	-5.54	-5.27	-4.93	-4.60	-4.26	-3.92	-3.59	-3.25	-2.91
108	-16.90	-16.68	-16.46	-16.25	-16.06	-15.91	-15.79	-10.67	-10.16	-9.51	-8.87	-8.23	-7.58	-6.94	-6.29	-5.64

续表

大气温度/°C

序号	−30	−25	−20	−15	−10	−5	0	1	5	10	15	20	25	30	35	40
								Δt_{aE}/°C									
109	−8.72	−8.61	−8.49	−8.38	−8.29	−8.21	−8.15	−5.49	−5.23	−4.89	−4.56	−4.23	−3.89	−3.56	−3.22	−2.88
110	−9.47	−9.35	−9.22	−9.10	−9.00	−8.91	−8.85	−5.96	−5.67	−5.31	−4.95	−4.59	−4.22	−3.86	−3.49	−3.13
111	−11.00	−10.85	−10.71	−10.57	−10.45	−10.35	−10.27	−6.93	−6.60	−6.18	−5.76	−5.34	−4.92	−4.50	−4.07	−3.65
112	−8.40	−8.29	−8.18	−8.08	−7.98	−7.90	−7.85	−5.28	−5.03	−4.70	−4.38	−4.06	−3.74	−3.41	−3.09	−2.76
113	−10.39	−10.26	−10.12	−9.99	−9.87	−9.78	−9.71	−6.55	−6.23	−5.84	−5.44	−5.05	−4.65	−4.25	−3.85	−3.45
114	−9.43	−9.31	−9.19	−9.07	−8.96	−8.87	−8.81	−5.94	−5.65	−5.29	−4.93	−4.57	−4.20	−3.84	−3.48	−3.11
115	−10.57	−10.43	−10.29	−10.16	−10.04	−9.94	−9.87	−6.66	−6.34	−5.93	−5.53	−5.13	−4.72	−4.32	−3.91	−3.50
116	−9.94	−9.81	−9.68	−9.55	−9.44	−9.35	−9.28	−6.26	−5.96	−5.58	−5.20	−4.82	−4.44	−4.06	−3.67	−3.29
117	−8.94	−8.82	−8.70	−8.59	−8.49	−8.41	−8.35	−5.63	−5.35	−5.01	−4.67	−4.32	−3.98	−3.64	−3.29	−2.95
118	−8.02	−7.92	−7.81	−7.71	−7.62	−7.54	−7.49	−5.05	−4.80	−4.49	−4.19	−3.88	−3.57	−3.26	−2.95	−2.64
119	−10.59	−10.45	−10.31	−10.18	−10.06	−9.96	−9.89	−6.68	−6.36	−5.95	−5.55	−5.14	−4.74	−4.33	−3.93	−3.52
120	−10.14	−10.01	−9.88	−9.75	−9.64	−9.54	−9.47	−6.39	−6.08	−5.69	−5.31	−4.92	−4.53	−4.14	−3.75	−3.36
121	−10.83	−10.69	−10.55	−10.42	−10.29	−10.19	−10.12	−6.84	−6.51	−6.09	−5.68	−5.27	−4.85	−4.44	−4.02	−3.61
122	−8.31	−8.20	−8.09	−7.99	−7.89	−7.82	−7.76	−5.23	−4.97	−4.65	−4.34	−4.02	−3.70	−3.38	−3.06	−2.74
123	−9.58	−9.46	−9.33	−9.21	−9.11	−9.02	−8.95	−6.04	−5.74	−5.38	−5.01	−4.65	−4.28	−3.91	−3.54	−3.17
124	−8.46	−8.35	−8.24	−8.13	−8.03	−7.96	−7.90	−5.32	−5.06	−4.73	−4.41	−4.08	−3.76	−3.43	−3.11	−2.78
125	−8.53	−8.42	−8.30	−8.20	−8.10	−8.02	−7.96	−5.37	−5.11	−4.78	−4.46	−4.13	−3.80	−3.48	−3.15	−2.82
126	−9.97	−9.84	−9.71	−9.58	−9.47	−9.38	−9.31	−6.29	−5.98	−5.60	−5.22	−4.84	−4.46	−4.08	−3.70	−3.31

大气温度/℃　Δt_aE/℃

序号	-30	-25	-20	-15	-10	-5	0	1	5	10	15	20	25	30	35	40
127	-12.28	-12.12	-11.96	-11.81	-11.67	-11.56	-11.47	-7.76	-7.38	-6.91	-6.45	-5.98	-5.51	-5.04	-4.57	-4.10
128	-9.43	-9.30	-9.18	-9.06	-8.95	-8.87	-8.80	-5.94	-5.65	-5.29	-4.93	-4.57	-4.21	-3.84	-3.48	-3.12
129	-11.01	-10.86	-10.72	-10.58	-10.46	-10.36	-10.28	-6.94	-6.60	-6.18	-5.76	-5.34	-4.92	-4.49	-4.07	-3.64
130	-7.70	-7.59	-7.49	-7.40	-7.31	-7.24	-7.19	-4.85	-4.61	-4.32	-4.02	-3.73	-3.43	-3.14	-2.84	-2.54
131	-10.47	-10.33	-10.19	-10.06	-9.94	-9.85	-9.78	-6.60	-6.28	-5.88	-5.48	-5.08	-4.68	-4.27	-3.87	-3.47
132	-10.76	-10.62	-10.48	-10.35	-10.23	-10.13	-10.05	-6.78	-6.45	-6.04	-5.63	-5.22	-4.81	-4.40	-3.98	-3.57
133	-8.61	-8.49	-8.38	-8.27	-8.18	-8.10	-8.04	-5.43	-5.16	-4.83	-4.50	-4.18	-3.85	-3.52	-3.18	-2.85
134	-10.84	-10.70	-10.56	-10.42	-10.30	-10.20	-10.13	-6.84	-6.50	-6.09	-5.67	-5.26	-4.85	-4.43	-4.01	-3.59
135	-10.40	-10.26	-10.13	-10.00	-9.88	-9.78	-9.71	-6.55	-6.23	-5.84	-5.44	-5.04	-4.65	-4.25	-3.85	-3.44
136	-10.82	-10.68	-10.54	-10.40	-10.28	-10.18	-10.11	-6.82	-6.49	-6.08	-5.66	-5.25	-4.84	-4.42	-4.00	-3.59
137	-10.21	-10.07	-9.94	-9.81	-9.70	-9.60	-9.53	-6.43	-6.12	-5.73	-5.34	-4.95	-4.55	-4.16	-3.77	-3.37
138	-8.77	-8.65	-8.54	-8.43	-8.33	-8.25	-8.19	-5.52	-5.25	-4.91	-4.58	-4.24	-3.91	-3.57	-3.23	-2.89
139	-7.14	-7.05	-6.95	-6.86	-6.78	-6.72	-6.67	-4.49	-4.27	-4.00	-3.73	-3.45	-3.18	-2.90	-2.63	-2.35
140	-9.27	-9.15	-9.03	-8.91	-8.81	-8.72	-8.66	-5.84	-5.55	-5.20	-4.84	-4.49	-4.13	-3.77	-3.41	-3.05
141	-9.15	-9.03	-8.91	-8.80	-8.69	-8.61	-8.55	-5.77	-5.49	-5.14	-4.80	-4.45	-4.10	-3.75	-3.40	-3.04
142	-10.88	-10.74	-10.60	-10.46	-10.34	-10.24	-10.17	-6.86	-6.53	-6.11	-5.70	-5.28	-4.87	-4.45	-4.03	-3.61
143	-9.30	-9.18	-9.05	-8.94	-8.83	-8.75	-8.68	-5.86	-5.57	-5.21	-4.86	-4.50	-4.15	-3.79	-3.43	-3.07
144	-9.11	-8.99	-8.87	-8.75	-8.65	-8.57	-8.51	-5.74	-5.46	-5.11	-4.76	-4.42	-4.07	-3.72	-3.37	-3.01

续表

大气温度/℃　Δt_{aE}/℃

序号	40	35	30	25	20	15	10	5	1	0	-5	-10	-15	-20	-25	-30
145	-3.82	-4.26	-4.71	-5.15	-5.59	-6.03	-6.47	-6.91	-7.26	-10.76	-10.84	-10.94	-11.07	-11.22	-11.37	-11.52
146	-6.21	-6.92	-7.63	-8.34	-9.05	-9.76	-10.46	-11.17	-11.74	-17.36	-17.48	-17.65	-17.86	-18.09	-18.33	-18.58
147	-3.11	-3.47	-3.83	-4.19	-4.55	-4.91	-5.27	-5.63	-5.91	-8.77	-8.83	-8.92	-9.02	-9.14	-9.26	-9.39
148	-3.60	-4.02	-4.43	-4.85	-5.26	-5.68	-6.09	-6.51	-6.84	-10.13	-10.20	-10.30	-10.43	-10.56	-10.70	-10.85
149	-2.93	-3.28	-3.62	-3.96	-4.31	-4.65	-4.99	-5.33	-5.60	-8.32	-8.38	-8.46	-8.56	-8.67	-8.79	-8.91
150	-3.08	-3.44	-3.80	-4.16	-4.52	-4.88	-5.23	-5.59	-5.88	-8.72	-8.78	-8.87	-8.98	-9.09	-9.22	-9.34
151	-3.25	-3.63	-4.01	-4.39	-4.77	-5.15	-5.52	-5.90	-6.20	-9.20	-9.27	-9.36	-9.47	-9.59	-9.72	-9.85
152	-2.88	-3.22	-3.55	-3.89	-4.22	-4.55	-4.88	-5.21	-5.48	-8.12	-8.18	-8.26	-8.36	-8.46	-8.58	-8.69
153	-3.88	-4.33	-4.78	-5.23	-5.67	-6.12	-6.56	-7.01	-7.37	-10.92	-11.00	-11.11	-11.24	-11.38	-11.54	-11.69
154	-3.89	-4.35	-4.80	-5.25	-5.70	-6.15	-6.60	-7.05	-7.41	-10.98	-11.06	-11.17	-11.30	-11.45	-11.60	-11.75
155	-3.51	-3.91	-4.32	-4.73	-5.13	-5.54	-5.94	-6.35	-6.67	-9.89	-9.96	-10.06	-10.18	-10.31	-10.45	-10.59
156	-3.20	-3.58	-3.95	-4.32	-4.69	-5.06	-5.43	-5.80	-6.10	-9.04	-9.11	-9.20	-9.31	-9.43	-9.56	-9.68
157	-3.12	-3.48	-3.85	-4.21	-4.57	-4.93	-5.29	-5.65	-5.94	-8.81	-8.87	-8.96	-9.07	-9.19	-9.31	-9.43
158	-3.69	-4.12	-4.55	-4.98	-5.41	-5.83	-6.26	-6.68	-7.02	-10.41	-10.48	-10.59	-10.71	-10.85	-11.00	-11.14
159	-3.01	-3.37	-3.72	-4.07	-4.42	-4.77	-5.12	-5.47	-5.75	-8.54	-8.60	-8.68	-8.79	-8.90	-9.02	-9.14
160	-3.38	-3.78	-4.17	-4.57	-4.96	-5.35	-5.74	-6.14	-6.45	-9.57	-9.64	-9.74	-9.85	-9.98	-10.11	-10.25
161	-3.30	-3.69	-4.08	-4.46	-4.84	-5.23	-5.61	-5.99	-6.30	-9.34	-9.40	-9.49	-9.61	-9.73	-9.86	-9.99
162	-3.37	-3.76	-4.15	-4.54	-4.93	-5.32	-5.71	-6.10	-6.41	-9.50	-9.57	-9.66	-9.78	-9.90	-10.04	-10.17

续表

大气温度/℃；$\Delta t_{aE}/℃$

序号	-30	-25	-20	-15	-10	-5	0	1	5	10	15	20	25	30	35	40
163	-11.37	-11.22	-11.07	-10.93	-10.80	-10.70	-10.62	-7.16	-6.81	-6.38	-5.94	-5.51	-5.07	-4.63	-4.19	-3.75
164	-13.53	-13.36	-13.18	-13.01	-12.86	-12.74	-12.64	-8.54	-8.13	-7.61	-7.09	-6.58	-6.06	-5.54	-5.02	-4.50
165	-8.31	-8.20	-8.09	-7.99	-7.89	-7.82	-7.76	-5.23	-4.98	-4.66	-4.34	-4.03	-3.71	-3.39	-3.07	-2.75
166	-11.46	-11.31	-11.16	-11.02	-10.89	-10.79	-10.71	-7.23	-6.88	-6.44	-6.01	-5.57	-5.13	-4.69	-4.25	-3.81
167	-11.46	-11.31	-11.16	-11.02	-10.89	-10.79	-10.71	-7.23	-6.88	-6.44	-6.01	-5.57	-5.13	-4.69	-4.25	-3.81
168	-15.70	-15.50	-15.29	-15.10	-14.92	-14.77	-14.67	-9.90	-9.42	-8.82	-8.22	-7.62	-7.02	-6.42	-5.81	-5.21
169	-13.30	-13.12	-12.95	-12.79	-12.64	-12.51	-12.43	-8.41	-8.00	-7.49	-6.99	-6.48	-5.98	-5.47	-4.96	-4.45
170	-10.11	-9.98	-9.85	-9.72	-9.61	-9.51	-9.44	-6.37	-6.06	-5.67	-5.29	-4.90	-4.51	-4.13	-3.74	-3.35

本表序号对应于表2-3。

表8-6 大气温度对中国褐煤工程绝热燃烧温度的影响

大气温度/℃；$\Delta t_{aE}/℃$

序号	-30	-25	-20	-15	-10	-5	0	1	5	10	15	20	25	30	35	40
1	-7.93	-7.83	-7.73	-7.63	-7.54	-7.46	-7.41	-5.00	-4.75	-4.45	-4.14	-3.84	-3.54	-3.23	-2.93	-2.62
2	-10.79	-10.65	-10.51	-10.37	-10.25	-10.15	-10.08	-6.80	-6.47	-6.06	-5.65	-5.24	-4.82	-4.41	-3.99	-3.58
3	-10.16	-10.03	-9.89	-9.77	-9.65	-9.56	-9.49	-6.40	-6.09	-5.70	-5.31	-4.92	-4.53	-4.14	-3.75	-3.36
4	-12.57	-12.40	-12.24	-12.08	-11.94	-11.83	-11.74	-7.92	-7.54	-7.06	-6.58	-6.10	-5.62	-5.13	-4.65	-4.17

续表

大气温度/℃　Δt_{aE}/℃

序号	40	35	30	25	20	15	10	5	1	0	-5	-10	-15	-20	-25	-30
5	-2.63	-2.94	-3.25	-3.56	-3.87	-4.17	-4.48	-4.78	-5.03	-7.46	-7.52	-7.59	-7.68	-7.78	-7.89	-7.99
6	-5.36	-5.96	-6.57	-7.17	-7.77	-8.37	-8.97	-9.57	-10.06	-14.84	-14.94	-15.09	-15.26	-15.46	-15.67	-15.87
7	-4.49	-5.00	-5.52	-6.04	-6.55	-7.06	-7.57	-8.09	-8.50	-12.58	-12.67	-12.79	-12.94	-13.11	-13.29	-13.46
8	-6.22	-6.93	-7.64	-8.35	-9.06	-9.76	-10.47	-11.17	-11.74	-17.36	-17.48	-17.65	-17.86	-18.09	-18.33	-18.57
9	-5.10	-5.69	-6.28	-6.86	-7.44	-8.02	-8.61	-9.19	-9.66	-14.29	-14.39	-14.53	-14.70	-14.89	-15.09	-15.29
10	-5.20	-5.79	-6.39	-6.98	-7.58	-8.17	-8.76	-9.35	-9.82	-14.53	-14.63	-14.78	-14.95	-15.14	-15.35	-15.55
11	-5.22	-5.81	-6.40	-6.99	-7.58	-8.16	-8.75	-9.33	-9.80	-14.47	-14.57	-14.71	-14.88	-15.08	-15.28	-15.48
12	-4.82	-5.38	-5.93	-6.49	-7.04	-7.59	-8.14	-8.69	-9.13	-13.52	-13.61	-13.75	-13.91	-14.09	-14.28	-14.47
13	-4.09	-4.57	-5.04	-5.51	-5.98	-6.45	-6.92	-7.39	-7.77	-11.50	-11.59	-11.70	-11.84	-11.99	-12.15	-12.31
14	-4.79	-5.34	-5.89	-6.44	-6.99	-7.53	-8.08	-8.62	-9.06	-13.40	-13.50	-13.63	-13.79	-13.97	-14.16	-14.34
15	-3.23	-3.61	-3.98	-4.36	-4.73	-5.10	-5.48	-5.85	-6.15	-9.12	-9.19	-9.28	-9.39	-9.51	-9.64	-9.76
16	-4.00	-4.47	-4.93	-5.39	-5.86	-6.32	-6.78	-7.24	-7.61	-11.27	-11.35	-11.46	-11.60	-11.75	-11.91	-12.07
17	-4.37	-4.88	-5.38	-5.89	-6.39	-6.89	-7.39	-7.89	-8.30	-12.29	-12.38	-12.50	-12.65	-12.81	-12.98	-13.15
18	-8.50	-9.47	-10.44	-11.40	-12.37	-13.33	-14.29	-15.25	-16.02	-23.68	-23.85	-24.08	-24.36	-24.68	-25.01	-25.34
19	-4.60	-5.14	-5.67	-6.20	-6.73	-7.26	-7.78	-8.31	-8.74	-12.94	-13.03	-13.16	-13.31	-13.48	-13.67	-13.85
20	-4.45	-4.96	-5.47	-5.98	-6.48	-6.99	-7.49	-8.00	-8.41	-12.43	-12.52	-12.64	-12.79	-12.95	-13.13	-13.30
21	-5.11	-5.70	-6.28	-6.87	-7.45	-8.04	-8.62	-9.20	-9.67	-14.31	-14.41	-14.55	-14.72	-14.91	-15.11	-15.31
22	-5.63	-6.27	-6.92	-7.56	-8.21	-8.85	-9.49	-10.13	-10.64	-15.74	-15.85	-16.00	-16.19	-16.40	-16.62	-16.84

续表

大气温度/℃　Δt_{aE}/℃

序号	-30	-25	-20	-15	-10	-5	0	1	5	10	15	20	25	30	35	40
23	-12.34	-12.18	-12.02	-11.86	-11.72	-11.61	-11.53	-7.78	-7.40	-6.93	-6.46	-5.99	-5.52	-5.04	-4.57	-4.09
24	-13.65	-13.47	-13.29	-13.12	-12.97	-12.84	-12.75	-8.62	-8.20	-7.68	-7.16	-6.64	-6.12	-5.60	-5.08	-4.55
25	-15.66	-15.46	-15.25	-15.06	-14.88	-14.74	-14.63	-9.89	-9.42	-8.82	-8.22	-7.63	-7.03	-6.43	-5.83	-5.23
26	-16.09	-15.88	-15.67	-15.47	-15.29	-15.14	-15.03	-10.16	-9.66	-9.05	-8.44	-7.82	-7.21	-6.59	-5.98	-5.35
27	-16.10	-15.89	-15.68	-15.48	-15.30	-15.15	-15.04	-10.16	-9.67	-9.05	-8.44	-7.83	-7.21	-6.60	-5.98	-5.36
28	-23.78	-23.47	-23.16	-22.86	-22.60	-22.38	-22.22	-15.04	-14.31	-13.41	-12.51	-11.60	-10.70	-9.79	-8.88	-7.97
29	-22.93	-22.63	-22.33	-22.05	-21.79	-21.58	-21.43	-14.50	-13.80	-12.93	-12.06	-11.19	-10.32	-9.44	-8.56	-7.68
30	-16.17	-15.96	-15.75	-15.55	-15.37	-15.22	-15.11	-10.22	-9.72	-9.11	-8.49	-7.88	-7.26	-6.64	-6.02	-5.40
31	-23.59	-23.28	-22.98	-22.68	-22.42	-22.20	-22.04	-14.91	-14.19	-13.30	-12.40	-11.51	-10.61	-9.71	-8.81	-7.90
32	-8.93	-8.82	-8.70	-8.59	-8.49	-8.40	-8.34	-5.63	-5.35	-5.01	-4.67	-4.33	-3.99	-3.65	-3.30	-2.96
33	-18.22	-17.98	-17.75	-17.52	-17.32	-17.15	-17.03	-11.53	-10.97	-10.28	-9.59	-8.90	-8.21	-7.51	-6.82	-6.12
34	-8.82	-8.71	-8.59	-8.48	-8.38	-8.30	-8.24	-5.56	-5.29	-4.95	-4.61	-4.27	-3.94	-3.60	-3.26	-2.92
35	-9.08	-8.97	-8.85	-8.73	-8.63	-8.55	-8.49	-5.73	-5.45	-5.10	-4.76	-4.41	-4.06	-3.71	-3.36	-3.01
36	-10.61	-10.47	-10.33	-10.20	-10.08	-9.98	-9.91	-6.69	-6.37	-5.96	-5.56	-5.15	-4.75	-4.34	-3.93	-3.53
37	-17.43	-17.20	-16.97	-16.76	-16.56	-16.40	-16.28	-11.02	-10.48	-9.82	-9.16	-8.50	-7.83	-7.17	-6.50	-5.83
38	-16.09	-15.88	-15.67	-15.47	-15.29	-15.14	-15.03	-10.17	-9.68	-9.07	-8.46	-7.85	-7.23	-6.62	-6.00	-5.39
39	-8.55	-8.43	-8.32	-8.22	-8.12	-8.04	-7.98	-5.38	-5.12	-4.79	-4.47	-4.14	-3.81	-3.49	-3.16	-2.83
40	-14.86	-14.66	-14.47	-14.28	-14.12	-13.98	-13.88	-9.38	-8.93	-8.36	-7.80	-7.23	-6.67	-6.10	-5.53	-4.96

续表

序号	大气温度/℃															
	-30	-25	-20	-15	-10	-5	0	1	5	10	15	20	25	30	35	40
	Δt_{dE}/℃															
41	-15.10	-14.91	-14.71	-14.52	-14.35	-14.21	-14.11	-9.54	-9.08	-8.50	-7.93	-7.36	-6.78	-6.20	-5.62	-5.04
42	-16.05	-15.84	-15.63	-15.43	-15.26	-15.11	-15.00	-10.14	-9.65	-9.04	-8.43	-7.82	-7.21	-6.60	-5.98	-5.37
43	-14.66	-14.47	-14.27	-14.09	-13.93	-13.79	-13.70	-9.26	-8.81	-8.25	-7.70	-7.14	-6.58	-6.02	-5.46	-4.89
44	-17.86	-17.63	-17.39	-17.17	-16.97	-16.81	-16.69	-11.29	-10.74	-10.07	-9.39	-8.71	-8.03	-7.35	-6.66	-5.98
45	-11.89	-11.73	-11.58	-11.43	-11.29	-11.18	-11.11	-7.50	-7.14	-6.69	-6.24	-5.78	-5.33	-4.87	-4.42	-3.96
46	-14.46	-14.27	-14.09	-13.91	-13.75	-13.61	-13.52	-9.15	-8.71	-8.16	-7.61	-7.06	-6.51	-5.96	-5.40	-4.85
47	-20.18	-19.92	-19.66	-19.40	-19.18	-18.99	-18.86	-12.74	-12.13	-11.36	-10.59	-9.82	-9.05	-8.28	-7.50	-6.73
48	-16.88	-16.66	-16.44	-16.23	-16.04	-15.88	-15.77	-10.66	-10.15	-9.51	-8.86	-8.22	-7.58	-6.93	-6.29	-5.64
49	-16.79	-16.58	-16.36	-16.15	-15.96	-15.80	-15.69	-10.61	-10.10	-9.46	-8.82	-8.18	-7.54	-6.90	-6.25	-5.61
50	-16.79	-16.58	-16.36	-16.15	-15.96	-15.80	-15.69	-10.61	-10.10	-9.46	-8.82	-8.18	-7.54	-6.90	-6.25	-5.61
51	-15.18	-14.98	-14.78	-14.60	-14.43	-14.29	-14.18	-9.59	-9.13	-8.55	-7.97	-7.40	-6.82	-6.24	-5.66	-5.07
52	-15.87	-15.66	-15.45	-15.26	-15.08	-14.93	-14.83	-10.02	-9.54	-8.93	-8.33	-7.73	-7.12	-6.52	-5.91	-5.30
53	-15.87	-15.66	-15.45	-15.26	-15.08	-14.93	-14.83	-10.02	-9.54	-8.93	-8.33	-7.73	-7.12	-6.52	-5.91	-5.30
54	-17.36	-17.13	-16.90	-16.69	-16.49	-16.33	-16.22	-10.97	-10.44	-9.78	-9.12	-8.46	-7.80	-7.14	-6.47	-5.80
55	-17.36	-17.13	-16.90	-16.69	-16.49	-16.33	-16.22	-10.97	-10.44	-9.78	-9.12	-8.46	-7.80	-7.14	-6.47	-5.80
56	-17.06	-16.84	-16.61	-16.40	-16.21	-16.05	-15.94	-10.77	-10.25	-9.60	-8.96	-8.31	-7.66	-7.00	-6.35	-5.69
57	-16.44	-16.23	-16.01	-15.81	-15.62	-15.47	-15.36	-10.39	-9.89	-9.27	-8.64	-8.02	-7.39	-6.76	-6.13	-5.50
58	-16.52	-16.31	-16.09	-15.89	-15.70	-15.55	-15.44	-10.44	-9.94	-9.31	-8.68	-8.05	-7.42	-6.79	-6.16	-5.53

续表

大气温度/℃ Δt_{aE}/℃

序号	-30	-25	-20	-15	-10	-5	0	1	5	10	15	20	25	30	35	40
59	-19.04	-18.79	-18.55	-18.31	-18.10	-17.92	-17.79	-12.04	-11.46	-10.73	-10.01	-9.29	-8.56	-7.83	-7.11	-6.37
60	-16.65	-16.43	-16.21	-16.01	-15.82	-15.67	-15.56	-10.52	-10.01	-9.38	-8.75	-8.11	-7.48	-6.84	-6.21	-5.57
61	-17.66	-17.43	-17.20	-16.98	-16.78	-16.62	-16.50	-11.16	-10.62	-9.95	-9.28	-8.61	-7.94	-7.26	-6.59	-5.91
62	-15.65	-15.45	-15.25	-15.05	-14.88	-14.73	-14.63	-9.89	-9.42	-8.82	-8.23	-7.63	-7.04	-6.44	-5.84	-5.24
63	-16.57	-16.36	-16.14	-15.94	-15.75	-15.60	-15.49	-10.48	-9.97	-9.34	-8.71	-8.08	-7.45	-6.82	-6.18	-5.55
64	-17.20	-16.98	-16.76	-16.54	-16.35	-16.19	-16.08	-10.88	-10.35	-9.70	-9.05	-8.40	-7.74	-7.08	-6.43	-5.77
65	-19.61	-19.36	-19.10	-18.86	-18.64	-18.46	-18.33	-12.41	-11.81	-11.06	-10.32	-9.57	-8.83	-8.08	-7.33	-6.58
66	-17.90	-17.67	-17.43	-17.21	-17.01	-16.84	-16.72	-11.31	-10.76	-10.08	-9.40	-8.73	-8.04	-7.36	-6.67	-5.99
67	-15.99	-15.78	-15.57	-15.38	-15.20	-15.05	-14.94	-10.10	-9.61	-9.00	-8.39	-7.79	-7.18	-6.56	-5.95	-5.34
68	-19.83	-19.57	-19.31	-19.07	-18.85	-18.66	-18.53	-12.54	-11.93	-11.18	-10.43	-9.68	-8.92	-8.17	-7.41	-6.65
69	-16.41	-16.19	-15.98	-15.77	-15.59	-15.44	-15.33	-10.37	-9.87	-9.24	-8.62	-7.99	-7.37	-6.74	-6.11	-5.48
70	-17.02	-16.80	-16.58	-16.37	-16.18	-16.02	-15.91	-10.76	-10.24	-9.59	-8.94	-8.30	-7.65	-7.00	-6.35	-5.69

本表序号对应于表 2-4。

的吸热比例。亚临界压力煤粉锅炉的主蒸汽温度会升高,超临界煤粉锅炉的主蒸汽温度会降低。大气温度越低,中国收到基动力煤的工程绝热燃烧温度(t_{aE})下降幅度越大。

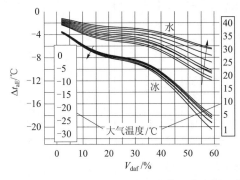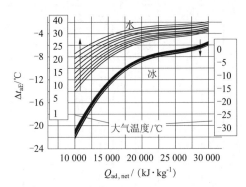

图 8-3　大气温度对中国收到基动力煤　　　图 8-4　大气温度对中国收到基动力煤
工程绝热燃烧温度的影响与 V_{daf} 的关系　　　　工程绝热燃烧温度的影响与 $Q_{ar,net}$ 的关系

由图 8-4 可知:① 随着 $Q_{ar,net}$ 的提高,Δt_{aE} 拟合曲线值升高,原因是随着 $Q_{ar,net}$ 的提高,M_{ar} 降低,见图 4-4。② 曲线分为两组,上面一组为大气温度高于 0℃,煤燃烧以后的烟气成分中水蒸气的聚集状态为液态水。上面一组曲线的间隙较大,表示水的汽化潜热随着大气温度的降低增加速度较快。下面一组为大气温度低于 0℃,煤燃烧以后的烟气成分中水蒸气的聚集状态为固态冰,两组曲线之间的空白表示冰的融化热产生的影响。下面一组曲线的间隙较小,表示水的汽化潜热随着大气温度的降低增加速度较慢。其他规律类似于图 8-3,不再赘述。③ 大气温度在 -30~40℃ 之间变化时,中国收到基动力煤的工程绝热燃烧温度(t_{aE})降低 2~22℃,煤粉锅炉炉膛烟气温度降低 1.0~11.0℃,降低了炉膛内受热面的吸热比例。亚临界压力煤粉锅炉的主蒸汽温度会升高,超临界煤粉锅炉的主蒸汽温度会降低。大气温度越低,中国收到基动力煤的工程绝热燃烧温度(t_{aE})下降幅度越大。

由表 8-7、表 8-8 中残差标准差的数据可知:大气温度越高,Δt_{aE} 数据分散程度越小。Δt_{aE} 数据对于 V_{daf} 的分散程度高于 Δt_{aE} 数据对于 $Q_{ar,net}$ 的分散程度。

表 8-7　图 8-3 的多项式拟合函数参数

参数	拟合公式:公式(4-1)					
	大气温度/℃					
	-30	-25	-20	-15	-10	-5
B_0	-3.370	-3.324	-3.282	-3.241	-3.200	-3.172
B_1	-0.101	-0.101	-0.099	-0.097	-0.097	-0.095

续表

参数	拟合公式:公式(4-1)					
	大气温度/℃					
	-30	-25	-20	-15	-10	-5
B_2	-3.96×10^{-2}	-3.90×10^{-2}	-3.86×10^{-2}	-3.82×10^{-2}	-3.76×10^{-2}	-3.73×10^{-2}
B_3	3.00×10^{-3}	2.95×10^{-3}	2.92×10^{-3}	2.89×10^{-3}	2.85×10^{-3}	2.82×10^{-3}
B_4	-8.70×10^{-5}	-8.58×10^{-5}	-8.48×10^{-5}	-8.38×10^{-5}	-8.27×10^{-5}	-8.18×10^{-5}
B_5	1.07×10^{-6}	1.05×10^{-6}	1.04×10^{-6}	1.03×10^{-6}	1.02×10^{-6}	1.00×10^{-6}
B_6	-4.71×10^{-9}	-4.64×10^{-9}	-4.60×10^{-9}	-4.54×10^{-9}	-4.48×10^{-9}	-4.42×10^{-9}
σ_δ	1.854	1.839	1.804	1.782	1.763	1.744

参数	大气温度/℃					
	0	1	5	10	15	20
B_0	-3.149	-2.137	-2.037	-1.911	-1.788	-1.659
B_1	-0.095	-0.061	-0.056	-0.052	-0.046	-0.042
B_2	-3.70×10^{-2}	-2.52×10^{-2}	-2.43×10^{-2}	-2.27×10^{-2}	-2.14×10^{-2}	-2.00×10^{-2}
B_3	2.80×10^{-3}	1.90×10^{-3}	1.83×10^{-3}	1.71×10^{-3}	1.60×10^{-3}	1.49×10^{-3}
B_4	-8.11×10^{-5}	-5.49×10^{-5}	-5.30×10^{-5}	-4.94×10^{-5}	-4.63×10^{-5}	-4.32×10^{-5}
B_5	9.97×10^{-7}	6.73×10^{-7}	6.51×10^{-7}	6.07×10^{-7}	5.68×10^{-7}	5.30×10^{-7}
B_6	-4.38×10^{-9}	-2.95×10^{-9}	-2.86×10^{-9}	-2.67×10^{-9}	-2.49×10^{-9}	-2.33×10^{-9}
σ_δ	1.734	1.178	1.121	1.055	0.981	0.917

参数	大气温度/℃			
	25	30	35	40
B_0	-1.529	-1.405	-1.278	-1.140
B_1	-0.039	-0.033	-0.028	-0.015
B_2	-1.83×10^{-2}	-1.70×10^{-2}	-1.56×10^{-2}	-1.58×10^{-2}
B_3	1.37×10^{-3}	1.27×10^{-3}	1.16×10^{-3}	1.16×10^{-3}
B_4	-3.96×10^{-5}	-3.67×10^{-5}	-3.33×10^{-5}	-3.36×10^{-5}
B_5	4.85×10^{-7}	4.51×10^{-7}	4.08×10^{-7}	4.19×10^{-7}
B_6	-2.13×10^{-9}	-1.99×10^{-9}	-1.79×10^{-9}	-1.90×10^{-9}
σ_δ	0.838	0.774	0.717	0.633

表 8 - 8　图 8 - 4 的多项式拟合函数参数

参数	拟合公式:公式(4 - 1)					
	大气温度/℃					
	- 30	- 25	- 20	- 15	- 10	- 5
B_0	- 54.913	- 54.209	- 53.556	- 52.834	- 52.287	- 51.717
B_1	4.01×10^{-3}	3.95×10^{-3}	3.92×10^{-3}	3.86×10^{-3}	3.83×10^{-3}	3.78×10^{-3}
B_2	-4.57×10^{-8}	-4.51×10^{-8}	-4.57×10^{-8}	-4.44×10^{-8}	-4.49×10^{-8}	-4.34×10^{-8}
B_3	-3.71×10^{-12}	-3.66×10^{-12}	-3.57×10^{-12}	-3.55×10^{-12}	-3.47×10^{-12}	-3.48×10^{-12}
B_4	8.64×10^{-17}	8.53×10^{-17}	8.37×10^{-17}	8.29×10^{-17}	8.15×10^{-17}	8.12×10^{-17}
σ_δ	2.682	2.647	2.612	2.578	2.548	2.524

参数	大气温度/℃					
	0	1	5	10	15	20
B_0	- 51.329	- 34.816 39	- 33.061 22	- 31.089 94	- 28.899 02	- 26.839 96
B_1	3.75×10^{-3}	0.002 55	0.002 41	0.002 28	0.002 1	0.001 95
B_2	-4.28×10^{-8}	-2.94×10^{-8}	-2.64×10^{-8}	-2.64×10^{-8}	-2.29×10^{-8}	-2.1×10^{-8}
B_3	-3.46×10^{-12}	-2.34×10^{-12}	-2.28×10^{-12}	-2.09×10^{-12}	-2×10^{-12}	-1.88×10^{-12}
B_4	8.08×10^{-17}	5.469×10^{-17}	5.278×10^{-17}	4.887×10^{-17}	4.626×10^{-17}	4.321×10^{-17}
σ_δ	2.5	1.7	1.6	1.5	1.4	1.3

参数	大气温度/℃			
	25	30	35	40
B_0	- 24.784 62	- 22.689 35	- 20.508 62	- 19.088 64
B_1	0.001 81	0.001 65	0.001 48	0.001 48
B_2	-2×10^{-8}	-1.82×10^{-8}	-1.47×10^{-8}	-2.52×10^{-8}
B_3	-1.71×10^{-12}	-1.57×10^{-12}	-1.49×10^{-12}	-9.29×10^{-13}
B_4	3.955×10^{-17}	3.629×10^{-17}	3.382×10^{-17}	2.534×10^{-17}
σ_δ	1.2	1.1	1.0	0.9

　　根据国外 508 个气象站的温度逐月数据平均值[359],用类似气温对中国动力煤工程绝热燃烧温度的影响的计算方法得到的计算结果汇总于图 8 - 5、图 8 - 6 中。

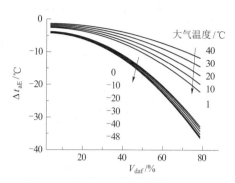

图 8-5　气温对国外动力煤工程绝热
燃烧温度的影响与 V_{daf} 的关系

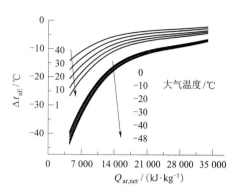

图 8-6　气温对国外动力煤工程绝热
燃烧温度的影响与 $Q_{ar,net}$ 的关系

由图 8-5 可知:大气温度对国外动力煤工程绝热燃烧温度(t_{aE})影响的变化规律类似于对国内动力煤,见图 8-3。曲线分为两组:① 0℃以上的大气温度越低,水的汽化潜热越大,t_{aE} 越低,$|\Delta t_{aE}|$ 越大;大气温度相同时,V_{daf} 越高,国外动力煤的 t_{aE} 越低,$|\Delta t_{aE}|$ 越大,原因是煤的水分随着 V_{daf} 的提高而提高,见图 4-23;V_{daf} 相同时,相同的大气温差之间,Δt_{aE} 间隔较大。这组曲线的斜率小于0℃以下的曲线组,说明水的汽化潜热小于冰转化成水的相变热。② 0℃以下的大气温度越低,冰转化成水蒸气的热值越大,t_{aE} 越低,$|\Delta t_{aE}|$ 越大;大气温度相同时,V_{daf} 越高,国外动力煤的 t_{aE} 越低;V_{daf} 相同时,相同的大气温差之间,Δt_{aE} 间隔较小。

由图 8-6 可知:大气温度对国外动力煤工程绝热燃烧温度(t_{aE})影响的变化规律类似于对国内动力煤,见图 8-4。曲线分为两组:① 0℃以上的大气温度越低,水的汽化潜热越大,t_{aE} 越低,$|\Delta t_{aE}|$ 越大;大气温度相同时,$Q_{ar,net}$ 越低,国外动力煤的 t_{aE} 越低,$|\Delta t_{aE}|$ 越大,原因是煤的水分随着 $Q_{ar,net}$ 的降低而提高,见图 4-24;$Q_{ar,net}$ 相同时,相同的大气温差之间,Δt_{aE} 间隔较大。这组曲线的斜率小于0℃以下的曲线组,说明水的汽化潜热小于冰转化成水的相变热。② 0℃以下的大气温度越低,冰转化成水蒸气的热值越大,t_{aE} 越低,$|\Delta t_{aE}|$ 越大;大气温度相同时,$Q_{ar,net}$ 越低,国外动力煤的 t_{aE} 越低;$Q_{ar,net}$ 相同时,相同的大气温差之间,Δt_{aE} 间隔较小。

从表 8-9、表 8-10 的数据可知,大气温度对国外动力煤工程绝热燃烧温度的影响:Δt_{aE} 对于 V_{daf}、$Q_{ar,net}$ 的拟合函数的残差标准差比较接近,但是 Δt_{aE} 对于 $Q_{ar,net}$ 的拟合函数的残差标准差比较小,说明收到基低位发热量与 Δt_{aE} 的相关程度更高。

表 8 – 9　图 8 – 5 的多项式拟合函数参数

参数	拟合公式:公式(4 – 1)					
	大气温度/℃					
	– 48	– 40	– 30	– 20	– 10	0
B_0	– 4.232	– 4.179	– 4.084	– 3.975	– 3.880	– 3.814
B_1	2.04×10^{-2}	2.02×10^{-2}	1.98×10^{-2}	1.93×10^{-2}	1.90×10^{-2}	1.87×10^{-2}
B_2	$– 5.42 \times 10^{-3}$	$– 5.35 \times 10^{-3}$	$– 5.24 \times 10^{-3}$	$– 5.10 \times 10^{-3}$	$– 4.98 \times 10^{-3}$	$– 4.89 \times 10^{-3}$
σ_δ	5.4	5.3	5.2	5.1	5.0	4.9

参数	大气温度/℃				
	1	10	20	30	40
B_0	– 2.578	– 2.298	– 1.986	– 1.675	– 1.360
B_1	1.39×10^{-2}	1.28×10^{-2}	1.16×10^{-2}	1.05×10^{-2}	9.28×10^{-3}
B_2	$– 3.33 \times 10^{-3}$	$– 2.98 \times 10^{-3}$	$– 2.59 \times 10^{-3}$	$– 2.19 \times 10^{-3}$	$– 1.80 \times 10^{-3}$
σ_δ	3.3	3.0	2.6	2.2	1.8

表 8 – 10　图 8 – 6 的多项式拟合函数参数

参数	拟合公式:公式(4 – 1)					
	大气温度/℃					
	– 48	– 40	– 30	– 20	– 10	0
B_0	– 70.613	– 69.720	– 68.122	– 66.350	– 64.741	– 63.667
B_1	7.36×10^{-3}	7.26×10^{-3}	7.09×10^{-3}	6.91×10^{-3}	6.74×10^{-3}	6.63×10^{-3}
B_2	$– 3.50 \times 10^{-7}$	$– 3.45 \times 10^{-7}$	$– 3.37 \times 10^{-7}$	$– 3.28 \times 10^{-7}$	$– 3.20 \times 10^{-7}$	$– 3.15 \times 10^{-7}$
B_3	7.59×10^{-12}	7.49×10^{-12}	7.31×10^{-12}	7.12×10^{-12}	6.94×10^{-12}	6.83×10^{-12}
B_4	$– 6.06 \times 10^{-17}$	$– 5.98 \times 10^{-17}$	$– 5.83 \times 10^{-17}$	$– 5.68 \times 10^{-17}$	$– 5.53 \times 10^{-17}$	$– 5.45 \times 10^{-17}$
σ_δ	3.0	3.0	2.9	2.8	2.7	2.7

参数	大气温度/℃				
	1	10	20	30	40
B_0	– 43.12	– 38.48	– 33.33	– 28.16	– 22.96
B_1	4.49×10^{-3}	4.01×10^{-3}	3.47×10^{-3}	2.94×10^{-3}	2.40×10^{-3}
B_2	$– 2.13 \times 10^{-7}$	$– 1.90 \times 10^{-7}$	$– 1.65 \times 10^{-7}$	$– 1.39 \times 10^{-7}$	$– 1.14 \times 10^{-7}$
B_3	4.62×10^{-12}	4.13×10^{-12}	3.58×10^{-12}	3.03×10^{-12}	2.47×10^{-12}
B_4	$– 3.68 \times 10^{-17}$	$– 3.30 \times 10^{-17}$	$– 2.85 \times 10^{-17}$	$– 2.41 \times 10^{-17}$	$– 1.97 \times 10^{-17}$
σ_δ	1.8	1.6	1.4	1.2	1.0

第9章 大气水蒸气含量对动力煤工程绝热燃烧温度的影响

大气的主要成分是氮气、氧气、水蒸气,此外还有氩气、二氧化碳、二氧化硫、氮氧化物、臭氧、可吸入固体颗粒物等。

大气的温度、相对湿度决定了水蒸气的分压,干结大气压力和水蒸气分压力决定了大气的水蒸气质量含量 $d(g/kg)$。

大气的水蒸气质量含量高时,煤燃烧以后产生的烟气成分中水蒸气的容积就会提高,多余的水蒸气会吸收烟气热量,降低烟气焓值,从而降低动力煤的工程绝热燃烧温度(t_{aE})。

本章将计算中国主要城市的大气的水蒸气质量含量,并分析讨论 d 对中国收到基动力煤的工程绝热燃烧温度(t_{aE})的影响规律。

9.1 中国主要城市的大气参数概述

中国的发电量主要是火电量,电主要消费于经济发达地区。中国的经济发达地区集中在东南沿海各省、直辖市。这些地区的海拔低、大气压力高,此外大气温度高,大气相对湿度也较大。

中国的煤炭主要出产于山西省全境、陕西省北部、内蒙古西部地区,中国动力煤除了东南沿海地区的当地煤以外,大部分通过大秦铁路专线和朔黄铁路专线运到秦皇岛港、黄骅港,然后上船,经过沿海海运到长江入海口(上海)或者珠江入海口(广州),然后再从上海、广州沿着长江、珠江溯江而上,运到全国各地燃煤电站。

新疆东部哈密烟煤以及宁夏全境、甘肃东南部的烟煤质量也很好,但是这些地区的经济总量比较小,火电消耗量有限。当地火力发电量需要经过电网输送到河南、安徽、江苏、上海、山东、北京、天津等地。因此新疆、宁夏、甘肃的动力煤消耗量有限。

国外的动力煤主要是澳大利亚烟煤、印度尼西亚褐煤、俄罗斯烟煤、朝鲜无烟煤、越南无烟煤。这些国外动力煤一般通过海运、铁路运输到达中国的沿海城市。中国内地燃煤电站很少使用国外动力煤。

从 1996 年起,《中国统计年鉴》开始统计中国主要城市的温度(℃)、相对湿度(%)的逐月值和年均值。中国主要城市的海拔不同,大气压力不同。《中国气象年鉴》统计了中国主要城市的大气压力逐月值和年均值(hPa)。相对湿度是指水蒸气的分压占饱和压力的百分数。饱和压力指大气温度对应的水的饱和压力。

中国主要城市的大气温度和相对湿度的逐月值和年均值来自文献[325-345]。中国主要城市的大气压力的逐月值和年均值来自文献[348-353]。由于篇幅所限,没有将48 张数据表在本书中列出。

以上数据表明:一年四季中,大气压力夏季最低、冬季最高;大气温度夏季最高,冬季最低;相对湿度夏季最高,冬季最低。由于温度越高,饱和水蒸气压力越高,水蒸气的分压等于饱和压力与相对湿度之积除以 100。大气中水蒸气分压在夏季最高,同时大气压力在夏季最低,因此 1.0 kg 干空气的水蒸气含量夏季最高。大气中水蒸气分压在冬季最低,同时大气压力在冬季最高,因此 1.0 kg 干空气的水蒸气含量冬季最低。

中国大气中,1.0 kg 干空气的水蒸气含量(d)值对中国动力煤的工程绝热燃烧温度的影响主要体现在东部各省、各直辖市的火力发电厂。

9.2 中国主要城市大气水蒸气含量计算

将大气近似作为理想气体处理,则干空气的分压力($p_{dry\ air}$)与摩尔数($n_{dry\ air}$)之间存在(9-1)式的关系。其中,V 是气体体积,R_m 是通用气体常数,T 是大气温度(K)。

$$p_{dry\ air} V = n_{dry\ air} R_m T \qquad (9-1)$$

大气中的水蒸气很稀薄,将大气中的水蒸气近似作为理想气体处理,则水蒸气的分压力(p_{H_2O})与摩尔数(n_{H_2O})之间存在(9-2)式的关系。大气压力(p_a)等于干空气的分压力($p_{dry\ air}$)与水蒸气的分压力(p_{H_2O})之和,见(9-3)式。

$$p_{dry\ air} V = n_{dry\ air} R_m T \qquad (9-2)$$

$$p_a = p_{dry\ air} + p_{H_2O} \qquad (9-3)$$

在气体体积 V 中,干空气的质量、水蒸气的质量分别见(9-4)式、(9-5)式。其中干空气的摩尔质量 $MW_{dry\ air} = 28.966\ g/mol$[358],水蒸气的摩尔质量 $MW_{dry\ air} = 18.015\ 28\ g/mol$。整理表达式(9-1)~(9-5),1.0 kg 干空气中的水蒸气含量

$d(\mathrm{g/kg})$ 的表达式见(9 – 6)式。

$$m_{\mathrm{dry\ air}} = MW_{\mathrm{dry\ air}} n_{\mathrm{dry\ air}} \qquad\qquad (9-4)$$

$$m_{\mathrm{H_2O}} = MW_{\mathrm{H_2O}} n_{\mathrm{H_2O}} \qquad\qquad (9-5)$$

$$d = 1\,000\,\frac{m_{\mathrm{H_2O}}}{m_{\mathrm{H_2O}}} = 1\,000\,\frac{MW_{\mathrm{H_2O}}}{MW_{\mathrm{dry\ air}}}\,\frac{p_{\mathrm{H_2O}}}{p_{\mathrm{a}} - p_{\mathrm{H_2O}}} \quad (\mathrm{g/kg}) \qquad (9-6)$$

根据中国主要城市 1996—2016 年大气压力、温度、湿度的数据,计算得到的中国主要城市的大气平均温度、平均相对湿度、平均大气压力,见表 9 – 1 ~ 表 9 – 3,然后按照(9 – 6)式计算得到的 1.0 kg 干空气的水蒸气含量 d 值,见表 9 – 4。d 值的变化范围是 0.8 ~ 16.1 g/kg,全国均值是 7.41 g/kg。

按照大气温度、大气相对湿度、大气压力年均值,计算得到的 1.0 kg 干空气的水蒸气含量 d 值,见表 9 – 5 ~ 表 9 – 7。d 值的变化范围是 0.493 ~ 27.065 g/kg,全国均值是 8.85 g/kg。中国主要城市的海拔、大气压力年均值见表 9 – 8。

显然,根据逐年、逐月的大气压力、温度、相对湿度计算得到的 d 值比较准确,因此本章的 d 值研究范围确定为 0.493 ~ 27.065 g/kg。

显然,根据逐年、逐月的大气压力、温度、相对湿度计算得到的 d 值全国均值 8.85 g/kg,与锅炉原理教材[167,354 – 357]中的取值有出入,但是 d 值的全国均值为 8.85 g/kg 比较准确。

表 9 - 1 1996—2016 年中国主要城市大气温度（t）的逐月及全年平均值

℃

序号	城市	1月	2月	3月	4月	5月	6月	7月	8月	9月	10月	11月	12月	全年
1	北京	-3.0	0.5	7.4	15.0	21.3	25.1	27.3	26.0	21.1	13.9	5.1	-0.9	13.2
2	天津	-3.6	0.0	7.1	14.8	21.1	25.1	27.2	26.0	21.2	14.2	5.2	-1.5	13.1
3	石家庄	-1.5	2.3	9.2	16.0	22.1	26.5	27.8	26.1	21.5	15.1	6.5	0.6	14.3
4	太原	-4.7	-0.6	6.0	13.3	19.1	22.8	24.3	22.6	17.5	11.0	3.3	-2.9	10.9
5	呼和浩特	-10.7	-5.6	1.7	10.2	16.7	21.4	23.5	21.6	15.8	8.1	-1.2	-8.4	7.8
6	沈阳	-12.0	-6.4	1.5	10.8	17.9	22.3	24.8	23.7	18.1	9.9	0.0	-8.4	8.5
7	长春	-14.8	-9.5	-1.2	8.8	16.4	21.5	23.6	22.3	16.7	7.9	-3.0	-11.9	6.4
8	哈尔滨	-17.4	-11.9	-2.5	8.1	15.9	21.7	23.7	22.1	16.0	6.8	-4.8	-14.8	5.2
9	上海	4.8	6.5	10.4	15.8	21.0	24.5	28.9	28.5	24.8	20.0	13.9	7.5	17.2
10	南京	3.0	5.5	10.2	16.3	21.6	25.0	28.4	27.8	23.7	18.3	11.6	5.4	16.4
11	杭州	4.9	7.0	11.2	17.0	22.0	25.1	29.4	28.7	24.6	19.5	13.3	7.3	17.5
12	合肥	3.1	5.8	10.7	17.0	22.2	25.7	28.6	27.8	23.7	18.3	11.4	5.3	16.6
13	福州	11.2	12.2	14.5	19.0	23.0	26.7	29.5	28.9	26.6	22.9	18.6	13.6	20.6
14	南昌	5.8	8.4	12.3	18.4	23.2	26.2	29.7	29.1	25.6	20.6	14.1	8.2	18.5
15	济南	-0.5	3.1	9.3	16.2	22.0	26.4	27.5	25.8	21.8	16.3	8.2	1.7	14.8
16	郑州	0.8	4.2	10.3	16.7	22.3	26.8	27.7	26.2	21.7	16.4	8.9	3.2	15.4
17	武汉	4.1	7.0	11.9	18.0	22.8	26.4	29.4	28.5	24.4	18.7	12.0	6.2	17.5
18	长沙	5.3	7.9	12.2	18.2	22.6	26.3	29.6	28.4	24.3	19.2	13.2	7.6	17.9
19	广州	13.6	15.5	18.3	22.6	25.9	27.7	28.9	28.7	27.3	24.6	20.2	15.2	22.4

续表

序号	城市	1月	2月	3月	4月	5月	6月	7月	8月	9月	10月	11月	12月	全年
20	南宁	12.5	14.8	17.8	22.7	26.0	27.7	28.2	27.9	26.4	23.6	19.0	14.2	21.7
21	海口	18.0	19.2	22.2	25.6	27.8	28.9	28.9	28.3	27.5	26.0	23.3	19.5	24.6
22	重庆(沙坪坝)	7.9	10.4	14.6	19.2	22.6	25.3	29.0	28.7	24.5	19.2	14.5	9.4	18.8
23	成都(温江)	5.7	8.3	12.5	17.5	21.4	23.9	25.7	25.2	21.8	17.6	12.5	7.2	16.6
24	贵阳	4.0	6.8	10.7	15.7	19.2	21.5	23.2	23.1	20.2	15.9	11.5	6.1	14.8
25	昆明	9.4	11.9	15.1	17.9	19.6	20.6	20.5	20.3	18.8	16.4	12.6	9.6	16.1
26	拉萨	-0.1	2.8	6.2	9.3	13.2	16.7	16.6	15.8	14.1	9.7	4.2	0.6	9.1
27	西安(泾河)	0.6	4.5	10.5	16.6	21.4	26.2	27.6	25.7	20.8	15.0	7.9	2.3	14.9
28	兰州(皋兰)	-6.0	-1.0	5.4	11.9	16.6	20.6	22.3	21.1	16.0	9.6	1.9	-4.8	9.5
29	西宁	-8.0	-3.7	2.1	8.3	12.3	15.5	17.4	16.5	12.1	6.2	-0.9	-6.5	5.9
30	银川	-6.5	-2.2	4.7	12.8	18.4	22.9	24.5	22.6	17.1	10.4	2.2	-4.3	10.2
31	乌鲁木齐	-12.3	-9.1	0.5	11.5	17.5	22.5	24.2	22.7	17.6	9.1	-0.8	-9.1	7.9

表 9-2　1996—2016 年中国主要城市大气相对湿度(RH)的逐月及全年平均值　%

序号	城市	1月	2月	3月	4月	5月	6月	7月	8月	9月	10月	11月	12月	全年
1	北京	43	42	39	43	47	58	68	70	64	58	54	46	53
2	天津	56	54	48	48	52	62	72	74	69	63	61	59	60
3	石家庄	52	49	43	50	52	55	69	72	69	62	61	54	57
4	太原	49	47	43	44	45	55	68	71	71	65	58	51	56

262　世界动力煤绝热燃烧温度分布规律研究

续表

序号	城市	1月	2月	3月	4月	5月	6月	7月	8月	9月	10月	11月	12月	全年
5	呼和浩特	55	46	38	33	35	44	54	57	56	53	54	54	48
6	沈阳	63	57	52	49	54	66	77	78	70	65	63	66	63
7	长春	65	56	50	45	50	61	74	74	63	58	61	66	60
8	哈尔滨	70	64	56	47	52	61	74	75	66	60	65	71	64
9	上海	72	72	70	69	71	79	75	76	74	71	72	70	73
10	南京	70	71	67	66	68	75	77	78	76	73	74	70	72
11	杭州	73	73	71	69	70	78	72	75	75	73	75	70	73
12	合肥	73	73	70	69	70	76	80	80	76	73	75	72	74
13	福州	72	75	74	74	77	78	73	74	72	68	70	69	73
14	南昌	73	75	77	76	76	80	74	74	73	68	72	69	74
15	济南	51	49	43	47	51	54	71	75	67	57	57	54	56
16	郑州	54	56	52	55	56	57	74	75	72	64	62	55	61
17	武汉	75	75	73	72	73	76	75	76	74	75	77	73	74
18	长沙	78	78	78	76	77	79	78	75	77	76	77	74	76
19	广州	70	76	79	80	80	81	78	79	76	70	69	65	75
20	南宁	77	79	81	79	79	81	81	81	79	76	76	75	79
21	海口	84	86	84	82	80	79	79	82	82	80	79	80	81
22	重庆(沙坪坝)	82	77	73	74	75	80	72	70	76	83	84	83	78
23	成都(温江)	79	76	73	72	71	77	81	81	81	81	80	79	77

续表

序号	城市	1月	2月	3月	4月	5月	6月	7月	8月	9月	10月	11月	12月	全年
24	贵阳	82	79	78	76	76	81	79	77	76	80	79	79	79
25	昆明	64	55	52	55	64	74	78	77	76	77	73	71	68
26	拉萨	24	23	27	35	40	47	58	60	56	42	31	26	39
27	西安（泾河）	58	59	54	56	58	55	65	71	74	73	70	62	63
28	兰州（皋兰）	51	47	42	40	47	50	58	60	67	65	60	55	54
29	西宁	48	44	45	46	55	61	66	68	72	66	59	52	57
30	银川	52	45	38	36	42	48	57	61	63	57	58	56	51
31	乌鲁木齐	78	76	66	44	40	40	42	41	41	54	72	78	56

表 9-3　中国主要城市大气压力（p）的逐月及全年平均值　hPa

序号	城市	1月	2月	3月	4月	5月	6月	7月	8月	9月	10月	11月	12月	全年
1	北京	1 024.6	1 022.4	1 016.4	1 010.4	1 004.0	1 001.6	999.6	1 003.4	1 010.7	1 016.2	1 019.3	1 022.0	1 012.5
2	天津	1 028.6	1 026.3	1 020.5	1 014.6	1 008.0	1 005.3	1 003.4	1 007.2	1 014.5	1 020.1	1 023.4	1 026.0	1 016.5
3	石家庄	1 017.1	1 014.9	1 009.0	1 003.5	997.3	994.5	992.9	996.8	1 003.9	1 009.3	1 012.3	1 014.9	1 005.5
4	太原	933.8	931.8	928.5	925.3	921.6	919.3	918.6	922.0	927.2	931.3	932.3	933.5	927.1
5	呼和浩特	896.3	894.2	891.7	889.1	886.1	884.3	884.0	887.3	891.8	895.0	895.1	895.8	890.9
6	沈阳	1 022.0	1 019.7	1 013.9	1 008.2	1 002.0	1 000.7	998.5	1 001.7	1 008.7	1 013.7	1 016.1	1 018.2	1 010.3
7	长春	996.3	994.4	989.1	984.3	978.9	978.8	976.9	980.3	986.4	990.1	991.5	992.6	986.6
8	哈尔滨	1 009.2	1 006.9	1 000.9	995.8	990.6	990.5	988.4	992.0	998.0	1 001.6	1 003.6	1 004.9	998.5

续表

序号	城市	1月	2月	3月	4月	5月	6月	7月	8月	9月	10月	11月	12月	全年
9	上海	1 026.4	1 024.2	1 020.3	1 015.2	1 009.8	1 005.8	1 004.6	1 006.1	1 012.4	1 018.7	1 022.1	1 025.0	1 015.9
10	南京	1 023.2	1 020.8	1 016.4	1 011.2	1 005.6	1 001.8	1 000.5	1 002.5	1 009.2	1 015.6	1 018.9	1 022.0	1 012.3
11	杭州	1 021.8	1 019.4	1 015.3	1 01 0.3	1 004.9	1 001.1	1 000.0	1 001.4	1 007.7	1 014.2	1 017.7	1 020.8	1 011.2
12	合肥	1 024.6	1 022.1	1 017.4	1 012.2	1 006.4	1 002.6	1 001.2	1 003.5	1 01 0.3	1 016.8	1 020.3	1 023.5	1 013.4
13	福州	1 019.9	1 017.1	1 013.2	1 008.6	1 003.2	999.6	998.9	1 000.3	1 005.9	1 012.5	1 016.3	1 019.5	1 009.6
14	南昌	1 006.9	1 004.8	999.8	994.7	989.0	986.1	984.4	988.1	994.9	1 000.2	1 002.9	1 005.1	996.4
15	济南	1 018.7	1 016.8	1 012.1	1 006.9	1 001.4	998.6	996.3	999.2	1 006.0	1 011.6	1 014.0	1 016.4	1 008.2
16	郑州	1 014.4	1 012.1	1 006.9	1 001.8	996.0	992.5	990.9	994.6	1 001.5	1 007.2	1 01 0.4	1 013.0	1 003.4
17	武汉	1 023.8	1 021.0	1 016.5	1 011.6	1 005.9	1 002.0	1 000.8	1 003.2	1 009.7	1 016.3	1 020.0	1 023.3	1 012.8
18	长沙	1 016.7	1 013.9	1 009.8	1 005.1	999.7	995.9	995.1	997.1	1 002.9	1 009.5	1 013.2	1 016.3	1 006.2
19	广州	1 014.0	1 011.7	1 009.4	1 005.9	1 001.3	998.3	998.7	998.9	1 002.2	1 007.5	1 010.7	1 013.2	1 006.0
20	南宁	1 006.5	1 003.6	1 000.8	997.1	992.5	989.7	990.1	991.3	995.0	1 000.6	1 003.3	1 006.1	998.1
21	海口	1 011.1	1 008.7	1 006.4	1 003.2	999.2	996.7	997.2	997.7	1 000.7	1 005.3	1 008.0	1 010.2	1 003.7
22	重庆(沙坪坝)	992.1	988.8	985.4	981.8	977.8	974.4	972.2	975.4	980.7	987.3	989.7	992.8	983.2
23	成都(温江)	958.5	955.5	952.7	949.7	946.2	943.3	941.6	944.7	949.5	955.2	957.0	959.1	951.1
24	贵阳	881.2	878.8	878.0	876.2	873.9	872.2	872.3	874.2	877.5	881.3	881.4	882.1	877.4
25	昆明	811.4	809.7	810.4	809.6	807.9	807.0	807.6	809.3	811.4	814.2	813.3	812.5	810.3
26	拉萨	650.2	649.1	651.2	651.8	651.6	651.4	653.1	654.4	655.0	655.6	654.0	651.6	652.4
27	西安(泾河)	978.3	975.4	970.7	966.8	962.2	958.3	956.9	960.8	966.7	972.8	975.8	978.5	968.6

续表

序号	城市	1月	2月	3月	4月	5月	6月	7月	8月	9月	10月	11月	12月	全年
28	兰州(皋兰)	838.0	835.7	835.0	834.0	832.4	830.4	830.0	832.6	835.8	839.3	839.4	839.5	835.2
29	西宁	769.9	767.9	769.1	769.3	769.1	768.6	768.8	770.7	772.5	774.5	772.8	771.6	770.4
30	银川	896.0	893.7	891.1	888.9	885.8	883.0	882.3	885.7	890.1	894.3	895.2	896.4	890.2
31	乌鲁木齐	917.3	916.3	913.8	911.5	908.2	904.6	903.2	906.2	910.3	915.1	917.1	918.9	911.9

本表数据为 2008、2010、2012、2013、2014、2015 年六年的平均值。

表 9-4　根据表 9-1～表 9-3 计算得到的中国主要城市 1.0 kg 干空气的水蒸气含量 (d)

g/kg

序号	城市	1月	2月	3月	4月	5月	6月	7月	8月	9月	10月	11月	12月	全年
1	北京	1.3	1.6	2.3	4.0	6.3	9.5	12.6	12.1	8.5	5.0	2.8	1.6	4.4
2	天津	1.7	2.0	2.8	4.4	6.8	10.2	13.3	12.8	9.1	5.6	3.2	2.0	5.0
3	石家庄	1.8	2.1	2.9	4.9	7.3	9.8	13.2	12.7	9.3	5.8	3.5	2.1	5.2
4	太原	1.5	1.8	2.5	4.0	5.8	8.7	11.8	11.1	8.4	5.2	2.9	1.7	4.5
5	呼和浩特	1.1	1.4	1.8	2.6	4.1	6.7	9.3	8.8	6.2	3.7	2.1	1.3	3.3
6	沈阳	1.1	1.4	2.2	3.6	6.0	9.4	12.6	11.9	7.8	4.5	2.4	1.4	4.0
7	长春	0.9	1.2	1.8	3.0	5.1	8.4	11.6	10.8	6.7	3.6	1.9	1.2	3.5
8	哈尔滨	0.8	1.1	1.8	3.0	5.2	8.5	11.5	10.7	6.6	3.5	1.8	1.0	3.4
9	上海	3.6	4.1	4.9	6.7	9.2	12.5	15.2	15.0	12.0	8.7	6.2	4.1	7.6
10	南京	3.2	3.7	4.7	6.6	9.2	12.3	15.3	14.9	11.5	8.2	5.6	3.6	7.3
11	杭州	3.7	4.2	5.3	7.2	9.8	12.9	15.0	14.9	12.1	8.8	6.3	4.1	7.8

续表

序号	城市	1月	2月	3月	4月	5月	6月	7月	8月	9月	10月	11月	12月	全年
12	合肥	3.3	3.9	5.1	7.2	9.8	13.0	15.9	15.4	11.6	8.2	5.7	3.8	7.6
13	福州	5.3	5.9	6.7	8.7	11.3	14.2	15.2	15.1	12.8	9.8	8.0	5.9	9.3
14	南昌	4.0	4.8	6.2	8.7	11.5	14.4	15.8	15.4	12.4	8.8	6.4	4.3	8.5
15	济南	1.9	2.2	2.9	4.7	7.1	9.6	13.4	13.0	9.2	5.7	3.5	2.3	5.2
16	郑州	2.1	2.7	3.7	5.7	8.0	10.3	14.1	13.3	9.8	6.4	4.1	2.5	5.9
17	武汉	3.6	4.3	5.7	8.0	10.6	13.6	15.7	15.0	11.7	8.6	6.0	4.0	8.0
18	长沙	4.0	4.8	6.2	8.6	11.1	13.9	15.1	14.9	12.2	9.0	6.4	4.4	8.4
19	广州	6.0	7.3	8.9	11.6	13.9	15.5	15.9	15.9	14.1	11.1	8.6	6.2	10.7
20	南宁	6.3	7.4	9.0	11.6	13.8	15.7	16.1	15.9	14.1	11.6	9.0	6.7	10.9
21	海口	9.3	10.2	11.7	13.9	15.4	16.1	16.1	16.1	15.5	13.8	11.9	9.7	13.1
22	重庆(沙坪坝)	5.1	5.7	6.9	9.1	11.1	13.7	15.1	14.4	12.5	10.1	7.7	5.7	9.2
23	成都(温江)	4.5	5.1	6.3	8.3	10.2	12.6	14.7	14.3	11.9	9.3	6.8	4.9	8.4
24	贵阳	4.6	5.2	6.5	8.5	10.5	12.7	13.6	13.1	11.0	9.1	6.9	5.0	8.4
25	昆明	5.4	5.4	6.1	7.5	9.7	12.0	12.6	12.2	11.0	9.7	7.4	6.0	8.4
26	拉萨	1.4	1.6	2.3	3.6	5.2	7.5	9.2	9.0	7.7	4.5	2.4	1.6	4.0
27	西安(泾河)	2.3	3.0	4.0	6.0	8.1	10.0	12.9	12.6	10.0	7.1	4.5	2.8	6.1
28	兰州(秦兰)	1.6	2.0	2.7	3.8	5.8	7.8	10.0	9.6	7.9	5.3	3.1	1.8	4.4
29	西宁	1.4	1.7	2.5	3.8	5.7	7.7	9.4	9.1	7.4	4.8	2.7	1.7	4.1

续表

序号	城市	1月	2月	3月	4月	5月	6月	7月	8月	9月	10月	11月	12月	全年
30	银川	1.5	1.7	2.2	3.3	5.4	7.9	10.3	10.0	7.6	4.6	2.8	1.8	4.1
31	乌鲁木齐	1.4	1.8	2.9	3.7	4.8	6.4	7.4	6.6	4.9	3.9	2.9	1.8	3.8

本表数据最大值为 16.1 g/kg，最小值为 0.8 g/kg。

表 9 – 5　根据 1996—2016 年中国主要城市的温度、相对湿度、海拔计算得到的
中国主要城市 1.0 kg 干空气的水蒸气含量（d）均值　　　　g/kg

序号	城市	1月	2月	3月	4月	5月	6月	7月	8月	9月	10月	11月	12月	全年
1	北京	1.32	1.67	2.49	4.63	7.30	11.73	15.71	14.97	10.22	5.81	3.11	1.66	1.32
2	天津	1.66	2.08	3.03	5.11	7.93	12.50	16.58	15.86	11.02	6.45	3.56	2.01	1.66
3	石家庄	1.77	2.20	3.13	5.69	8.60	12.16	16.49	15.77	11.24	6.76	3.87	2.19	1.77
4	太原	1.44	1.89	2.73	4.58	6.73	10.57	14.49	13.53	9.90	5.87	3.22	1.72	1.44
5	呼和浩特	1.05	1.31	1.84	2.92	4.63	7.97	11.22	10.54	7.24	4.11	2.25	1.25	1.05
6	沈阳	0.97	1.35	2.22	3.97	6.78	11.34	15.49	14.60	9.21	5.00	2.56	1.35	0.97
7	长春	0.81	1.08	1.79	3.23	5.75	10.06	14.08	13.03	7.79	3.96	2.04	1.06	0.81
8	哈尔滨	0.69	1.00	1.78	3.24	5.84	10.20	14.08	12.90	7.69	3.80	1.87	0.88	0.69
9	上海	3.86	4.43	5.54	7.84	10.81	15.31	19.09	18.86	14.88	10.48	7.38	4.53	3.86
10	南京	3.35	4.04	5.26	7.70	10.72	15.01	19.15	18.59	14.08	9.68	6.56	3.93	3.35
11	杭州	3.96	4.64	5.93	8.43	11.58	15.92	18.89	18.76	14.92	10.53	7.42	4.55	3.96
12	合肥	3.49	4.26	5.69	8.45	11.63	16.02	20.09	19.36	14.29	9.77	6.63	4.05	3.49
13	福州	6.08	6.75	7.82	10.43	13.63	17.75	19.28	19.10	16.14	12.08	9.82	6.87	6.08

续表

序号	城市	1月	2月	3月	4月	5月	6月	7月	8月	9月	10月	11月	12月	全年
14	南昌	4.26	5.24	6.98	10.18	13.56	17.56	19.72	19.21	15.25	10.47	7.55	4.71	4.26
15	济南	1.92	2.39	3.22	5.53	8.37	12.01	16.92	16.31	11.25	6.74	4.12	2.39	1.92
16	郑州	2.20	2.91	4.11	6.68	9.37	12.74	17.59	16.47	11.89	7.52	4.64	2.64	2.20
17	武汉	3.84	4.76	6.44	9.43	12.56	16.82	19.78	18.86	14.37	10.26	6.99	4.34	3.84
18	长沙	4.36	5.28	7.00	10.10	13.13	17.21	18.97	18.68	14.98	10.69	7.55	4.85	4.36
19	广州	6.90	8.51	10.57	14.07	16.88	19.41	20.05	19.95	17.61	13.75	10.62	7.17	6.90
20	南宁	7.22	8.65	10.64	14.12	16.89	19.72	20.26	19.92	17.55	14.19	10.98	7.72	7.22
21	海口	11.01	12.22	14.25	17.14	19.04	20.21	20.25	20.19	19.32	17.13	14.77	11.55	11.01
22	重庆(沙坪坝)	5.92	6.67	8.29	11.31	13.88	17.72	19.91	18.88	16.19	12.70	9.63	6.70	5.92
23	成都(温江)	4.82	5.55	7.09	9.69	11.92	15.38	18.11	17.64	14.32	10.94	7.96	5.37	4.82
24	贵阳	4.86	5.73	7.32	9.83	12.31	15.36	16.57	16.10	13.18	10.65	8.02	5.40	4.86
25	昆明	5.95	6.06	7.04	8.82	11.34	14.39	15.17	14.68	13.13	11.38	8.58	6.67	5.95
26	拉萨	1.39	1.64	2.45	3.96	5.81	8.71	10.75	10.57	8.89	4.99	2.58	1.59	1.39
27	西安(泾河)	2.40	3.23	4.47	6.94	9.50	12.38	16.15	15.62	12.08	8.24	5.08	2.91	2.40
28	兰州(皋兰)	1.47	1.98	2.81	4.19	6.45	9.23	11.87	11.38	9.08	5.81	3.35	1.77	1.47
29	西宁	1.31	1.70	2.62	4.17	6.31	8.90	11.06	10.73	8.45	5.23	2.92	1.61	1.31
30	银川	1.39	1.65	2.34	3.77	6.14	9.56	12.68	12.11	8.92	5.16	3.09	1.77	1.39
31	乌鲁木齐	1.31	1.66	2.97	4.19	5.50	7.74	9.00	7.97	5.74	4.35	2.99	1.70	1.31

本表数据最大值为 20.26 g/kg,最小值为 0.69 g/kg。

表 9－6 根据 1996—2016 年中国主要城市的温度、相对湿度、海拔计算得到的中国主要城市 1.0 kg 干空气的水蒸气含量(d)最小值

g/kg

序号	城市	1月	2月	3月	4月	5月	6月	7月	8月	9月	10月	11月	12月	全年
1	北京	0.70	0.81	1.67	3.54	3.27	9.57	14.19	12.87	8.88	3.88	1.87	1.13	0.70
2	天津	0.84	0.85	1.95	4.03	3.77	10.79	14.88	14.10	9.12	4.77	2.53	1.42	0.84
3	石家庄	0.89	1.26	2.01	4.40	4.46	10.61	14.52	13.86	9.12	5.08	2.74	1.34	0.89
4	太原	0.88	0.94	1.63	3.18	4.00	8.40	12.74	12.13	7.69	4.02	2.27	1.15	0.88
5	呼和浩特	0.66	0.61	1.20	1.93	2.84	6.14	9.40	7.70	4.89	2.56	1.49	0.86	0.66
6	沈阳	0.66	0.93	1.67	3.33	2.50	9.56	13.30	12.39	7.60	3.97	1.66	0.96	0.66
7	长春	0.58	0.74	1.41	2.51	1.92	8.45	12.34	11.66	6.52	3.12	1.22	0.74	0.58
8	哈尔滨	0.49	0.67	1.39	2.27	1.59	8.19	11.64	11.39	6.48	3.06	1.32	0.63	0.49
9	上海	2.56	3.21	4.06	6.33	6.06	13.88	17.30	17.70	12.30	9.07	5.81	3.26	2.56
10	南京	2.13	3.02	3.83	6.33	6.11	13.60	17.39	16.67	11.97	8.38	5.26	2.82	2.13
11	杭州	2.64	3.20	4.27	6.88	6.85	14.10	17.42	16.66	12.75	8.31	6.24	3.34	2.64
12	合肥	2.04	3.26	4.23	6.55	6.29	14.68	17.51	17.11	11.79	7.88	5.06	2.84	2.04
13	福州	4.42	4.55	5.33	8.18	8.91	14.58	17.34	17.62	14.20	8.81	7.37	5.24	4.42
14	南昌	2.76	3.42	5.19	8.25	7.99	15.43	17.71	17.02	12.63	8.34	5.48	3.54	2.76
15	济南	0.98	1.51	2.19	4.02	4.00	10.44	14.46	14.68	8.95	5.08	2.64	1.58	0.98
16	郑州	1.13	1.92	2.88	5.32	5.17	10.63	15.14	14.46	9.77	5.74	3.00	1.69	1.13
17	武汉	2.50	3.59	4.97	7.76	7.26	15.10	17.75	17.11	12.14	8.63	5.13	3.14	2.50
18	长沙	3.16	3.89	5.78	8.51	7.76	15.83	17.23	16.60	13.00	8.90	5.42	3.50	3.16
19	广州	4.20	5.35	8.19	11.53	11.03	17.06	18.50	18.11	15.55	9.66	7.93	5.12	4.20

续表

序号	城市	1月	2月	3月	4月	5月	6月	7月	8月	9月	10月	11月	12月	全年
20	南宁	4.78	5.39	7.91	11.43	11.20	18.29	18.83	18.20	15.38	12.14	8.24	6.20	4.78
21	海口	8.22	7.80	10.77	14.86	15.09	18.25	18.42	18.23	17.53	14.40	11.19	9.12	8.22
22	重庆(沙坪坝)	4.62	5.28	6.62	9.94	8.91	16.29	16.77	15.51	14.12	10.93	7.76	5.77	4.62
23	成都(温江)	3.62	4.42	5.51	8.54	8.17	13.82	15.92	16.06	12.41	9.50	6.44	4.57	3.62
24	贵阳	3.21	3.74	5.60	7.97	7.93	13.18	15.01	14.21	11.17	8.93	5.97	4.64	3.21
25	昆明	5.44	5.11	6.17	7.66	7.38	13.15	13.80	13.34	11.12	9.87	7.24	5.61	5.44
26	拉萨	0.90	1.06	1.65	2.87	3.04	7.10	7.86	8.96	7.65	3.43	1.55	1.21	0.90
27	西安(泾河)	1.64	2.22	3.28	4.86	5.90	10.02	14.01	13.34	10.06	6.79	3.36	1.87	1.64
28	兰州(皋兰)	0.92	1.35	1.79	3.02	4.01	7.45	9.46	9.79	7.60	4.30	2.39	1.33	0.92
29	西宁	0.96	1.29	1.63	3.31	3.55	7.75	9.75	8.98	7.25	3.61	2.18	1.18	0.96
30	银川	0.98	1.11	1.18	2.72	3.88	6.94	10.72	10.30	7.11	3.86	2.00	1.14	0.98
31	乌鲁木齐	0.70	1.01	1.86	3.02	3.69	6.67	7.53	6.67	4.54	3.22	2.11	1.07	0.70

本表数据最小值为 0.49 g/kg。

表 9 - 7　根据 1996—2016 年中国主要城市的温度、相对湿度、海拔计算得到的
中国主要城市 1.0 kg 干空气的水蒸气含量(d)最大值

g/kg

序号	城市	1月	2月	3月	4月	5月	6月	7月	8月	9月	10月	11月	12月	全年
1	北京	2.03	2.31	3.31	7.23	9.65	16.51	20.54	19.82	13.03	7.28	5.96	2.45	2.03
2	天津	2.38	2.98	3.87	7.44	9.74	15.69	19.98	19.64	13.40	7.78	6.64	2.60	2.38
3	石家庄	2.48	3.19	4.46	8.21	11.18	17.00	21.43	20.37	14.73	8.67	6.72	2.86	2.48
4	太原	2.22	2.54	4.00	6.51	8.80	14.47	19.31	17.61	12.06	7.33	5.63	2.51	2.22

续表

序号	城市	1月	2月	3月	4月	5月	6月	7月	8月	9月	10月	11月	12月	全年
5	呼和浩特	1.38	2.16	2.84	5.37	6.20	10.97	15.78	14.47	8.95	5.60	4.28	1.59	1.38
6	沈阳	1.42	2.10	3.08	5.41	9.52	13.95	19.71	19.26	11.85	7.09	5.17	1.78	1.42
7	长春	1.22	1.60	2.30	4.31	8.20	12.84	17.30	16.39	10.00	5.32	4.30	1.42	1.22
8	哈尔滨	1.03	1.37	2.37	4.00	8.76	13.59	18.04	16.55	9.77	5.37	4.06	1.23	1.03
9	上海	4.60	5.75	6.69	9.79	14.10	18.21	21.82	22.41	18.47	13.18	11.14	5.66	4.60
10	南京	4.16	5.53	6.33	9.98	14.25	18.68	23.19	23.24	16.96	11.47	10.43	4.93	4.16
11	杭州	4.98	6.32	7.48	10.61	15.28	19.34	20.59	21.04	18.55	12.84	11.29	5.74	4.98
12	合肥	4.58	6.07	7.71	10.26	16.97	21.47	27.07	26.68	18.17	12.03	10.80	5.17	4.58
13	福州	7.22	9.12	9.86	13.31	17.98	22.40	23.16	23.91	19.36	15.83	13.17	8.14	7.22
14	南昌	5.74	7.54	9.96	12.61	18.43	22.86	24.23	23.71	18.57	12.37	10.65	5.83	5.74
15	济南	2.91	3.65	4.07	7.89	11.87	16.14	22.98	20.50	13.21	8.64	7.34	3.14	2.91
16	郑州	2.76	4.07	5.17	8.92	11.41	14.72	21.29	18.38	13.58	9.06	7.91	3.87	2.76
17	武汉	4.55	6.28	8.71	11.29	16.77	21.72	25.18	24.09	18.30	12.45	10.52	5.47	4.55
18	长沙	5.62	7.01	9.31	11.88	16.61	20.76	20.88	20.43	17.34	11.82	10.97	5.86	5.62
19	广州	8.72	12.41	14.90	17.26	22.84	24.74	25.04	25.50	22.86	16.24	15.39	8.59	8.72
20	南宁	9.25	12.55	15.44	17.51	22.54	23.59	24.50	24.52	21.60	15.84	14.64	8.78	9.25
21	海口	13.43	16.85	18.13	20.41	24.65	24.45	24.96	25.11	24.66	19.88	18.17	14.87	13.43
22	重庆(沙坪坝)	6.62	8.56	10.21	12.84	16.93	21.22	23.39	22.06	19.66	15.80	13.79	8.28	6.62
23	成都(温江)	5.50	7.05	9.44	11.76	15.53	19.57	23.49	22.71	17.02	13.72	11.02	6.24	5.50
24	贵阳	6.15	8.72	10.75	12.35	17.51	20.11	20.19	22.03	16.29	11.85	11.14	6.16	6.15
25	昆明	7.30	7.61	8.78	10.19	14.80	16.92	19.24	18.18	16.10	13.08	11.58	7.65	7.30

续表

序号	城市	1月	2月	3月	4月	5月	6月	7月	8月	9月	10月	11月	12月	全年
26	拉萨	2.23	2.28	3.52	5.63	7.72	11.23	14.12	12.15	10.68	7.14	4.20	2.04	2.23
27	西安(泾河)	3.14	4.74	5.90	9.41	12.77	15.52	22.10	20.05	14.51	9.88	8.23	3.68	3.14
28	兰州(皋兰)	1.82	2.51	4.01	5.83	8.72	12.73	15.55	14.75	10.99	6.85	6.83	2.28	1.82
29	西宁	1.63	2.22	3.55	5.23	8.23	11.67	14.56	14.51	10.28	6.24	5.58	2.07	1.63
30	银川	2.14	2.40	3.88	5.75	8.21	12.37	15.62	13.95	10.33	6.65	5.19	2.90	2.14
31	乌鲁木齐	1.90	2.28	4.85	6.25	6.73	10.06	10.67	10.65	6.95	5.73	4.79	2.82	1.90

本表数据最大值为27.07 g/kg。

表9-8　中国主要城市的海拔和大气压

序号	城市	海拔/m	大气压/Pa	序号	城市	海拔/m	大气压/Pa	序号	城市	海拔/m	大气压/Pa
1	北京	31.3	100 950	12	合肥	24	101 037	23	成都(温江)	505.9	95 394
2	天津	5	101 265	13	福州	84	100 320	24	贵阳	1 223.8	87 464
3	石家庄	82	100 344	14	南昌	46.9	100 763	25	昆明	1 892.4	80 569
4	太原	778.3	92 319	15	济南	170.3	99 296	26	拉萨	3 648.9	64 531
5	呼和浩特	1 063	89 192	16	郑州	110.4	100 006	27	西安	397.5	96 640
6	沈阳	44.7	100 789	17	武汉	23.1	101 048	28	兰州	1 517.2	84 381
7	长春	236.8	98 513	18	长沙	68	100 511	29	西宁	2 295.2	76 632
8	哈尔滨	142.3	99 627	19	广州	41	100 833	30	银川	1 110.9	88 674
9	上海	5.5	101 259	20	南宁	121.6	99 873	31	乌鲁木齐	935	90 587
10	南京	7.1	101 240	21	海口	13.9	101 158	—	—	—	—
11	杭州	41.7	100 825	22	重庆(沙坪坝)	664.1	93 598	—	—	—	—

9.3　大气水蒸气含量对中国收到基动力煤工程绝热燃烧温度的影响

　　假设 t_{aE} 是中国收到基动力煤的工程绝热燃烧温度(见表 4-1~表 4-4),假设 1.0 kg 干空气的水蒸气含量 $d=0.493,2,4,6,8,12,14,16\cdots,24,26,27.065$ g/kg,根据表 2-1~表 2-4 的数据和第 3.2 节的计算方法,得到不同的 d 值对应中国收到基动力煤的工程绝热燃烧温度($t_{aE.i}$),计算温差 $\Delta t_{aE}=t_{aE.i}-t_{aE}$。计算结果见表 9-9~表 9-12。

　　对表 9-9~表 9-12 的数据进行处理,删除 V_{daf} 值相同的第一组数据以外的其他组数据,得到有效数据。将有效数据绘制在图 9-1、图 9-2 中,便于直观地对比分析 Δt_{aE} 的变化规律。图 9-1、图 9-2 的多项式拟合函数参数见表 9-13、表 9-14。

　　由图 9-1 可知:① 以 $d=10$ g/kg 为基准,当 d 在 0.493~27.065 g/kg 之间提高时,曲线分为两组:当 $d<10$ g/kg 时,$|\Delta t_{aE}|$ 随着 d 的提高(距离 $d=10$ g/kg 越来越近)逐步降低;d 提高 2.0 g/kg,$|\Delta t_{aE}|$ 降低 3~6℃。当 $d>10$ g/kg 时,$|\Delta t_{aE}|$ 随着 d 的提高(距离 $d=10$ g/kg 越来越远)逐步提高,d 提高 2.0 g/kg,$|\Delta t_{aE}|$ 提高 3~6℃。② $V_{daf}>35\%$ 时,$|\Delta t_{aE}|$ 随着 V_{daf} 的提高总体上降低。原因是 $V_{daf}>35\%$ 以后,V_{daf} 提高时,动力煤的水分含量(M_{ar})大幅度提高(见图 4-3),水分在煤燃烧以后形成水蒸气,大气中的水蒸气对于水分高的煤的工程绝热燃烧温度(t_{aE})影响较小。③ $V_{daf}<10\%$ 时,$|\Delta t_{aE}|$ 随着 V_{daf} 的降低而小幅度提高。原因是 $V_{daf}<10\%$ 时,动力煤的水分含量(M_{ar})随着 V_{daf} 的降低小幅度提高(见图 4-3)。

　　由图 9-2 可知:① 以 $d=10$ g/kg 为基准,当 d 在 0.493~27.065 g/kg 之间提高时,曲线分为两组:当 $d<10$ g/kg 时,$|\Delta t_{aE}|$ 随着 d 的提高(距离 $d=10$ g/kg 越来越近)逐步降低;d 提高 2.0 g/kg,$|\Delta t_{aE}|$ 降低 3~6℃。当 $d>10$ g/kg 时,$|\Delta t_{aE}|$ 随着 d 的提高(距离 $d=10$ g/kg 越来越远)逐步提高;d 提高 2.0 g/kg,$|\Delta t_{aE}|$ 提高 3~6℃。② $|\Delta t_{aE}|$ 随着 $Q_{ar,net}$ 的提高总体上提高,原因是动力煤的水分含量(M_{ar})随着 $Q_{ar,net}$ 的提高大幅度降低(见图 4-4),水分在煤燃烧以后形成水蒸气,大气中的水蒸气对于水分高的煤的工程绝热燃烧温度(t_{aE})影响较小。

表9-9　1.0 kg 干空气的水蒸气含量 d 值对中国收到基无烟煤绝热燃烧温度的影响(Δt_{aE})

℃

序号	1.0 kg 干空气的水蒸气含量 $d/(g \cdot kg^{-1})$													
	0.493	2	4	6	8	12	14	16	18	20	22	24	26	27.065
1	30.91	25.93	19.37	12.86	6.41	-6.36	-12.67	-18.93	-25.14	-31.30	-37.42	-43.50	-49.52	-52.72
2	32.02	26.86	20.06	13.32	6.63	-6.58	-13.11	-19.59	-26.02	-32.40	-38.74	-45.02	-51.26	-54.56
3	32.78	27.50	20.54	13.64	6.79	-6.73	-13.41	-20.04	-26.62	-33.15	-39.62	-46.05	-52.42	-55.80
4	31.49	26.42	19.73	13.10	6.53	-6.48	-12.91	-19.28	-25.61	-31.89	-38.13	-44.32	-50.46	-53.71
5	31.51	26.44	19.75	13.11	6.53	-6.48	-12.91	-19.29	-25.62	-31.91	-38.14	-44.33	-50.47	-53.73
6	31.43	26.37	19.70	13.08	6.52	-6.46	-12.87	-19.24	-25.55	-31.82	-38.04	-44.21	-50.34	-53.58
7	32.73	27.45	20.51	13.62	6.78	-6.73	-13.40	-20.03	-26.60	-33.12	-39.59	-46.01	-52.38	-55.76
8	30.99	26.00	19.43	12.90	6.43	-6.37	-12.70	-18.97	-25.20	-31.39	-37.52	-43.61	-49.66	-52.86
9	29.43	24.70	18.45	12.25	6.10	-6.06	-12.07	-18.03	-23.96	-29.83	-35.67	-41.46	-47.21	-50.26
10	30.60	25.67	19.17	12.73	6.34	-6.29	-12.54	-18.74	-24.89	-30.99	-37.05	-43.06	-49.03	-52.19
11	33.58	28.17	21.04	13.97	6.96	-6.89	-13.74	-20.53	-27.26	-33.94	-40.57	-47.15	-53.68	-57.14
12	29.21	24.51	18.31	12.16	6.06	-6.01	-11.98	-17.90	-23.78	-29.61	-35.41	-41.16	-46.87	-49.89
13	29.98	25.15	18.79	12.48	6.21	-6.17	-12.29	-18.37	-24.41	-30.39	-36.34	-42.24	-48.10	-51.20
14	30.50	25.59	19.12	12.70	6.32	-6.27	-12.50	-18.68	-24.81	-30.90	-36.94	-42.94	-48.89	-52.04
15	31.53	26.45	19.76	13.12	6.54	-6.48	-12.91	-19.29	-25.62	-31.91	-38.14	-44.33	-50.47	-53.72
16	31.08	26.07	19.48	12.94	6.45	-6.39	-12.73	-19.02	-25.27	-31.47	-37.62	-43.72	-49.78	-52.99
17	31.05	26.05	19.46	12.92	6.43	-6.39	-12.73	-19.02	-25.26	-31.45	-37.60	-43.70	-49.76	-52.97
18	30.11	25.26	18.87	12.53	6.24	-6.20	-12.35	-18.45	-24.51	-30.52	-36.49	-42.41	-48.29	-51.41

续表

序号	0.493	2	4	6	8	12	14	16	18	20	22	24	26	27.065
19	33.34	27.97	20.89	13.87	6.90	-6.85	-13.65	-20.39	-27.08	-33.71	-40.30	-46.83	-53.31	-56.75
20	32.48	27.25	20.35	13.52	6.73	-6.68	-13.30	-19.87	-26.39	-32.86	-39.29	-45.66	-51.98	-55.33
21	31.61	26.52	19.81	13.15	6.55	-6.50	-12.95	-19.34	-25.69	-32.00	-38.25	-44.46	-50.62	-53.88
22	30.53	25.61	19.13	12.70	6.33	-6.28	-12.51	-18.69	-24.83	-30.92	-36.96	-42.96	-48.92	-52.07
23	31.94	26.79	20.01	13.29	6.62	-6.57	-13.08	-19.55	-25.96	-32.33	-38.64	-44.91	-51.13	-54.43
24	32.09	26.92	20.11	13.35	6.65	-6.60	-13.15	-19.65	-26.10	-32.51	-38.86	-45.17	-51.42	-54.74
25	29.32	24.60	18.38	12.20	6.08	-6.04	-12.03	-17.98	-23.88	-29.74	-35.56	-41.33	-47.06	-50.10
26	32.48	27.25	20.35	13.51	6.73	-6.68	-13.30	-19.87	-26.39	-32.86	-39.28	-45.65	-51.97	-55.32
27	29.22	24.52	18.32	12.16	6.06	-6.02	-11.99	-17.92	-23.80	-29.64	-35.44	-41.20	-46.91	-49.94
28	31.16	26.14	19.53	12.97	6.46	-6.41	-12.77	-19.09	-25.35	-31.57	-37.74	-43.87	-49.95	-53.17
29	31.53	26.45	19.76	13.12	6.53	-6.49	-12.92	-19.31	-25.65	-31.93	-38.18	-44.37	-50.52	-53.78
30	31.08	26.07	19.48	12.94	6.45	-6.39	-12.73	-19.02	-25.27	-31.47	-37.62	-43.72	-49.78	-52.99
31	32.08	26.92	20.11	13.35	6.65	-6.59	-13.13	-19.63	-26.07	-32.47	-38.81	-45.11	-51.36	-54.67
32	31.43	26.36	19.69	13.08	6.51	-6.47	-12.88	-19.25	-25.56	-31.83	-38.06	-44.23	-50.36	-53.61
33	30.43	25.53	19.07	12.67	6.31	-6.25	-12.46	-18.62	-24.73	-30.80	-36.82	-42.80	-48.73	-51.87
34	32.69	27.43	20.49	13.60	6.78	-6.72	-13.38	-19.99	-26.55	-33.06	-39.52	-45.93	-52.29	-55.66
35	31.22	26.20	19.57	13.00	6.47	-6.42	-12.79	-19.11	-25.39	-31.61	-37.79	-43.93	-50.02	-53.24
36	27.77	23.31	17.41	11.57	5.76	-5.72	-11.39	-17.03	-22.63	-28.19	-33.70	-39.18	-44.63	-47.51

1.0 kg 干空气的水蒸气含量 $d/(g \cdot kg^{-1})$

续表

序号	1.0 kg 干空气的水蒸气含量 $d/(g \cdot kg^{-1})$													
	0.493	2	4	6	8	12	14	16	18	20	22	24	26	27.065
37	33.35	27.97	20.89	13.87	6.90	-6.86	-13.65	-20.39	-27.08	-33.71	-40.29	-46.82	-53.30	-56.73
38	32.16	26.98	20.16	13.39	6.67	-6.61	-13.18	-19.69	-26.15	-32.56	-38.93	-45.25	-51.52	-54.83
39	30.81	25.85	19.31	12.82	6.38	-6.34	-12.63	-18.87	-25.07	-31.22	-37.32	-43.38	-49.39	-52.58
40	29.89	25.08	18.74	12.44	6.20	-6.15	-12.26	-18.32	-24.33	-30.31	-36.23	-42.12	-47.96	-51.05
41	34.10	28.60	21.36	14.18	7.06	-7.01	-13.96	-20.85	-27.69	-34.48	-41.21	-47.89	-54.52	-58.02
42	32.72	27.44	20.50	13.61	6.77	-6.73	-13.40	-20.02	-26.59	-33.11	-39.57	-45.99	-52.36	-55.73
43	32.02	26.86	20.06	13.32	6.63	-6.58	-13.11	-19.59	-26.02	-32.40	-38.74	-45.02	-51.26	-54.56
44	28.79	24.16	18.05	11.99	5.97	-5.93	-11.81	-17.65	-23.45	-29.21	-34.92	-40.60	-46.23	-49.21
45	31.70	26.59	19.86	13.19	6.57	-6.52	-12.98	-19.40	-25.76	-32.08	-38.35	-44.57	-50.75	-54.02
46	31.12	26.11	19.51	12.95	6.45	-6.40	-12.75	-19.05	-25.31	-31.52	-37.68	-43.79	-49.86	-53.07
47	31.23	26.20	19.57	12.99	6.47	-6.42	-12.79	-19.11	-25.38	-31.60	-37.78	-43.91	-49.99	-53.21
48	30.65	25.72	19.21	12.76	6.35	-6.31	-12.56	-18.78	-24.94	-31.06	-37.13	-43.16	-49.14	-52.31
49	31.72	26.61	19.87	13.20	6.57	-6.52	-12.99	-19.41	-25.78	-32.10	-38.38	-44.60	-50.78	-54.05
50	30.76	25.80	19.28	12.80	6.38	-6.32	-12.60	-18.83	-25.01	-31.15	-37.24	-43.28	-49.28	-52.46
51	32.62	27.37	20.44	13.57	6.76	-6.71	-13.36	-19.96	-26.51	-33.01	-39.46	-45.86	-52.22	-55.58
52	30.21	25.35	18.94	12.58	6.27	-6.21	-12.37	-18.49	-24.56	-30.59	-36.57	-42.51	-48.40	-51.53
53	29.58	24.82	18.54	12.32	6.13	-6.09	-12.13	-18.13	-24.08	-29.99	-35.85	-41.68	-47.46	-50.52
54	32.42	27.20	20.31	13.49	6.72	-6.66	-13.27	-19.84	-26.34	-32.80	-39.21	-45.57	-51.89	-55.23

续表

1.0 kg 干空气的水蒸气含量 d/(g·kg⁻¹)

序号	0.493	2	4	6	8	12	14	16	18	20	22	24	26	27.065
55	30.51	25.59	19.12	12.69	6.32	-6.28	-12.51	-18.69	-24.82	-30.91	-36.95	-42.95	-48.90	-52.06
56	29.35	24.62	18.39	12.22	6.08	-6.04	-12.03	-17.98	-23.88	-29.75	-35.56	-41.34	-47.07	-50.11
57	28.55	23.96	17.90	11.89	5.92	-5.88	-11.71	-17.50	-23.25	-28.96	-34.63	-40.26	-45.85	-48.81
58	30.27	25.40	18.97	12.60	6.28	-6.23	-12.41	-18.54	-24.63	-30.67	-36.67	-42.62	-48.53	-51.65
59	32.62	27.37	20.44	13.57	6.76	-6.71	-13.36	-19.96	-26.51	-33.01	-39.46	-45.86	-52.22	-55.58
60	31.08	26.08	19.48	12.93	6.44	-6.40	-12.74	-19.03	-25.28	-31.48	-37.63	-43.74	-49.80	-53.01
61	31.59	26.50	19.79	13.14	6.54	-6.50	-12.94	-19.33	-25.67	-31.97	-38.21	-44.41	-50.56	-53.82
62	30.30	25.42	18.99	12.61	6.28	-6.24	-12.42	-18.56	-24.65	-30.70	-36.70	-42.66	-48.57	-51.71
63	28.81	24.18	18.07	12.00	5.98	-5.93	-11.81	-17.66	-23.46	-29.22	-34.94	-40.61	-46.25	-49.23
64	31.09	26.08	19.49	12.94	6.45	-6.39	-12.74	-19.03	-25.28	-31.49	-37.64	-43.75	-49.82	-53.03
65	30.51	25.60	19.12	12.70	6.33	-6.27	-12.50	-18.68	-24.82	-30.91	-36.95	-42.95	-48.90	-52.06
66	28.84	24.20	18.08	12.01	5.98	-5.93	-11.83	-17.68	-23.48	-29.25	-34.97	-40.65	-46.29	-49.28
67	31.09	26.09	19.49	12.94	6.44	-6.39	-12.74	-19.03	-25.28	-31.48	-37.63	-43.74	-49.80	-53.01
68	28.86	24.22	18.09	12.02	5.99	-5.94	-11.84	-17.70	-23.51	-29.28	-35.01	-40.69	-46.34	-49.33
69	27.60	23.16	17.30	11.49	5.72	-5.69	-11.33	-16.94	-22.96	-28.03	-33.52	-38.97	-44.38	-47.25
70	28.19	23.65	17.68	11.74	5.85	-5.80	-11.56	-17.28	-22.96	-28.60	-34.20	-39.76	-45.28	-48.20
71	31.99	26.84	20.05	13.31	6.63	-6.58	-13.10	-19.58	-26.00	-32.38	-38.70	-44.98	-51.22	-54.52
72	31.14	26.12	19.51	12.96	6.45	-6.41	-12.76	-19.06	-25.32	-31.53	-37.69	-43.81	-49.88	-53.09
73	29.22	24.52	18.32	12.16	6.06	-6.02	-11.99	-17.92	-23.80	-29.64	-35.44	-41.20	-46.91	-49.94

续表

序号	0.493	2	4	6	8	12	14	16	18	20	22	24	26	27.065
					1.0 kg 干空气的水蒸气含量 d/(g·kg^{-1})									
74	30.01	25.18	18.81	12.49	6.22	-6.17	-12.30	-18.38	-24.42	-30.41	-36.36	-42.26	-48.12	-51.23
75	30.25	25.38	18.96	12.59	6.27	-6.23	-12.40	-18.53	-24.62	-30.65	-36.65	-42.60	-48.51	-51.63
76	30.25	25.38	18.96	12.59	6.27	-6.23	-12.40	-18.53	-24.62	-30.65	-36.65	-42.60	-48.51	-51.63
77	32.82	27.53	20.56	13.65	6.80	-6.75	-13.44	-20.08	-26.66	-33.20	-39.68	-46.12	-52.50	-55.89
78	30.09	25.25	18.87	12.53	6.24	-6.19	-12.33	-18.43	-24.49	-30.50	-36.46	-42.39	-48.27	-51.38
79	30.59	25.66	19.17	12.73	6.34	-6.29	-12.53	-18.73	-24.88	-30.98	-37.04	-43.05	-49.02	-52.18
80	30.96	25.97	19.40	12.89	6.42	-6.36	-12.68	-18.95	-25.17	-31.35	-37.47	-43.56	-49.60	-52.79
81	31.32	26.28	19.63	13.04	6.50	-6.44	-12.83	-19.17	-25.46	-31.71	-37.91	-44.06	-50.16	-53.40
82	30.86	25.89	19.33	12.84	6.39	-6.34	-12.63	-18.87	-25.06	-31.20	-37.30	-43.35	-49.35	-52.53
83	31.50	26.43	19.74	13.11	6.53	-6.47	-12.90	-19.28	-25.60	-31.88	-38.11	-44.30	-50.44	-53.69
84	31.29	26.25	19.61	13.02	6.49	-6.43	-12.81	-19.15	-25.43	-31.67	-37.86	-44.01	-50.11	-53.34
85	26.99	22.65	16.93	11.24	5.60	-5.56	-11.08	-16.56	-22.01	-27.42	-32.79	-38.12	-43.42	-46.22
86	30.77	25.81	19.28	12.81	6.38	-6.33	-12.61	-18.84	-25.02	-31.16	-37.25	-43.30	-49.30	-52.48
87	31.01	26.02	19.44	12.91	6.43	-6.38	-12.71	-18.99	-25.22	-31.40	-37.54	-43.64	-49.69	-52.89
88	31.01	26.02	19.44	12.91	6.43	-6.38	-12.71	-18.99	-25.22	-31.40	-37.54	-43.64	-49.69	-52.89
89	30.87	25.90	19.35	12.85	6.40	-6.35	-12.65	-18.90	-25.10	-31.25	-37.36	-43.43	-49.45	-52.63
90	24.67	20.70	15.48	10.28	5.13	-5.09	-10.15	-15.17	-20.16	-25.12	-30.05	-34.95	-39.81	-42.39
91	31.30	26.26	19.62	13.03	6.49	-6.44	-12.82	-19.16	-25.45	-31.69	-37.88	-44.03	-50.13	-53.36

本表序号对应于表 2 – 1。

表9-10　1.0 kg干空气的水蒸气含量 d 值对中国收到基贫煤绝热燃烧温度的影响（Δt_{aE}）　℃

序号	1.0 kg干空气的水蒸气含量 d/(g·kg^{-1})													
	0.493	2	4	6	8	12	14	16	18	20	22	24	26	27.065
1	32.39	27.17	20.30	13.48	6.71	-6.66	-13.26	-19.82	-26.32	-32.78	-39.18	-45.54	-51.85	-55.19
2	33.82	28.37	21.19	14.07	7.01	-6.94	-13.83	-20.67	-27.44	-34.17	-40.84	-47.46	-54.03	-57.51
3	31.26	26.22	19.59	13.01	6.48	-6.42	-12.80	-19.13	-25.41	-31.64	-37.82	-43.96	-50.05	-53.27
4	32.09	26.92	20.11	13.35	6.65	-6.59	-13.14	-19.63	-26.08	-32.47	-38.82	-45.11	-51.36	-54.67
5	30.06	25.22	18.84	12.51	6.23	-6.19	-12.33	-18.42	-24.47	-30.47	-36.43	-42.35	-48.22	-51.33
6	31.60	26.51	19.81	13.15	6.55	-6.49	-12.94	-19.34	-25.68	-31.98	-38.24	-44.44	-50.60	-53.86
7	31.80	26.68	19.93	13.23	6.59	-6.54	-13.03	-19.47	-25.86	-32.20	-38.49	-44.74	-50.94	-54.22
8	32.92	27.62	20.63	13.70	6.82	-6.76	-13.47	-20.13	-26.73	-33.29	-39.79	-46.24	-52.65	-56.04
9	31.20	26.18	19.55	12.98	6.46	-6.42	-12.79	-19.11	-25.38	-31.61	-37.79	-43.92	-50.01	-53.23
10	31.48	26.41	19.73	13.10	6.52	-6.47	-12.89	-19.27	-25.59	-31.86	-38.09	-44.27	-50.41	-53.66
11	30.72	25.77	19.25	12.78	6.36	-6.32	-12.59	-18.81	-24.99	-31.11	-37.20	-43.23	-49.23	-52.40
12	30.98	25.99	19.42	12.89	6.42	-6.37	-12.69	-18.97	-25.20	-31.38	-37.51	-43.60	-49.64	-52.84
13	29.58	24.82	18.54	12.31	6.13	-6.09	-12.14	-18.14	-24.10	-30.01	-35.88	-41.71	-47.49	-50.56
14	25.00	20.99	15.69	10.42	5.20	-5.16	-10.28	-15.37	-20.43	-25.46	-30.45	-35.41	-40.34	-42.96
15	32.80	27.52	20.56	13.65	6.80	-6.74	-13.43	-20.07	-26.65	-33.19	-39.67	-46.11	-52.49	-55.87
16	32.23	27.04	20.20	13.41	6.68	-6.63	-13.20	-19.73	-26.20	-32.63	-39.00	-45.33	-51.61	-54.94
17	33.02	27.70	20.69	13.74	6.84	-6.78	-13.51	-20.19	-26.81	-33.38	-39.90	-46.37	-52.79	-56.19
18	30.96	25.98	19.41	12.89	6.42	-6.37	-12.70	-18.97	-25.20	-31.39	-37.53	-43.62	-49.67	-52.87

续表

序号	0.493	2	4	6	8	12	14	16	18	20	22	24	26	27.065
						1.0 kg 干空气的水蒸气含量 d/(g·kg⁻¹)								
19	33.73	28.29	21.13	14.03	6.99	-6.92	-13.80	-20.61	-27.37	-34.08	-40.74	-47.34	-53.90	-57.37
20	30.15	25.29	18.90	12.55	6.25	-6.20	-12.35	-18.46	-24.53	-30.55	-36.52	-42.46	-48.35	-51.46
21	32.11	26.94	20.12	13.36	6.66	-6.60	-13.15	-19.65	-26.10	-32.50	-38.85	-45.15	-51.40	-54.72
22	31.78	26.66	19.92	13.22	6.58	-6.54	-13.02	-19.46	-25.84	-32.18	-38.46	-44.71	-50.90	-54.18
23	33.36	27.98	20.90	13.88	6.91	-6.85	-13.65	-20.40	-27.09	-33.73	-40.32	-46.85	-53.34	-56.78
24	31.61	26.52	19.81	13.15	6.55	-6.51	-12.96	-19.36	-25.72	-32.02	-38.28	-44.49	-50.66	-53.92
25	31.80	26.68	19.93	13.23	6.59	-6.54	-13.03	-19.46	-25.85	-32.19	-38.48	-44.73	-50.92	-54.20
26	32.48	27.25	20.35	13.51	6.73	-6.67	-13.29	-19.85	-26.37	-32.83	-39.24	-45.60	-51.92	-55.26
27	33.45	28.06	20.95	13.91	6.93	-6.87	-13.68	-20.44	-27.14	-33.79	-40.39	-46.93	-53.43	-56.87
28	33.45	28.06	20.95	13.91	6.93	-6.87	-13.68	-20.44	-27.14	-33.79	-40.39	-46.93	-53.43	-56.87
29	29.15	24.46	18.28	12.14	6.05	-6.00	-11.96	-17.87	-23.74	-29.57	-35.35	-41.10	-46.80	-49.82
30	31.86	26.73	19.96	13.26	6.60	-6.55	-13.05	-19.50	-25.89	-32.24	-38.54	-44.79	-51.00	-54.29
31	31.85	26.71	19.95	13.25	6.60	-6.55	-13.05	-19.49	-25.89	-32.24	-38.54	-44.79	-50.99	-54.28
32	30.70	25.76	19.24	12.78	6.36	-6.32	-12.59	-18.81	-24.98	-31.11	-37.19	-43.23	-49.22	-52.40
33	31.33	26.29	19.64	13.04	6.49	-6.44	-12.83	-19.18	-25.47	-31.72	-37.92	-44.07	-50.18	-53.41
34	32.76	27.48	20.53	13.63	6.79	-6.73	-13.41	-20.04	-26.61	-33.14	-39.62	-46.04	-52.42	-55.80
35	30.36	25.48	19.03	12.64	6.29	-6.25	-12.45	-18.60	-24.71	-30.77	-36.79	-42.76	-48.69	-51.83
36	30.20	25.34	18.93	12.57	6.26	-6.21	-12.37	-18.49	-24.57	-30.59	-36.58	-42.52	-48.41	-51.54

续表

序号	1.0 kg 干空气的水蒸气含量 $d/(\text{g} \cdot \text{kg}^{-1})$													
	0.493	2	4	6	8	12	14	16	18	20	22	24	26	27.065
37	31.74	26.63	19.89	13.21	6.58	-6.52	-12.99	-19.41	-25.78	-32.11	-38.38	-44.60	-50.78	-54.05
38	30.27	25.40	18.98	12.60	6.28	-6.23	-12.41	-18.55	-24.64	-30.69	-36.69	-42.65	-48.56	-51.70
39	33.79	28.35	21.17	14.06	7.00	-6.94	-13.83	-20.66	-27.43	-34.15	-40.82	-47.44	-54.01	-57.49
40	32.41	27.19	20.31	13.49	6.72	-6.66	-13.27	-19.83	-26.34	-32.80	-39.21	-45.57	-51.89	-55.23
41	32.50	27.26	20.36	13.52	6.73	-6.67	-13.30	-19.87	-26.39	-32.86	-39.27	-45.64	-51.96	-55.31
42	31.12	26.11	19.50	12.95	6.45	-6.40	-12.75	-19.05	-25.30	-31.51	-37.66	-43.77	-49.84	-53.05
43	31.90	26.76	19.99	13.27	6.61	-6.56	-13.07	-19.52	-25.93	-32.28	-38.59	-44.85	-51.06	-54.35
44	32.69	27.43	20.49	13.60	6.77	-6.72	-13.39	-20.00	-26.56	-33.07	-39.54	-45.95	-52.32	-55.68
45	30.11	25.26	18.87	12.53	6.24	-6.20	-12.35	-18.45	-24.51	-30.52	-36.49	-42.42	-48.30	-51.41
46	31.54	26.46	19.76	13.12	6.53	-6.49	-12.92	-19.30	-25.64	-31.93	-38.16	-44.36	-50.50	-53.76
47	32.48	27.25	20.35	13.52	6.73	-6.67	-13.30	-19.87	-26.39	-32.86	-39.29	-45.66	-51.99	-55.34
48	29.89	25.08	18.74	12.44	6.20	-6.15	-12.26	-18.32	-24.33	-30.30	-36.23	-42.11	-47.95	-51.04
49	33.21	27.86	20.81	13.82	6.88	-6.82	-13.59	-20.31	-26.97	-33.58	-40.14	-46.65	-53.10	-56.52
50	26.06	21.87	16.34	10.86	5.41	-5.37	-10.71	-16.01	-21.27	-26.49	-31.68	-36.84	-41.96	-44.68
51	30.51	25.60	19.12	12.70	6.32	-6.28	-12.51	-18.68	-24.82	-30.90	-36.94	-42.94	-48.89	-52.04
52	31.47	26.40	19.72	13.10	6.52	-6.47	-12.89	-19.26	-25.58	-31.85	-38.08	-44.26	-50.39	-53.64
53	31.58	26.49	19.79	13.14	6.55	-6.49	-12.93	-19.32	-25.66	-31.96	-38.20	-44.40	-50.55	-53.81
54	30.93	25.95	19.38	12.87	6.41	-6.36	-12.67	-18.93	-25.15	-31.32	-37.44	-43.51	-49.54	-52.74

续表

序号	1.0 kg干空气的水蒸气含量 d/(g·kg⁻¹)													
	0.493	2	4	6	8	12	14	16	18	20	22	24	26	27.065
55	30.76	25.80	19.28	12.80	6.38	-6.32	-12.60	-18.82	-25.01	-31.14	-37.23	-43.27	-49.27	-52.44
56	31.98	26.83	20.04	13.31	6.63	-6.57	-13.09	-19.56	-25.98	-32.35	-38.68	-44.96	-51.18	-54.48
57	30.02	25.19	18.82	12.50	6.22	-6.18	-12.31	-18.39	-24.43	-30.42	-36.37	-42.28	-48.14	-51.24
58	32.25	27.06	20.21	13.42	6.68	-6.63	-13.21	-19.73	-26.21	-32.63	-39.01	-45.33	-51.61	-54.94
59	30.39	25.50	19.05	12.65	6.30	-6.25	-12.45	-18.61	-24.72	-30.78	-36.80	-42.77	-48.70	-51.84
60	30.78	25.82	19.29	12.81	6.38	-6.33	-12.62	-18.85	-25.04	-31.18	-37.28	-43.33	-49.33	-52.51
61	29.47	24.73	18.47	12.27	6.11	-6.06	-12.08	-18.05	-23.98	-29.87	-35.71	-41.51	-47.27	-50.32
62	31.21	26.19	19.56	12.99	6.47	-6.42	-12.79	-19.11	-25.38	-31.61	-37.78	-43.91	-50.00	-53.22
63	31.21	26.19	19.56	12.99	6.47	-6.42	-12.79	-19.11	-25.38	-31.61	-37.78	-43.91	-50.00	-53.22
64	30.39	25.50	19.05	12.65	6.30	-6.25	-12.45	-18.61	-24.72	-30.78	-36.80	-42.77	-48.70	-51.84
65	30.32	25.44	19.00	12.62	6.29	-6.23	-12.42	-18.57	-24.66	-30.71	-36.72	-42.68	-48.60	-51.73
66	33.42	28.03	20.94	13.90	6.92	-6.87	-13.68	-20.43	-27.14	-33.78	-40.38	-46.93	-53.42	-56.86
67	31.36	26.31	19.65	13.05	6.50	-6.45	-12.85	-19.20	-25.51	-31.76	-37.97	-44.13	-50.25	-53.49
68	30.07	25.23	18.85	12.51	6.23	-6.19	-12.33	-18.42	-24.47	-30.47	-36.43	-42.34	-48.21	-51.32
69	31.93	26.79	20.01	13.29	6.62	-6.56	-13.08	-19.54	-25.96	-32.32	-38.64	-44.91	-51.14	-54.43
70	31.57	26.48	19.78	13.14	6.54	-6.49	-12.93	-19.32	-25.66	-31.95	-38.19	-44.39	-50.54	-53.80
71	31.42	26.36	19.69	13.08	6.51	-6.46	-12.87	-19.23	-25.54	-31.80	-38.02	-44.19	-50.32	-53.56
72	32.34	27.13	20.26	13.45	6.70	-6.65	-13.24	-19.78	-26.27	-32.71	-39.10	-45.44	-51.73	-55.06

续表

序号	1.0 kg 干空气的水蒸气含量 $d/(g \cdot kg^{-1})$													
	0.493	2	4	6	8	12	14	16	18	20	22	24	26	27.065
73	30.05	25.21	18.84	12.51	6.23	-6.19	-12.33	-18.42	-24.47	-30.48	-36.44	-42.35	-48.23	-51.34
74	31.62	26.52	19.81	13.15	6.55	-6.50	-12.95	-19.35	-25.70	-32.00	-38.26	-44.46	-50.62	-53.88
75	30.70	25.76	19.24	12.78	6.36	-6.31	-12.58	-18.80	-24.97	-31.10	-37.18	-43.22	-49.21	-52.38
76	31.62	26.52	19.81	13.16	6.55	-6.50	-12.95	-19.35	-25.70	-32.00	-38.25	-44.45	-50.61	-53.87
77	31.43	26.36	19.69	13.07	6.51	-6.46	-12.88	-19.24	-25.55	-31.81	-38.03	-44.20	-50.32	-53.57
78	29.75	24.96	18.65	12.39	6.17	-6.12	-12.19	-18.22	-24.21	-30.15	-36.04	-41.90	-47.71	-50.79
79	32.49	27.25	20.35	13.51	6.73	-6.68	-13.30	-19.88	-26.40	-32.87	-39.29	-45.66	-51.98	-55.32
80	31.98	26.83	20.04	13.31	6.63	-6.57	-13.09	-19.56	-25.97	-32.34	-38.66	-44.93	-51.15	-54.45
81	30.68	25.74	19.23	12.77	6.36	-6.31	-12.57	-18.78	-24.95	-31.07	-37.14	-43.17	-49.16	-52.33
82	30.44	25.53	19.07	12.67	6.31	-6.26	-12.47	-18.63	-24.75	-30.82	-36.84	-42.82	-48.76	-51.90
83	30.81	25.85	19.31	12.82	6.39	-6.34	-12.63	-18.87	-25.06	-31.21	-37.31	-43.36	-49.37	-52.55
84	30.43	25.53	19.07	12.66	6.31	-6.27	-12.48	-18.65	-24.77	-30.84	-36.87	-42.85	-48.79	-51.94
85	30.17	25.32	18.91	12.56	6.26	-6.20	-12.36	-18.48	-24.54	-30.57	-36.54	-42.48	-48.37	-51.48
86	32.08	26.91	20.09	13.34	6.64	-6.59	-13.13	-19.61	-26.04	-32.42	-38.75	-45.03	-51.26	-54.56
87	31.36	26.31	19.65	13.05	6.50	-6.45	-12.85	-19.21	-25.51	-31.77	-37.97	-44.14	-50.25	-53.49
88	31.28	26.24	19.60	13.02	6.48	-6.43	-12.81	-19.14	-25.42	-31.65	-37.83	-43.97	-50.07	-53.29

本表序号对应于表2-2。

表9-11　1.0 kg干空气的水蒸气含量 d 值对中国收到基烟煤绝热燃烧温度的影响（ Δt_{aE} ）　　　　℃

序号	\multicolumn{14}{c}{1.0 kg干空气的水蒸气含量 d/(g·kg^{-1})}
	0.493	2	4	6	8	12	14	16	18	20	22	24	26	27.065
1	35.93	30.13	22.49	14.92	7.43	-7.36	-14.65	-21.88	-29.04	-36.15	-43.19	-50.17	-57.09	-60.76
2	35.81	30.03	22.42	14.88	7.41	-7.35	-14.63	-21.84	-29.00	-36.10	-43.14	-50.12	-57.04	-60.70
3	28.49	23.90	17.86	11.86	5.91	-5.87	-11.69	-17.47	-23.21	-28.90	-34.56	-40.17	-45.75	-48.70
4	33.10	27.77	20.74	13.77	6.85	-6.80	-13.55	-20.24	-26.88	-33.47	-40.01	-46.50	-52.93	-56.34
5	34.37	28.83	21.53	14.29	7.12	-7.07	-14.07	-21.02	-27.91	-34.75	-41.54	-48.27	-54.95	-58.49
6	32.09	26.92	20.11	13.35	6.65	-6.59	-13.13	-19.62	-26.06	-32.45	-38.80	-45.09	-51.33	-54.64
7	28.23	23.69	17.70	11.75	5.86	-5.80	-11.57	-17.29	-22.97	-28.60	-34.20	-39.75	-45.27	-48.19
8	31.69	26.57	19.84	13.17	6.55	-6.50	-12.94	-19.33	-25.67	-31.95	-38.18	-44.36	-50.49	-53.74
9	33.96	28.48	21.26	14.11	7.02	-6.96	-13.85	-20.69	-27.47	-34.19	-40.85	-47.46	-54.01	-57.48
10	33.79	28.34	21.17	14.06	7.00	-6.94	-13.82	-20.65	-27.43	-34.15	-40.82	-47.44	-54.00	-57.48
11	30.91	25.93	19.36	12.86	6.40	-6.36	-12.66	-18.91	-25.12	-31.28	-37.39	-43.45	-49.47	-52.66
12	34.97	29.33	21.90	14.54	7.24	-7.18	-14.30	-21.36	-28.37	-35.32	-42.21	-49.05	-55.83	-59.42
13	32.57	27.32	20.40	13.55	6.75	-6.69	-13.32	-19.90	-26.42	-32.90	-39.32	-45.70	-52.02	-55.37
14	31.75	26.63	19.89	13.20	6.57	-6.52	-12.98	-19.40	-25.76	-32.07	-38.33	-44.54	-50.71	-53.97
15	34.32	28.78	21.49	14.26	7.10	-7.04	-14.02	-20.93	-27.79	-34.59	-41.33	-48.02	-54.66	-58.17
16	29.32	24.60	18.37	12.20	6.08	-6.02	-12.00	-17.94	-23.83	-29.67	-35.47	-41.23	-46.95	-49.97
17	34.64	29.05	21.69	14.40	7.17	-7.11	-14.17	-21.16	-28.10	-34.98	-41.81	-48.58	-55.30	-58.85
18	32.61	27.36	20.43	13.56	6.76	-6.69	-13.34	-19.93	-26.46	-32.95	-39.38	-45.77	-52.10	-55.46

续表

序号	\multicolumn{14}{c}{1.0 kg 干空气的水蒸气含量 $d/(\text{g}\cdot\text{kg}^{-1})$}
	0.493	2	4	6	8	12	14	16	18	20	22	24	26	27.065
19	33.12	27.78	20.75	13.78	6.86	-6.81	-13.57	-20.27	-26.92	-33.52	-40.07	-46.57	-53.02	-56.43
20	34.82	29.21	21.81	14.48	7.21	-7.15	-14.24	-21.28	-28.25	-35.17	-42.04	-48.85	-55.61	-59.19
21	35.67	29.91	22.33	14.82	7.37	-7.31	-14.55	-21.73	-28.85	-35.91	-42.91	-49.85	-56.73	-60.37
22	30.03	25.19	18.82	12.49	6.22	-6.18	-12.31	-18.39	-24.42	-30.41	-36.36	-42.26	-48.12	-51.23
23	29.52	24.76	18.50	12.29	6.12	-6.07	-12.09	-18.07	-24.00	-29.88	-35.73	-41.53	-47.29	-50.34
24	35.78	30.00	22.39	14.85	7.39	-7.32	-14.57	-21.75	-28.87	-35.92	-42.91	-49.84	-56.71	-60.35
25	33.80	28.35	21.17	14.05	7.00	-6.93	-13.81	-20.63	-27.39	-34.10	-40.76	-47.36	-53.91	-57.37
26	30.52	25.61	19.13	12.70	6.33	-6.28	-12.51	-18.69	-24.83	-30.92	-36.96	-42.97	-48.92	-52.08
27	33.50	28.09	20.97	13.92	6.93	-6.87	-13.68	-20.43	-27.12	-33.76	-40.34	-46.87	-53.34	-56.77
28	32.63	27.37	20.43	13.56	6.75	-6.70	-13.34	-19.93	-26.46	-32.94	-39.36	-45.74	-52.07	-55.42
29	35.58	29.83	22.28	14.78	7.36	-7.30	-14.53	-21.71	-28.82	-35.88	-42.87	-49.81	-56.70	-60.34
30	30.47	25.56	19.09	12.67	6.31	-6.26	-12.47	-18.64	-24.75	-30.82	-36.84	-42.81	-48.74	-51.88
31	36.01	30.20	22.55	14.97	7.45	-7.39	-14.72	-21.98	-29.19	-36.33	-43.42	-50.45	-57.43	-61.12
32	33.95	28.48	21.27	14.12	7.03	-6.98	-13.89	-20.75	-27.55	-34.30	-41.00	-47.64	-54.23	-57.72
33	32.28	27.07	20.21	13.41	6.68	-6.61	-13.17	-19.68	-26.12	-32.52	-38.86	-45.15	-51.39	-54.69
34	29.26	24.55	18.34	12.18	6.07	-6.02	-11.99	-17.92	-23.81	-29.65	-35.45	-41.21	-46.93	-49.96
35	29.52	24.77	18.51	12.29	6.12	-6.08	-12.11	-18.09	-24.04	-29.94	-35.79	-41.61	-47.38	-50.43
36	35.19	29.51	22.04	14.63	7.28	-7.22	-14.38	-21.48	-28.52	-35.50	-42.43	-49.30	-56.12	-59.73

续表

序号	\multicolumn{14}{c}{1.0 kg 干空气的水蒸气含量 $d/(\mathrm{g}\cdot\mathrm{kg}^{-1})$}
	0.493	2	4	6	8	12	14	16	18	20	22	24	26	27.065
37	30.23	25.36	18.94	12.58	6.26	-6.22	-12.38	-18.50	-24.57	-30.60	-36.58	-42.51	-48.40	-51.52
38	34.65	29.06	21.71	14.41	7.17	-7.12	-14.18	-21.18	-28.12	-35.01	-41.85	-48.63	-55.36	-58.92
39	33.97	28.49	21.28	14.13	7.04	-6.98	-13.91	-20.78	-27.59	-34.36	-41.07	-47.73	-54.34	-57.84
40	31.89	26.76	19.99	13.27	6.61	-6.56	-13.07	-19.53	-25.94	-32.31	-38.62	-44.89	-51.11	-54.41
41	34.81	29.19	21.80	14.47	7.20	-7.14	-14.21	-21.23	-28.19	-35.09	-41.94	-48.72	-55.46	-59.02
42	33.55	28.14	21.01	13.94	6.94	-6.88	-13.71	-20.47	-27.18	-33.83	-40.43	-46.98	-53.47	-56.91
43	33.56	28.15	21.01	13.95	6.94	-6.89	-13.71	-20.48	-27.19	-33.84	-40.44	-46.99	-53.48	-56.92
44	30.75	25.80	19.28	12.80	6.38	-6.32	-12.60	-18.83	-25.02	-31.16	-37.25	-43.30	-49.31	-52.49
45	28.44	23.87	17.83	11.85	5.90	-5.85	-11.67	-17.44	-23.17	-28.86	-34.51	-40.13	-45.70	-48.65
46	37.76	31.65	23.61	15.65	7.79	-7.70	-15.33	-22.88	-30.36	-37.76	-45.09	-52.36	-59.55	-63.36
47	32.43	27.21	20.32	13.49	6.72	-6.67	-13.28	-19.84	-26.35	-32.82	-39.23	-45.59	-51.91	-55.25
48	33.61	28.18	21.04	13.96	6.95	-6.88	-13.70	-20.46	-27.17	-33.81	-40.40	-46.93	-53.40	-56.83
49	32.90	27.60	20.61	13.68	6.81	-6.76	-13.46	-20.11	-26.70	-33.25	-39.74	-46.18	-52.57	-55.95
50	32.22	27.03	20.19	13.40	6.67	-6.62	-13.18	-19.70	-26.16	-32.57	-38.94	-45.25	-51.52	-54.83
51	33.53	28.12	20.99	13.93	6.94	-6.87	-13.68	-20.44	-27.14	-33.78	-40.37	-46.91	-53.39	-56.82
52	32.80	27.51	20.54	13.63	6.79	-6.72	-13.39	-20.00	-26.56	-33.06	-39.50	-45.90	-52.24	-55.60
53	34.18	28.68	21.42	14.23	7.09	-7.03	-14.00	-20.92	-27.79	-34.61	-41.37	-48.08	-54.75	-58.28
54	35.55	29.81	22.25	14.77	7.35	-7.29	-14.51	-21.67	-28.77	-35.81	-42.79	-49.71	-56.57	-60.20

续表

序号	1.0 kg 干空气的水蒸气含量 $d/(\text{g}\cdot\text{kg}^{-1})$													
	0.493	2	4	6	8	12	14	16	18	20	22	24	26	27.065
55	28.84	24.20	18.08	12.01	5.98	-5.93	-11.82	-17.67	-23.47	-29.24	-34.96	-40.64	-46.28	-49.27
56	32.66	27.40	20.46	13.59	6.77	-6.71	-13.37	-19.98	-26.54	-33.05	-39.51	-45.92	-52.28	-55.65
57	32.73	27.45	20.50	13.61	6.78	-6.72	-13.38	-19.99	-26.55	-33.06	-39.51	-45.92	-52.27	-55.64
58	34.00	28.52	21.29	14.13	7.04	-6.97	-13.89	-20.75	-27.55	-34.30	-40.99	-47.63	-54.21	-57.70
59	32.56	27.31	20.40	13.54	6.74	-6.68	-13.32	-19.89	-26.42	-32.89	-39.31	-45.68	-52.00	-55.35
60	33.23	27.87	20.81	13.82	6.88	-6.82	-13.58	-20.29	-26.95	-33.55	-40.10	-46.60	-53.04	-56.45
61	31.35	26.30	19.64	13.04	6.50	-6.44	-12.83	-19.17	-25.46	-31.70	-37.90	-44.04	-50.14	-53.37
62	30.58	25.66	19.17	12.73	6.34	-6.29	-12.54	-18.73	-24.88	-30.99	-37.05	-43.07	-49.04	-52.21
63	34.93	29.30	21.88	14.53	7.24	-7.17	-14.28	-21.34	-28.34	-35.29	-42.18	-49.01	-55.80	-59.39
64	33.34	27.97	20.88	13.86	6.90	-6.85	-13.64	-20.38	-27.07	-33.70	-40.28	-46.81	-53.29	-56.72
65	33.37	28.00	20.91	13.88	6.91	-6.86	-13.66	-20.41	-27.11	-33.75	-40.35	-46.89	-53.39	-56.82
66	30.03	25.20	18.82	12.49	6.22	-6.18	-12.30	-18.38	-24.41	-30.40	-36.34	-42.24	-48.09	-51.19
67	34.84	29.22	21.82	14.49	7.22	-7.15	-14.24	-21.28	-28.26	-35.18	-42.05	-48.86	-55.63	-59.20
68	33.16	27.81	20.77	13.79	6.87	-6.80	-13.56	-20.25	-26.90	-33.49	-40.03	-46.52	-52.95	-56.36
69	33.04	27.71	20.69	13.74	6.84	-6.79	-13.52	-20.20	-26.82	-33.39	-39.91	-46.38	-52.80	-56.20
70	32.88	27.58	20.60	13.67	6.81	-6.76	-13.46	-20.11	-26.70	-33.25	-39.74	-46.18	-52.57	-55.96
71	34.36	28.81	21.51	14.28	7.11	-7.05	-14.04	-20.97	-27.85	-34.67	-41.43	-48.14	-54.79	-58.32
72	34.41	28.86	21.55	14.31	7.13	-7.06	-14.06	-21.00	-27.89	-34.72	-41.50	-48.22	-54.89	-58.42

续表

序号	1.0 kg 干空气的水蒸气含量 $d/(g \cdot kg^{-1})$													
	0.493	2	4	6	8	12	14	16	18	20	22	24	26	27.065
73	32.74	27.46	20.51	13.62	6.78	-6.73	-13.40	-20.01	-26.58	-33.09	-39.56	-45.97	-52.33	-55.70
74	36.26	30.41	22.71	15.07	7.50	-7.45	-14.83	-22.15	-29.42	-36.62	-43.77	-50.86	-57.89	-61.62
75	30.18	25.32	18.92	12.56	6.26	-6.21	-12.37	-18.48	-24.54	-30.56	-36.54	-42.47	-48.36	-51.48
76	31.69	26.58	19.85	13.18	6.56	-6.51	-12.97	-19.37	-25.73	-32.03	-38.29	-44.50	-50.66	-53.92
77	34.74	29.13	21.74	14.43	7.18	-7.11	-14.16	-21.15	-28.08	-34.94	-41.75	-48.50	-55.20	-58.74
78	33.19	27.83	20.78	13.80	6.87	-6.81	-13.56	-20.25	-26.89	-33.48	-40.01	-46.49	-52.92	-56.32
79	31.70	26.58	19.85	13.18	5.56	-6.51	-12.96	-19.35	-25.70	-31.99	-38.24	-44.43	-50.58	-53.83
80	30.93	25.95	19.39	12.87	5.41	-6.36	-12.68	-18.95	-25.17	-31.34	-37.47	-43.55	-49.59	-52.79
81	35.24	29.56	22.07	14.65	7.29	-7.22	-14.38	-21.48	-28.53	-35.51	-42.43	-49.30	-56.11	-59.71
82	30.25	25.37	18.96	12.59	5.27	-6.22	-12.39	-18.52	-24.60	-30.64	-36.63	-42.57	-48.48	-51.60
83	34.25	28.72	21.45	14.24	7.09	-7.02	-13.99	-20.90	-27.76	-34.56	-41.30	-47.99	-54.63	-58.15
84	29.88	25.07	18.73	12.44	6.19	-6.14	-12.24	-18.30	-24.30	-30.27	-36.18	-42.06	-47.89	-50.98
85	33.80	28.35	21.17	14.05	7.00	-6.94	-13.82	-20.64	-27.41	-34.13	-40.79	-47.40	-53.96	-57.43
86	31.94	26.79	20.01	13.29	6.62	-6.56	-13.06	-19.51	-25.92	-32.27	-38.57	-44.82	-51.02	-54.31
87	33.78	28.33	21.15	14.04	6.99	-6.92	-13.79	-20.59	-27.34	-34.03	-40.66	-47.24	-53.77	-57.22
88	32.13	26.95	20.13	13.37	6.66	-6.60	-13.15	-19.65	-26.10	-32.50	-38.85	-45.16	-51.41	-54.73
89	30.29	25.41	18.99	12.61	6.28	-6.23	-12.41	-18.55	-24.65	-30.69	-36.70	-42.66	-48.57	-51.71
90	34.85	29.22	21.81	14.47	7.20	-7.14	-14.21	-21.21	-28.16	-35.04	-41.86	-48.63	-55.34	-58.88

续表

序号	0.493	2	4	6	8	12	14	16	18	20	22	24	26	27.065
						1.0 kg 干空气的水蒸气含量 $d/(\mathrm{g\cdot kg^{-1}})$								
91	31.04	26.05	19.46	12.93	6.44	-6.38	-12.72	-19.01	-25.26	-31.46	-37.62	-43.73	-49.79	-53.01
92	31.26	26.22	19.59	13.01	6.48	-6.42	-12.80	-19.12	-25.40	-31.63	-37.81	-43.95	-50.04	-53.27
93	32.10	26.92	20.11	13.35	6.65	-6.59	-13.14	-19.62	-26.06	-32.45	-38.79	-45.08	-51.32	-54.63
94	28.89	24.25	18.12	12.04	6.00	-5.96	-11.87	-17.74	-23.58	-29.37	-35.12	-40.83	-46.51	-49.51
95	32.38	27.16	20.28	13.47	6.71	-6.64	-13.24	-19.77	-26.26	-32.70	-39.08	-45.41	-51.70	-55.03
96	31.38	26.32	19.67	13.06	6.51	-6.46	-12.86	-19.22	-25.53	-31.80	-38.02	-44.19	-50.32	-53.57
97	32.48	27.25	20.36	13.52	6.73	-6.68	-13.31	-19.89	-26.41	-32.89	-39.32	-45.71	-52.04	-55.40
98	32.94	27.63	20.64	13.70	6.83	-6.76	-13.47	-20.13	-26.74	-33.29	-39.80	-46.25	-52.65	-56.05
99	31.85	26.72	19.96	13.25	6.60	-6.55	-13.05	-19.50	-25.90	-32.25	-38.56	-44.81	-51.03	-54.31
100	33.08	27.75	20.72	13.75	6.85	-6.79	-13.53	-20.21	-26.84	-33.42	-39.94	-46.42	-52.84	-56.24
101	31.66	26.56	19.84	13.17	6.56	-6.52	-12.98	-19.40	-25.76	-32.08	-38.36	-44.58	-50.76	-54.04
102	33.23	27.87	20.82	13.82	6.88	-6.83	-13.60	-20.32	-26.99	-33.60	-40.17	-46.68	-53.14	-56.57
103	33.28	27.92	20.85	13.84	6.89	-6.83	-13.61	-20.33	-27.00	-33.61	-40.17	-46.68	-53.14	-56.56
104	30.50	25.59	19.12	12.70	6.32	-6.27	-12.50	-18.68	-24.81	-30.90	-36.94	-42.94	-48.90	-52.05
105	33.81	28.35	21.18	14.06	7.00	-6.94	-13.82	-20.64	-27.41	-34.12	-40.78	-47.39	-53.95	-57.42
106	20.35	17.09	12.78	8.50	4.24	-4.21	-8.40	-12.57	-16.72	-20.84	-24.94	-29.02	-33.07	-35.23
107	34.49	28.92	21.59	14.33	7.13	-7.07	-14.08	-21.03	-27.92	-34.75	-41.52	-48.24	-54.90	-58.43
108	27.59	23.16	17.31	11.50	5.73	-5.69	-11.34	-16.95	-22.53	-28.06	-33.56	-39.03	-44.46	-47.33

续表

序号	0.493	2	4	6	8	12	14	16	18	20	22	24	26	27.065
	1.0 kg 干空气的水蒸气含量 $d/(g \cdot kg^{-1})$													
109	29.48	24.73	18.47	12.27	6.11	-6.06	-12.07	-18.04	-23.96	-29.83	-35.66	-41.45	-47.20	-50.24
110	32.10	26.93	20.11	13.35	6.65	-6.59	-13.13	-19.61	-26.04	-32.42	-38.75	-45.03	-51.27	-54.57
111	30.92	25.94	19.37	12.86	6.41	-6.36	-12.67	-18.93	-25.15	-31.32	-37.44	-43.51	-49.55	-52.74
112	33.58	28.17	21.04	13.97	6.96	-6.91	-13.76	-20.55	-27.30	-33.99	-40.63	-47.22	-53.77	-57.23
113	33.71	28.28	21.12	14.02	6.98	-6.93	-13.80	-20.62	-27.38	-34.09	-40.75	-47.36	-53.92	-57.39
114	32.32	27.11	20.24	13.44	6.69	-6.64	-13.22	-19.75	-26.22	-32.65	-39.02	-45.34	-51.62	-54.94
115	32.80	27.52	20.56	13.65	6.80	-6.74	-13.43	-20.06	-26.65	-33.19	-39.67	-46.11	-52.50	-55.88
116	33.67	28.24	21.10	14.01	6.97	-6.92	-13.78	-20.59	-27.35	-34.06	-40.71	-47.31	-53.86	-57.33
117	32.48	27.25	20.35	13.50	6.72	-6.67	-13.29	-19.84	-26.35	-32.81	-39.21	-45.56	-51.87	-55.20
118	32.86	27.56	20.57	13.66	6.80	-6.74	-13.42	-20.04	-26.61	-33.12	-39.58	-45.99	-52.35	-55.71
119	32.63	27.38	20.45	13.58	6.77	-6.71	-13.37	-19.97	-26.53	-33.04	-39.50	-45.91	-52.27	-55.64
120	33.00	27.68	20.68	13.73	6.84	-6.78	-13.51	-20.18	-26.81	-33.38	-39.90	-46.37	-52.79	-56.19
121	29.39	24.66	18.43	12.24	6.10	-6.05	-12.05	-18.01	-23.93	-29.80	-35.64	-41.43	-47.17	-50.22
122	31.48	26.40	19.72	13.09	6.51	-6.47	-12.87	-19.23	-25.54	-31.79	-38.00	-44.15	-50.26	-53.49
123	26.16	21.95	16.40	10.89	5.42	-5.39	-10.74	-16.05	-21.33	-26.56	-31.77	-36.93	-42.06	-44.78
124	35.21	29.53	22.06	14.65	7.29	-7.23	-14.40	-21.52	-28.57	-35.58	-42.52	-49.42	-56.26	-59.88
125	35.03	29.37	21.93	14.56	7.25	-7.18	-14.30	-21.36	-28.36	-35.30	-42.19	-49.02	-55.79	-59.37
126	30.67	25.73	19.21	12.76	6.35	-6.31	-12.57	-18.77	-24.93	-31.05	-37.12	-43.14	-49.12	-52.28

续表

序号	\multicolumn{14}{c}{1.0 kg 干空气的水蒸气含量 d/(g·kg^{-1})}
	0.493	2	4	6	8	12	14	16	18	20	22	24	26	27.065
127	30.60	25.67	19.19	12.75	6.35	-6.30	-12.55	-18.76	-24.93	-31.05	-37.13	-43.17	-49.16	-52.34
128	32.37	27.15	20.27	13.46	6.70	-6.65	-13.24	-19.78	-26.26	-32.70	-39.08	-45.42	-51.70	-55.03
129	32.06	26.90	20.10	13.34	6.65	-6.59	-13.13	-19.62	-26.07	-32.46	-38.81	-45.11	-51.36	-54.67
130	33.03	27.70	20.69	13.73	6.84	-6.78	-13.50	-20.16	-26.77	-33.33	-39.83	-46.29	-52.69	-56.08
131	33.45	28.06	20.96	13.92	6.93	-6.87	-13.70	-20.47	-27.19	-33.85	-40.47	-47.04	-53.56	-57.01
132	32.48	27.25	20.36	13.52	6.73	-6.68	-13.31	-19.89	-26.42	-32.90	-39.33	-45.71	-52.05	-55.40
133	33.98	28.50	21.29	14.13	7.04	-6.98	-13.90	-20.77	-27.58	-34.34	-41.05	-47.70	-54.30	-57.80
134	32.42	27.20	20.32	13.49	6.72	-6.67	-13.28	-19.85	-26.37	-32.84	-39.27	-45.64	-51.97	-55.33
135	33.16	27.82	20.78	13.80	6.87	-6.82	-13.59	-20.30	-26.97	-33.58	-40.15	-46.66	-53.13	-56.56
136	32.38	27.17	20.29	13.48	6.71	-6.66	-13.27	-19.83	-26.34	-32.80	-39.21	-45.57	-51.89	-55.24
137	32.04	26.88	20.07	13.33	6.63	-6.59	-13.12	-19.60	-26.03	-32.41	-38.74	-45.02	-51.26	-54.56
138	34.42	28.86	21.55	14.30	7.12	-7.07	-14.07	-21.01	-27.90	-34.72	-41.50	-48.22	-54.88	-58.41
139	31.35	26.29	19.63	13.03	6.49	-6.43	-12.81	-19.13	-25.40	-31.62	-37.79	-43.91	-49.98	-53.20
140	32.82	27.53	20.56	13.65	6.80	-6.74	-13.43	-20.07	-26.65	-33.18	-39.66	-46.10	-52.48	-55.86
141	33.58	28.17	21.04	13.97	6.96	-6.91	-13.76	-20.55	-27.30	-33.99	-40.63	-47.22	-53.76	-57.23
142	31.51	26.44	19.75	13.12	6.53	-6.48	-12.91	-19.29	-25.62	-31.91	-38.15	-44.35	-50.49	-53.75
143	32.92	27.61	20.62	13.68	6.81	-6.76	-13.47	-20.12	-26.71	-33.26	-39.75	-46.19	-52.58	-55.97
144	34.68	29.09	21.72	14.42	7.18	-7.13	-14.19	-21.20	-28.15	-35.04	-41.89	-48.67	-55.41	-58.97

续表

| 序号 | 1.0 kg 干空气的水蒸气含量 $d/(\mathrm{g \cdot kg^{-1}})$ | | | | | | | | | | | | | |
---	0.493	2	4	6	8	12	14	16	18	20	22	24	26	27.065
145	32.52	27.28	20.38	13.54	6.74	-6.69	-13.33	-19.92	-26.46	-32.95	-39.39	-45.79	-52.14	-55.50
146	25.85	21.70	16.22	10.78	5.37	-5.34	-10.64	-15.91	-21.15	-21.15	-31.52	-36.65	-41.75	-44.46
147	31.96	26.81	20.02	13.29	6.61	-6.57	-13.08	-19.54	-25.94	-32.30	-38.61	-44.87	-51.08	-54.36
148	31.48	26.41	19.73	13.10	6.53	-6.47	-12.90	-19.27	-25.60	-31.88	-38.11	-44.30	-50.45	-53.70
149	33.56	28.15	21.03	13.96	6.95	-6.90	-13.74	-20.52	-27.26	-33.94	-40.57	-47.15	-53.67	-57.13
150	33.36	27.99	20.90	13.88	6.91	-6.85	-13.66	-20.40	-27.10	-33.74	-40.33	-46.87	-53.36	-56.80
151	33.39	28.01	20.92	13.89	6.92	-6.86	-13.67	-20.42	-27.12	-33.77	-40.37	-46.92	-53.41	-56.85
152	33.27	27.91	20.85	13.85	6.90	-6.84	-13.63	-20.36	-27.04	-33.67	-40.25	-46.78	-53.26	-56.70
153	33.15	27.81	20.78	13.80	6.87	-6.82	-13.58	-20.29	-26.95	-33.56	-40.12	-46.64	-53.10	-56.52
154	32.85	27.56	20.58	13.67	6.81	-6.75	-13.46	-20.11	-26.71	-33.26	-39.76	-46.21	-52.62	-56.01
155	32.45	27.22	20.33	13.50	6.73	-6.66	-13.28	-19.85	-26.36	-32.83	-39.24	-45.61	-51.93	-55.27
156	32.50	27.26	20.36	13.52	6.73	-6.68	-13.31	-19.89	-26.41	-32.88	-39.31	-45.68	-52.01	-55.36
157	33.11	27.77	20.74	13.77	6.85	-6.80	-13.54	-20.23	-26.87	-33.45	-39.98	-46.45	-52.88	-56.28
158	32.13	26.96	20.14	13.37	6.66	-6.60	-13.15	-19.65	-26.10	-32.50	-38.86	-45.16	-51.42	-54.73
159	32.15	26.97	20.14	13.37	6.66	-6.60	-13.15	-19.65	-26.09	-32.49	-38.84	-45.13	-51.38	-54.69
160	31.66	26.56	19.84	13.17	6.56	-6.50	-12.96	-19.36	-25.72	-32.02	-38.28	-44.49	-50.65	-53.91
161	32.38	27.16	20.28	13.46	6.70	-6.65	-13.25	-19.80	-26.29	-32.73	-39.12	-45.46	-51.76	-55.09

续表

序号	1.0 kg 干空气的水蒸气含量 d/(g·kg⁻¹)													
	0.493	2	4	6	8	12	14	16	18	20	22	24	26	27.065
162	31.90	26.76	19.98	13.27	6.60	-6.56	-13.06	-19.51	-25.91	-32.26	-38.57	-44.82	-51.03	-54.31
163	31.82	26.69	19.93	13.23	6.59	-6.54	-13.02	-19.45	-25.83	-32.16	-38.43	-44.66	-50.84	-54.12
164	31.11	26.10	19.50	12.95	6.45	-6.41	-12.76	-19.07	-25.33	-31.55	-37.73	-43.86	-49.94	-53.16
165	32.31	27.09	20.23	13.43	6.68	-6.63	-13.21	-19.72	-26.19	-32.61	-38.97	-45.28	-51.54	-54.86
166	31.09	26.08	19.48	12.94	6.44	-6.40	-12.74	-19.04	-25.29	-31.50	-37.66	-43.77	-49.84	-53.05
167	31.09	26.08	19.48	12.94	6.44	-6.40	-12.74	-19.04	-25.29	-31.50	-37.66	-43.77	-49.84	-53.05
168	29.97	25.15	18.79	12.48	6.21	-6.17	-12.29	-18.36	-24.39	-30.37	-36.32	-42.21	-48.07	-51.17
169	29.48	24.74	18.49	12.28	6.12	-6.07	-12.10	-18.09	-24.04	-29.95	-35.82	-41.64	-47.43	-50.49
170	30.85	25.88	19.33	12.83	6.39	-6.34	-12.63	-18.87	-25.06	-31.21	-37.30	-43.35	-49.36	-52.54

本表序号对应于表 2-3。

表 9-12 1.0 kg 干空气的水蒸气含量 d 值对中国收到基褐煤绝热燃烧温度的影响（Δt_{aE}）

℃

序号	1.0 kg 干空气的水蒸气含量 d/(g·kg⁻¹)													
	0.493	2	4	6	8	12	14	16	18	20	22	24	26	27.065
1	30.59	25.66	19.17	12.73	6.34	-6.30	-12.54	-18.74	-24.89	-31.00	-37.06	-43.08	-49.05	-52.21
2	28.50	23.91	17.87	11.87	5.92	-5.86	-11.69	-17.48	-23.22	-28.92	-34.58	-40.21	-45.79	-48.75
3	27.70	23.24	17.37	11.54	5.75	-5.71	-11.37	-17.00	-22.59	-28.13	-33.64	-39.11	-44.55	-47.43

续表

序号	1.0 kg 干空气的水蒸气含量 $d/(\text{g·kg}^{-1})$													
	0.493	2	4	6	8	12	14	16	18	20	22	24	26	27.065
4	26.08	21.89	16.36	10.87	5.42	−5.37	−10.72	−16.02	−21.29	−26.52	−31.72	−36.89	−42.02	−44.73
5	30.29	25.41	18.98	12.60	6.27	−6.23	−12.41	−18.54	−24.62	−30.66	−36.65	−42.60	−48.50	−51.63
6	24.96	20.95	15.66	10.41	5.19	−5.15	−10.27	−15.36	−20.42	−25.44	−30.44	−35.40	−40.33	−42.94
7	26.09	21.89	16.36	10.87	5.42	−5.38	−10.73	−16.04	−21.31	−26.55	−31.75	−36.92	−42.06	−44.78
8	23.02	19.32	1⁙.45	9.60	4.79	−4.75	−9.48	−14.18	−18.84	−23.48	−28.09	−32.68	−37.23	−39.65
9	26.77	22.47	16.79	11.16	5.56	−5.52	−11.00	−16.45	−21.86	−27.23	−32.57	−37.87	−43.14	−45.93
10	24.47	20.54	15.35	10.20	5.08	−5.05	−10.07	−15.06	−20.01	−24.93	−29.83	−34.69	−39.52	−42.07
11	25.47	21.38	15.98	10.62	5.29	−5.26	−10.48	−15.67	−20.83	−25.96	−31.05	−36.11	−41.14	−43.81
12	25.60	21.49	16.06	10.67	5.32	−5.28	−10.52	−15.74	−20.91	−26.06	−31.17	−36.25	−41.29	−43.97
13	25.49	21.40	15.99	10.62	5.29	−5.26	−10.49	−15.68	−20.83	−25.95	−31.04	−36.10	−41.12	−43.78
14	24.46	20.53	15.35	10.20	5.08	−5.05	−10.07	−15.05	−20.01	−24.93	−29.83	−34.69	−39.52	−42.08
15	28.89	24.24	18.11	12.03	5.99	−5.94	−11.85	−17.71	−23.52	−29.30	−35.03	−40.72	−46.37	−49.37
16	26.95	22.62	16.90	11.23	5.60	−5.55	−11.07	−16.55	−21.99	−27.39	−32.76	−38.09	−43.39	−46.19
17	26.09	21.90	16.37	10.88	5.42	−5.38	−10.72	−16.03	−21.31	−26.55	−31.75	−36.92	−42.06	−44.78
18	21.33	17.91	13.39	8.90	4.44	−4.41	−8.80	−13.16	−17.49	−21.80	−26.09	−30.35	−34.59	−36.83
19	26.50	22.24	16.62	11.04	5.50	−5.46	−10.89	−16.28	−21.64	−26.96	−32.24	−37.49	−42.71	−45.47
20	26.01	21.83	16.32	10.84	5.40	−5.36	−10.69	−15.99	−21.24	−26.46	−31.65	−36.80	−41.92	−44.64

续表

1.0 kg 干空气的水蒸气含量 d/(g·kg^{-1})

序号	0.493	2	4	6	8	12	14	16	18	20	22	24	26	27.065
21	26.58	22.31	16.67	11.08	5.52	-5.48	-10.93	-16.34	-21.71	-27.05	-32.35	-37.62	-42.85	-45.62
22	25.83	21.68	16.20	10.77	5.36	-5.33	-10.63	-15.89	-21.11	-26.30	-31.46	-36.59	-41.68	-44.38
23	27.51	23.09	17.25	11.46	5.71	-5.67	-11.30	-16.89	-22.44	-27.95	-33.43	-38.86	-44.27	-47.13
24	24.35	20.44	15.28	10.15	5.06	-5.03	-10.02	-14.99	-19.92	-24.82	-29.69	-34.53	-39.34	-41.89
25	25.06	21.04	15.73	10.45	5.21	-5.17	-10.31	-15.41	-20.49	-25.53	-30.54	-35.51	-40.46	-43.08
26	25.76	21.62	16.16	10.74	5.35	-5.32	-10.60	-15.85	-21.06	-26.24	-31.38	-36.50	-41.58	-44.27
27	24.39	20.47	15.30	10.17	5.07	-5.04	-10.04	-15.02	-19.96	-24.87	-29.75	-34.60	-39.41	-41.97
28	20.87	17.52	13.11	8.71	4.34	-4.32	-8.61	-12.88	-17.12	-21.34	-25.54	-29.71	-33.86	-36.07
29	22.75	19.10	14.28	9.49	4.73	-4.71	-9.38	-14.03	-18.65	-23.24	-27.80	-32.33	-36.84	-39.23
30	22.39	18.79	14.05	9.34	4.66	-4.63	-9.23	-13.80	-18.35	-22.87	-27.36	-31.83	-36.27	-38.63
31	22.01	18.48	13.82	9.19	4.58	-4.55	-9.07	-13.56	-18.03	-22.48	-26.89	-31.28	-35.65	-37.96
32	28.20	23.66	17.68	11.74	5.85	-5.81	-11.58	-17.31	-22.99	-28.64	-34.24	-39.81	-45.34	-48.26
33	24.08	20.21	15.11	10.04	5.00	-4.98	-9.92	-14.83	-19.71	-24.56	-29.38	-34.17	-38.93	-41.45
34	27.99	23.48	17.54	11.65	5.80	-5.77	-11.49	-17.17	-22.82	-28.42	-33.98	-39.50	-44.99	-47.90
35	28.66	24.05	17.97	11.94	5.95	-5.90	-11.75	-17.57	-23.34	-29.07	-34.76	-40.41	-46.03	-49.00
36	27.61	23.17	17.31	11.50	5.73	-5.69	-11.34	-16.95	-22.53	-28.06	-33.55	-39.01	-44.43	-47.30
37	25.81	21.66	16.19	10.75	5.36	-5.33	-10.62	-15.88	-21.10	-26.29	-31.44	-36.56	-41.65	-44.35

续表

1.0 kg 干空气的水蒸气含量 $d/(\text{g} \cdot \text{kg}^{-1})$

序号	0.493	2	4	6	8	12	14	16	18	20	22	24	26	27.065
38	25.09	21.06	15.74	10.46	5.21	-5.18	-10.32	-15.43	-20.51	-25.55	-30.57	-35.55	-40.49	-43.11
39	27.17	22.80	17.03	11.31	5.63	-5.60	-11.16	-16.68	-22.16	-27.61	-33.01	-38.38	-43.71	-46.54
40	27.03	22.68	16.95	11.26	5.61	-5.57	-11.11	-16.60	-22.06	-27.49	-32.87	-38.23	-43.54	-46.36
41	27.15	22.79	17.03	11.32	5.64	-5.60	-11.16	-16.68	-22.17	-27.61	-33.03	-38.40	-43.74	-46.57
42	26.35	22.12	16.53	10.98	5.47	-5.44	-10.84	-16.21	-21.54	-26.83	-32.09	-37.32	-42.51	-45.26
43	23.59	19.80	14.80	9.84	4.90	-4.88	-9.72	-14.53	-19.31	-24.07	-28.79	-33.49	-38.15	-40.62
44	23.96	20.11	15.03	9.99	4.98	-4.95	-9.86	-14.75	-19.60	-24.43	-29.23	-33.99	-38.73	-41.24
45	26.58	22.30	16.67	11.07	5.52	-5.49	-10.93	-16.34	-21.71	-27.04	-32.34	-37.60	-42.83	-45.60
46	25.93	21.77	16.27	10.81	5.38	-5.36	-10.67	-15.95	-21.20	-26.41	-31.59	-36.73	-41.84	-44.55
47	25.16	21.12	15.78	10.49	5.22	-5.20	-10.36	-15.49	-20.59	-25.65	-30.69	-35.69	-40.66	-43.29
48	25.08	21.05	15.73	10.46	5.21	-5.18	-10.32	-15.43	-20.51	-25.55	-30.56	-35.55	-40.50	-43.12
49	24.78	20.80	15.55	10.33	5.15	-5.11	-10.20	-15.25	-20.26	-25.25	-30.20	-35.13	-40.02	-42.62
50	24.78	20.80	15.55	10.33	5.15	-5.11	-10.20	-15.25	-20.26	-25.25	-30.20	-35.13	-40.02	-42.62
51	25.46	21.37	15.97	10.61	5.29	-5.26	-10.48	-15.66	-20.81	-25.93	-31.01	-36.05	-41.07	-43.73
52	26.39	22.15	16.55	11.00	5.48	-5.44	-10.85	-16.22	-21.56	-26.86	-32.12	-37.35	-42.55	-45.31
53	26.39	22.15	16.55	11.00	5.48	-5.44	-10.85	-16.22	-21.56	-26.86	-32.12	-37.35	-42.55	-45.31
54	25.24	21.19	15.84	10.52	5.24	-5.21	-10.39	-15.53	-20.64	-25.72	-30.76	-35.78	-40.76	-43.40

续表

序号	0.493	2	4	6	8	12	14	16	18	20	22	24	26	27.065
						1.0 kg 干空气[的水蒸气含量 $d/(g \cdot kg^{-1})$								
55	25.24	21.19	15.84	10.52	5.24	-5.21	-10.39	-15.53	-20.64	-25.72	-30.76	-35.78	-40.76	-43.40
56	24.69	20.72	15.49	10.30	5.13	-5.09	-10.15	-15.18	-20.18	-25.15	-30.08	-34.99	-39.86	-42.44
57	25.14	21.10	15.77	10.48	5.22	-5.19	-10.35	-15.47	-20.56	-25.62	-30.64	-35.63	-40.59	-43.22
58	23.66	19.86	14.85	9.87	4.92	-4.88	-9.74	-14.56	-19.35	-24.12	-28.85	-33.55	-38.23	-40.70
59	23.19	19.46	14.55	9.67	4.82	-4.79	-9.55	-14.28	-18.98	-23.65	-28.29	-32.91	-37.49	-39.92
60	24.10	20.23	15.12	10.05	5.01	-4.97	-9.92	-14.83	-19.71	-24.56	-29.39	-34.18	-38.94	-41.46
61	24.01	20.16	15.07	10.01	4.99	-4.96	-9.89	-14.78	-19.65	-24.49	-29.30	-34.07	-38.82	-41.34
62	24.90	20.90	15.62	10.38	5.17	-5.14	-10.24	-15.32	-20.36	-25.37	-30.34	-35.29	-40.20	-42.81
63	25.87	21.72	16.23	10.79	5.38	-5.34	-10.64	-15.91	-21.15	-26.35	-31.52	-36.65	-41.76	-44.46
64	23.69	19.89	14.87	9.88	4.92	-4.89	-9.75	-14.58	-19.38	-24.15	-28.89	-33.60	-38.28	-40.76
65	23.92	20.08	15.01	9.98	4.97	-4.94	-9.85	-14.73	-19.57	-24.39	-29.18	-33.94	-38.67	-41.17
66	24.53	20.59	15.39	10.23	5.10	-5.06	-10.09	-15.09	-20.06	-25.00	-29.91	-34.78	-39.63	-42.19
67	24.30	20.40	15.25	10.14	5.05	-5.02	-10.00	-14.96	-19.88	-24.77	-29.63	-34.47	-39.27	-41.81
68	22.92	19.25	14.39	9.56	4.77	-4.73	-9.44	-14.12	-18.77	-23.40	-27.99	-32.56	-37.10	-39.51
69	26.88	22.56	16.86	11.20	5.58	-5.55	-11.05	-16.53	-21.96	-27.36	-32.72	-38.05	-43.34	-46.15
70	25.15	21.11	15.78	10.48	5.22	-5.19	-10.35	-15.47	-20.56	-25.62	-30.65	-35.64	-40.61	-43.24

本表序号对应于表 2-4。

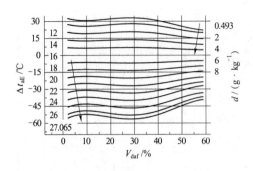
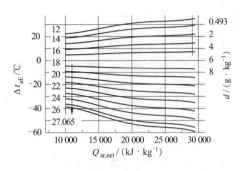

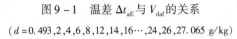

图 9 - 1　温差 Δt_{aE} 与 V_{daf} 的关系　　　　　图 9 - 2　温差 Δt_{aE} 与 $Q_{\text{ar,net}}$ 的关系

（$d = 0.493,2,4,6,8,12,14,16\cdots,24,26,27.065$ g/kg）　　（$d = 0.493,2,4,6,8,12,14,16\cdots,24,26,27.065$ g/kg）

　　由表 9 - 13、表 9 - 14 中的残差标准差数据可知：不同的 d 值对应的 Δt_{aE} 对 V_{daf}、$Q_{\text{ar,net}}$ 的分散程度比较接近，但是 Δt_{aE} 对 V_{daf} 的分散程度比较接近略高于对 $Q_{\text{ar,net}}$ 的分散程度。

表9-13　图9-1的多项式拟合函数参数

拟合公式:公式(4-1)

参数	$d/(\text{g}\cdot\text{kg}^{-1})$													
	0.493	2	4	6	8	12	14	16	18	20	22	24	26	27.065
B_0	34.15	28.64	21.39	14.20	7.07	-7.01	-13.96	-20.85	-27.69	-34.42	-41.20	-47.88	-54.50	-58.01
B_1	-0.886 8	-0.741 7	-0.551 8	-0.364 7	-0.181 4	0.178 8	0.353 9	0.527 4	0.698 1	0.853 1	1.033 2	1.197 1	1.358 9	1.444 0
B_2	0.069 73	0.058 31	0.043 37	0.028 67	0.014 25	-0.014 04	-0.027 8	-0.041 41	-0.054 82	-0.067 12	-0.081 09	-0.093 94	-0.106 63	-0.113 31
B_3	-1.8×10^{-3}	-1.5×10^{-3}	-1.1×10^{-3}	-7.3×10^{-4}	-3.7×10^{-4}	3.6×10^{-4}	7.1×10^{-4}	1.1×10^{-3}	1.4×10^{-3}	1.7×10^{-3}	2.1×10^{-3}	2.4×10^{-3}	2.7×10^{-3}	2.9×10^{-3}
B_4	1.4×10^{-5}	1.1×10^{-5}	8.5×10^{-6}	5.6×10^{-6}	2.8×10^{-6}	-2.7×10^{-6}	-5.4×10^{-6}	-8.1×10^{-6}	-1.1×10^{-5}	-1.3×10^{-5}	-1.6×10^{-5}	-1.8×10^{-5}	-2.1×10^{-5}	-2.2×10^{-5}
σ_δ	2.17	1.82	1.35	0.89	0.44	0.44	0.87	1.30	1.73	2.20	2.55	2.96	3.35	3.57

表9-14　图9-2的多项式拟合函数参数

拟合公式:公式(4-1)

参数	$d/(\text{g}\cdot\text{kg}^{-1})$													
	0.493	2	4	6	8	12	14	16	18	20	22	24	26	27.065
B_0	63.54	53.06	39.58	26.14	13.04	-12.77	-25.40	-37.66	-49.94	-68.86	-73.88	-85.60	-97.18	-103.3
B_1	-0.011 2	-0.009 3	-0.007 0	-0.004 6	-0.002 3	0.002 2	0.004 4	0.006 5	0.008 7	0.012 2	0.012 8	0.014 8	0.016 7	0.017 8
B_2	1.0×10^{-6}	8.6×10^{-7}	6.4×10^{-7}	4.2×10^{-7}	2.1×10^{-7}	-2.1×10^{-7}	-4.1×10^{-7}	-6.1×10^{-7}	-8.0×10^{-7}	-1.1×10^{-6}	-1.2×10^{-6}	-1.4×10^{-6}	-1.6×10^{-6}	-1.6×10^{-6}
B_3	-3.7×10^{-11}	-3.1×10^{-11}	-2.3×10^{-11}	-1.5×10^{-11}	-7.6×10^{-12}	7.4×10^{-12}	1.5×10^{-11}	2.2×10^{-11}	2.9×10^{-11}	4.0×10^{-11}	4.2×10^{-11}	4.9×10^{-11}	5.6×10^{-11}	5.9×10^{-11}
B_4	4.7×10^{-16}	3.9×10^{-16}	2.9×10^{-16}	1.9×10^{-16}	9.5E-17	-9.3E-17	-1.9×10^{-16}	-2.7×10^{-16}	-3.6×10^{-16}	-5.0×10^{-16}	-5.4×10^{-16}	-6.2×10^{-16}	-7.1×10^{-16}	-7.5×10^{-16}
σ_δ	1.24	1.03	0.77	0.51	0.25	0.25	0.49	0.73	0.96	1.23	1.42	1.65	1.87	1.99

9.4　大气水蒸气含量对国外动力煤工程绝热燃烧温度的影响

　　国外的气象数据只有海拔、温度、降水量,为了得到相对湿度,先用中国 31 个主要城市 21 年的逐月数据进行拟合得到图 9 - 3,拟合函数见公式(9 - 7)。大气压力均值与海拔的关系见图 9 - 4[360]。图 9 - 4 的多项式拟合函数参数见表 9 - 15。

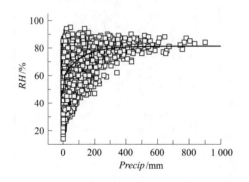

图 9 - 3　中国大气相对湿度(RH)与
　　　　　降水量的关系

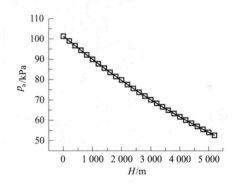

图 9 - 4　大气压力(p_a)与
　　　　　海拔的关系

$$RH = 81.28 - 22.56e^{-\frac{Precip}{115.54}} - 11.81e^{-\frac{Precip}{3.704}} \quad (\%) \qquad (9-7)$$

表 9 - 15　图 9 - 4 的多项式拟合函数参数

参　　数	拟合公式:公式(4 - 1)
B_0	101.344 18
B_1	- 0.012 19
B_2	8.705 7E - 7
B_3	- 1.655 31 × 10^{-10}
B_4	3.156 48E - 14
B_5	- 2.280 8E - 18
σ_δ	0.05

　　根据国外508个气象站的海拔、温度、降水量[359]，计算出大气相对湿度、大气压力、干空气压力，按照公式(9-6)计算出国外508个气象站的大气中1.0 kg干空气的水蒸气含量(d)。结果是d=0.032~28.511 g/kg。假设d=0.032,2,6,14,18,22,26,28.511 g/kg，按照表2-5~表2-8的数据和第3.2节的计算方法，得到d对国外动力煤工程绝热燃烧温度的影响，最后汇总成图9-5、图9-6。图9-5、图9-6的多项式拟合函数参数见表9-16、表9-17。

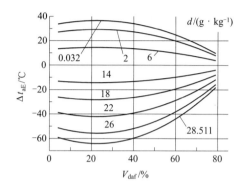

图9-5　d对国外动力煤的工程绝热
燃烧温度的影响与V_{daf}的关系

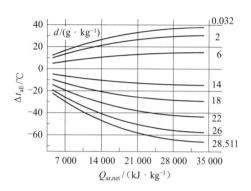

图9-6　d对国外动力煤的工程绝热
燃烧温度的影响与$Q_{ar,net}$的关系

表9-16　图9-5的多项式拟合函数参数

参数	拟合公式:公式(4-1)			
	$d/(g \cdot kg^{-1})$			
	0.032	2	6	14
B_0	32.29	25.81	12.80	-12.60
B_1	0.3815	0.3045	0.1505	-0.1473
B_2	-8.45×10^{-3}	-6.74×10^{-3}	-3.33×10^{-3}	3.26×10^{-3}
σ_δ	4.6	3.6	1.8	1.8
参数	18	22	26	28.511
B_0	-25.00	-37.21	-49.23	-56.69
B_1	-0.2915	-0.4326	-0.5711	-0.6566
B_2	6.44×10^{-3}	9.56×10^{-3}	1.26×10^{-2}	1.45×10^{-2}
σ_δ	3.5	5.2	6.8	7.8

表9-17   图9-6的多项式拟合函数参数

参数	拟合公式:公式(4-1)			
	$d/(\text{g}\cdot\text{kg}^{-1})$			
	0.032	2	6	14
B_0	2.778	2.238	1.123	-1.145
B_1	2.28×10^{-3}	1.83×10^{-3}	9.08×10^{-4}	-8.95×10^{-4}
B_2	-4.56×10^{-8}	-3.66×10^{-8}	-1.84×10^{-8}	1.83×10^{-8}
B_3	2.58×10^{-13}	2.09×10^{-13}	1.07×10^{-13}	-1.10×10^{-13}
σ_δ	1.13	0.90	0.44	0.43
参数	18	22	26	28.511
B_0	-2.313	-3.487	-4.683	-5.449
B_1	-1.78×10^{-3}	-2.65×10^{-3}	-3.51×10^{-3}	-4.04×10^{-3}
B_2	3.65×10^{-8}	5.48×10^{-8}	7.29×10^{-8}	8.42×10^{-8}
B_3	-2.23×10^{-13}	-3.39×10^{-13}	-4.57×10^{-13}	-5.30×10^{-13}
σ_δ	0.84	1.25	1.64	1.88

由图9-5可知:① 曲线分为两组:1.0 kg 干空气中水蒸气的含量 $d<10$ g/kg 时,$\Delta t_{aE}>0$,国外动力煤的工程绝热燃烧温度升高。$d>10$ g/kg 时,$\Delta t_{aE}<0$,国外动力煤的工程绝热燃烧温度降低。② 随着 V_{daf} 的提高,$|\Delta t_{aE}|$ 总体上降低,说明 d 对水分含量高的煤的 t_{aE} 影响较小,见图4-23。V_{daf} 相同时,$|d-10|$ 越大,$|\Delta t_{aE}|$ 就越大。③ 当 $V_{daf}<10\%$ 时,V_{daf} 小,$|\Delta t_{aE}|$ 总体上稍有降低;原因是 V_{daf} 小,水分含量(M_{ar})稍有提高,见图4-23。④ 图9-5的变化趋势类似于图9-1。说明 d 对于中国动力煤和国外动力煤的工程绝热燃烧温度的影响与 V_{daf} 的关系具有类似的变化规律。

由图9-6可知:① 曲线分为两组:1.0 kg 干空气中水蒸气的含量 $d<10$ g/kg 时,$\Delta t_{aE}>0$,国外动力煤的工程绝热燃烧温度升高。$d>10$ g/kg 时,$\Delta t_{aE}<0$,国外动力煤的工程绝热燃烧温度降低。② 随着 $Q_{ar,net}$ 的提高,$|\Delta t_{aE}|$ 总体上提高,说明 d 对水分含量高的煤,即热值小的动力煤的 t_{aE} 影响较小,见图4-24。$Q_{ar,net}$ 相同时,$|d-10|$ 越大,$|\Delta t_{aE}|$ 就越大。③ 图9-6的变化趋势类似于图9-2。说明 d 对于中国动力煤和国外动力煤的工程绝热燃烧温度的影响与 $Q_{ar,net}$ 的关系具有类似

的变化规律。

　　由表 9 - 16、表 9 - 17 残差标准差数据可知：d 对国外动力煤的工程绝热燃烧温度 (t_{aE}) 的影响对于 V_{daf}、$Q_{ar,net}$ 的分散程度接近，相对而言，当 d 相同时，d 对国外动力煤的工程绝热燃烧温度 (t_{aE}) 的影响对于 $Q_{ar,net}$ 的分散程度更小，说明 d 对国外动力煤的工程绝热燃烧温度 (t_{aE}) 的影响与 $Q_{ar,net}$ 的相关程度更高。

第四篇

总　　结

第10章　世界动力煤工程绝热
燃烧温度分布规律

10.1　收到基动力煤的绝热燃烧温度分布规律

世界范围内的动力煤种类可能超过 1 000 种,作者在文献调研范围内找到了 750 种收到基动力煤数据,删除无效数据后,还剩余 663 种。本节就 663 种动力煤的绝热燃烧温度分布规律展开讨论与分析。

一、收到基动力煤的工程绝热燃烧温度分布规律

第 4 章使用了中国动力煤数据 419 种、国外动力煤数据 331 种,共计 750 种动力煤数据。将这些煤的元素分析、工业分析成分进行处理:① 根据 M_{ar}、A_{ar}、V_{daf} 计算收到基挥发分含量: $V_{ar} = V_{daf}(100 - M_{ar} - A_{ar}/100)$;② 根据 M_{ar}、A_{ar}、V_{ar} 计算收到基固定碳含量: $FC_{ar} = 100 - M_{ar} - A_{ar} - V_{ar}$;③ 计算挥发分的收到基碳含量: $C_{ar,V} = C_{ar} - FC_{ar}$, $C_{ar,V} < 0$ 的数据为无效数据。删除无效数据后,得到 663 种煤的工业分析、元素分析成分的有效数据,对应于第 4 章的工程绝热燃烧温度(t_{aE})的计算结果,得到 663 种煤的有效 t_{aE} 的计算结果,将这些计算结果绘制在图 10 - 1、图 10 - 2 中。图 10 - 1、图 10 - 2 的多项式拟合函数参数见表 10 - 1。世界(中国和国外)动力煤的收到基

成分组成与 V_{daf}、$Q_{ar,net}$ 之间的关系,见图 10 - 3、图 10 - 4。图 10 - 3、图 10 - 4 中的
多项式拟合函数参数见表 10 - 2、表 10 - 3。

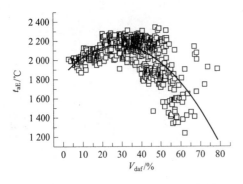

图 10 - 1　世界动力煤的工程绝热燃烧
温度与 V_{daf} 之间的关系

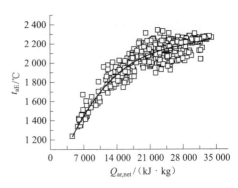

图 10 - 2　世界动力煤的工程绝热燃烧
温度与 $Q_{ar,net}$ 之间的关系

表 10 - 1　图 10 - 1、图 10 - 2 的多项式拟合函数参数

参　　数	拟合公式:公式(4 - 1)	
	图 10 - 1	图 10 - 2
B_0	1 845.029 7	701.345 36
B_1	21.929 69	0.134 1
B_2	- 0.387 92	- 4.28 × 10^{-6}
B_3	—	4.939 × 10^{-11}
σ_δ	147	75

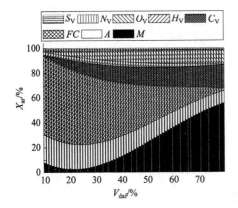

图 10 - 3　世界动力煤的工业分析、
元素分析成分组成与 V_{daf} 的关系

（X 表示 M、A、FC、C_V、H_V、O_V、N_V、S_V）

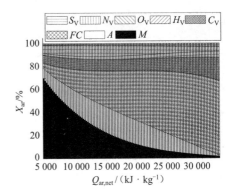

图 10 - 4　世界动力煤的工业分析、
元素分析成分组成与 $Q_{ar,net}$ 的关系

（X 表示 M、A、FC、C_V、H_V、O_V、N_V、S_V）

表 10 - 2　图 10 - 3 的多项式拟合函数参数

参数	拟合公式:公式(4 - 1)							
	M_{ar}	A_{ar}	FC_{ar}	$C_{ar,V}$	$H_{ar,V}$	$O_{ar,V}$	$N_{ar,V}$	$S_{ar,V}$
B_0	23.13	25.40	64.29	-8.000 3	1.350 3	-2.478 3	0.302 7	0.972 6
B_1	-2.138	-0.258	0.225	1.020	1.3×10^{-1}	4.0×10^{-1}	6.8×10^{-2}	1.4×10^{-3}
B_2	6.3×10^{-2}	7.3×10^{-4}	-2.6×10^{-2}	-1.6×10^{-2}	-1.8×10^{-3}	-2.8×10^{-3}	-1.7×10^{-3}	-2.4×10^{-5}
B_3	-3.9×10^{-4}	—	1.6×10^{-4}	9.1×10^{-5}	—	—	1.0×10^{-5}	—
σ_δ	9.7	10.3	7.9	4.7	0.9	3.2	0.4	1.0

表 10 - 3　图 10 - 4 的多项式拟合函数参数

参数	拟合公式:公式(4 - 1)							
	M_{ar}	A_{ar}	FC_{ar}	$C_{ar,V}$	$H_{ar,V}$	$O_{ar,V}$	$N_{ar,V}$	$S_{ar,V}$
B_0	100.8	-9.793	-10.63	4.1×10^{-2}	0.336	0.610	0.026	1.205
B_1	-8.1×10^{-3}	4.5×10^{-3}	3.2×10^{-3}	1.8×10^{-3}	2.4×10^{-4}	1.6×10^{-3}	6.6×10^{-5}	-8.8×10^{-5}
B_2	2.3×10^{-7}	-1.9×10^{-7}	-2.5×10^{-8}	-1.1×10^{-7}	-8.3×10^{-9}	-8.5×10^{-8}	-2.1×10^{-9}	5.5×10^{-9}
B_3	-2.3×10^{-12}	1.8×10^{-12}	—	2.1×10^{-12}	1.6×10^{-13}	1.2×10^{-12}	4.8×10^{-14}	-8.9×10^{-14}
σ_δ	7.6	9.6	7.4	6.1	0.7	4.0	0.3	1.0

　　由图 10 - 1 的拟合曲线可知:随着动力煤干燥无灰基挥发分含量(V_{daf})的提高,世界动力煤的工程绝热燃烧温度(t_{aE})从 1 895℃(V_{daf} =3.0%)上升到 2 153℃(V_{daf} =29%),然后再降低到 1 598℃(V_{daf} =66%)。随着 V_{daf} 的提高,t_{aE} 在上升区间的上升速度逐渐降低到 0,t_{aE} 在下降区间的下降速度逐渐加快。这种变化规律与动力煤的工业分析、元素分析成分的组成方式有关。如图 10 - 3 所示,当 V_{daf} ≤29% 时,随着 V_{daf} 的提高,动力煤的水分含量小幅度降低,水分在燃烧以后形成水蒸气的体积减小,吸收烟气热量降低,提高了烟气焓值,最终提高了工程绝热燃烧温度(t_{aE})。当 V_{daf} >29% 以后,随着 V_{daf} 的提高,动力煤的水分含量大幅度上升,水分在燃烧以后形成水蒸气的体积增加,更多地吸收烟气热量,降低烟气焓值,最终降低了工程绝热燃烧温度(t_{aE})。

　　由图 10 - 2 的拟合曲线可知:随着动力煤收到基低位发热量($Q_{ar,net}$)的提高,世界动力煤的工程绝热燃烧温度(t_{aE})从 1 222℃($Q_{ar,net}$ =4 423 kJ/kg)单调上升到 2 252℃($Q_{ar,net}$ =34 040 kJ/kg),t_{aE} 上升的速度逐渐降低。这种变化规律与动力煤的工业分析、元素分析成分的组成方式有关。如图 10 - 4 所示,随着 $Q_{ar,net}$ 的提高,动力煤的水分含量(M_{ar})大幅度单调降低,水分在燃烧以后形成水蒸气的体积减小,吸收烟气热量降低,提高了烟气焓值,最终提高了工程绝热燃烧温度(t_{aE})。随着 $Q_{ar,net}$ 的提高,动力煤的水分含量(M_{ar})降低速度变慢,烟气中由水分转化来的水蒸气体积增加速度放缓,烟气焓值提高速度放缓,因此随着 $Q_{ar,net}$ 的提高,t_{aE} 提高速度放缓。

由表 10 − 1 的残差标准差数据可知:世界动力煤的工程绝热燃烧温度(t_{aE})对于 V_{daf} 的拟合函数分散程度较大,$\sigma_\delta = 147$;t_{aE} 对于 $Q_{ar,net}$ 的拟合函数分散程度较小,$\sigma_\delta = 75$;见图 10 − 1、图 10 − 2。

由表 10 − 2、表 10 − 3 的残差标准差数据可知:世界动力煤的工业分析、元素分析成分对 V_{daf} 的拟合函数分散程度略大于对 $Q_{ar,net}$ 的拟合函数分散程度。

二、收到基动力煤的理论绝热燃烧温度分布规律

收到基动力煤的煤质参数来源于表 2 − 1 ~ 表 2 − 8,理论绝热燃烧温度(t_{a0})数据来源于第 4 章。删除了挥发分碳含量为负值的数据,删除了挥发分含量相同的数据中第一组数据以外的其他数据,得到有效数据。将有效数据 t_{a0} 与 V_{daf}、$Q_{ar,net}$ 的关系绘制在图 10 − 5、图 10 − 6 中。图 10 − 5、图 10 − 6 的多项式拟合函数参数列于表 10 − 4 中。

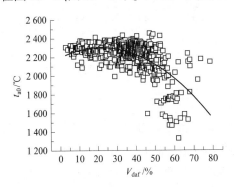

图 10 − 5　世界收到基动力煤的理论
绝热燃烧温度与 V_{daf} 的关系

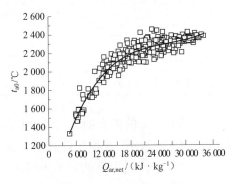

图 10 − 6　世界收到基动力煤的理论
绝热燃烧温度与 $Q_{ar,net}$ 的关系

表 10 − 4　图 10 − 5、图 10 − 6 的多项式拟合函数参数

参　　数	拟合公式:公式(4 − 1)	
	图 10 − 5	图 10 − 6
B_0	2 197.882 5	6.41×10^2
B_1	9.708 21	1.83×10^{-1}
B_2	− 0.224 59	-7.47×10^{-6}
B_3	—	1.27×10^{-10}
B_4	—	-6.10×10^{-16}
σ_δ	147	75

由图 10 - 5 的拟合曲线可知:由于过量空气系数从实际值降低到 1.0,烟气量减少,烟气焓提高,$t_{a0} > t_{aE}$。当 V_{daf} 在 3% ~ 22% 之间增加时,t_{a0} 从 2 219℃小幅度增加到 2 312 ℃,而且 t_{a0} 增加的速度逐步降低到 0;当 V_{daf} 在 22% ~ 70% 之间增加时,t_{a0} 从 2 312℃大幅度下降到 1 770 ℃,而且 t_{a0} 降低的速度逐步加快。t_{a0} 随着 V_{daf} 变化的规律类似于 t_{aE} 随着 V_{daf} 变化的规律,原因是当 V_{daf} 值很低时,M_{ar} 随着 V_{daf} 值的降低略有提高,当 V_{daf} 值很高时,M_{ar} 随着 V_{daf} 值的增加大幅度提高,见图 10 - 3。

由图 10 - 6 的拟合曲线可知:由于过量空气系数从实际值降低到 1.0,烟气量减少,烟气焓提高,$t_{a0} > t_{aE}$。$Q_{ar,net}$ 在 4 647 ~ 34 048 kJ/kg 之间增加时,t_{a0} 从 1 329℃大幅度单调增加到 2 403℃,而且 t_{a0} 增加的速度逐步降低。t_{a0} 随着 $Q_{ar,net}$ 变化的规律类似于 t_{aE} 随着 $Q_{ar,net}$ 变化的规律,原因是当 $Q_{ar,net}$ 值很低时,M_{ar} 随着 $Q_{ar,net}$ 值的降低大幅度提高,见图 10 - 4。

由表 10 - 4 的残差标准差数据可知:t_{a0} 数据对于 V_{daf} 的分散程度较大,残差标准差等于 147;t_{a0} 数据对于 $Q_{ar,net}$ 的分散程度较小,残差标准差等于 75。这种数据分布规律见图 10 - 5、图 10 - 6。

三、收到基动力煤的挥发分工程绝热燃烧温度分布规律

世界收到基动力煤的挥发分工程绝热燃烧温度($t_{aE,V}$)以及煤质资料来源于第 5 章。在数据处理过程中删除了挥发分中碳含量为负值的数据以及 V_{daf} 值相同的第一组数据以外的其他数据,得到有效数据。

将 V_{daf}、$Q_{ar,net}$ 及 $t_{aE,V}$ 的有效数据绘制成图 10 - 7、图 10 - 8,图中的多项式拟合函数参数列于表 10 - 5 中。

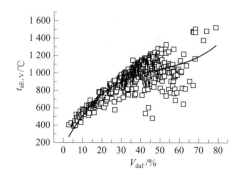

图 10 - 7 世界收到基动力煤的挥发分工程绝热燃烧温度与 V_{daf} 的关系

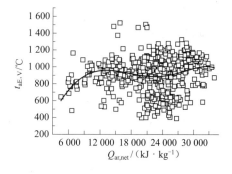

图 10 - 8 世界收到基动力煤的挥发分工程绝热燃烧温度与 $Q_{ar,net}$ 的关系

由图 10 - 7 的数据以及拟合曲线可知:当 V_{daf} 从 5% 向 70% 增加时,世界收到基动力煤的挥发分工程绝热燃烧温度($t_{aE,V}$)从 343℃单调增加到 1 190℃。这种分布规律与挥发分的收到基成分组成特点有关,见图 10 - 3。由图 10 - 3 可知:随着 V_{daf}

表 10 – 5 图 10 – 7、图 10 – 8 的多项式拟合函数参数

参　数	拟合公式:公式(4 – 1)	
	图 10 – 7	图 10 – 8
B_0	151.373 83	0
B_1	43.625 43	1.64×10^{-1}
B_2	– 0.776 21	$- 6.65 \times 10^{-6}$
B_3	0.005 21	$- 1.90 \times 10^{-10}$
B_4	—	1.60×10^{-14}
B_5	—	$- 2.37 \times 10^{-19}$
σ_δ	114	200

的提高,挥发分中的碳含量($C_{ar,V}$)单调提高,1.0 kg 动力煤中挥发分的发热量逐步提高。因此,当 V_{daf} 提高时,$t_{aE,V}$ 单调提高。

由图 10 – 8 的数据以及拟合曲线可知:① 世界收到基动力煤的挥发分工程绝热燃烧温度($t_{aE,V}$)随着 $Q_{ar,net}$ 的提高总体上提高。② 当 $Q_{ar,net}$ 从 4 617 kJ/kg 提高到 12 776 kJ/kg 时,$t_{aE,V}$ 从 610℃ 大幅度提高到 965℃;当 $Q_{ar,net}$ 从 12 776 kJ/kg 提高到 22 675 kJ/kg 时,$t_{aE,V}$ 从 965℃ 降低到 886℃;当 $Q_{ar,net}$ 从 22 675 kJ/kg 提高到 32 581 kJ/kg 时,$t_{aE,V}$ 从 886℃ 提高到 1 010℃;当 $Q_{ar,net}$ 从 32 581 kJ/kg 提高到 34 048 kJ/kg 时,$t_{aE,V}$ 从 1 010℃ 降低到 989℃。上述变化规律与挥发分的收到基成分组成特点有关,见图 10 – 4。由图 10 – 4 可知:挥发分中的碳含量($C_{ar,V}$)和氢含量($H_{ar,V}$)随着 $Q_{ar,net}$ 的提高逐渐提高,1.0 kg 煤中挥发分的发热量随着 $Q_{ar,net}$ 的提高单调提高。因此 $t_{aE,V}$ 随着 $Q_{ar,net}$ 的提高总体上提高。挥发分中的氧含量($O_{ar,V}$)在 $Q_{ar,net}$ 从 12 776 kJ/kg 提高到 22 675 kJ/kg 时,从 9.81% 降低到 7.66%,煤的收到基氧含量等于挥发分的氧含量,氧含量降低时,1.0 kg 煤燃烧需要的空气量增加,烟气量提高,烟气焓降低,$t_{aE,V}$ 降低。图 10 – 8 中曲线的第一次上升的原因是该区间煤的氧含量提高,1.0 kg 煤燃烧需要的空气量降低,烟气量降低,烟气焓提高,$t_{aE,V}$ 提高。图 10 – 8 中曲线的第二次上升的原因是该区间煤的氧含量降低,1.0 kg 煤燃烧需要的空气量提高,烟气量提高,烟气焓降低;同时氢含量较高,挥发分的发热量提高。二者共同作用的结果是 $t_{aE,V}$ 提高,见图 10 – 4。图 10 – 8 中曲线的最后一次下降的原因是该区间内煤的氧含量大幅度降低,1.0 kg 煤燃烧需要的空气量提高,烟气量提高,烟气焓降低,见图 10 – 4。

由表 10 – 5 的残差标准差数据可知:$t_{aE,V}$ 数据对于 V_{daf} 的分散程度较小,残差标准差等于 114;$t_{aE,V}$ 数据对于 $Q_{ar,net}$ 的分散程度较大,残差标准差等于 200。这种数据分布规律见图 10 – 7、图 10 – 8。

四、收到基动力煤的挥发分理论绝热燃烧温度分布规律

世界收到基动力煤的挥发分理论绝热燃烧温度（$t_{a0,V}$）以及煤质资料来源于第 5 章。在数据处理过程中删除了挥发分中碳含量为负值的数据以及 V_{daf} 值相同的第一组数据以外的其他数据，得到有效数据。

将 V_{daf}、$Q_{ar,net}$ 及 $t_{a0,V}$ 的有效数据绘制成图 10 - 9、图 10 - 10，图中的多项式拟合函数参数列于表 10 - 6 中。

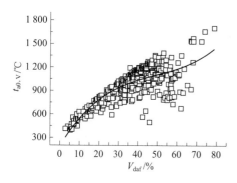

图 10 - 9　世界收到基动力煤的挥发分理论
绝热燃烧温度与 V_{daf} 的关系

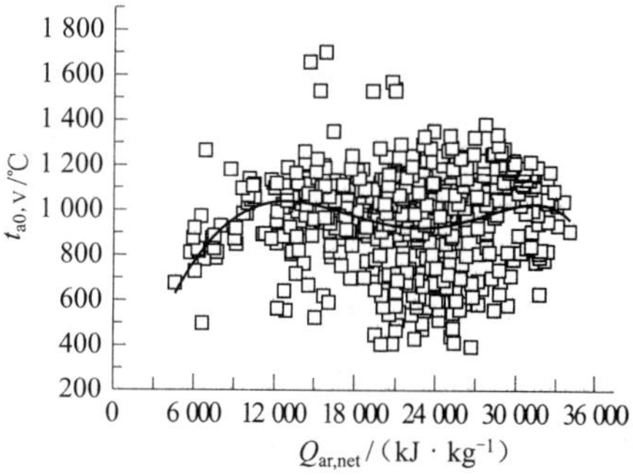

图 10 - 10　世界收到基动力煤的挥发分理论
绝热燃烧温度与 $Q_{ar,net}$ 的关系

表 10 - 6　图 10 - 9、图 10 - 10 的多项式拟合函数参数

参　　数	拟合公式:公式(4 - 1)	
	图 10 - 9	图 10 - 10
B_0	186. 952 85	0
B_1	42. 570 2	1.60×10^{-1}
B_2	- 0. 736 38	-2.72×10^{-6}
B_3	0. 005 05	-5.87×10^{-10}
B_4	—	3.04×10^{-14}
B_5	—	-4.14×10^{-19}
σ_δ	116	210

由图 10 - 9 的数据以及拟合曲线可知：当 V_{daf} 从 5% 向 70% 增加时，世界收到基动力煤的挥发分理论绝热燃烧温度（$t_{a0,V}$）从 384℃ 单调提高到 1 288℃。这种分布规律与挥发分的收到基成分组成特点有关。由图 10 - 3 可知：随着 V_{daf} 的提高，挥发分中的碳含量（$C_{ar,V}$）单调提高，1.0 kg 动力煤中挥发分的发热量逐步提高。因此，当 V_{daf} 提高时，$t_{a0,V}$ 单调提高。

由图 10－10 的数据以及拟合曲线可知：① 世界收到基动力煤的挥发分理论绝热燃烧温度($t_{a0,V}$)随着 $Q_{ar,net}$ 的提高总体上提高。② 当 $Q_{ar,net}$ 从 4 617 kJ/kg 提高到 12 776 kJ/kg 时，$t_{a0,V}$ 从 630℃ 大幅度提高到 1 041℃；当 $Q_{ar,net}$ 从 12 776 kJ/kg 提高到 22 675 kJ/kg 时，$t_{a0,V}$ 从 1 041℃ 降低到 923℃；当 $Q_{ar,net}$ 从 22 675 kJ/kg 提高到 32 581 kJ/kg 时，$t_{a0,V}$ 从 923℃ 提高到 1 027℃；当 $Q_{ar,net}$ 从 32 581 kJ/kg 提高到 34 048 kJ/kg 时，$t_{a0,V}$ 从 1 027℃ 降低到 953℃。上述变化规律与挥发分的收到基成分组成特点有关，见图 10－4。由图 10－4 可知：挥发分中的碳含量($C_{ar,V}$)和氢含量($H_{ar,V}$)随着 $Q_{ar,net}$ 的提高逐渐提高，1.0 kg 煤中挥发分的发热量随着 $Q_{ar,net}$ 的提高单调提高。因此 $t_{a0,V}$ 随着 $Q_{ar,net}$ 的提高总体上提高。挥发分中的氧含量($O_{ar,V}$)在 $Q_{ar,net}$ 从 12 776 kJ/kg 提高到 22 675 kJ/kg 时，从 9.81% 降低到 7.66%，煤的收到基氧含量等于挥发分的氧含量，氧含量降低时，1.0 kg 煤燃烧需要的空气量增加，烟气量提高，烟气焓降低，$t_{a0,V}$ 降低。图 10－10 中曲线的第一次上升的原因是该区间煤的氧含量提高，1.0 kg 煤燃烧需要的空气量降低，烟气量降低，烟气焓提高，$t_{a0,V}$ 提高。图 10－10 中曲线的第二次上升的原因是该区间煤的氧含量降低，1.0 kg 煤燃烧需要的空气量提高，烟气量提高，烟气焓降低；同时氢含量较高，挥发分的发热量提高。二者共同作用的结果是 $t_{a0,V}$ 提高，见图 10－4。图 10－8 中曲线的最后一次下降的原因是该区间煤的氧含量大幅度降低，1.0 kg 煤燃烧需要的空气量提高，烟气量提高，烟气焓降低，见图 10－4。

由表 10－6 的残差标准差数据可知：$t_{a0,V}$ 数据对于 V_{daf} 的分散程度较小，残差标准差等于 116；$t_{a0,V}$ 数据对于 $Q_{ar,net}$ 的分散程度较大，残差标准差等于 210。这种数据分布规律见图 10－9、图 10－10。

五、收到基动力煤及其挥发分的四种绝热燃烧温度对比

将世界收到基动力煤的工程绝热燃烧温度(t_{aE})、理论绝热燃烧温度(t_{a0})，世界收到基动力煤挥发分的工程绝热燃烧温度($t_{aE,V}$)、理论绝热燃烧温度($t_{a0,V}$)，与 V_{daf}、$Q_{ar,net}$ 的拟合曲线关系绘制在图 10－11、图 10－12 中进行对比，分析四种绝热燃烧温度变化规律之间的差别及其原因。

图 10－11 的曲线组说明：① 当过量空气系数降低到 1.0 时，动力煤的绝热燃烧温度会提高。其中，1.0 kg 动力煤所含挥发分的绝热燃烧温度提高幅度是 28～122℃，1.0 kg 动力煤的绝热燃烧温度提高幅度是 124～407℃。② 挥发分的理论绝热燃烧温度提高幅度($t_{a0,V}-t_{aE,V}$)随着 V_{daf} 的提高单调上升，原因是 1.0 kg 动力煤挥发分的氧含量($O_{ar,V}$)随着 V_{daf} 的提高而提高，见图 10－3。氧含量($O_{ar,V}$)的提高降低了 1.0 kg 煤的理论空气量，进而降低了烟气量，提高了烟气焓。③ 温差($t_{a0}-t_{aE}$)随着 V_{daf} 的提高先降低、后升高，分界点在 $V_{daf}=37%$，实际的炉膛出口过量空气系数：

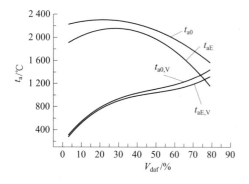

图 10-11 世界收到基动力煤及其挥发分的
四种绝热燃烧温度与 V_{daf} 的关系

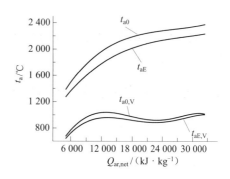

图 10-12 世界收到基动力煤及其挥发
分的四种绝热燃烧温度与 $Q_{ar,net}$ 的关系

无烟煤 1.25,贫煤 1.20,烟煤 1.10,褐煤 1.25。因此烟煤的温差 $(t_{a0} - t_{aE})$ 最小,见图 10-11。当 V_{daf} 很小时,煤的碳含量 $(FC_{ar} + C_{ar,V})$ 随着 V_{daf} 的逐步降低提高到最大值(见图 10-3),需要的空气量最多,过量空气系数降低引起的烟气焓升高,工程绝热燃烧温度 (t_{aE}) 提高到理论值 (t_{a0});当 V_{daf} 很大时,煤的碳含量 $(FC_{ar} + C_{ar,V})$ 随着 V_{daf} 的逐步提高降低到最小值,氧含量 $(O_{ar,V})$ 逐步提高到最大值(见图 10-3),1.0 kg 动力煤的理论空气量降到最小值,过量空气系数降低到 1.0,引起烟气量降低、烟气焓提高幅度逐步增大,工程绝热燃烧温度 (t_{aE}) 提高到理论值 (t_{a0})。

图 10-12 的曲线组说明:① 过量空气系数降低会降低烟气量、提高烟气焓,理论绝热燃烧温度高于工程绝热燃烧温度。温差 $(t_{a0,V} - t_{aE,V})$ 的变化范围是 9~80℃,温差 $(t_{a0} - t_{aE})$ 的变化范围是 113~188℃。② 温差 $(t_{a0,V} - t_{aE,V})$ 在 $Q_{ar,net}$ = 12 500 kJ/kg 左右达到最大值 80℃。对照图 10-4 可知:1.0 动力煤的 $O_{ar} = O_{ar,V}$,达到最大值。氧的含量高,动力煤的理论空气量就低,过量空气系数降低引起烟气量降低,烟气焓升高就大,因此温差 $(t_{a0,V} - t_{aE,V})$ 在 $Q_{ar,net}$ = 12 500 kJ/kg 左右达到最大值。③ 温差 $(t_{a0} - t_{aE})$ 随着 $Q_{ar,net}$ 的提高而波动。当 $Q_{ar,net}$ = 5 000~13 000 kJ/kg 时,温差 $(t_{a0} - t_{aE})$ 随着 $Q_{ar,net}$ 的提高从 113℃升高到 188℃;当 $Q_{ar,net}$ = 13 000~28 500 kJ/kg 时,温差 $(t_{a0} - t_{aE})$ 随着 $Q_{ar,net}$ 的提高从 188℃下降到 134℃;当 $Q_{ar,net}$ = 28 500~32 500 kJ/kg 时,温差 $(t_{a0} - t_{aE})$ 随着 $Q_{ar,net}$ 的提高从 134℃升高到 142℃。对照图 10-4 可知:随着 $Q_{ar,net}$ 的提高,氧含量 $(O_{ar,V})$ 逐渐提高后又逐渐降低,1.0 kg 煤的理论空气量先降低、后提高;此时温差 $(t_{a0} - t_{aE})$ 逐步达到最大值。当 $Q_{ar,net}$ 继续提高时,随着 $Q_{ar,net}$ 的提高,氢含量 $(H_{ar,V})$ 单调提高,烟气中水蒸气的份额逐渐提高。当温度相同时,水蒸气的焓值高于氮气的焓值。当焓值相同时,水蒸气份额高的,烟气焓值高,绝热燃烧温度低,因此温差 $(t_{a0} - t_{aE})$ 逐步降低,见图 10-12。

10.2　空气干燥基煤的绝热燃烧温度分布规律

一、空气干燥基煤的工程绝热燃烧温度分布规律

将第7章的世界空气干燥基煤的工程绝热燃烧温度($t_{aE,ad}$)计算结果与V_{daf}、$Q_{ad,net}$的关系绘制在图10-13、图10-14中。图10-13、图10-14的多项式拟合函数参数列于表10-7中。

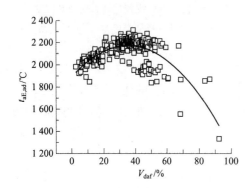

图 10-13　世界空气干燥基煤的工程
绝热燃烧温度与V_{daf}的关系

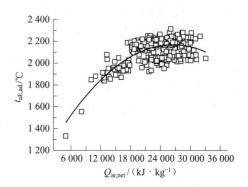

图 10-14　世界空气干燥基煤的工程
绝热燃烧温度与$Q_{ar,net}$的关系

表 10-7　图 10-13、图 10-14 的多项式拟合函数参数

参　　数	拟合公式:公式(4-1)	
	图 10-13	图 10-14
B_0	1 894.1	1 090.3
B_1	15.74	0.081 40
B_2	-0.222 4	-1.535×10^{-6}
σ_δ	84	80

空气干燥基煤的工业分析成分、元素分析成分组成与V_{daf}、$Q_{ad,net}$的关系经过曲线拟合以后绘制在图10-15、图10-16中。图10-15、图10-16的多项式拟合函数参数列于表10-8、表10-9中。

需要说明的是燃煤电站燃烧的是收到基的动力煤,空气干燥基煤的研究结果没有直接工程参考意义,但具有理论学术意义。

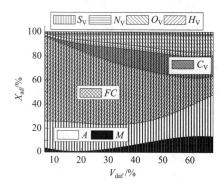

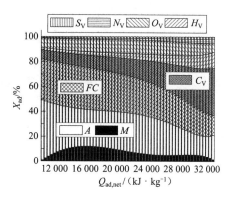

图 10 - 15　世界空气干燥基煤的工业分析
成分、元素分析成分组成与 V_{daf} 的关系
（X 表示 M、A、FC、C_V、H_V、O_V、N_V、S_V）

图 10 - 16　世界空气干燥基煤的工业分析
成分、元素分析成分组成与 $Q_{ar,net}$ 的关系
（X 表示 M、A、FC、C_V、H_V、O_V、N_V、S_V）

表 10 - 8　图 10 - 15 的多项式拟合函数参数

参数	拟合公式：公式(4 - 1)							
	M_{ar}	A_{ar}	FC_{ar}	$C_{ar,V}$	$H_{ar,V}$	$O_{ar,V}$	$N_{ar,V}$	$S_{ar,V}$
B_0	9. 006	18. 375	86. 476	0. 495	- 0. 509	- 2. 090	- 0. 408	- 0. 841
B_1	- 1. 036	0. 859	- 2. 985	0. 099	0. 397	0. 342	0. 258	0. 332
B_2	0. 040	- 0. 040	0. 126	- 0. 023	- 0. 015	- 0. 001	- 0. 019	- 0. 017
B_3	$-4. 67 \times 10^{-4}$	$4. 59 \times 10^{-4}$	$-2. 60 \times 10^{-3}$	$3. 14 \times 10^{-3}$	$2. 96 \times 10^{-4}$	—	$7. 19 \times 10^{-4}$	$3. 11 \times 10^{-4}$
B_4	$1. 646 \times 10^{-6}$	—	$1. 724 \times 10^{-5}$	$-1. 08 \times 10^{-4}$	$-2. 99 \times 10^{-6}$	—	$-1. 54 \times 10^{-5}$	$-1. 9 \times 10^{-6}$
B_5	—	—	—	$1. 465 \times 10^{-6}$	$1. 128 \times 10^{-8}$	—	$1. 672 \times 10^{-7}$	—
B_6	—	—	—	$-7. 11 \times 10^{-9}$	—	—	$-7. 21 \times 10^{-10}$	—
σ_δ	4. 6	11. 0	7. 2	3. 8	0. 8	3. 0	0. 4	1. 0

表 10 - 9　图 10 - 16 的多项式拟合函数参数

参数	拟合公式：公式(4 - 1)							
	M_{ar}	A_{ar}	FC_{ar}	$C_{ar,V}$	$H_{ar,V}$	$O_{ar,V}$	$N_{ar,V}$	$S_{ar,V}$
B_0	- 209. 0	525. 1	69. 24	16. 27	3. 14	8. 59	0. 98	- 3. 87
B_1	$4. 2 \times 10^{-2}$	$-8. 9 \times 10^{-2}$	$-2. 5 \times 10^{-3}$	$-1. 1 \times 10^{-3}$	$-1. 5 \times 10^{-4}$	$3. 3 \times 10^{-4}$	$-8. 1 \times 10^{-5}$	$1. 1 \times 10^{-3}$
B_2	$-2. 8 \times 10^{-6}$	$6. 0 \times 10^{-6}$	$1. 8 \times 10^{-8}$	$5. 1 \times 10^{-8}$	$9. 1 \times 10^{-9}$	$-1. 6 \times 10^{-8}$	$5. 5 \times 10^{-9}$	$-7. 7 \times 10^{-8}$
B_3	$8. 0 \times 10^{-11}$	$-1. 7 \times 10^{-10}$	—	$-6. 4 \times 10^{-13}$	$-1. 0 \times 10^{-13}$	—	$-8. 1 \times 10^{-14}$	$2. 4 \times 10^{-12}$
B_4	$-8. 3 \times 10^{-16}$	1. 9E - 15	—	—	—	—	—	$-2. 7 \times 10^{-17}$
σ_δ	4. 8	8. 7	8. 5	6. 7	0. 9	4. 4	0. 4	1. 0

图 10 – 13 说明:随着 V_{daf} 的提高,空气干燥基煤的工程绝热燃烧温度($t_{aE,ad}$)先从 1 935℃($V_{daf}=3.0\%$)小幅度上升到 2 175℃($V_{daf}=35.7\%$),后从 2 175℃大幅度下降到 1 721℃($V_{daf}=70.0\%$)。$t_{aE,ad}$ 随着 V_{daf} 变化的规律与空气干燥基煤的成分分布规律有关,见图 10 – 15。煤的碳含量(C_{ad})等于固定碳含量(FC_{ad})与挥发分碳含量($C_{ar,V}$)之和。$V_{daf}<35.7\%$ 时,随着 V_{daf} 的提高,C_{ad} 单调提高,空气干燥基煤的发热量逐渐提高,煤燃烧形成的烟气焓逐渐上升,使得烟气温度达到最高值($t_{aE,ad,max}$)。$V_{daf}>35.7\%$ 以后,随着 V_{daf} 的提高,水分含量(M_{ad})大幅度提高,引起煤的发热量($Q_{ad,net}$)大幅度降低,煤燃烧形成的烟气焓逐渐降低。

图 10 – 14 说明:随着 $Q_{ad,net}$ 的提高,空气干燥基煤的工程绝热燃烧温度($t_{aE,ad}$)先从 1 850℃($Q_{ad,net}=12\ 000\ kJ/kg$)大幅度上升到 2 714℃($Q_{ad,net}=28\ 312\ kJ/kg$),后小幅度下降到 2 112℃($Q_{ad,net}=32\ 802\ kJ/kg$)。$t_{aE,ad}$ 随着 $Q_{ad,net}$ 变化的规律与空气干燥基煤的成分分布规律有关,见图 10 – 16。其中 $C_{ad}=FC_{ad}+C_{ad,V}$,$H_{ad}=H_{ad,V}$。由图 10 – 16 可见:$Q_{ad,net}<28\ 312\ kJ/kg$ 时,随着 $Q_{ad,net}$ 的提高,C_{ad}、H_{ad} 逐渐提高,M_{ad} 逐渐降低,煤燃烧以后形成的烟气焓上升,逐步达到最大值,同时烟气温度达到工程绝热燃烧温度的最高值($t_{aE,ad,max}$)。$Q_{ad,net}>28\ 312\ kJ/kg$ 时,随着 $Q_{ad,net}$ 的提高,O_{ad} 明显下降,提高了空气干燥基煤的理论空气量,进而提高了烟气量,降低了烟气焓,最终使烟气温度有明显降低。

表 10 – 7 的残差标准差说明:$t_{aE,ad}$ 数据对于 V_{daf} 的分散程度接近于 $t_{aE,ad}$ 数据对于 $Q_{ad,net}$ 的分散程度,见图 10 – 13、图 10 – 14。

表 10 – 8、表 10 – 9 的残差标准差数据说明:空气干燥基煤的工业分析成分、元素分析成分对于 V_{daf} 和 $Q_{ar,net}$ 的分散程度基本接近。

二、空气干燥基煤的理论绝热燃烧温度分布规律

将第 7 章世界空气干燥基煤的理论绝热燃烧温度($t_{a0,ad}$)计算结果与 V_{daf}、$Q_{ad,net}$ 的关系绘制于图 10 – 17、图 10 – 18 中。图 10 – 17、图 10 – 18 的多项式拟合函数参数列于表 10 – 10 中。

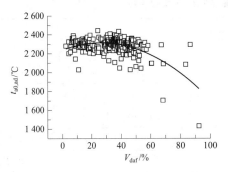

图 10 – 17　世界空气干燥基煤的理论
绝热燃烧温度与 V_{daf} 的关系

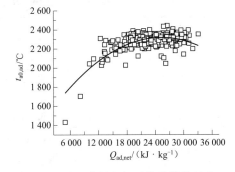

图 10 – 18　世界空气干燥基煤的理论
绝热燃烧温度与 $Q_{ar,net}$ 的关系

表 10 – 10　图 10 – 17、图 10 – 18 多项式拟合函数参数

参　数	拟合公式：公式(4 – 1)	
	图 10 – 17	图 10 – 18
B_0	2 237.0	1 422.0
B_1	5.821	0.070 90
B_2	– 0.111 1	– 1.403 × 10⁻⁶
σ_δ	74	62

由图 10 – 17 的拟合曲线可知：由于过量空气系数从实际值降低到 1.0，烟气量减少，烟气焓提高，$t_{a0,ad} > t_{aE,ad}$。当 V_{daf} 在 3% ~ 22% 之间提高时，$t_{a0,ad}$ 从 2 239℃ 小幅度提高到 2 319℃，而且 t_{a0} 提高的速度逐步降低到 0；当 V_{daf} 在 22% ~ 70% 之间提高时，t_{a0} 从 2 319℃ 大幅度下降到 2 100℃，而且降低的速度逐步加快。t_{a0} 随着 V_{daf} 变化的规律类似于 t_{aE} 随着 V_{daf} 变化的规律，原因是煤的工业分析成分、元素分析成分的分布规律不变。当 V_{daf} 值很低时，M_{ad} 随着 V_{daf} 值的降低略有提高。当 V_{daf} 值很高时，M_{ad} 随着 V_{daf} 值的提高大幅度提高，见图 10 – 15。

由图 10 – 18 的拟合曲线可知：由于过量空气系数从实际值降低到 1.0，烟气量减少，烟气焓提高，$t_{a0,ad} > t_{aE,ad}$。$Q_{ar,net}$ 在 12 000 ~ 34 367 kJ/kg 之间提高时，$t_{a0,ad}$ 从 2 072℃ 大幅度单调提高到 2 321℃，而且提高的速度逐步降低；t_{a0} 随着 $Q_{ar,net}$ 变化的规律类似于 t_{aE} 随着 $Q_{ar,net}$ 变化的规律。原因是煤的工业分析成分、元素分析成分的分布规律不变。当 $Q_{ar,net}$ 值很低时，M_{ad} 随着 $Q_{ar,net}$ 值的降低大幅度提高，见图 10 – 16。

由表 10 – 10 的残差标准差数据可知：$t_{a0,ad}$ 数据对于 V_{daf} 的分散程度较大，残差标准差等于 74；t_{a0} 数据对于 $Q_{ar,net}$ 的分散程度较小，残差标准差等于 62。这种数据分布规律见图 10 – 17、图 10 – 18。

三、空气干燥基煤的挥发分工程绝热燃烧温度分布规律

将 7 章的中国空气干燥基煤的挥发分工程绝热燃烧温度（$t_{aE,ad,V}$），以及国外空气干燥基煤的挥发分工程绝热燃烧温度（$t_{aE,ad,V}$）计算结果与 V_{daf}、$Q_{ad,net}$ 的关系绘制在图 10 – 19、图 10 – 20 中，其中的多项式拟合函数参数列于表 10 – 11 中。

由图 10 – 19 的数据以及拟合曲线可知：随着 V_{daf} 的提高，世界空气干燥基煤的挥发分工程绝热燃烧温度（$t_{aE,ad,V}$）从 356℃ 单调提高到 1 378℃，这种分布规律与挥发分的收到基成分组成特点有关。由图 10 – 15 可知：随着 V_{daf} 的提高，挥发分中的碳含量（$C_{ar,V}$）单调提高，1.0 kg 煤中挥发分的发热量逐步提高。因此，当 V_{daf} 提高时，$t_{aE,V}$ 单调提高。

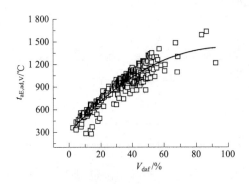

图 10 – 19　世界空气干燥基煤的挥发分
工程绝热燃烧温度与 V_{daf} 的关系

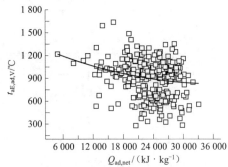

图 10 – 20　世界空气干燥基煤的挥发分
工程绝热燃烧温度与 $Q_{ar,net}$ 的关系

表 10 – 11　图 10 – 19、图 10 – 20 的多项式拟合函数参数

参　　数	拟合公式:公式(4 – 1)	
	图 10 – 19	图 10 – 20
B_0	295.8	1 351.9
B_1	23.02	-2.880×10^{-2}
B_2	$-0.117\ 4$	3.937×10^{-7}
σ_δ	107	240

　　由图 10 – 20 的数据以及拟合曲线可知:① 世界空气干燥基煤的挥发分工程绝热燃烧温度($t_{aE,ad,V}$)随着 $Q_{ar,net}$ 的提高总体上单调下降。② 当 $Q_{ar,net}$ 从 12 000 kJ/kg 提高到 32 869 kJ/kg 时, $t_{aE,ad,V}$ 从 1 052℃ 大幅度提高到824℃。上述变化规律与空气干燥基煤挥发分的收到基成分组成特点有关,见图 10 – 16。由图 10 – 16 可知:挥发分中的碳含量($C_{ar,V}$)和氢含量($H_{ar,V}$)随着 $Q_{ar,net}$ 的提高逐渐提高,1.0 kg 煤中挥发分的发热量随着 $Q_{ar,net}$ 的提高单调提高。从空气干燥基煤的角度看,随着 $Q_{ar,net}$ 的提高,碳含量($C_{ad} = FC_{ad} + C_{ad,V}$)在提高,氢含量($H_{ad} = H_{ad,V}$)在大幅度提高,氧含量($O_{ad} = O_{ad,V}$)在明显降低,这些因素都提高了空气干燥基煤的理论空气量和实际烟气量,降低了烟气焓和烟气温度,最终降低了空气干燥基煤挥发分的燃烧达到的最高烟气温度工程值($t_{aE,V}$)。

　　由表 10 – 11 的残差标准差数据可知: $t_{aE,V}$ 数据对于 V_{daf} 的分散程度较小,残差标准差等于107; $t_{aE,V}$ 数据对于 $Q_{ar,net}$ 的分散程度较大,残差标准差等于240。这种数据分布规律从图 10 – 19、图 10 – 20 中可以明显地观察到。

四、空气干燥基煤的挥发分理论绝热燃烧温度分布规律

将 7 章的中国空气干燥基煤的挥发分理论绝热燃烧温度($t_{a0,ad,V}$),以及国外空气干燥基煤的挥发分理论绝热燃烧温度($t_{a0,ad,V}$)计算结果与 V_{daf}、$Q_{ad,net}$ 的关系绘制在图 10 – 21、图 10 – 22 中,其中的多项式拟合函数参数列于表 10 – 12 中。

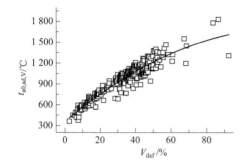

图 10 – 21 世界空气干燥基煤的挥发分理论绝热燃烧温度与 V_{daf} 的关系

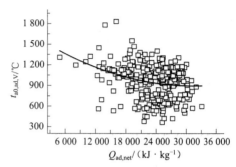

图 10 – 22 世界空气干燥基煤的挥发分理论绝热燃烧温度与 $Q_{ar,net}$ 的关系

表 10 – 12 图 10 – 21、图 10 – 22 的多项式拟合函数参数

参 数	拟合公式:公式(4 – 1)	
	图 10 – 21	图 10 – 22
B_0	361.4	1 609.8
B_1	21.27	-4.575×10^{-2}
B_2	$-0.083\ 9$	7.300×10^{-7}
σ_δ	78	192

由图 10 – 21 的数据以及拟合曲线可知:当 V_{daf} 在 3% ~70% 之间提高时,世界空气干燥基煤的挥发分理论绝热燃烧温度($t_{a0,ad,V}$)从 419℃ 单调提高到 1 443℃。这种分布规律与挥发分的收到基成分组成特点有关。由图 10 – 15 可知:随着 V_{daf} 的提高,挥发分中的碳含量($C_{ar,V}$)单调提高,1.0 kg 煤中挥发分的发热量逐步提高。因此,当 V_{daf} 提高时,$t_{aE,V}$ 单调提高。对比图 10 – 19、图 10 – 21 可知:世界空气干燥基煤挥发分的理论绝热燃烧温度($t_{a0,ad,V}$)高于其工程绝热燃烧温度($t_{aE,ad,V}$)。

由图 10 – 22 的数据以及拟合曲线可知:① 世界空气干燥基煤的挥发分理论绝热燃烧温度($t_{a0,ad,V}$)随着 $Q_{ar,net}$ 的提高总体上单调下降。② 当 $Q_{ad,net}$ 从 12 000 kJ/kg 提高到 32 869 kJ/kg 时,$t_{a0,ad,V}$ 从 1 170℃ 大幅度下降到 896℃。上述变化规律与空气干燥基煤挥发分的收到基成分组成特点有关,见图 10 – 16。由图 10 – 16 可知:挥

发分中的碳含量($C_{ar,V}$)和氢含量($H_{ar,V}$)随着$Q_{ad,net}$的提高逐渐提高,1.0 kg 煤中挥发分的发热量随着$Q_{ar,net}$的提高单调提高。从空气干燥基煤的角度看,随着$Q_{ad,net}$的提高,碳含量($C_{ad} = FC_{ad} + C_{ad,V}$)在提高,氢含量($H_{ad} = H_{ad,V}$)在大幅度提高,氧含量($O_{ad} = O_{ad,V}$)在明显降低,这些因素都增加了空气干燥基煤的理论空气量和实际烟气量,降低了烟气焓和烟气温度,最终降低了空气干燥基煤的挥发分燃烧达到的最高理论烟气温度($t_{a0,ad,V}$)。对比图 10 – 20、图 10 – 22 可知:世界空气干燥基煤的理论绝热燃烧温度($t_{a0,ad,V}$)高于其工程绝热燃烧温度($t_{aE,ad,V}$)。

由表 10 – 12 的残差标准差数据可知:$t_{a0,ad,V}$ 数据对于V_{daf}的分散程度较小,残差标准差等于 78;$t_{a0,ad,V}$ 数据对于$Q_{ar,net}$的分散程度较大,残差标准差等于 192。这种数据分布规律从图 10 – 19、图 10 – 20 中可以明显地观察到。上述规律说明:煤的烟气温度对应的烟气焓表达了煤的热量,动力煤的可燃质包括挥发分和固定碳,挥发分的可燃质及热量不能完全代表煤的可燃质及热量。

五、空气干燥基煤及其挥发分的四种绝热燃烧温度分布规律对比

将世界空气干燥基煤的工程绝热燃烧温度($t_{aE,ad}$)、理论绝热燃烧温度($t_{a0,ad}$),世界收到基动力煤挥发分的工程绝热燃烧温度($t_{aE,ad,V}$)、理论绝热燃烧温度($t_{a0,ad,V}$)与V_{daf}、$Q_{ar,net}$的拟合曲线关系绘制在图 10 – 23、图 10 –24 中进行对比,分析四种绝热燃烧温度变化规律之间的差别及其原因。

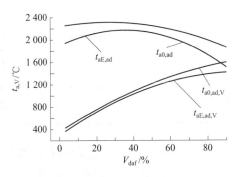

图 10 – 23　世界空气干燥基煤及其挥发分的四种绝热燃烧温度与V_{daf}的关系

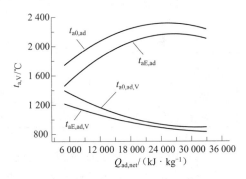

图 10 – 24　世界空气干燥基煤及其挥发分的四种绝热燃烧温度与$Q_{ar,net}$的关系

图 10 – 23 的曲线组说明:当过量空气系数降低到 1.0 时,空气干燥基煤挥发分的工程绝热燃烧温度($t_{aE,ad,V}$)会提高到理论值($t_{a0,ad,V}$)。其中,1.0 kg 煤所含挥发分的工程绝热燃烧温度提高幅度是 43 ~ 188℃,高于收到基煤挥发分的工程绝热燃烧温度的提高幅度(28 ~ 122℃),说明收到基过渡到空气干燥基,煤的水分减少,过量空气系数的降低对水分含量低的煤的挥发分绝热燃烧温度提高幅度较大。1.0 kg 空气干燥基煤的工程绝热燃烧温度($t_{aE,ad}$)提高到理论值($t_{a0,ad}$),提高幅度是 122 ~

373℃,低于收到基煤的工程绝热燃烧温度的提高幅度(124~407℃)。说明收到基过渡到空气干燥基,煤的水分减少,过量空气系数的降低对水分含量低的煤的绝热燃烧温度提高幅度较小。

图10-23的曲线组说明:挥发分的理论绝热燃烧温度提高幅度($t_{a0,V} - t_{aE,V}$)随着V_{daf}的提高先小幅度降低,后大幅度升高。原因是:① 无烟煤、褐煤的实际过量空气系数最大,过量空气系数降低到1.0时,1.0 kg煤所含挥发分的绝热燃烧温度提高幅度最大;② 1.0 kg煤的氧含量($O_{ar,V}$)随着V_{daf}的提高而提高,见图10-15。氧含量($O_{ar,V}$)的提高降低了1.0 kg煤的理论空气量,进而降低了烟气量,提高了烟气焓,即氧含量高的煤,烟气焓升高幅度大。

图10-23的曲线组说明:温差($t_{a0} - t_{aE}$)随着V_{daf}的提高先降低、后升高,分界点是$V_{daf} = 37\%$。实际的炉膛出口过量空气系数:无烟煤1.25,贫煤1.20,烟煤1.10,褐煤1.25。因此烟煤的温差($t_{a0} - t_{aE}$)最小,见图10-11。当V_{daf}很小时,煤的碳含量($FC_{ar} + C_{ar,V}$)随着V_{daf}的降低逐步提高到最大值(见图10-15),需要的空气量最多,过量空气系数降低引起烟气焓升高,工程绝热燃烧温度(t_{aE})提高到理论值(t_{a0});当V_{daf}很大时,煤的碳含量($FC_{ar} + C_{ar,V}$)随着V_{daf}的逐步提高降低到最小值,氧含量($O_{ar,V}$)逐步提高到最大值(见图10-15),1.0 kg煤的理论空气量降到最低值,过量空气系数降低到1.0,引起烟气量降低、烟气焓提高的幅度逐步增大,工程绝热燃烧温度(t_{aE})提高到理论值(t_{a0})。

图10-24的曲线组说明:过量空气系数降低会降低烟气量、提高烟气焓,空气干燥基煤挥发分的理论绝热燃烧温度高于工程绝热燃烧温度,温差($t_{a0,ad,V} - t_{aE,ad,V}$)的变化范围是44~182℃,高于收到基动力煤挥发分的理论绝热燃烧温度与工程绝热燃烧温度的差值(9~80℃);空气干燥基煤理论绝热燃烧温度高于工程绝热燃烧温度,温差($t_{a0} - t_{aE}$)的变化范围是129~283℃,高于收到基煤理论绝热燃烧温度与工程绝热燃烧温度的差值(113~188℃)。

图10-24的曲线组说明:温差($t_{a0,ad,V} - t_{aE,ad,V}$)在$Q_{ar,net}$为5 000 kJ/kg左右时,达到最大值182℃。对照图10-16可知:$Q_{ar,net}$为5 000 kJ/kg左右时,煤的空气干燥基水分含量(M_{ad})达到最小值。过量空气系数降低引起的烟气量降低、烟气焓升高的效果越大,烟气温度升高的幅度就越大,因此温差($t_{a0,V} - t_{aE,V}$)在$Q_{ar,net}$为5 000 kJ/kg左右时达到最大值。

图10-24的曲线组说明:温差($t_{a0,ad} - t_{aE,ad}$)随着$Q_{ad,net}$的提高单调降低。对照图10-16可知:随着$Q_{ad,net}$的提高,水分含量(M_{ad})逐渐降低,碳含量($FC_{ad} + C_{ad,V}$)单调提高,1.0 kg煤的理论空气量提高,过量空气系数降低引起的烟气量降低、烟气焓提高的效果减小,温差($t_{a0,ad} - t_{aE,ad}$)随着$Q_{ad,net}$的提高单调降低。

10.3　动力煤干燥无灰基成分的理论绝热燃烧温度分布规律

将第4、5章的中国动力煤和国外收到基动力煤、空气干燥基煤的干燥无灰基成分的理论绝热燃烧温度($t_{a0,daf}$)计算结果与V_{daf}、$Q_{ar,ad,net}$($Q_{ar,net}$和$Q_{ad,net}$的统称)、$Q_{daf,net}$的关系绘制在图10-25~图10-27中,三张图的多项式拟合函数参数列于表10-13中。将第4、5章中国动力煤和国外收到基动力煤、空气干燥基煤的干燥无灰基成分组成与V_{daf}、$Q_{ar,ad,net}$、$Q_{daf,net}$的关系绘制在图10-28~图10-30中,三张图的多项式拟合函数参数列于表10-14~表10-16中。在数据处理过程中删除了异常的无效数据。

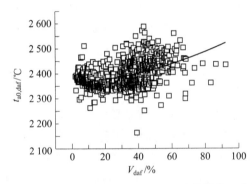

图10-25　世界动力煤干燥无灰基成分的理论绝热燃烧温度与V_{daf}的关系

图10-25所示为世界动力煤干燥无灰基成分的理论绝热燃烧温度($t_{a0,daf}$)与V_{daf}的关系。由图10-25拟合曲线可知:随着V_{daf}的提高,$t_{a0,daf}$从2 380℃提高到2 522℃。动力煤干燥无灰基成分的理论绝热燃烧温度($t_{a0,daf}$)是动力煤的最高绝热燃烧温度,表示了动力煤的某种本质特征。世界动力煤干燥无灰基成分的理论绝热燃烧温度($t_{a0,daf}$)的变化规律与干燥无灰基成分构成有关,见图10-28。由图10-28可知:随着V_{daf}的提高,世界动力煤的干燥无灰基成分中,碳含量单调大幅度降低,氢含量略有提高,氧含量单调大幅度提高。氧含量提高,降低了1.0 kg煤的干燥无灰基成分的理论空气量,降低了理论烟气量,提高了烟气焓,最终提高了绝热燃烧温度,见图10-25。

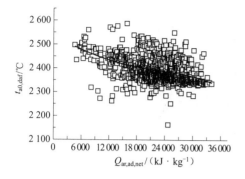

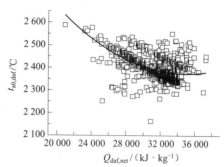

图 10 - 26　世界动力煤干燥无灰基成分的
理论绝热燃烧温度与 $Q_{ar,ad,net}$ 的关系

图 10 - 27　世界动力煤干燥无灰基成分的
理论绝热燃烧温度与 $Q_{daf,net}$ 的关系

表 10 - 13　图 10 - 25 ~ 图 10 - 27 的多项式拟合函数参数

参　　数	拟合公式:公式(4 - 1)		
	图 10 - 25	图 10 - 26	图 10 - 27
B_0	2 363.80	2 535.50	3 973.70
B_1	0.387 15	- 0.009 91	- 0.091 44
B_2	0.014 51	2.924×10^{-8}	1.306×10^{-6}
B_3	—	1.135×10^{-11}	—
B_4	—	-2.530×10^{-16}	—
σ_δ	47.0	46.6	43.2

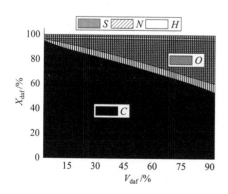

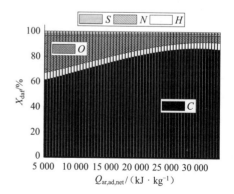

图 10 - 28　世界动力煤的干燥无灰基
成分组成与 V_{daf} 的关系

（X 表示 S、N、H、O、C）

图 10 - 29　世界动力煤的干燥无灰基
成分组成与 $Q_{ar,ad,net}$ 的关系

（X 表示 S、N、H、O、C）

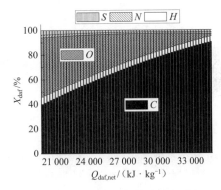

图 10 – 30   世界动力煤的干燥无灰基成分组成与 $Q_{\mathrm{daf,net}}$ 的关系

(X 表示 S、N、H、O、C)

表 10 – 14   图 10 – 28 的多项式拟合函数参数

参　　数	拟合公式：公式(4 – 1)				
	C_{daf}	H_{daf}	O_{daf}	N_{daf}	S_{daf}
B_0	94.79	– 0.28	0.19	1.10	1.77
B_1	– 0.385 1	0.551 7	0.268 2	0.020 3	– 0.016 5
B_2	-4.70×10^{-4}	-2.34×10^{-2}	1.34×10^{-3}	-2.03×10^{-4}	3.06×10^{-4}
B_3	—	4.95×10^{-4}	—	—	—
B_4	—	-5.08×10^{-6}	—	—	—
B_5	—	2.02×10^{-8}	—	—	—
σ_δ	4.4	0.9	4.7	1.5	1.9

表 10 – 15   图 10 – 29 的多项式拟合函数参数

参　　数	拟合公式：公式(4 – 1)				
	C_{daf}	H_{daf}	O_{daf}	N_{daf}	S_{daf}
B_0	55.45	6.090	34.120	1.309	1.979
B_1	1.00×10^{-3}	-5.25×10^{-5}	-8.49×10^{-4}	4.32×10^{-7}	5.56×10^{-5}
B_2	3.53×10^{-8}	-4.93×10^{-9}	-3.30×10^{-8}	-4.90×10^{-10}	-4.25×10^{-9}
B_3	-1.12×10^{-12}	1.75×10^{-13}	9.78×10^{-13}	2.22×10^{-14}	5.34×10^{-14}
σ_δ	6.1	1.2	5.6	0.5	2.0

表 10 – 16 图 10 – 30 的多项式拟合函数参数

参　数	拟合公式:公式(4 – 1)				
	C_{daf}	H_{daf}	O_{daf}	N_{daf}	S_{daf}
B_0	– 72. 736	14. 073	140. 058	9. 782	18. 730
B_1	6.95×10^{-3}	-5.86×10^{-4}	-5.43×10^{-3}	-5.73×10^{-4}	-1.10×10^{-3}
B_2	-6.52×10^{-8}	9.03×10^{-9}	4.23×10^{-8}	9.64×10^{-9}	1.75×10^{-8}
σ_δ	4. 16	1. 19	3. 48	0. 50	1. 96

图 10 – 26 所示为世界动力煤干燥无灰基成分的理论绝热燃烧温度($t_{a0,daf}$)与低位发热量($Q_{ar,ad,net}$)的关系。由于数据中收到基煤质参数和空气干燥基煤质参数的数量基本接近,因此使用 $Q_{ar,ad,net}$ 代表 $Q_{ar,net}$ 和 $Q_{ad,net}$。由图 10 – 26 的拟合曲线可知:随着 $Q_{ar,ad,net}$ 的提高,$t_{a0,daf}$ 从 2 490℃ 降低到 2 336℃。世界动力煤干燥无灰基成分的理论绝热燃烧温度($t_{a0,daf}$)的这种变化规律与其干燥无灰基成分的分布规律有关,见图 10 – 29。由图 10 – 29 可知:随着 $Q_{ar,ad,net}$ 的提高,世界动力煤的干燥无灰基成分中,碳含量(C_{daf})大幅度提高,氢含量(H_{daf})变化不大,氧含量(O_{daf})大幅度降低。C_{daf} 的提高、O_{daf} 的降低提高了 1.0 kg 干燥无灰基成分燃烧需要的理论空气量和理论烟气量,降低了烟气焓,最终降低了绝热燃烧温度,见图 10 – 26。

图 10 – 27 是世界动力煤干燥无灰基成分的理论绝热燃烧温度($t_{a0,daf}$)与干燥无灰基低位发热量($Q_{daf,net}$)的关系。由图 10 – 27 可知:随着 $Q_{daf,net}$ 的提高,$t_{a0,daf}$ 从 2 630℃ 降低到 2 369℃。$t_{a0,daf}$ 的这种变化规律与世界动力煤的干燥无灰基成分随着 $Q_{daf,net}$ 分布的规律有关,见图 10 – 30。由图 10 – 30 可知:随着 $Q_{daf,net}$ 的提高,世界动力煤的干燥无灰基成分中,碳含量(C_{daf})大幅度上升,氢含量(H_{daf})变化不大,氧含量(O_{daf})大幅度降低。C_{daf} 的提高、O_{daf} 的降低提高了 1.0 kg 干燥无灰基成分的理论空气量和理论烟气量,降低了烟气焓,最终降低了理论绝热燃烧温度,见图 10 – 27。

由表 10 – 13 可知:世界动力煤干燥无灰基成分的理论绝热燃烧温度($t_{a0,daf}$)数据对于 V_{daf}、$Q_{ar,ad,net}$、$Q_{daf,net}$ 的分散程度接近,残差标准差(σ_δ)分别是 47.0、46.6、43.2。$t_{a0,daf}$ 数据反映的是动力煤发热量有关的燃烧特性,挥发分不包括固定碳,σ_δ 略大;收到基或者空气干燥基低位发热量由于水分、灰分的干扰,σ_δ 略大;干燥无灰基低位发热量与干燥无灰基成分的理论绝热燃烧温度($t_{a0,daf}$)相关度最高,σ_δ 最小。

由表 10 – 14 ~ 表 10 – 16 中的残差标准差数据可知:世界动力煤的干燥无灰基成分数据对于 V_{daf}、$Q_{ar,ad,net}$、$Q_{daf,net}$ 的分散程度接近。

10.4　动力煤的挥发分理论绝热燃烧温度分布规律

　　将第5、7章的收到基、空气干燥基中国动力煤和国外动力煤的挥发分理论绝热燃烧温度($t_{a0,daf,V}$)计算结果与V_{daf}、$Q_{ar,ad,net}$、$Q_{daf,net}$的关系绘制在图10–31~图10–33中,三张图的多项式拟合函数参数列于表10–17中。将第5、7章的收到基、空气干燥基中国动力煤和国外动力煤的挥发分成分组成与V_{daf}、$Q_{ar,ad,net}$、$Q_{daf,net}$的关系绘制在图10–34~图10–36中,三张图的多项式拟合函数参数列于表10–18~表10–20中。在数据处理过程中删除了异常的无效数据。

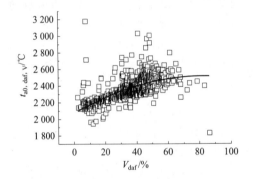

图10–31　世界动力煤的挥发分理论绝热燃烧温度与V_{daf}的关系

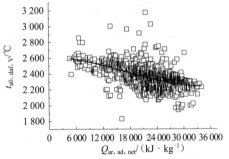

图10–32　世界动力煤的挥发分理论绝热燃烧温度与$Q_{ar,ad,net}$的关系

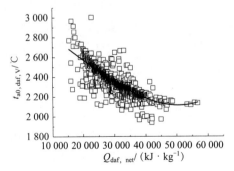

图10–33　世界动力煤的挥发分理论绝热燃烧温度与$Q_{daf,net}$的关系

表 10 – 17 图 10 – 31 ~ 图 10 – 33 的多项式拟合函数参数

参　　数	拟合公式:公式(4 – 1)		
	图 10 – 31	图 10 – 32	图 10 – 33
B_0	2 072. 664 21	2 616. 357 69	2 998. 565 49
B_1	10. 701 79	– 0. 000 886 463	– 0. 016 24
B_2	– 0. 064 34	– 8. 883 01 × 10^{-7}	– 3. 923 29 × 10^{-7}
B_3	—	1. 738 23 × 10^{-11}	7. 281 71 × 10^{-12}
σ_δ	111	122	80

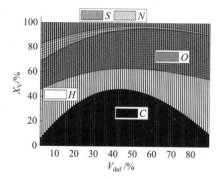

图 10 – 34　世界动力煤的挥发分
成分组成与 V_{daf} 的关系
（X 表示 S、N、H、O、C）

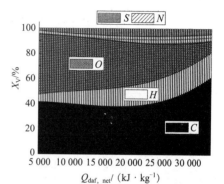

图 10 – 35　世界动力煤的挥发分
成分组成与 $Q_{ar,ad,net}$ 的关系
（X 表示 S、N、H、O、C）

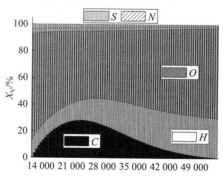

图 10 – 36　世界动力煤的挥发分成分组成与 $Q_{daf,net}$ 的关系
（X 表示 S、N、H、O、C）

表 10 - 18　图 10 - 34 的多项式拟合函数参数

参　数	拟合公式：公式(4 - 1)				
	C_{daf}	H_{daf}	O_{daf}	N_{daf}	S_{daf}
B_0	0.978 7	43.487 2	22.701 06	15.830 7	18.807 94
B_1	2.021 6	- 1.325 7	0.187 47	- 0.551 73	- 0.617 84
B_2	$- 2.10 \times 10^{-2}$	0.016 8	0.001 13	0.007 47	0.005 94
B_3	—	—	—	$- 3.5 \times 10^{-5}$	—
σ_δ	11.5	3.6	12.2	1.7	6.2

表 10 - 19　图 10 - 35 的多项式拟合函数参数

参　数	拟合公式：公式(4 - 1)				
	C_{daf}	H_{daf}	O_{daf}	N_{daf}	S_{daf}
B_0	34.281 6	0.896 3	45.530 67	4.548 11	- 0.788 74
B_1	1.72×10^{-3}	0.001 0	0.000 214	- 0.000 66	0.000 596
B_2	$- 1.49 \times 10^{-7}$	$- 1.24 \times 10^{-8}$	$- 3.7 \times 10^{-8}$	5.26×10^{-8}	$- 1.3 \times 10^{-8}$
B_3	3.67×10^{-12}	—	—	$- 9.6 \times 10^{-13}$	—
σ_δ	14.6	7.4	10.3	3.1	7.0

表 10 - 20　图 10 - 36 的多项式拟合函数参数

参　数	拟合公式：公式(4 - 1)				
	C_{daf}	H_{daf}	O_{daf}	N_{daf}	S_{daf}
B_0	- 88.89	- 0.39	- 0.12	6.48	3.51
B_1	9.78×10^{-3}	0.002 1	0.011 27	- 0.000 41	- 0.000 12
B_2	$- 2.09 \times 10^{-7}$	$- 1.6 \times 10^{-7}$	$- 6.8 \times 10^{-7}$	1.14×10^{-8}	5.88×10^{-9}
B_3	1.08×10^{-12}	4.58×10^{-12}	1.4×10^{-11}	—	—
B_4	—	$- 3.8 \times 10^{-17}$	$- 9.6 \times 10^{-17}$	—	—
σ_δ	13.8	4.3	7.8	2.8	6.9

图 10-31 所示为世界动力煤挥发分成分的理论绝热燃烧温度($t_{a0,\mathrm{daf,V}}$)与 V_{daf} 的关系。由图 10-31 的拟合曲线可知：随着 V_{daf} 的提高，$t_{a0,\mathrm{daf,V}}$ 从 2 101℃ 提高到 2 517℃。动力煤挥发分成分的理论绝热燃烧温度($t_{a0,\mathrm{daf,V}}$)是动力煤挥发分的最高绝热燃烧温度，表示了动力煤挥发分的某种本质特征。世界动力煤挥发分成分的理论绝热燃烧温度($t_{a0,\mathrm{daf,V}}$)的变化规律与挥发分成分组成有关，见图 10-34。由图 10-34 可知：随着 V_{daf} 的提高，世界动力煤的挥发分成分中，碳含量(C_{V})先单调大幅度提高，后大幅度降低；氢含量(H_{V})先小幅度降低，后大幅度提高；氧含量(O_{V})单调大幅度提高。氧含量(O_{V})提高，降低了 1.0 kg 干燥无灰基成分的理论空气量，降低了理论烟气量，提高了烟气焓，最终提高了绝热燃烧温度，见图 10-31。碳含量(C_{V})与氢含量(H_{V})数量级相当，氢的发热量是碳的发热量的 3.661 倍（见附录），氢含量(H_{V})高的挥发分燃烧产生的烟气中水蒸气(H_2O)的份额高。在相同的温度下 H_2O 的焓值低于 CO_2 的焓值（见表 3-2），H_2O 份额高的烟气焓值较高，最终导致挥发分的绝热燃烧温度提高，见图 10-31。

图 10-32 所示为世界动力煤挥发分成分的理论绝热燃烧温度($t_{a0,\mathrm{daf,V}}$)与低位发热量($Q_{\mathrm{ar,ad,net}}$)的关系。由于数据中收到基煤质参数和空气干燥基煤质参数的数量基本接近，因此使用 $Q_{\mathrm{ar,ad,net}}$ 代表 $Q_{\mathrm{ar,net}}$ 和 $Q_{\mathrm{ad,net}}$。由图 10-32 拟合曲线可知：随着 $Q_{\mathrm{ar,ad,net}}$ 的提高，$t_{a0,\mathrm{daf,V}}$ 从 2 593℃ 降低到 2 239℃。世界动力煤挥发分成分的理论绝热燃烧温度($t_{a0,\mathrm{daf,V}}$)的这种变化规律与其成分组成有关，见图 10-35。由图 10-35 可知：随着 $Q_{\mathrm{ar,ad,net}}$ 的提高，世界动力煤的挥发分成分中碳含量(C_{V})总体上提高，氢含量(H_{V})有明显提高，氧含量(O_{V})大幅度降低。C_{V}、H_{V} 的提高，O_{V} 的降低提高了 1.0 kg 干燥无灰基成分燃烧需要的理论空气量和理论烟气量，降低了烟气焓，最终降低了绝热燃烧温度，见图 10-32。

图 10-33 所示为世界动力煤挥发分成分的理论绝热燃烧温度($t_{a0,\mathrm{daf,V}}$)与干燥无灰基低位发热量($Q_{\mathrm{daf,net}}$)的关系。由图 10-33 可知：随着 $Q_{\mathrm{daf,net}}$ 的提高，$t_{a0,\mathrm{daf,V}}$ 从 2 672℃ 降低到 2 112℃。$t_{a0,\mathrm{daf,V}}$ 的这种变化规律与世界动力煤的挥发分成分随着 $Q_{\mathrm{daf,net}}$ 分布的规律有关，见图 10-36。由图 10-36 可知：随着 $Q_{\mathrm{V,net}}$ 的提高，世界动力煤的挥发分成分中，碳含量(C_{V})首先大幅度提高，然后大幅度降低；氢含量(H_{V})单调大幅度提高；氧含量(O_{V})占主要比例，先大幅度降低，后小幅度提高。在 C_{V} 提高的区间($Q_{\mathrm{daf,net}} \leqslant 22\ 709$ kJ/kg)，H_{V} 单调提高，O_{V} 大幅度降低，提高了 1.0 kg 挥发分基成分的理论空气量和理论烟气量，降低了烟气焓，最终降低了理论绝热燃烧温度，见图 10-34。在 C_{V} 降低的区间($Q_{\mathrm{daf,net}} > 22\ 700$ kJ/kg)，C_{V} 大幅度降低，H_{V} 大幅度单调提高，O_{V} 大幅度提高，1.0 kg 挥发分成分所含的氧元素热解形成氧气含量提高，提高了 1.0 kg 挥发分的理论烟气量，降低了烟气焓，最终降低了理论绝热燃烧温度，见图 10-34。

由表 10 – 17 可知：世界动力煤挥发分成分的理论绝热燃烧温度（$t_{a0, daf, V}$）数据对于 V_{daf}、$Q_{ar, ad, net}$、$Q_{daf, net}$ 的分散程度接近，残差标准差（σ_δ）分别是 111、122、80。$t_{a0, daf}$ 数据反映的是动力煤发热量有关的燃烧特性，挥发分不包括固定碳，σ_δ 略大；收到基或者空气干燥基低位发热量由于水分、灰分的干扰，σ_δ 略大；干燥无灰基低位发热量与干燥无灰基成分的理论绝热燃烧温度（$t_{a0, daf}$）相关度最高，σ_δ 最小。

由表 10 – 18 ~ 表 10 – 20 中残差标准差数据可知：世界动力煤的挥发分成分数据对于 V_{daf}、$Q_{ar, ad, net}$、$Q_{daf, net}$ 的分散程度接近。

█ 10.5　动力煤的三种理论绝热燃烧温度分布规律对比

动力煤的成分包括工业分析成分和元素分析成分。燃煤电站燃烧的都是收到基动力煤，其理论燃烧温度（t_{a0}）表示过量空气系数等于 1.0 时，煤燃烧以后生成的烟气能够达到的最高温度，表达了一种动力煤的工程燃烧特性。扣除了水分、灰分的影响以后，动力煤的干燥无灰基成分的理论绝热燃烧温度（$t_{a0, daf}$）表达了干燥无灰基成分的一种燃烧特性。从干燥无灰基成分中扣除了固定碳之后，挥发分的理论绝热燃烧温度（$t_{a0, daf, V}$）表达了动力煤挥发分成分的一种燃烧特性。

将 t_{a0}、$t_{a0, daf}$、$t_{a0, daf, V}$ 与 V_{daf}、$Q_{ar, ad, net}$ 的关系绘制在图 10 – 37、图 10 – 38 中，以便对三种理论绝热燃烧温度的分布规律进行对比分析。

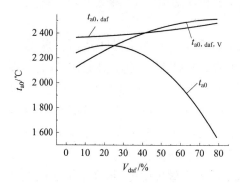

图 10 – 37　世界动力煤及其挥发分的三种
理论绝热燃烧温度与 V_{daf} 的关系

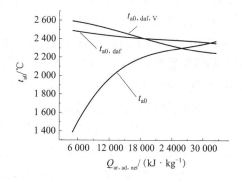

图 10 – 38　世界动力煤及其挥发分的三种
理论绝热燃烧温度与 $Q_{ar, ad, net}$ 的关系

图 10 – 37 的三根曲线表明：① 世界动力煤干燥无灰基成分的理论绝热燃烧温度（$t_{a0, daf}$）高于动力煤的理论绝热燃烧温度（t_{a0}）。温差（$t_{a0, daf} - t_{a0}$）随着 V_{daf} 的提高先下降、后上升。② 因此水分含量高的褐煤，脱除水分对于提高动力煤的品质具有

重要影响。见图 10 - 3、图 10 - 15。③ 挥发分的理论绝热燃烧温度($t_{a0,daf,V}$)随着 V_{daf} 的提高而提高,而且与 $t_{a0,daf}$ 在同一个数量级(2 100 ~ 2 500℃),因此挥发分自身的着火稳定性潜力随着 V_{daf} 的提高而提高。

图 10 - 38 的三条曲线说明:① 温差($t_{a0,daf} - t_{a0}$)随着 $Q_{ar,ad,net}$ 的提高而降低,直到降低为 0(此时,$Q_{ar,ad,net}$ = 31 395 kJ/kg)。$Q_{ar,ad,net}$ > 31 395 kJ/kg 的优质煤一般不作为动力煤使用,此处不再讨论。② 世界动力煤干燥无灰基成分的理论绝热燃烧温度($t_{a0,daf}$)与挥发分的理论绝热燃烧温度($t_{a0,daf,V}$)都随着 $Q_{ar,ad,net}$ 的提高而提高,$t_{a0,daf}$ 与 $t_{a0,daf,V}$ 在同一数量级(2 300 ~ 2 600℃)。因此对于挥发分含量较低的高热量煤(见图 10 - 4、图 10 - 16),提高其煤粉着火稳定性的主要渠道是提高炉膛烟气温度,比如在燃烧器区域水冷壁敷设数量、形式合理的卫燃带,以及采用"W"形火焰锅炉炉膛结构等。此外可以采用一次风气流浓淡分离以及降低一次风喷嘴的水平、垂直间距等技术。

10.6　大气温度对动力煤绝热燃烧温度的影响

国标 GB/T 213—2008《煤的发热量测定方法》规定:煤的高位发热量是单位质量的煤燃烧以后产生的物质组成为氧气、氮气、二氧化碳、二氧化硫、液态水以及固体灰时放出的热量。这种规定是针对氧弹量热计在实验室内的测量方法。实验室的温度一般在 10 ~ 30℃,大气温度却由海拔、经度、纬度、季节等因素决定。大气温度决定了煤的燃烧产物中水蒸气的聚集状态,如果大气温度在 0℃ 以下,水蒸气凝固成冰;如果大气温度在 0℃ 以上,水蒸气凝固成液态水。燃煤电站所处的环境就是大气环境,因此国标 GB/T 213—2008《煤的发热量测定方法》关于煤的燃烧产物中水蒸气的聚集状态的规定与电站实际所处的大气环境有区别,应当按照电站地点的实际大气温度确定煤的高位发热量。

国标 GB/T 213—2008《煤的发热量测定方法》规定的煤的低位发热量是氧弹实验中单位质量的煤燃烧产物为氧气、氮气、二氧化碳、二氧化硫、气态水以及固体灰时放出的热量,而且假设水蒸气的压力为 0.1 MPa。水蒸气的压力为 0.1 MPa 就意味着实验室的温度为 99.63℃,这种假设与实验室温度一般在 10 ~ 30℃ 不相符合。实际上水的汽化潜热以及冰加热到水蒸气的相变热随着大气温度的不同而有所不同,见图 8 - 2。煤的收到基低位发热量计算公式应当是(8 - 3)式。

本专著缺少中国以外主要城市的文献报道温度数据,中国主要城市的大气温度逐月均值(见表 9 - 1)变化情况见图 10 - 39、图 10 - 40。

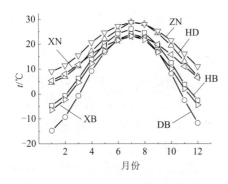 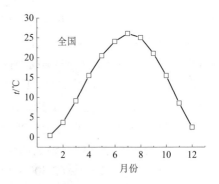

图 10 - 39　1996—2016 年中国各地区
地表大气平均温度的逐月均值
HB - 华北;DB - 东北;HD - 华东;
ZN - 中南;XN - 西南;XB - 西北

图 10 - 40　1996—2016 年全国地表大气
平均温度的逐月均值

图 10 - 39 中,华北地区(HB)指北京、天津、石家庄、太原、呼和浩特的地表大气温度均值;东北地区(DB)指沈阳、长春、哈尔滨的地表大气温度均值;华东地区(HD)指上海、南京、杭州、合肥、南昌、福州、济南的地表大气温度均值;中南地区(ZN)指郑州、武汉、长沙、广州、南宁、海口的地表大气温度均值;西南地区(XN)指重庆、成都、贵阳、昆明、拉萨的地表大气温度均值;西北地区(XB)指西安、兰州、西宁、银川、乌鲁木齐的地表大气温度均值;全国指上述 31 个城市的地表大气温度均值。

由图 10 - 39 可知:① 全国各地区的地表大气温度在 7 月达到最高值,在 1 月达到最低值。② 全国各地区的地表大气温度变化范围是 - 15 ~ 29℃。这一温度变化范围与 GB/T 213—2008 规定的 99.63℃ 存在明显区别。

由图 10 - 40 可知:① 全国地表大气温度在 7 月达到最高值,在 1 月达到最低值。② 全国地表大气温度变化范围是 0 ~ 26℃。这一温度变化范围与 GB/T 213—2008 规定的 99.63℃ 存在明显区别。因此按照 GB/T 213—2008 测量得到的高位发热量折算到低位发热量时,应当按照(8 - 3)式计算,其中的水的相变热量 r 的取值方法见图 8 - 2 或者表 8 - 2。大气温度按照燃煤电站所在地大气温度取值。

世界各地的燃煤电站的动力煤低位发热量计算方法,应当按照(8 - 3)式进行,其中的水的相变热量 r 的取值方法见图 8 - 2 或者表 8 - 2。大气温度按照国外燃煤电站所在地大气温度取值。

10.7　干空气的水蒸气含量对动力煤绝热燃烧温度的影响

锅炉原理教材一般都假设大气中 1.0 kg 干空气的水蒸气含量为:$d = 10$ g/kg。

实际上大气中 1.0 kg 干空气的水蒸气含量与大气温度、大气相对湿度、大气压力都有关系。由于缺少中国以外的世界主要城市的大气温度、大气相对湿度、大气压力的文献数据,本书只研究了中国主要城市的大气温度、大气相对湿度、大气压力对 d 的影响,以及 d 对中国收到基动力煤工程绝热燃烧温度的影响。

根据表 9-2 的数据,将中国各地区及全国的大气相对湿度的逐月平均值绘制于图 10-41、图 10-42 中。由图 10-41 可知:中国各地区的地表大气相对湿度在 3 月或者 4 月达到最低值,在 8 月达到最高值。由图 10-42 可知:全国的地表大气相对湿度在 4 月达到最低值,在 8 月达到最高值。中国各地区的含义见图 10-39（下同）。

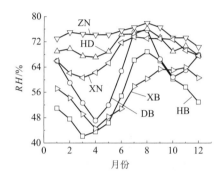

图 10-41　1996—2016 年中国各地区地表大气相对湿度的逐月平均值

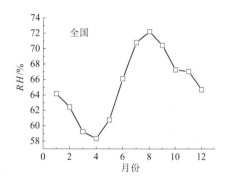

图 10-42　1996—2016 年全国地表大气相对湿度的逐月平均值

根据表 9-3 的数据,将中国各地区及全国的大气压力的逐月平均值绘制于图 10-43、图 10-44 中。由图 10-43 可知:中国各地区的地表大气压力在 7 月达到最低值,在 1 月达到最高值。由图 10-44 可知:全国的地表大气压力在 7 月达到最低值,在 1 月达到最高值。

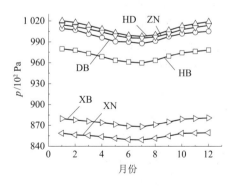

图 10-43　中国各地区 2008—2015 年地表大气压力的逐月平均值

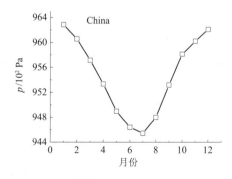

图 10-44　2008—2015 年全国地表大气压力的逐月平均值

根据表 9 - 4 的数据,将中国各地区及全国的大气中 1.0 kg 干空气的水蒸气含量(d)逐月平均值绘制于图 10 - 45、图 10 - 46 中。由图 10 - 45 可知:中国各地区的地表大气压力在 7 月达到最高值,在 1 月达到最低值。由图 10 - 46 可知:全国的地表大气压力在 7 月达到最高值,在 1 月达到最低值。

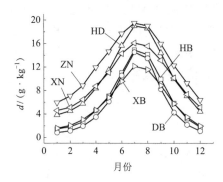

图 10 - 45　1996—2016 年中国各地区
1.0 kg 干空气的水蒸气含量逐月平均值

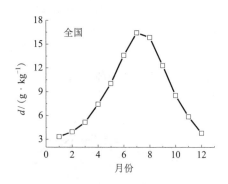

图 10 - 46　1996—2016 年全国 1.0 kg
干空气的水蒸气含量逐月平均值

由图 10 - 45 可知:中国各地区的平均 d 值变化范围是 0.8 ~ 19.5 g/kg;由图 10 - 46 可知:全国的平均 d 值变化范围是 3.3 ~ 16.4 g/kg,1—7 月逐渐提高。其中,1—4 月,$d < 10$ g/kg,d 值的提高对动力煤的工程绝热燃烧温度的提高作用越来越小;6 月、7 月,$d > 10$ g/kg,d 值的提高对动力煤的工程绝热燃烧温度的降低作用越来越大,见图 9 - 1、图 9 - 2。从 7 月到下年 1 月全国地表大气平均 d 值逐渐降低。其中,8 月、9 月,$d > 10$ g/kg,d 值提高对动力煤的工程绝热燃烧温度的降低作用越来越大;10 月、11 月、12 月、1 月,$d < 10$ g/kg,d 值降低对动力煤的工程绝热燃烧温度的提高作用越来越大;见图 9 - 1、图 9 - 2。

根据 d 值以及动力煤的干燥无灰基挥发分、收到基低位发热量,查阅图 9 - 1、图 9 - 2,可知相对于 $d = 10$ g/kg 的中国动力煤工程绝热燃烧温度的变化值。

根据表 9 - 6、表 9 - 7 的数据,将中国各地区和全国地表大气中 1.0 kg 干空气的水蒸气最小含量(d_{min})和最大含量(d_{max})绘制在图 10 - 47 ~ 图 10 - 50 中。由图 10 - 47、图 10 - 48 可知:中国各地区 d_{min} 值是 0.6 g/kg,全国 d_{min} 值是 2.3 g/kg。由图 10 - 49、图 10 - 50 可知:中国各地区 d_{max} 值是 23.6 g/kg,全国 d_{max} 值是 20.5 g/kg。实际上,比较准确的计算方法是根据燃煤电站所在地的大气压力、温度、相对湿度计算 d 值,从而定量、准确地评价 d 值对动力煤的工程绝热燃烧温度(t_{aE})的影响。

世界其他国家、地区的燃煤电站锅炉的工程绝热燃烧温度的变化(Δt_{aE})可以根据其燃煤电站所在地的大气压力、温度、相对湿度等参数,按照第 9 章的计算方法确定。

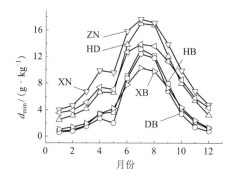

图 10 - 47　1996—2016 年中国各地区 1.0 kg
干空气的水蒸气最小含量逐月平均值

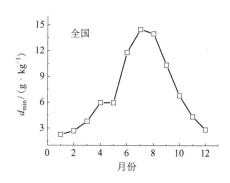

图 10 - 48　1996—2016 年全国 1.0 kg
干空气的水蒸气最小含量逐月平均值

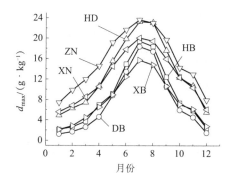

图 10 - 49　1996—2016 年中国各地区 1.0 kg
干空气的水蒸气最大含量逐月平均值

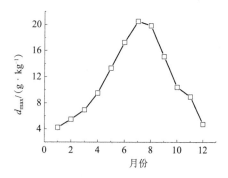

图 10 - 50　1996—2016 年全国 1.0 kg
干空气的水蒸气最大含量逐月平均值

对比图 10 - 39、图 10 - 40 与图 10 - 45、图 10 - 46 可知:中国各地区及全国的干空气水蒸气含量(d)与大气温度(t)都是在夏季达到最高值,冬季达到最低值。这个规律说明,d 值与 t 值之间存在正相关关系。将二者的函数关系绘制在图 10 - 51、图 10 - 52 中,其中的多项式拟合函数参数列于表 10 - 21、表 10 - 22 中。通过图 10 - 51、图 10 - 52 可以方便地根据大气温度查阅大气中干空气的水蒸气含量。

图 10 - 51、图 10 - 52 说明:① 随着大气温度(t)的提高,平均 d 值也在提高;② 随着大气温度(t)的提高,平均 d 值提高的速度加快;③ 比较图 10 - 51、图 10 - 52 可知:中国各地区平均 d 值的变化范围在 1.0 ~ 18 g/kg,全国的平均 d 值的变化范围在 4.0 ~ 17 g/kg。因此,比较合理的处理方法是对全国 31 个主要城市分别绘制类似于图 10 - 51 的 d - t 关系曲线,从而比较准确、方便地根据各城市大气温度查阅干空气的水蒸气含量。

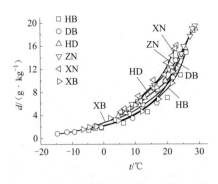

图 10-51　中国各地区平均 d 值与大气
温度(t)的多项式拟合函数参数

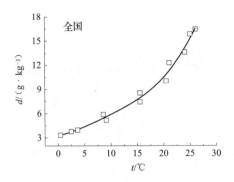

图 10-52　全国平均 d 值与大气温度(t)的
多项式拟合函数参数

表 10-21、表 10-22 的残差标准差 $\sigma_\delta = 0.19 \sim 0.98$ 说明:大气的干空气水蒸气含量(d)对大气温度(t)的分散程度比较接近。

表 10-21　中国各地区平均 d 值与大气温度(t)的多项式拟合函数参数

参　　数	拟合公式:公式(4-1)		
	华北地区(HB)	东北地区(DB)	华东地区(HD)
B_0	2.129	2.233	-3.192
B_1	0.164	0.123	3.853
B_2	-2.33×10^{-3}	5.18×10^{-3}	-0.841
B_3	-3.10×10^{-4}	3.54×10^{-4}	9.52×10^{-2}
B_4	1.73×10^{-4}	-8.81×10^{-6}	-5.49×10^{-3}
B_5	-1.08×10^{-5}	-5.33×10^{-7}	1.56×10^{-4}
B_6	2.11×10^{-7}	4.61×10^{-8}	-1.71×10^{-6}
σ_δ	0.98	0.60	0.18
参　　数	中南地区(ZN)	西南地区(XN)	西北地区(XB)
B_0	-31.209	-20.485	2.715
B_1	14.818	13.983	0.190
B_2	-2.464	-3.114	-5.38×10^{-3}
B_3	2.13×10^{-1}	3.54×10^{-1}	1.84×10^{-4}
B_4	-9.90×10^{-3}	-2.12×10^{-2}	1.45×10^{-4}
B_5	2.34×10^{-4}	6.42×10^{-4}	-1.09×10^{-5}
B_6	-2.22×10^{-6}	-7.73×10^{-6}	2.35×10^{-7}
σ_δ	0.98	0.51	0.74

表 10 - 22　图 10 - 52 全国平均 d 值与大气温度(t)的多项式拟合函数参数

参　　数	拟合公式:公式(4 - 1)
B_0	3.253 0
B_1	0.155 15
B_2	0.015 48
B_3	$- 1.059 \times 10^{-4}$
B_4	$- 8.079 \times 10^{-5}$
B_5	5.344×10^{-6}
B_6	$- 8.405 \times 10^{-8}$
σ_δ	0.52

10.8　全文结论

　　动力煤的绝热燃烧温度对燃煤电站锅炉的炉膛温度有影响,炉膛温度对电站燃煤锅炉的以下特性有影响:① 燃煤电站锅炉的汽温特性;② 动力煤的着火、燃烧、燃尽特性;③ 电站锅炉的 CO_2、NO_X、SO_2、CO 排放特性;④ 电站燃煤锅炉的受热面磨损特性;⑤ 电站燃煤锅炉的飞灰、炉渣的比例以及碳含量、灰渣成分等排放特性;⑥ 电站锅炉本体的效率与锅炉机组的效率;⑦ 燃煤电站的供电煤耗。本专著的研究对象是电站燃煤锅炉的动力煤绝热燃烧温度自身的分布规律,不是动力煤绝热燃烧温度在电站燃煤锅炉中的应用规律。

　　(1)动力煤指的是电站锅炉燃烧的煤炭。世界范围的动力煤种类可能超过 1 000 种,本专著收录的收到基和空气干燥基煤质参数尽可能多地丰富了煤质资料数据库。因为煤种数量较多,动力煤的绝热燃烧温度分布规律的客观程度比较高。

　　(2)动力煤的工程绝热燃烧温度(t_{aE})随着干燥无灰基挥发分含量(V_{daf})的提高先小幅度提高,后大幅度降低,t_{aE} 的变化范围是 1 300 ~ 2 300℃。原因是动力煤中的水分随着 V_{daf} 的提高先小幅度降低,再大幅度提高。动力煤的工程绝热燃烧温度(t_{aE})随着收到基低位发热量($Q_{ar,net}$)的提高单调提高,提高的速度逐渐放缓。原因是动力煤中的碳元素含量随着 $Q_{ar,net}$ 的提高单调提高,烟气中的 CO_2 成分体积份额随着 $Q_{ar,net}$ 的提高而提高,烟气成分中 CO_2 的比热容最大。CO_2 份额高的烟气达到相同的温度需要吸收更多的热量。

(3)动力煤的理论绝热燃烧温度(t_{a0})随着 V_{daf}、$Q_{ar,net}$ 分布的规律类似于 t_{aE} 随着 V_{daf}、$Q_{ar,net}$ 分布的规律。t_{a0} 的变化范围是 1 300 ~ 2 400℃。由于过量空气系数降低到 1.0,$t_{a0} > t_{aE}$,过量空气系数降低的幅度越大,温差($t_{a0} - t_{aE}$)越大。t_{aE} 表示动力煤在煤粉锅炉或者循环流化床锅炉中燃烧时烟气能达到的最高温度。中国电站锅炉的动力煤一般都是几种原煤的混合煤种,通过动力煤的工程绝热燃烧温度分布规律可以了解燃煤锅炉炉膛烟气温度升值的潜力,对电站锅炉设计、运行参数的优化、改造提供技术依据。

(4)动力煤的挥发分包括了挥发分碳、挥发分氢、挥发分氧、挥发分氮、挥发分硫。动力煤挥发分的工程绝热燃烧温度,是指在电站锅炉实际的过量空气系数下以及动力煤的实际空气量条件下,动力煤所含挥发分燃烧后烟气能达到的最高温度。$t_{aE,V}$ 随着 V_{daf} 的提高单调提高。$t_{aE,V}$ 的变化范围是 220 ~ 1 210℃。动力煤的挥发分工程绝热燃烧温度如果超过煤粉着火温度,则煤粉气流着火稳定性较好。

(5)动力煤的挥发分理论绝热燃烧温度($t_{a0,V}$)是指在电站锅炉过量空气系数降低到 1.0,以及动力煤成分不变的条件下,动力煤所含挥发分燃烧后烟气能达到的最高温度。$t_{a0,V}$ 随着 V_{daf} 的提高单调提高。$t_{a0,V}$ 的变化范围是 300 ~ 1 250℃。动力煤的挥发分理论绝热燃烧温度如果超过煤粉着火温度,表明挥发分燃烧后,动力煤的烟气温度能达到的最高值,为提高挥发分工程绝热燃烧温度提供了理论依据。

(6)动力煤的干燥无灰基成分包括固定碳、挥发分碳、挥发分氢、挥发分氧、挥发分氮、挥发分硫。动力煤的干燥无灰基成分反映了动力煤的有效成分本质特征。研究动力煤的干燥无灰基成分的理论绝热燃烧温度($t_{a0,daf}$)分布规律,可以了解过量空气系数等于 1.0 时,动力煤的干燥无灰基成分燃烧产生的烟气能达到的最高温度分布规律,也可以了解炉膛烟气温度升高值的最大理论潜力分布规律。世界动力煤的 $t_{a0,daf}$ 随着 V_{daf} 的提高单调提高,随着 $Q_{ar,net}$ 的提高单调降低。$t_{a0,daf}$ 的变化范围是 2 350 - 2 480℃。电站锅炉的动力煤一般都是几种原煤的混合煤种,燃煤烟气温度升高值的最大理论潜力分布规律为了解动力煤的烟气温度特性提供了理论依据。

(7)动力煤挥发分的理论绝热燃烧温度($t_{a0,daf,V}$)分布规律反映了挥发分自身的烟气温度最高值随着煤质参数变化的特性。$t_{a0,daf,V}$ 随着 V_{daf} 的提高单调提高,随着 $Q_{ar,net}$ 的提高单调降低。$t_{a0,daf,V}$ 的变化范围是 2 150 - 2 500℃。挥发分可以理解成不同于煤的另外一种固体燃料。对于挥发分含量高的动力煤,降低其水分可以大幅度提高挥发分的工程绝热燃烧温度,提高煤粉气流着火稳定性;对于挥发分含量低的动力煤,在燃烧器区域水冷壁敷设卫燃带,一次风喷嘴采用浓淡分离技术,适当降低一次风喷嘴的垂直间距和水平间距等可以提高煤粉的着火稳定性。

(8)动力煤燃烧以后形成的烟气成分中,水蒸气的聚集状态取决于燃煤电站所在地的大气温度。大气温度决定了水蒸气凝结为水或者凝固为冰的相变过程释放的热量(r),该热量(r)进一步决定了动力煤的低位发热量,低位发热量最终决定了动力煤的工程绝热燃烧温度和电站锅炉的炉膛烟气温度。中国大气温度对中国动力煤的工程绝热燃烧温度(t_{aE})的影响范围是 $-2 \sim -21℃$,国外大气温度对中国动力煤的工程绝热燃烧温度(t_{aE})的影响范围是 $-2 \sim -37℃$。大气温度不变时,t_{aE} 的值随着 V_{daf} 的提高单调降低,t_{aE} 的值随着 $Q_{ar,net}$ 的提高单调提高。另外,动力煤的收到基低位发热量变化影响燃煤电站的供电煤耗,炉膛烟气温度的变化影响电站锅炉的汽温特性和锅炉机组效率。

(9)燃煤电站所在地的地表大气压力、温度、相对湿度,决定了大气中 1.0 kg 干空气的水蒸气含量(d),d 值会影响到动力煤的工程绝热燃烧温度(t_{aE}),t_{aE} 影响电站锅炉炉膛烟气温度(t_L),t_L 影响电站锅炉的汽温特性和锅炉机组效率,最终影响到燃煤电站的供电煤耗。中国的大气压力、温度、相对湿度对应的 d 值范围是 $0.493 \sim 27.065$ g/kg(干空气),d 值对中国动力煤的工程绝热燃烧温度(t_{aE})的影响范围(Δt_{aE})是 $32 \sim -56℃$。国外的大气压力、温度、相对湿度对应的 d 值范围是 $0.032 \sim 28.511$ g/kg(干空气),d 值对国外动力煤的工程绝热燃烧温度(t_{aE})的影响范围(Δt_{aE})是 $38 \sim -65℃$。d 值不变时,Δt_{aE} 的绝对值随着 V_{daf} 的提高而降低,随着 $Q_{ar,net}$ 的提高而提高。$d > 10$ g/kg(干空气)时,$\Delta t_{aE} < 0℃$;$d < 10$ g/kg(干空气)时,$\Delta t_{aE} > 0℃$。

附录 1   常　数　表

附表 1   常用元素原子质量

g/mol

序号	元素	原子质量	序号	元素	原子质量
1	H	1.007 94	4	N	14.006 7
2	O	15.999 4	5	S	32.065
3	C	12.010 7	—	—	—

附表 2   常用物质的摩尔质量

g/mol

序号	物质	摩尔质量	序号	物质	摩尔质量
1	干洁大气	28.966	4	H_2	2.015 88
2	H_2O	18.015 28	5	N_2	28.013 4
3	CO_2	44.009 5	6	SO_2	64.063 8

附表 3   C、H、S 元素的燃烧反应热

kJ/kg

元素	C	H	S	N
燃烧反应热	32 766	119 970	9 257	6 447
备注	生成 CO_2	生成 H_2O	生成 SO_2	生成 NO

附录 2 残差的标准差计算方法

假设有一组数据 $x_1, x_2, x_3, \cdots, x_n$，对应的函数值为 $y_1, y_2, y_3, \cdots, y_n$，拟合后函数值为 $f(x_1), f(x_2), f(x_3), \cdots, f(x_n)$，则残差 $\delta_i = f(x_i) - y_i$。残差的均值为 $u = (\delta_1 + \delta_2 + \delta_3 + \cdots + \delta_n)/N$。残差的标准差见（A2 - 1）式

$$\sigma_\delta = \sqrt{\frac{1}{N} \sum_{i=1}^{N} (\delta_i - u)^2} \qquad (\text{A2} - 1)$$

残差的标准差反应数据的分散程度。

残差的标准差最小表示拟合函数与实际数据之差的分散程度最小。在拟合过程中，需要考虑数据的专业含义，根据曲线的变化趋势合理地选择拟合曲线。

参 考 文 献

[1] 王世昌.中国电力工业 CO_2 排放量与减排量研究(1949—2015)[M].北京:北京航空航天大学出版社,2018.

[2] 《中国电力年鉴》编辑委员会.2017 中国电力年鉴[M].北京:中国电力出版社,2017.

[3] GB/T 7562—2010 中华人民共和国国家标准:发电煤粉锅炉用煤技术条件[S].北京:中国标准出版社,2010.

[4] 胡荫平.电站锅炉手册[M].第一版.北京:中国电力出版社,2005.

[5] 林宗虎,徐通模.实用锅炉手册[M].北京:化学工业出版社,1999.

[6] 徐旭常,周力行.燃烧技术手册[M].北京:化学工业出版社,2007.

[7] 冯俊凯,沈幼庭.锅炉原理及计算[M].第 2 版.北京:科学出版社,1998.

[8] 中华人民共和国国家统计局.国际统计年鉴—2016[M].第 1 版.北京:中国统计出版社,2016.

[9] [美]辛格.锅炉与燃烧[M].严金绥,译.北京:机械工业出版社,1989.

[10] 王世昌.循环流化床锅炉原理与运行[M].北京:中国电力出版社,2016.

[11] Shan Xue, Shi'en Hui, Taisheng Liu, Qulan Zhou, Tongmo Xu, Hongli Hu. Experimental investigation on NO_X emission and carbon burnout from a radially biased pulverized coal whirl burner[J]. Fuel Processing Technology,2009(90): 1142 – 1147.

[12] 艾晨辉.烟煤锅炉掺烧高硫煤燃烧特性试验[J].热力发电,2017,46(6): 56 – 61.

[13] 蔡昕,蒙毅,何红光,刘家利.烟煤锅炉掺烧扎赉诺尔煤技术研究[J].热力发电,2011,40(9):49 – 52.

[14] 柴滨林,蒋联群.飞灰再循环燃烧系统在燃用无烟煤循环流化床锅炉的应用[J].应用能源技术,2011(8):28 – 30.

[15] 车丹,林树彪.微油点火在燃用贫煤锅炉上的试验研究[J].山西电力,2009(3):39 – 41.

[16] 陈灿,佟晋原,叶恩清,霍锁善.无烟煤和劣质烟煤分层燃烧试验研究[J].东方电气评论,2008,22(6):22 – 27.

[17] 陈红,昌树文,李明亮,曹兴伟,邱亚林.300 MW 循环流化床锅炉燃用褐煤的

试验研究[J].锅炉制造,2009(1):1-4.

[18]　陈怀珍,顾大钊,薛宁,王桂芳.神华煤与其它烟煤掺烧的结渣性研究[J].热力发电,2007(10):23-26.

[19]　陈坚,徐剑风,阮国荣,曾庆广,王阳.煤粉锅炉低NO_X燃烧试验研究[J].华东电力,2004,32(7):40(460)-44(464).

[20]　陈力哲,郭爱国,刁友锋,刘永,秦明,吴少华.410 t/h贫煤锅炉灭火原因分析及解决措施[J].电站系统工程,2008,24(3):21-24.

[21]　陈昭睿,王勤辉,郭志航,骆仲泱.热解气停留时间对典型烟煤热解产物的影响[J].热能动力工程,2015,30(5):756-761.

[22]　陈卓卫,曾庭华.连州发电厂440 t/h燃无烟煤循环流化床锅炉的设计要点[J].洁净煤技术,2003,9(2):46-48.

[23]　成庆刚,李争起,滕玉强,庄前玉,贾自臣,张寅,庄国中,果志明.低NO_X排放燃烧技术及燃烧优化的试验研究[J].锅炉技术,2005,36(5):32-36.

[24]　成庆刚.防止褐煤锅炉结渣的WRKT-Ⅲ型双通道煤粉燃烧器研制[J].锅炉技术,2006,37(5):35-38.

[25]　程军,曹欣玉,周俊虎,刘建忠,岑可法.多元优化动力配煤方案的研究[J].煤炭学报,2000,25(1):81-85.

[26]　樊泉桂,樊增权,申宝峰.300 MW锅炉掺烧铜川长焰煤的运行特性分析[J].热力发电,2004(07):43-45.

[27]　方梦祥,张锋,程乐鸣,王勤辉,施正伦,骆仲泱,岑可法.无烟煤CFB锅炉燃尽特性的试验研究[J].热电技术,2006(1):1-5.

[28]　费俊,孙锐,张晓辉,张勇,孙绍增,秦裕琨.不同燃烧条件下煤粉锅炉NO_X排放特性的试验研究[J].动力工程,2009,29(9):813-817.

[29]　海枫,项秀梅,臧诺.几种烟煤及其混煤燃烧特性的热分析[J].东北电力技术,2004(4):25-26.

[30]　韩立芳,王桂芳,薛宁.不同煤种掺烧可行性及对锅炉运行性能的影响[J].热力发电,2005(4):24-27.

[31]　胡健.电站锅炉混煤掺烧及污染物排放特性研究[J].青海电力,2017,36(3):47-51.

[32]　胡平凡,尹俊俊,张成,徐远纲,沈跃良,陈刚.300 MW机组锅炉贫煤改烧烟煤的试验研究[J].热力发电,2009,38(8):79-82.

[33]　胡式海,柳晓,潘宇峰,徐丑申,黄开波,盛金龙,王红雨.双强煤粉点火与稳燃技术在300 MW贫煤锅炉上的应用[J].热力发电,2007(5):62-63.

[34]　黄国强,任国宏,赵永生,卢彬.双强煤粉少油点火装置在600 MW机组贫煤

锅炉上的应用[J].热力发电,2008,37(6):47 - 48.

[35] 黄家瑶,谢智明.无烟煤特性和无烟煤链条炉的燃烧调整与操作[J].机电技术,2009(s):136 - 143.

[36] 黄伟,李文军,张建玲,彭敏,熊蔚立,谢国胜.600 MW 超临界 W 型火焰无烟煤锅炉调试技术与实践[J].锅炉技术,2011,42(2):53 - 57.

[37] 霍东方.微油点火技术在燃用贫煤超临界锅炉上的应用[J].电力建设,2009,30(9):70 - 72.

[38] 靖剑平,李争起,陈智超,任枫,徐斌,魏宏大,葛志红,徐磊.中心给粉燃烧器在燃用烟煤 1 025 t/h 锅炉上的应用[J].中国电机工程学报,2008,28(2):1 - 7.

[39] 寇建玉.浅谈蒙东地区褐煤电站的主厂房布置模式的选择[J].中国电力教育(2008 年管理论丛与教育研究专刊),2008:197 - 199.

[40] 旷金国,林正春,范卫东.空气分级燃烧中灰含量对烟煤 NO_x 排放特性的影响[J].燃烧科学与技术,2010,16(6):553 - 559.

[41] 李磊,王红松,孙绍增,吴少华,秦裕琨.四角燃烧无烟煤锅炉稳燃性能分析[J].节能技术,2006,24(4):366 - 368.

[42] 李培,周永刚,杨建国,赵虹,张翔宇.蒙东褐煤脱水改质的孔隙特性研究[J].动力工程学报,2011,31(3):176 - 180.

[43] 李斌.Ⅱ - Ⅱ - 1000 - 25 - 545/545 kT 型超临界直流锅炉掺烧无烟煤运行试验[J].江苏电机工程,2005,24(2):6 - 8.

[44] 李东鹏,刘利军,方顺利,刘家利.高海拔地区烟煤锅炉设计与运行状况分析[J].工业加热,2016,45(3):38 - 41.

[45] 李德波,狄万丰,李鑫,郭宏宇.1 045 MW 超超临界贫煤锅炉燃用高挥发分烟煤的燃烧调整研究及工程实践[J].热能动力工程,2016,31(1):117 - 123.

[46] 李东鹏,高洪培.循环流化床条件下贫煤掺烧高水分污泥的燃烧特性试验研究[J].洁净煤技术,2006,12(2):56 - 59.

[47] 李红,王桂芳.五彩湾煤燃烧特性的试验研究[J].动力工程学报,2014,34(6):427 - 431.

[48] 李建华.200 MW 机组旋流燃烧器锅炉掺烧褐煤问题研究[J].科技创新月刊,2011(10):149 - 150.

[49] 李晓艳,王晋一.火力发电厂掺烧地方煤的可行性试验分析[J].东北电力技术,2003(1):10 - 14.

[50] 梁杰,张彦春,魏传玉,冯银辉.昔阳无烟煤地下气化模型试验研究[J].中国矿业大学学报,2006,35(1):25 - 28.

[51] 梁绍华,宁新宇,张恩先,黄磊,周昊,岑可法.双炉膛四角切圆煤粉锅炉分层掺烧数值模拟及性能试验研究[J].中国电机工程学报,2011,31(26):9-15.

[52] 梁旭升.煤质特性对锅炉燃烧系统运行性能的影响[J].陕西电力,2012(9):87-90.

[53] 刘丰,寇建玉,孙丽娟,段会新.660 MW超临界机组燃用蒙东褐煤锅炉选型分析[J].电力技术,2010,19(17-18):15-22.

[54] 刘海鹏,董建勋,冯兆兴.超细煤粉再燃低NO_X燃烧技术中间试验研究[J].东北电力技术,2007(4):1-4.

[55] 柳成亮.电站四角切圆燃烧无烟煤锅炉燃烧器改造研究与应用[J].电力学报,2006,21(4):54-507.

[56] 路野,张井成,栾世健.大型对冲燃烧褐煤锅炉燃烧器设计[J].黑龙江电力,2009,31(4):274-276.

[57] 吕洪炳,华晓宇,徐爱民,汤敏华,宋玉彩.火电机组锅炉掺烧长焰煤对机组运行影响的研究[J].浙江电力,2017,36(2):47-52.

[58] 吕建军.小油枪点火及稳燃技术在330 MW机组烟煤锅炉上的应用[J].宁夏电力,2008(s):161-166.

[59] 马嘉鹏,萨如拉,袁喜明.燃烧高水分褐煤锅炉磨煤机制粉系统选型分析[J].内蒙古电力技术,2008,26(6):29-32.

[60] 马志明.半山电厂燃用煤种的运行安全性分析[J].上海电力学院学报,2003,19(1):8-12.

[61] 宁新宇,梁绍华,张希光,张恩先,黄磊,周久祥.1 025 t/h烟煤锅炉掺烧褐煤的可行性试验研究[J].热力发电,2010,39(12):53-55.

[62] 潘晶,李涛,李文胜.1 021 t/h烟煤锅炉结焦原因分析[J].东北电力技术,2006(3):6-10.

[63] 秦明,吴少华,孙绍增,孙锐,成庆刚.六角切圆燃烧褐煤煤粉锅炉低NO_X燃烧技术研究[J].中国电机工程学报,2005,25(1):158-162.

[64] 全文涛,韩丰.1 025 t/h贫煤锅炉改烧烟煤的技术应用及节能减排效果[J].华东电力,2011,39(2):308-309.

[65] 王世昌.电厂煤耗节能计算——锅炉损失对凝汽式燃煤电厂供电煤耗的影响[M].第一版.北京:机械工业出版社,2011.

[66] 冉桑铭,肖忠华,胡修奎.燃烧高灰分烟煤、贫煤的新型300 MW锅炉[J].东方电气评论,2005,19(3):123-127.

[67] 沈跃良,陈如森,李季梅,何荣强,陈刚.300 MW机组贫煤锅炉改烧烟煤的研

究和实践[J].南方电网技术,2009,3(s):57－61.

[68] 石建发.防结渣褐煤双通道及浓淡煤粉燃烧器的研制与应用实践[J].电站系统工程,2011,27(4):21－22.

[69] 苏国庆,姚伟,何红光.新疆准东煤矿煤质特性试验研究[J].煤质技术,2015(4):39－44.

[70] 苏建民.燃烧劣质无烟煤300 MW循环流化床锅炉节能减排特性的研究[J].动力工程学报,2010,30(9):663－667.

[71] 谈琪英,雷和平,汤晓舒,赵志刚.1 000 MW超超临界褐煤锅炉制粉系统选型优化[J].电力建设,2011,32(5):11－15.

[72] 唐君华,周子民.降低240 t/h劣质无烟煤CFB锅炉灰渣含碳量措施的研究[J].节能,2011(5):27－30.

[73] 汪小华,廖宏楷,方庆艳.DG420/13.7－Ⅱ2型无烟煤锅炉燃用混煤燃烧优化的数值模拟与试验研究[J].广东电力,2009,22(3):31－35.

[74] 王定,冯景源.1 025 t/h切向燃烧无烟煤自然循环锅炉的设计概况和运行性能[J].锅炉技术,2005,36(5):19－23.

[75] 王纪宏.多级浓缩燃烧技术在100 MW机组上的应用[J].华中电力,2004,17(4):44－45.

[76] 李斌.Ⅱ－Ⅱ－1000－25－545/545 kT型超临界直流锅炉掺烧无烟煤运行试验[J].江苏电机工程,2005,24(2):6－8.

[77] 陈伟球,何伟,曾庭华.420 t/h无烟煤锅炉的稳燃改造[J].华中电力,2003,16(1):42－44.

[78] 徐齐胜,刘赞伟.420 t/h无烟煤锅炉燃烧器改造前后的性能比较[J].华中电力,2003,16(3):52－54.

[79] 王定,冯景源.1 025 t/h切向燃烧无烟煤自然循环锅炉的设计概况和运行性能[J].锅炉技术,2005,36(5):19－23.

[80] 王纪宏.多级浓缩燃烧技术在100 MW机组上的应用[J].华北电力,2004,17(4):44－45.

[81] 王培萍,岳希明,徐敏强.双强少油煤粉点火燃烧技术在超临界锅炉上的应用[J].节能技术,2008,26(7):366－369.

[82] 王文生,尚海军,祝志福.烟煤锅炉掺烧褐煤产生的问题及其改造[J].热力发电,2009,38(9):60－62.

[83] 王祥薇,张红飞,宋振梁.1 150 t/h锅炉掺烧褐煤的性能试验研究[J].动力工程,2009,29(12):1088－1092.

[84] 翁安心,周昊,王正华,池作和,蒋啸,岑可法.烟煤及其混煤高温燃烧时SO_2

生成特性的试验研究[J].锅炉技术,2003,34(6):104.

[85]　吴剑恒.燃用福建无烟煤 CFB 锅炉二次风率和上下二次风比的工业型试验[J].电力学报,2010,25(1):15 – 21.

[86]　吴景兴,李宏毅,李瑞芬.410 t/h 锅炉掺烧褐煤试验研究[J].东北电力技术,2018(1):18 – 22.

[87]　吴景兴,刘景军,卢新川,陈永亮,李志勇.410 t/h 劣质烟煤锅炉掺烧褐煤改造技术研究[J].锅炉制造,2010(2):12 – 15.

[88]　徐晖,池作和,孙公钢.燃用无烟煤锅炉降低飞灰可燃物的技术措施[J].能源工程,2008(4):54 – 57.

[89]　徐齐胜,刘赞伟.420 t/h 无烟煤锅炉燃烧器改造前后的性能比较[J].华中电力,2003,16(3):52 – 54.

[90]　续艳阳.华能榆电 300 MW 机组贫煤锅炉稳定运行的措施[J].电力学报,2007,22(1):109 – 112.

[91]　闫冰,刘海鹏,董建勋.超细煤粉再燃低 NOx 燃烧技术应用研究[J].东北电力技术,2007(6):10 – 12.

[92]　阎维平,黄景立,李钧,高宝桐.回转式空气预热器最低壁温与进口风温计算[J].热力发电,2007,(4):47 – 49.

[93]　杨戎凡,曾汉才.SG1025 t/h 锅炉煤种适应性的试验分析[J].华中电力,2005,18(5):27 – 29.

[94]　杨荣,刘家利.南露天矿煤结渣与沾污特性研究[J].热力发电,2012,41(10):31 – 34.

[95]　杨学文,宋宝军.浅谈 40% 水份褐煤配中速磨亚临界 330 MW 锅炉的设计[J].锅炉制造,2010(6):21 – 23.

[96]　杨震,徐雪元,姚丹花,郭琴琴,刘家宝,冯景源.600 MW 超超临界塔式褐煤锅炉设计方案[J].锅炉技术,2007,38(1):1 – 4.

[97]　杨震,庄恩如,张建文,曹子栋.大型电站锅炉采用切向燃烧方式燃用无烟煤的研究[J].动力工程,2006,26(6):766 – 772.

[98]　尧振忠 程金明 张文雍.Delphi 在循环流化床锅炉热力计算中的应用[J].电力技术,2009(9):28 – 30.

[99]　袁德权,冷杰.200 MW 机组锅炉掺烧褐煤制粉系统安全性试验研究[J].东北电力技术,2009(1):6 – 9.

[100]　张凯,由长福.褐煤热解平行反应动力学模型研究[J].中国电机工程学报,2011,31(17):26 – 31.

[101]　张清峰,曹红加,李俊忠,问树荣.600 MW 高水分褐煤锅炉变负荷特性试验

[J]. 锅炉技术,2011,42(2):32－35.

[102]　张庆国,程新华,杨海瑞,吕俊复,刁友峰,陈宇峰,郝卫东. 循环流化床锅炉燃用贫煤和无烟煤的运行优化分析[J]. 热力发电,2009,38(4):39－43.

[103]　张树国,韩应,王智微,高洪培. 空气分级燃烧技术中两级燃尽风技术试验研究[J]. 锅炉制造,2008(2):12－15.

[104]　张喜文,曹鹅飞,于梅. 湖南莱阳无烟煤和福建龙岩无烟煤燃烧的表观化学动力学特性[J]. 电站系统工程,1992,8(1):52－59.

[105]　张泽,秦裕琨,吴少华,李德金,蒋英忠. 水平浓淡风煤粉燃烧技术在1 025 t/h贫煤锅炉上的应用[J]. 中国电机工程学报,2001,21(10):110－115.

[106]　章勤,翁善勇,周永刚,赵虹. 印尼煤燃烧特性的改善及在300 MW机组的应用研究[J]. 热力发电,2005(08):29－33.

[107]　赵凤英,任杰,李涛,鲁文恭. 褐煤锅炉中速磨煤机制粉系统出力的试验研究[J]. 内蒙古电力技术,2008,26(4):13－15.

[108]　赵恒斌,徐冬根,马坤祥,任志平,王小伟. 双炉膛汽包炉分层燃烧高低灰熔点煤试验分析[J]. 中国电力,2006,39(4):56－59.

[109]　赵建波. 循环流化床锅炉输煤破碎系统改造[J]. 河南电力,2007(3):56－58.

[110]　赵振宁,佟义英,方占岭,张清峰. 600 MW超临界机组掺烧印尼褐煤、越南无烟煤试验研究[J]. 热能动力工程,2009,24(4):513－518.

[111]　郑鹏. 600 MW机组空气预热器堵灰原因分析及处理措施[J]. 重庆电力高等专科学校学报,2009,14(4):1－4.

[112]　周立荣,钱国俊. 蒸汽管回转干燥机在燃褐煤电厂中的应用探讨[J]. 电力建设,2011,32(5):94－99.

[113]　周月桂,金旭东,初伟,顾广锦. O_2/CO_2气氛下煤粉颗粒着火温度的实验研究[J]. 工程热物理学报,2013,34(5):981－984.

[114]　庄国忠,秦裕琨,步维光,于德亭,祝捷,钟祚群,于雷. 管式沉降炉和小型煤粉燃烧试验炉在煤燃烧中氮释放特性试验研究中的应用[J]. 电站系统工程,2001,17(5):298－300.

[115]　A Molina, J J Murphy, F Winterb, B S Haynes, L G Blevins, C R Shaddix. Pathways for conversion of char nitrogen to nitric oxide during pulverized coal combustion[J]. Combustion and Flame,156(2009):574－587.

[116]　Alejandro Molina, Eric G Eddings, David W Pershing, Adel F Sarofim. Nitric oxide destruction during coal and char oxidation under pulverized-coal combustion conditions[J]. Combustion and Flame,136(2004):303－312.

[117] Anna Ponzio, Sivalingam Senthoorselvan, Weihong Yang, Wlodzmierz Blasiak, Ola Eriksson. Ignition of single coal particles in high-temperature oxidizers with various oxygen concentrations[J]. Fuel,87(2008):974 – 987.

[118] Anup Kumar Sadhukhan, Parthapratim Gupta, Ranajit Kumar Saha. Characterization of porous structure of coal char from a single devolatilized coal particle:Coal combustion in a fluidized bed[J]. Fuel Processing Technology, 90 (2009):692 – 700.

[119] Binoy K. Saikia, Rajani K. Boruaha, Pradip K. Gogoi, Bimala P. Baruah. A thermal investigation on coals from Assam(India)[J]. Fuel Processing Technology, 2009(90):196 – 203.

[120] C K Man, J R Gibbins. Factors affecting coal particle ignition under oxyfuel combustion atmospheres[J]. Fuel,2011(90):294 – 304.

[121] Calin-Cristian Cormos, Fred Starr, Evangelos Tzimas. Use of lower grade coals in IGCC plants with carbon capture for the co-production of hydrogen and electricity[J]. international journal of hydrogen energy,2010(35):556 – 567.

[122] Cihan Ates, Nevin Selçuk, Gorkem Kulah. Effect of changing biomass source on radiative heat transfer during co-firing of high-sulfur content lignite in fluidized bed combustors. [J]. Applied Thermal Engineering,2018(128):539 – 550.

[123] Constance L Senior, Lawrence E Bool III, Srivats Srinivasachar, Benjamin R Pease, Kjell Porle. Pilot scale study of trace element vaporization and condensation during combustion of a pulverized sub-bituminous coal[J]. Fuel Processing Technology,2000(63):149 – 165.

[124] D. Bradley, M Lawes, Ho-Young Park, N Usta. Modeling of laminar pulverized coal flames with speciated devolatilization and comparisons with experiments [J]. Combustion and Flame,2006(144):190 – 204.

[125] D. Durgun, A Genc. Effects of coal properties on the production rate of combustion solid residue[J]. Energy,2009(34):1976 – 1979.

[126] Delphine Menage, Romain Lemaire, Patrice Seers. Experimental study and chemical reactor network modeling of the high heating rate devolatilization and oxidation of pulverized bituminous coals under air, oxygen-enriched combustion (OEC)and oxy-fuel combustion(OFC)[J]. Fuel Processing Technology, 2018 (177):179 – 193.

[127] Dong Kyoo Park, Sang Done Kim, See Hoon Lee, Jae Goo Lee. Co-pyrolysis characteristics of sawdust and coal blend in TGA and a fixed bed reactor[J]. Biore-

source Technology,2010(101):6151 - 6156.

[128] Fatai Afolabi Ayeni,Oladunni Oyelola Alabi,Rose Okara. The Effects of Blends of Enugu Coal and Anthracite on Tin Smelting Using Nigerian Dogo Na Hauwa Cassiterite[J]. Journal of Minerals and Materials Characterization and Engineering,2013(1):343 - 346.

[129] Francesco Carbone, Federico Beretta, Andrea D Anna. A flat premixed flame reactor to study nano-ash formation during high temperature pulverized coal combustion and oxygen firing[J]. Fuel,2011(90):369 - 375.

[130] Fred C Lockwood,Tariq Mahmud,Mohammed A Yehia Simulation of pulverised coal test furnace[J]. Fuel,1998,77(12):1129 - 1337.

[131] H. Haykiri-Acma,S Yaman. Effect of co-combustion on the burnout of lignite/biomass blends:A Turkish case study[J]. Waste Management,2008(28):2077 - 2084.

[132] Hao Liu,Ramlan Zailani,Bernard M. Gibbs. Comparisons of pulverized coal combustion in air and in mixtures of O_2/CO_2[J]. Fuel,2005(84):833 - 840.

[133] Hirofumi Tsuji,Hiromi Shiraia,Hiromitsu Matsuda,Priven Rajoo. Emission characteristics of NO_X and unburned carbon in fly ash on high-ash coal combustion [J]. Fuel,2011(90):850 - 853.

[134] J M Lee,J S Kim,J J Kim. Comminution characteristics of Korean anthracite in a CFB reactor[J]. Fuel,2003(82):1349 - 1357.

[135] Jae Kwan Kim,Hyun Dong Lee. Investigation on the combustion possibility of dry sewage sludge as a pulverized fuel of thermal power plant[J]. Journal of Industrial and Engineering Chemistry,2010(16):510 - 516.

[136] Jeffrey J Murphy, Christopher R Shaddix. Combustion kinetics of coal chars in oxygen-enriched environments[J]. Combustion and Flame,2006(144):710 - 729.

[137] John P Smart,Rajeshriben Patel,Gerry S Riley. Oxy-fuel combustion of coal and biomass, the and convective heat transfer and burnout[J]. Combustion and Flame,2010(157):2230 - 2240.

[138] Jyuung-Shiauu Chern,Allan N Hayhurst. Does a large coal particle in a hot fluidised bed lose its volatile content according to the shrinking core model[J]. Combustion and Flame,2004(139):208 - 221.

[139] K Annamalai,B Thiena,J Sweeten. Co-firing of coal and cattle feedlot biomass (FB)fuels. Part Ⅱ. Performance results from 30 kWt(100,000)BTU/h laboratory

scale boiler burner[J]. Fuel,2003(82):1183 - 1193.

[140] K Suksankraisorn,S Patumsawad,P Valliku,B Fungtammasan,A Accary. Co-combustion of municipal solid waste and Thai lignite in a fluidized bed [J]. Energy Conversion and Management,2004(45):947 - 962.

[141] M Geier,C R Shaddix,K A Davis,H-S Shim. On the use of single-film models to describe the oxy-fuel combustion of pulverized coal char[J]. Applied Energy, 2012(93):675 - 679.

[142] Marisamy Muthuraman,Tomoaki Namioka,Kunio Yoshikawa. Characteristics of co-combustion and kinetic study on hydrothermally treated municipal solid waste with different rank coals:A thermogravimetric analysis [J]. Applied Energy, 2010(87):141 - 148.

[143] Masaya Muto,Kohei Yuasa,Ryoichi Kurose. Numerical simulation of ignition in pulverized coal combustion with detailed chemical reaction mechanism[J]. Fuel, 2017(190):136 - 144.

[144] Mikhail Chernetskiy,Ksenia Vershinina,Pavel Strizhak. Computational modeling of the combustion of coal water slurries containing petrochemicals [J]. Fuel, 2018(220):109 - 119.

[145] Mustafa Guunes,Semin G€unes. A direct search method for determination of DAEM kinetic parameters from nonisothermal TGA data(note)[J]. Applied Mathematics and Computation,2002(130):619 - 628.

[146] Nathan T Weilanda,Charles W Whitea. Techno-economic analysis of an integrated gasification direct-fired supercritical CO_2 power cycle[J]. Fuel,2018(212): 613 - 625.

[147] Nevin Selcuk,Nur Sena Yuzbasil. Combustion behaviour of Turkish lignite in O_2/N_2 and O_2/CO_2 mixtures by using TGA-FTIR[J]. Journal of Analytical and Applied Pyrolysis,2011(90)133 - 139.

[148] Nozomu Hashimoto,Hiromi Shirai. Numerical simulation of sub-bituminous coal and bituminous coal mixed combustion employing tabulated-devolatilization process model[J]. Energy,2014(71):399 - 413.

[149] Raymond C Everson,Hein W J P Neomagus,Henry Kasaini,Delani Njapha. Reaction kinetics of pulverized coal-chars derived from inertinite-rich coal discards:Characterisation and combustion[J]. Fuel,2006(85):1067 - 1075.

[150] Reza Khatami,Chris Stivers,Kulbhushan Joshi,Yiannis A Levendis,Adel F Sarofim. Combustion behavior of single particles from three different coal ranks and from

sugar cane bagasse in O_2/N_2 and O_2/CO_2 atmospheres[J]. Combustion and Flame,2012(159):1253 – 1271.

[151] Rong Yan, Daniel Gauthier, Gilles Flamant, and Yuming Wang . Behavior of selenium in the combustion of coal or coke spiked with Se[J]. Combustion and Flame,2004(138):20 – 29.

[152] S P Marinova, L Gonsalvesha, M Stefanovaa, J Ypermanb, R Carleerb, G Reggersb, Y Yürümc, V Groudevad, P Gadjanove. Combustion behaviour of some biodesulphurized coals assessed by TGA/DTA[J]. Thermochimica Acta,2010 (497):46 – 51.

[153] S R Gubba, L Ma, M Pourkashanian, A Williams. Influence of particle shape and internal thermal gradients of biomass particles on pulverised coal/biomass co-fired flames[J]. Fuel Processing Technology,2011(92):2185 – 2195.

[154] Setyawati Yani, Dong-ke Zhang. Transformation of organic and inorganic sulphur in a lignite during pyrolysis: Influence of inherent and added inorganic matter [J]. Proceedings of the Combustion Institute,2009(32):2083 – 2089.

[155] Shinobu Sugiyama, Naoki Suzuki, Yoshitaka Kato, Kunio Yoshikawa, Akira Omino, Toru Ishii, K Yoshikawa, Takashi Kiga. Gasification performance of coals using high temperature air[J]. Energy,2005(30):399 – 413.

[156] T Madhiyanon, P Sathitruangsak, S Soponronnarit. Co-combustion of rice husk with coal in a cyclonic fluidized-bed combustor (w-FBC)[J]. Fuel, 2009 (88):132 – 138.

[157] Tao Song, Ernst-Ulrich Hartge, Stefan Heinrich, Laihong Shen, Joachim Werther. Chemical looping combustion of high sodium lignite Combustion performance and sodium transfer [J]. International Journal of Greenhouse Gas Control, 2018 (70):22 – 31.

[158] Tiziano Maffei, Reza Khatami, Sauro Pierucci, Tiziano Faravelli, Eliseo Ranzi, Yiannis A Levendis. Experimental and modeling study of single coal particle combustion in O_2/N_2 and Oxy-fuel(O_2/CO_2) atmospheres[J]. Combustion and Flame,2013(160):2559 – 2572.

[159] Waseem A Nazeer, Robert E Jackson, Jacob A Peart, Dale R Tree. Detailed measurements in a pulverized coal flame with natural gas reburning[J]. Fuel, 1999(78):689 – 699.

[160] Wei-Yin Chen, Benson B Gathitu. Kinetics of post-combustion nitric oxide reduction by waste biomass fly ash[J]. Fuel Processing Technology,2011(92):

1701 – 1710.

[161] Xiangyang Du,Chengappalli Gopalakrishnan and Kalyan Annamalai. Ignition and combustion of coal particle streams[J]. Fuel,1995,74(4):487 – 494.

[162] Yiannis A Levendis,Kulbhushan Joshi,Reza Khatami,Adel F Sarofim. Combustion behavior in air of single particles from three different coal ranks and from sugarcane bagasse[J]. Combustion and Flame,2011(158):452 – 465.

[163] Yinhe Liu,Manfred Geier,Alejandro Molina,Christopher R Shaddix. Pulverized coal stream ignition delay under conventional and oxy-fuel combustion conditions [J]. International Journal of Greenhouse Gas Control,2011(5S):S36 – S46.

[164] Yongseung Yun,Young Don Yoo,Seok Woo Chung. Selection of IGCC candidate coals by pilot-scale gasifier operation[J]. Fuel Processing Technology,2007 (88):107 – 116.

[165] YoungsanJu,Chang-HaLee. Evaluation of the energy efficiency of the shell coal gasification process by coal type[J]. Energy Conversion and Management,2017 (143):123 – 136.

[166] Zsolt Dobó,Andrew Fry. Investigation of co-milling Utah bituminous coal with prepared woodybiomass materials in a Raymond Bowl Mill[J]. Fuel,2018 (222):343 – 349.

[167] 樊泉桂,阎维平,闫顺林,王军. 锅炉原理[M]. 第2版. 北京:中国电力出版社,2014.

[168] 中国煤炭工业协会. GB/T 212—2008 中华人民共和国国家标准煤的工业分析方法[S]. 第1版. 北京:中国标准出版社,2008.

[169] 曹晓哲,赵卫东,刘建忠,孙剑峰,周俊虎,岑可法. 煤泥水煤浆燃烧特性的热重研究[J]. 煤炭学报,2009,34(10):1394 – 1399.

[170] 曹欣玉,牛志刚,应凌俏,王智化,周俊虎,刘建忠,岑可法. 无烟煤燃料氮的热解析出规律[J]. 燃料化学学报,2003,31(6):538 – 542.

[171] 曹雅琴,李金来,谷俊杰,甘中学. 烟煤在超临界水中催化气化的研究[J]. 煤炭转化,2011,34(2):17 – 21.

[172] 陈国艳. 煤焦气化反应动力学研究[J]. 锅炉技术,2012,43(1):72 – 76.

[173] 陈伟球,何伟,曾庭华. 420 t/h无烟煤锅炉的稳燃改造[J]. 华中电力,2003 (1):42 – 44.

[174] 陈勋瑜,王勤辉,岑建孟,郭志航,方梦祥,骆仲泱. 温度对小龙潭褐煤流化床热解产物影响的试验研究[J]. 动力工程学报,2011,34(4):316 – 320.

[175] 陈瑶姬,周志军,周宁,杨卫娟,刘建忠,周俊虎,岑可法. 贵州无烟煤的燃烧

动力学特性和 NO_x 生成机制试验研究[J]. 中国电机工程学报,2011,31 (20):52-59.

[176]　程军,陈训刚,刘建忠,周俊虎,岑可法. 煤粉孔隙分形结构对水煤浆性质的 影响规律[J]. 中国电机工程学报,2008,28(23):60-64.

[177]　楚希杰,赵丽红,李文,白宗庆. 神华煤及其直接液化残渣热解动力学试验研 究[J]. 煤炭科学技术,2010,38(5):121-124.

[178]　邓剑,罗永浩,王清成. 无烟煤二氧化碳气化反应动力学研究[J]. 煤炭转 化,2007,30(1):10-13.

[179]　窦文宇,孔德娟,周广杰,周屈兰,徐通模,惠世恩. 神木烟煤燃烧时 NO_x 生 成特性的试验研究[J]. 动力工程,2009,29(11):1061-1066.

[180]　段伦博,赵长遂,周骛,屈成锐,李英杰,陈晓平. CO_2 气氛对烟煤热解过程的 影响[J]. 中国电机工程学报,2010,30(2):63-66.

[181]　冯兆兴,安连锁,李永华,董建勋,王松岭,李振中,黄其励. 煤粉燃烧污染物 排放特性的试验研究[J]. 动力工程,2007,27(3):427-431.

[182]　高小涛,汤璐,陆文龙,汪向华,苟兆乐,王震. 670 t/h 锅炉燃烧系统改造 [J]. 中国电力,2003,36(7):17-19.

[183]　苟湘,周俊虎,周志军,杨卫娟,刘建忠,岑可法. 烟煤煤粉及热解产物对 NO 的还原特性实验研究[J]. 中国电机工程学报,2007,27(23):12-17.

[184]　顾播. 煤粉的 DTG 人及燃烧反应动力学特性研究[J]. 煤气与热力,1993,13 (4):29-31.

[185]　韩奎华,路春美,王永征,程世庆. 贫煤和无烟煤及混煤燃烧硫析出特性研究 [J]. 煤炭转化,2004,27(4):42-46.

[186]　何宏舟,骆仲泱,岑可法. 不同热分析方法求解无烟煤燃烧反应动力学参数 的研究[J]. 动力工程,2005,25(4):493-499.

[187]　何宏舟,骆仲泱,方梦祥,岑可法. 龙岩煤不同宏观煤岩组分的颗粒及其燃烧 性质实验研究[J]. 燃料化学学报,2006,34(1):15-19.

[188]　何宏舟,骆仲泱,王勤辉,岑可法. 燃烧福建无烟煤的循环流化床锅炉飞灰及 其未燃炭分析[J]. 燃料化学学报,2006,34(3):285-291.

[189]　何启林,王德明. 煤的氧化和热解反应的动力学研究[J]. 北京科技大学学 报,2006,28(1):1-5.

[190]　黄伟,李文军,彭敏,熊蔚立,陈跃华,谢小红,邹自敏. 超临界 600 MW 机组 "W"型火焰无烟煤锅炉低温过热器超温原因分析[J]. 热力发电,2010,39 (9):54-56.

[191]　黄伟,李文军. W 型火焰锅炉燃用低挥发份无烟煤的试验研究[J]. 动力工

程,2005,25(6):813-819.

[192] 姬莉,王平,张洪,李亚男,陆超.不同密度级别无烟煤粉催化燃烧研究[J].
北京大学学报(自然科学版),2011,47(3):539-544.

[193] 纪任山,王乃继,王昕,王纬.京西无烟煤固定床气化特性研究[J].洁净煤
技术,2003,9(4):27-30.

[194] 姜秀民,杨海平,闫澈,张超群,郑楚光,刘德昌.超细化煤粉表面形态分形特
征[J].中国电机工程学报,2003,23(12):165-169.

[195] 金晶,张忠孝,李瑞阳,钟海卿.超细煤粉燃烧氮氧化物释放特性的研究
[J].动力工程,2004,24(5):716-719.

[196] 李宝义,张瑞坤.410 t/h锅炉改烧煤种后的结渣问题[J].华北电力技术,
2004(8):38-40.

[197] 李春玉,房倚天,赵建涛,王洋.晋城无烟煤加压快速热解特性及其对气化反
应的影响[J].燃料化学学报,2010,38(4):391-397.

[198] 李风海,黄戒介,房倚天,王洋.小龙潭褐煤灰熔融特性影响因素的研究
[J].洁净煤技术,2010,16(6):49-52.

[199] 李金纳,宗志敏,刘滋武,郐丽曼,李艳,彭耀丽,魏贤勇.灵武烟煤甲醇萃取
物分析[J].武汉科技大学学报,2009,32(6):644-647.

[200] 李磊,王红松,孙绍增,吴少华,秦裕琨.四角燃烧无烟煤锅炉稳燃性能分析
[J].节能技术,2006,24(7):366-368.

[201] 李梅.内在矿物质对煤焦燃烧特性影响的动力学研究(Ⅰ)等温热重研究
[J].洁净煤技术,2009,16(2):61-63.

[202] 李庆钊,赵长遂,武卫芳,李英杰,陈晓平.高浓度 CO_2 气氛下煤粉的燃烧及
其孔隙特性[J].中国电机工程学报,2008,28(32):35-41.

[203] 李文秀,王宝凤,任杰,张锴,杨凤玲,程芳琴.贫煤 O_2/CO_2 气氛下燃烧时内
在矿物质对 SO_2 和 NO_X 排放特性的影响[J].燃料化学学报,2017,45(10):
1200-1208.

[204] 李英杰,路春美,刘汉涛,赵改菊,王永征,韩奎华.贫煤与无烟煤混煤一维燃
烧硫释放特性研究[J].热力发电,2006(1):34-36.

[205] 李永华,陈鸿伟,刘吉臻,冯兆兴,李振中,黄其励.褐煤及烟煤混煤综合燃烧
特性的试验研究[J].动力工程,2003,23(4):2495-2499.

[206] 梁鹏,曲旋,毕继诚.固体热载体热解高挥发分烟煤产物分布及性质[J].煤
炭转化,2007,30(1):43-48.

[207] 林森.烟煤锅炉改烧贫煤的试验研究[J].湖北电力,2006,30(5):20-22.

[208] 林雪彬,邹峥,何宏舟.流化床中无烟煤与玉米芯混合燃烧排放特性研究

[J]. 电站系统工程,2010,26(3):7-8.

[209] 凌开成,薛永兵,申峻,邹纲明. 杨村烟煤快速液化反应性的研究[J]. 燃料化学学报,2003,31(1):49-52.

[210] 刘粉荣,董雪松,李文,马青兰,胡瑞生,苏海全,李保庆. 热重法研究煤的燃烧行为及其动力学模型[J]. 煤炭转化,2011,34(2):8-12.

[211] 刘福国,崔辉,董建. 配双进双出磨煤机的"W"型火焰锅炉燃烧优化调试[J]. 中国电力,2005,38(8):77-81.

[213] 刘辉,吴少华,赵广播,邱朋华,秦裕琨. 煤粉粒度对元宝山褐煤燃烧特性的影响[J]. 哈尔滨工业大学学报,2008,40(3):419-422.

[214] 刘辉,吴少华,孙锐,徐睿,邱朋华,李可夫,秦裕琨. 快速热解褐煤焦的比表面积及孔隙结构[J]. 中国电机工程学报,2005,25(12):86-90.

[215] 刘建忠,冯展管,张保生,周俊虎,岑可法. 煤燃烧反应活化能的两种研究方法的比较[J]. 动力工程,2006,26(1):121-124.

[216] 刘栗,邱朋华,吴少华,张纪锋,秦裕琨. 采用 TG-FTIR 联用研究烟煤热解及热解动力学参数的确定[J]. 科学技术与工程,2010,10(27):6642-6647.

[217] 刘仁生,许树锋. 解聚对贫煤和贫瘦煤燃烧性能的影响[J]. 能源工程,2009(5):41-43.

[218] 刘秀如,吕清刚,矫维红. 一种煤与两种城市污水污泥混合热解的热重分析[J]. 燃料化学学报,2011,39(1):8-13.

[219] 刘彦,齐学义,丁宁,罗丹,陈方,徐江荣,周俊虎,岑可法. 煤粉再燃过程中 NO 均相与异相还原反应相对贡献的研究[J]. 动力工程,2009,29(10):946-949.

[220] 刘艳军,周子民. 多煤种混煤燃烧特性和动力学研究[J]. 热能动力工程,2011,26(3):347-350.

[221] 刘洋,陈斌源,朱定伟,成志红. 国产 600 MW 超临界机组磨煤机燃烧印尼煤着火分析及改进[J]. 锅炉技术,2008,39(4):68-71.

[222] 卢平,祝秀明,徐生荣. 再燃烧条件下煤粉热解特性的实验研究[J]. 南京师范大学学报(工程技术版),2007,7(3):35-39.

[223] 路野,吴少华. 600 MW 亚临界锅炉褐煤燃烧系统设计与运行[J]. 节能技术,2009,27(4):336-338.

[224] 吕建军. 小油枪点火及稳燃技术在 330 MW 机组烟煤锅炉上的应用[J]. 宁夏电力,2008,(s):161-166.

[225] 马仑,汪涂维,方庆艳,谭鹏,张成,陈刚. 混煤燃烧过程中的交互作用:掺混方式对混煤燃烧特性的影响[J]. 煤炭学报,2016,41(9):2340-2346.

[226] 宁寻安,张凝,刘敬勇,杨佐毅,李磊,周剑波,魏培涛,罗海健. 造纸污泥混煤

燃烧特性及动力学研究[J].环境科学学报,2011,31(7):1486-1492.

[227] 牛胜利,路春美,赵建立,郭鲁阳,刘志超.O2／CO2 气氛下煤粉的燃烧规律与动力学特性.动力工程,2008,28(5):769-773.

[228] 卿宇,魏贤勇,吕璟慧,宗志敏.锡林浩特褐煤的钌离子催化氧化[J].武汉科技大学学报,2011,34(4):299-303.

[229] 丘纪华,邹春,刘敬樟,李刚,李曼丽,郑楚光.旋流型 O_2/CO_2 煤粉燃烧器的流动及燃烧试验研究[J].中国电机工程学报,2010,31(17):1-5.

[230] 邱宽嵘.煤的热解动力特性研究[J].中国矿业大学学报,1994.23(3):42-47.

[231] 邱宽嵘.煤的热解和燃烧特性指数[J].煤炭分析及利用,1993(4):1-2.

[232] 任月平,赵鹏博,高洪培.CFB 锅炉煤着火特性试验研究[J].洁净煤技术,2009,16(2):64-66.

[233] 沙兴中,陈彩被,高晋生,黄渡华,鲁军.煤中显微组分燃烧特性的研究[J].煤气与热力,1995,15(2):28-31.

[234] 石金明,向军,赵清森,胡松,孙路石,许凯,卢腾飞.原煤与煤焦热解气化过程氮转化特性研究[J].工程热物理学报,2009,30(12):2129-2132.

[235] 宋新朝,王芙蓉,赵霄鹏,张永奇,毕继诚.生物质与煤共气化特性研究[J].煤炭转化,2009,32(4):44-46.

[236] 苏胜,向军,孙路石,邱建荣.再燃过程影响因素及燃尽特性研究[J].热能动力工程,2009,29(4):507-512.

[237] 苏仕芸,马晓茜.煤粉与木粉共燃的 NO_x 生成特性分析[J].锅炉技术,2003,34(1):45-50.

[238] 孙佰仲,王擎,申朋宇,刘洪鹏,秦宏,李少华.油页岩干馏残渣与烟煤混合燃烧试验研究[J].煤炭学报,2010,35(3):476-480.

[239] 孙庆雷,李文,李东涛,陈皓侃,李保庆,白向飞,李文华.神木煤有机显微组分的结构特征与热转化性质的关系[J].燃料化学学报,2003,31(2):97-102.

[240] 孙绍增,曾光,魏来,赵志强,钱娟.典型无烟煤热解成分的定量分析研究[J].燃料与化工,2011,42(7):1-4.

[241] 孙迎,王永征,卞素芳,岳茂振,王明.贫煤与不同煤种混烧 NO 排放特性试验[J].山东大学学报(工学版),2010,40(6):150-155.

[242] 孙迎,王永征,王明,刘兆萍.无烟煤混煤燃烧氮氧化物排放特性的试验研究[J].电站系统工程,2009,25(3):20-22.

[243] 孙仲超,张文辉,杜铭华,王岭,李书荣,梁大明.压力对太西无烟煤制活性

炭的炭化和活化过程的影响[J].煤炭学报,2005,30(3):353-357.

[244] 唐君华,周子民.降低240 t/h劣质无烟煤CFB锅炉灰渣含碳量措施的研究
[J].节能,2011(5):27-30.

[245] 王东升.低变质烟煤加氢增塑产物的工艺性质分析[J].煤质技术,2010
(6):15-17.

[246] 王海锋,朱书全,任红星,王娜,朱海博.通辽褐煤在流化床干燥器中的干燥
特性研究[J].选煤技术,2007(4):43-47.

[247] 王俊宏,常丽萍,谢克昌.西部煤的热解特性及动力学研究[J].煤炭转化,
2009,32(3):1-5.

[248] 王俊琪,方梦祥,骆仲泱,岑可法.煤的快速热解动力学研究[J].中国电机
工程学报,2007,27(17):18-21.

[249] 王双勇,李春阳,匡拥军,胡山,任建文,张永吉,赵红宇.600 MW锅炉机
组飞灰可燃物超标分析与治理[J].华东电力,2008,36(2):53-55.

[250] 王宪红,程世庆,刘坤,胡云鹏,孙鹏.生物质与煤混合热解特性的研究[J].
电站系统工程,2010,26(4):14-16.

[251] 王知彩,李良,水恒福,雷智平,任世彪,康士刚,潘春秀.先锋褐煤热溶及
热溶物红外光谱表征[J].燃料化学学报,2011,39(6):401-406.

[252] 王志光,饶志雄,张德祥.云南褐煤水煤浆成浆性分析[J].山东冶金,2007,
29(4):41-43.

[253] 温志华,王国琪,李兆生,林翔.锅炉燃用非设计煤种的安全技术措施[J].
电力安全技术,2010,12(6):17-19.

[254] 翁安心,周昊,张力,岑可法.不同煤种混煤燃烧时NO_x生成和燃尽特性的
试验[J].热能动力工程,2004,19(3):242-245.

[255] 徐朝芬,孙路石,胡松,向军,徐明厚.燃煤热反应过程的TG-FTIR研究
[J].实验技术与管理,2009,26(3):49-52.

[256] 徐远纲,刘毅,张成,尹俊俊,夏季,杨鹏举,陈刚.锅炉飞灰含碳量偏高的原
因分析[J].动力工程学报,2010,30(5):325-328.

[257] 徐远纲,张成,夏季,陈刚.不同粒度煤粉的表面结构与燃烧特性研究[J].
热能动力工程,2010,25(1):47-50.

[258] 鄢晓忠,陈冬林,刘亮,王旭伟.煤粉细度对燃烧特性影响的实验研究[J].
动力工程,2007,27(5):682-686.

[259] 杨成达.循环流化床锅炉燃用超低挥发份无烟煤启动点火设计技术[J].能
源与环境,2008(4):32-34.

[260] 杨冬,刘学来,王永征,路春美.烟煤、贫煤及其混煤氮热解释放特性试验研

究[J].山东建筑大学学报,2006,21(4):291-294.

[261] 杨引串,姚精选,秦勇军.山西寺河煤矿无烟煤的特性与利用[J].煤质技术,2004(2-3):56-58.

[262] 杨忠灿,刘家利,何红光.新疆准东煤特性研究及其锅炉选型[J].热力发电,2010,39(8):38-40.

[263] 尧志辉,旷戈,林诚,张蒙.单颗粒煤焦燃烧反应动力学研究方法[J].化工学报,2009,60(6):1442-1450.

[264] 余斌,方梦祥,李社锋,王勤辉,骆仲泱.灰煤混合燃料的燃烧动力学特性研究[J].热科学与技术,2009,8(4):331-335.

[265] 余明高,贾海林,于水军,潘荣锟.乌达烟煤微观结构参数解算及其与自燃的关联性分析[J].煤炭学报,2006,31(5):610-614.

[266] 张保生,刘建忠,程军,赵晓辉,周俊虎,岑可法.微分差热法确定沉降炉试验中低挥发分混煤的着火点[J].浙江大学学报(工学版),2008,42(5):839-842.

[267] 张传江,赵鹏,李克健.新疆黑山烟煤与塔河石油渣油共处理的研究[J].煤炭学报,2007,32(2):202-205.

[268] 张翠珍,衣晓青,刘亮.煤热解特性及热解反应动力学研究[J].热力发电,2006(4):17-19.

[269] 张殿军,尹向梅.1 000 MW超超临界褐煤锅炉的研究与初步设计[J].动力工程学报,2010,30(8):559-566.

[270] 张殿军.哈锅大容量褐煤锅炉的开发[J].黑龙江电力,2011,33(2):110-115.

[271] 张海清,尚琳琳,程世庆,殷炳毅.秸秆以及秸秆混煤燃烧特性研究[J].水利电力机械,2006,28(12):104-108.

[272] 张洪,李迎,哈斯,李欢,孙明.煤粉中内在矿物对煤焦孔隙结构的影响[J].中国矿业大学学报,2009,38(6):810-814.

[273] 张洪,施海艳,姬莉,李欢,李梅.煤粉中内在矿物对煤焦燃烧反应活性的影响[J].燃烧科学与技术,2010,16(5):416-420.

[274] 张林仙,黄戒介,房倚天,王洋.中国无烟煤焦气化活性的研究——水蒸气与二氧化碳气化活性的比较[J].燃料化学学报,2006,34(3):265-269.

[275] 张树立,陈广志.670 t/h锅炉变煤种改烧霍林河煤设备改造[J].热电技术,2007(2):34-36.

[276] 张旭辉,白中华,张恒,王娟.褐煤基活性焦制备工艺研究[J].洁净煤技术,2011,17(2):54-56.

[277] 张媛,张海亮,蒋雪冬,杨伯伦.烟煤与生物质秸秆共气化反应动力学研究

[J].西安交通大学学报,2011,45(8):123 – 127.

[278] 赵虹,王红岩,翁善勇,丁俊龙,赵勇,邵俊.锅炉飞灰含碳量异常偏高的试验研究[J].动力工程,2004,24(6):785 – 788.

[279] 赵丽红,楚希杰,辛桂艳.煤热解特性及热解动力学的研究[J].煤质技术,2010(1):40 – 42.

[280] 赵卫东,刘建忠,周俊虎,岑可法.褐煤等温脱水热重分析[J].中国电机工程学报,2009,29(14):74 – 79.

[281] 赵振宁,佟义英,方占岭,张清峰.600 MW 超临界机组掺烧印尼褐煤、越南无烟煤试验研究[J].热能动力工程,2009,24(4):513 – 518.

[282] 陈伟球,何伟,曾庭华.420 t/h 无烟煤锅炉的稳燃改造[J].华中电力,2003,16(1):42 – 44.

[283] 钟北京,张怀山.催化剂对贫煤焦还原 NO 动力学参数的影响[J].燃烧科学与技术,2003,9(2):97 – 99.

[284] 周国江,吴鹏,朱书全.煤质及粒度对层燃过程燃烧特性影响的研究[J].洁净煤技术,2008,14(3):41 – 43.

[285] 周昊,钱欣平,岑可法,樊建人.煤中挥发氮析出过程模拟:不同热解模型的影响[J].煤炭科学技术,2008(4):101 – 105.

[286] 周华,王强,陈志雄,王知彩,水恒福.神华煤热解特性与非等温动力学研究[J].煤化工,2010(2):27 – 31.

[287] 周俊虎,赵琛杰,许建华,周志军,黄镇宇,刘建忠,岑可法.电站锅炉空气分级低 NO_x 燃烧技术的应用[J].中国电机工程学报,2010,30(23):19 – 23.

[288] 朱光明,段学农,姚斌,黄学文,焦庆丰,吴增金,周方明,陈一平.直吹式制粉系统"W"型火焰锅炉无烟煤混煤掺烧优化试验研究[J].中国电力,2009,42(4):18 – 21.

[289] 朱廷钰,汤忠,黄戒介,张建民,王洋.煤温和气化特性的热重研究[J].燃料化学学报,1999,27(5):420 – 423.

[290] 庄国忠,秦裕琨,步维光,于德亭,祝捷,钟祚群,于雷.管式沉降炉和小型煤粉燃烧试验炉在煤燃烧中氮释放特性试验研究中的应用[J].电站系统工程,2001,17(5):298 – 300.

[291] 邹学权,王新红,武建军,陈越.用热重 – 差热 – 红外光谱技术研究煤粉的燃烧特性[J].煤炭转化,2003,26(1):71 – 73.

[292] 仝志辉,刘汉涛,王永征,路春美.一维火焰炉中混煤燃烧氮析出特性的试验研究[J].动力工程,2009,29(9):860 – 863.

[293] 李培,周永刚,杨建国,赵虹,张翔宇,蒙东褐煤脱水改质的孔隙特性研究

[J].动力工程报,2011,31(3):176-180.

[294] Afsin Gungor. Analysis of combustion efficiency in CFB coal combustors[J]. Fuel, 2008(87):1083-1095.

[295] Christina G Vassileva,Stanislav V Vassilev. Behaviour of inorganic matter during heating of Bulgarian coals,2. Subbituminous and bituminous coals[J]. Fuel Processing Technology,2006(87):1095-1116.

[296] Christina G Vassileva,Stanislav V Vassilev. Behaviour of inorganic matter during heating of Bulgarian coals1. Lignites [J]. Fuel Processing Technology, 2005 (86):1297-1333.

[297] D J Harris,D G Roberts,D G Henderson. Gasification behaviour of Australian coals at high temperature and pressure[J]. Fuel,2006(85):134-142.

[298] Huagang Lu,Shobba Purushothama,John Hyatt,Wei-Ping Pan,John T Riley, William G Lloyd,John Flynn,Phil Gill. Co-firing high-sulfur coals woth refuse-derived fuel[J]. Thermochimica Acta,1996(284):161-177.

[299] Jaffrigu-le-Rana,Zhang Ji Yu. Catalytic gasification of Pakistani Lakhra and Thar lignite chars in steam gasification[J]. Journal of Fuel Chemistry and Technology, 2009,37(1):11-19.

[300] K D Clark,P G Costen,G D Fowler,F C Lockwood,S Yousif. The influence of combustion configuration and fuel type on heavy-metal emissions from a pulverizedfuel-fired combustor [J]. Proceedings of the Combustion Institute, 2002 (29):433-440.

[301] M Ikeda,H Makino,H Morinaga,K Higashiyama,Y Kozai. Emission characteristics of NO_X and unburned carbon in fly ash during combustion of blends of bituminous/sub-bituminous coals[J]. Fuel,2003(82):1851-1857.

[302] M D Bermejo,M J Cocero,F Ferna'ndez-Polanco. A process for generating power from the oxidation of coal in supercritical water[J]. Fuel,2004(83):195-204.

[303] N Spitz,R Saveliev,M Perelman,E Korytni,B Chudnovsky,A Talanker,E Bar-Ziv. Firing a sub-bituminous coal in pulverized coal boilers configured for bituminous coals[J]. Fuel, 2008(87):1534-1542.

[304] R Kurose,M Ikeda,H Makino. Combustion characteristics of high ash coal in a pulverized coal combustion[J]. Fuel,2001(80):1447-1455.

[305] Renu Kumar Rathnam, Liza K Elliott, Terry F Wall, Yinghui Liu, Behdad Moghtaderi. Differences in reactivity of pulverised coal in air(O_2/N_2) and oxy-fuel (O_2/CO_2) conditions[J]. Fuel Processing Technology,2009(90):797-802.

[306] Ryoichi Kurosea, Michitaka Ikeda, Hisao Makino, Masayoshi Kimoto, Tetsuo Miyazaki. Pulverized coal combustion characteristics of high-fuel-ratio coals [J]. Fuel,2004(83):1777-1785.

[307] S G Sahu,P Sarkar,N Chakraborty,A K Adak. Thermogravimetric assessment of combustion characteristics of blends of a coal with different biomass chars[J]. Fuel Processing Technology,2010(91):369-378.

[308] Terry Wall, Yinghui Liu, Chris Spero, Liza Elliott, Sameer Khare, Renu Rathnam, Farida Zeenathal, Behdad Moghtaderi, Bart Buhre, Changdong Sheng, Raj Gupta,Toshihiko Yamada,Keiji Makino,Jianglong Yu. An overview on oxyfuel coal combustion—State of the artresearch and technology development chemical engineering research and design[J]. Chemical Engineering Research and Design,2009(87):1003-1016.

[309] Yewen Tan,Eric Croisetb,Mark A Douglasa,Kelly V Thambimuthu. Combustion characteristics of coal in a mixture of oxygen and recycled flue gas[J]. Fuel, 2006(85)507-512.

[310] Yon mo Sung,Cheor eon Moon,Jong ryul Kim,Sung chul Kim,Tea hyung Kim, Sang il Seo,Gyung min Choi,Duck jool Kim. Influence of pulverized coal properties on heat release region in turbulent jet pulverized coal flames[J]. Experimental Thermal and Fluid Science,2011(35):694-699.

[311] 沈跃良,苏余宁,廖宏楷,何仁伟,赵小峰. 1025tPh 锅炉燃用越南无烟煤和烟煤混煤的燃烧特性的研究[J]. 动力工程,2007,27(6):885-889.

[312] 周永刚,邹平国,赵虹. 燃煤特性影响燃料 N 转化率试验研究[J]. 中国电机工程学报,2006,26(15):63-67.

[313] 中国煤炭工业协会. GB/T 213—2008 煤的发热量测定方法[S]. 北京:中国标准出版社,2008.

[314] 严家𫘧,余晓福,王永青. 水和水蒸气热力性质图表[M]. 第2版. 北京:高等教育出版社,2004.

[315] 中华人民共和国国家统计局. 中国统计年鉴·1984[M]. 北京:中国统计出版社,1984.

[316] 中华人民共和国国家统计局. 中国统计年鉴·1985[M]. 北京:中国统计出版社,1985.

[317] 中华人民共和国国家统计局. 中国统计年鉴·1986[M]. 北京:中国统计出版社,1986.

[318] 中华人民共和国国家统计局. 中国统计年鉴·1987[M]. 北京:中国统计出

版社,1987.

[319] 中华人民共和国国家统计局.中国统计年鉴·1988[M].北京:中国统计出版社,1988.

[320] 中华人民共和国国家统计局.中国统计年鉴·1989[M].北京:中国统计出版社,1989.

[321] 中华人民共和国国家统计局.中国统计年鉴·1990[M].北京:中国统计出版社,1990.

[322] 中华人民共和国国家统计局.中国统计年鉴·1991[M].北京:中国统计出版社,1991.

[323] 中华人民共和国国家统计局.中国统计年鉴·1992[M].北京:中国统计出版社,1992.

[324] 中华人民共和国国家统计局.中国统计年鉴·1996[M].北京:中国统计出版社,1996.

[325] 中华人民共和国国家统计局.中国统计年鉴·1997[M].北京:中国统计出版社,1997.

[326] 中华人民共和国国家统计局.中国统计年鉴·1998[M].北京:中国统计出版社,1998.

[327] 中华人民共和国国家统计局.中国统计年鉴·1999[M].北京:中国统计出版社,1999.

[328] 中华人民共和国国家统计局.中国统计年鉴·2000[M].北京:中国统计出版社,2000.

[329] 中华人民共和国国家统计局.中国统计年鉴·2001[M].北京:中国统计出版社,2001.

[330] 中华人民共和国国家统计局.中国统计年鉴·2002[M].北京:中国统计出版社,2002.

[331] 中华人民共和国国家统计局.中国统计年鉴·2003[M].北京:中国统计出版社,2003.

[332] 中华人民共和国国家统计局.中国统计年鉴·2004[M].北京:中国统计出版社,2004.

[333] 中华人民共和国国家统计局.中国统计年鉴·2005[M].北京:中国统计出版社,2005.

[334] 中华人民共和国国家统计局.中国统计年鉴·2006[M].北京:中国统计出版社,2006.

[335] 中华人民共和国国家统计局.中国统计年鉴·2007[M].北京:中国统计出

版社,2007.

[336] 中华人民共和国国家统计局. 中国统计年鉴·2008[M]. 北京:中国统计出版社,2008.

[337] 中华人民共和国国家统计局. 中国统计年鉴·2009[M]. 北京:中国统计出版社,2009.

[338] 中华人民共和国国家统计局. 中国统计年鉴·2010[M]. 北京:中国统计出版社,2010.

[339] 中华人民共和国国家统计局. 中国统计年鉴·2011[M]. 北京:中国统计出版社,2011.

[340] 中华人民共和国国家统计局. 中国统计年鉴·2012[M]. 北京:中国统计出版社,2012.

[341] 中华人民共和国国家统计局. 中国统计年鉴·2013[M]. 北京:中国统计出版社,2013.

[342] 中华人民共和国国家统计局. 中国统计年鉴·2014[M]. 北京:中国统计出版社,2014.

[343] 中华人民共和国国家统计局. 中国统计年鉴·2015[M]. 北京:中国统计出版社,2015.

[344] 中华人民共和国国家统计局. 中国统计年鉴·2016[M]. 北京:中国统计出版社,2016.

[345] 中华人民共和国国家统计局. 中国统计年鉴·2017[M]. 北京:中国统计出版社,2017.

[346] 李梦龙. 化学数据速查手册[M]. 第1版. 北京:化学工业出版社,2003.

[347] 刘光启,马连湘,刘杰. 化学化工物性数据手册. 无机卷[M]. 第1版. 北京:化学工业出版社,2002.

[348] 刘燕辉. 中国气象年鉴·2009[M]. 北京:气象出版社,2009.

[349] 刘燕辉. 中国气象年鉴·2011[M]. 北京:气象出版社,2011.

[350] 许小峰. 中国气象年鉴·2013[M]. 北京:气象出版社,2013.

[351] 许小峰. 中国气象年鉴·2014[M]. 北京:气象出版社,2014.

[352] 许小峰. 中国气象年鉴·2015[M]. 北京:气象出版社,2015.

[353] 许小峰. 中国气象年鉴·2016[M]. 北京:气象出版社,2016.

[354] 范从振. 锅炉原理[M]. 北京:中国电力出版社,1986.

[355] 容銮恩,袁镇福,刘志敏,田子平. 电站锅炉原理[M]. 北京:中国电力出版社,1997.

[356] 车得福. 锅炉——理论、设计及运行[M]. 西安:西安交通大学出版社,2008.

［357］　王世昌,锅炉原理同步导学［M］.北京:中国电力出版社,2009.

［358］　姜会飞.农业气象学［M］.北京:科学出版社,2008.

［359］　中国农业百科全书编撰出版领导小组.中国农业百科全书·农业气象卷［M］.北京:农业出版社,1986.

［360］　Yunus A Çengel,Michael A Boles. Thermodynamics：an engineering approach［M］. 7th Edition. 北京:机械工业出版社,2016.